Statistische Mechanik

Norbert Straumann

Statistische Mechanik

Einführung und Weiterführendes

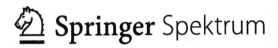 Springer Spektrum

Norbert Straumann
Zürich, Schweiz

ISBN 978-3-662-52949-2   ISBN 978-3-662-52950-8   (eBook)
DOI 10.1007/978-3-662-52950-8

Die Deutsche Nationalbibliothek verzeichnet diese Publikation in der Deutschen Nationalbibliografie;
detaillierte bibliografische Daten sind im Internet über http://dnb.d-nb.de abrufbar.

Springer Spektrum

Planung: Dr. Lisa Edelhäuser

Gedruckt auf säurefreiem und chlorfrei gebleichtem Papier

Springer Spektrum ist Teil von Springer Nature
Die eingetragene Gesellschaft ist Springer-Verlag GmbH Berlin Heidelberg
Die Anschrift der Gesellschaft ist: Heidelberger Platz 3, 14197 Berlin, Germany

Vorwort

Dieses Lehrbuch ist aus Vorlesungen hervorgegangen, welche der Autor im Rahmen eines Zyklus über Theoretische Physik an der Universität Zürich mehrfach gehalten hat. Es ist dabei zusätzlicher Stoff aufgenommen worden, der über den Rahmen einer einsemestrigen Vorlesung hinausgeht. Dies geschah in der Hoffnung, dass das Werk auch zum Selbststudium und zu Ergänzungen, neben Kursvorlesungen, beiträgt. Einige der anspruchsvolleren Themen, vor allem in einer Reihe von Anhängen, sind auch von neueren Entwicklungen in der Statistischen Mechanik beeinflusst.

Es sei schon hier angemerkt, dass die Grundlagen der phänomenologischen Thermodynamik als bekannt vorausgesetzt werden. Diese wurden vom Autor vor längerer Zeit im schmalen Band 265 der „Lecture Notes in Physics" des Springer-Verlags entwickelt. (Dieser ist noch immer zugänglich. Eine erweiterte Version wurde ins Internet gestellt und ist im Literaturverzeichnis aufgeführt.)

Wie schon beim Lehrbuch „Theoretische Mechanik" wäre mein Manuskript ohne die technische Hilfe von Tom Dörffel nicht zur Druckreife gelangt. Er hat das Allermeiste gekonnt in LaTeX gesetzt und auch alle Abbildungen hergestellt. Unsere Zusammenarbeit war wieder sehr erfreulich und unkompliziert.

Andreas Wipf von der Universität Jena danke ich ganz herzlich für seine detaillierte Durchsicht des ganzen Manuskripts und die hilfreichen Verbesserungsvorschläge. Besonders dankbar bin ich der Physikalisch-Astronomischen Fakultät in Jena, welche die Mitarbeit von Tom Dörffel nach dessen Masterabschluss finanziell unterstützt hat. Ausschlaggebend war dabei die Initiative von Karl-Heinz Lotze. Auch dafür vielen Dank.

Zürich, im April 2016   Norbert Straumann

Inhaltsverzeichnis

Einleitung

Die statistische Mechanik (SM) beschreibt das eigentümliche thermodynamische Verhalten als makroskopische Erscheinung eines Systems, das unvorstellbar viele mikroskopische Freiheitsgrade aufweist. Die Thermodynamik erweist sich dabei als eine asymptotische Theorie, welche im Grenzfall unendlich vieler Freiheitsgrade gilt. Dann sind nämlich die „Gesetze der großen Zahlen" am Werk und es geschehen dabei – wie man es von der Wahrscheinlichkeitstheorie weiß – recht ungewöhnliche Dinge. Die statistischen Gesetze führen aber auch zu spontanen Abweichungen vom Gleichgewicht, die sich in Schwankungserscheinungen äußern, welche in der SM eine wesentliche Rolle spielen. (Darauf beruhen z. B. einige der wichtigsten Arbeiten von Einstein.)

In diesem Buch befassen wir uns lediglich mit der SM des *Gleichgewichts*. Wir werden einige einfach formulierbare Rezepte kennenlernen, welche es uns u. a. grundsätzlich ermöglichen, die thermodynamische Fundamentalgleichung eines makroskopischen Systems aus dem Hamilton-Operator (der Hamilton-Funktion) des mikrophysikalischen Viel-Teilchen-Systems zu berechnen. Es muss aber schon hier darauf hingewiesen werden, dass die Begründung dieser Rezepte nach wie vor unbefriedigend ist. Wir werden uns genötigt sehen, eine Reihe von Grundannahmen zu machen, welche sich bis jetzt noch nicht in überzeugender Weise aus der mikroskopischen Theorie ableiten lassen. Die sich ergebende mechanisch-thermodynamische Analogie ist aber so natürlich, dass die Theorie richtig sein muss. Hinzu kommt der praktische Erfolg in den mannigfaltigsten Anwendungen. Das Gebäude der SM ist deshalb sehr solide und wird Zeiten überdauern.

In der SM erweist sich die Entropie, wie Boltzmann gezeigt hat, als ein Maß für die „Wahrscheinlichkeit" des beobachteten makroskopischen Zustands. Sie ist durch die Menge mikroskopischer Zustände bestimmt, die alle zum gleichen makroskopischen Zustand Anlass geben. Dies wird durch die berühmte Formel

$$S = k \ln W$$

ausgedrückt, welche auf Boltzmanns Grabstein im Zentralfriedhof in Wien steht.[1] Boltzmanns Auffassung der Entropie als statistische Größe hat sich nur langsam gegen starke Widerstände durchgesetzt. Selbst Planck wurde erst zu dieser Auffassung bekehrt, als ihm kein anderer Weg zur Ableitung des von ihm entdeckten

---

[1] Es tut nichts zur Sache, dass Boltzmann selbst die Formel niemals so aufgeschrieben hat. Tatsächlich erschien sie zuerst in Plancks „Vorlesung über die Theorie der Wärmestrahlung" in Boltzmanns Todesjahr 1906.

Strahlungsgesetzes mehr übrig blieb. (Siehe dazu den ‚Prolog' in meinem Buch Quantenmechanik I, Straumann, 2013.) Überhaupt war die Stellung von Boltzmann und Gibbs in mancher Hinsicht recht schwierig, da die Atome noch als Fiktionen galten und über ihre physikalische Eigenschaften nichts Sicheres bekannt war. Deshalb konnte man der SM mit einem gewissen Recht den Vorwurf machen, sie erkläre die bekannten Gesetze der phänomenologischen Thermodynamik durch Unbekanntes. Heute erscheint es uns dagegen selbstverständlich, auch die Thermodynamik atomistisch zu begründen.

Hinweis In diesem Buch wird die phänomenologische Thermodynamik als bekannt vorausgesetzt, etwa im Umfang der Darstellung in Straumann (1986). Wir werden uns an die Bezeichnungen darin halten.

I Grundlagen der klassischen statistischen Mechanik

Übersicht

Sowohl die klassische Mechanik als auch die Quantenmechanik führen für makroskopische Systeme zur Thermodynamik. Selbstverständlich werden aber i. Allg. die konkreten Formen der Fundamentalgleichung für die beiden mikroskopischen Theorien verschieden sein. Wenn immer dieser Unterschied bedeutsam ist, muss natürlich die Quantenstatistik herangezogen werden. Vor allem aus methodischen Gründen besprechen wir zuerst die *klassische* SM. Andeutungsweise führen wir noch einen tieferen Grund an, weshalb das Studium der klassischen SM wichtig ist. Es gibt eine lange Tradition in der Quantenfeldtheorie, bei der die Quantenfelder durch eine analytische Fortsetzung in der Zeit ($t \to it$) durch (klassische) Zufallsfelder ersetzt werden, welche eine natürliche Verallgemeinerung von Zufallsprozessen (Brown'sche Bewegung, etc.) auf mehrere euklidische RaumZeit-Dimensionen darstellen. Es entsteht dabei eine sogen. *Euklidische Feldtheorie*. Diese Umformulierung hat sich für nicht-störungstheoretische Näherungen als unentbehrlich erwiesen. Besonders wichtig ist dabei, dass durch Diskretisierungen klassische statistische Spinmodelle auf Gittern entstehen, auf die leistungsfähige numerische Verfahren angewandt werden können. Ferner kommt für die Untersuchung des

Kontinuums-Limes die Theorie der kritischen Phänomene ins Spiel, auf die wir in diesem Buch in Teil II eingehen werden.

Für diesen wichtigen Aspekt verweisen wir bereits an dieser Stelle auf die informative Darstellung von Wipf (2013).

1 Statistische Beschreibung von klassischen Systemen

Wir beschreiben ein klassisches mechanisches System in der Hamilton'schen Formulierung der Mechanik (siehe dazu Straumann (2015), speziell Kapitel 5). In dieser sind die reinen Zustände Punkte eines *Phasenraumes* Γ. In kanonischen Koordinaten $x = (q, p)$ wird die symplektische Struktur des Phasenraumes durch die schiefe Matrix

$$J = \begin{pmatrix} 0 & \mathbb{1}_f \\ -\mathbb{1}_f & 0 \end{pmatrix} \tag{1.1}$$

dargestellt, wobei f die Zahl der Freiheitsgrade ist. Die kanonischen Bewegungsgleichungen lauten

$$\dot{x} = X_H(x), \tag{1.2}$$

wobei X_H das Hamilton'sche Vektorfeld zur Hamilton-Funktion H ist:

$$X_H = J \nabla H = \left(\frac{\partial H}{\partial p_1}, \cdots, \frac{\partial H}{\partial p_f}, -\frac{\partial H}{\partial q_1}, \cdots, -\frac{\partial H}{\partial q_f} \right)^T \tag{1.3}$$

Bezeichnet ϕ_t den Fluss des autonomen Systems X_H, so ist dieser symplektisch, d. h. es gilt

$$(D\phi_t)^T J D\phi_t = J. \tag{1.4}$$

Daraus folgt

$$\det(D\phi_t) = 1, \tag{1.5}$$

was den Satz von Liouville

$$\mathrm{Vol}\,(\phi_t(B)) = \mathrm{Vol}\,(B) \tag{1.6}$$

für jede messbare Menge B impliziert. Das Volumen wird dabei durch das Liouville-Maß $d\Gamma$ zur symplektischen Struktur bestimmt; in kanonischen Koordinaten ist $d\Gamma$ gleich dem Lebesque-Maß $d^{2f}x = d^f q \, d^f p$.

Ein besonders wichtiges *Beispiel* ist ein System von N ($\approx 10^{23}$) Teilchen, die in einem Gebiet Λ des Koordinatenraumes eingeschlossen sind. Der zugehörige Phasenraum ist

$$\Gamma_{\Lambda,N} = \{(x_1, \cdots, x_N) \,|\, x_j = (\boldsymbol{q}_j, \boldsymbol{p}_j), \ \boldsymbol{q}_j \in \Lambda \subset \mathbb{R}^3, \ \boldsymbol{p}_j \in \mathbb{R}^3\}.$$

Eine typische Form der Hamilton-Funktion ist

$$H = \sum_{j=1}^{N} \frac{1}{2m} \boldsymbol{p}_j^2 + \sum_{i<j} \Phi(\boldsymbol{q}_i - \boldsymbol{q}_j), \tag{1.7}$$

wobei Φ ein Zweikörperpotential ist.

Natürlich ist es gänzlich unmöglich, den genauen Zustand eines Systems von $N \approx 10^{23}$ Teilchen zu irgendeinem Zeitpunkt zu messen. Man ist auch überhaupt nicht an einer so detaillierten Beschreibung interessiert. Es geht ja lediglich darum, die Mittelwerte einiger weniger „makroskopischer" Observablen über Zeiten zu bestimmen, die im Vergleich zu atomaren Zeitskalen sehr lang sind. In der SM versucht man nun, diese Mittelwerte als Erwartungswerte bezüglich eines Wahrscheinlichkeitsmaßes der Form $\rho(x)\,d\Gamma(x)$ im Phasenraum darzustellen. Für makroskopisch stationäre Situationen sollten dabei diese Erwartungswerte zeitunabhängig sein:

$$\int_\Gamma f \circ \phi_t\, \rho\, d\Gamma = \int_\Gamma f\rho\, d\Gamma \qquad (1.8)$$

Wegen (1.5) ist aber die linke Seite dieser Gleichung gleich $\displaystyle\int f\rho_t\, d\Gamma$, mit

$$\rho_t = \rho \circ \phi_{-t}. \qquad (1.9)$$

Aus (1.9) folgt ganz allgemein die *Liouville'sche Gleichung*

$$\frac{\partial}{\partial t}\rho_t = \{H, \rho_t\} = \{H, \rho\} \circ \phi_{-t}. \qquad (1.10)$$

Die Stationarität (1.8) ist sicher erfüllt, wenn ρ stationär ist:

$$\rho \circ \phi_{-t} = \rho \quad \Longleftrightarrow \quad \{H, \rho\} = 0 \qquad (1.11)$$

Dann ist $\rho\, d\Gamma$ ein stationäres Maß (invariant unter dem Fluss ϕ_t).

Wir werden also dazu geführt, die kaum direkt berechenbaren Mittelwerte einiger weniger makroskopischer Observablen eines Einzelsystems als *statistische Mittelwerte* darzustellen:

$$\lim_{T \to \infty} \frac{1}{T} \int_0^T f \circ \phi_t\, dt = \int_\Gamma f\,\rho\, d\Gamma \qquad (1.12)$$

Natürlich stellen sich sofort einige sehr schwierige Fragen, z.B.: Für welche Systeme und welche Observablen ist dies möglich und wie ist dann das Maß $\rho\, d\Gamma$ zu wählen?

Die Hoffnung (1.12) wird oft so ausgedrückt: Anstelle eines einzelnen realen Systems betrachte man eine sogenannte (virtuelle) *Gesamtheit*, d.h. eine sehr große Zahl gleichartiger Systeme, die über alle reinen Zustände verteilt sind, welche sich mit unseren fragmentarischen Kentnissen des Systems vereinbaren lassen (siehe Abbildung 1.1).

Zu einem festen Zeitpunkt ($t = 0$) seien die reinen Anfangszustände (die Phasen) gemäß der Dichte ρ verteilt. Den zugehörigen Mittelwert rechts in (1.12) bezeichnet man üblicherweise als das *Scharmittel*. Es ist eine Grundannahme der

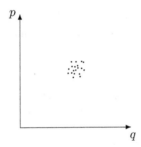

Abb. 1.1 Virtuelle Gesamtheit.

SM, dass die Dichte ρ so gewählt werden kann, dass diese Scharmittel für *einige wenige „makroskopische" Observable* mit den gemessenen zeitlich gemittelten Werten eines einzelnen Systems übereinstimmen. Dabei sollte die linke Seite in (1.12) schon bei der Mittelung über makroskopisch sehr kurze Zeiten sehr genau angenommen werden.

Leider sind wir bis heute nicht in der Lage, diese Annahmen in genügender Allgemeinheit zu beweisen. Wir wollen es aber nicht ganz mit dieser negativen Aussage bewenden lassen, sondern das Problem noch von verschiedenen Seiten etwas beleuchten.

Seit Boltzmann wurde die SM für lange Zeit auf die sogenannte Ergodenhypothese gegründet, welche eine verschärfte Version der Beziehung (1.12) darstellt.[1] Bevor wir die Ergodenhypothese präzise formulieren können, benötigen wir einige Vorbereitungen, die auch für andere Zwecke wichtig sind.

Das Liouville'sche Maß induziert ein Maß $d\mu_E$ auf der Energiefläche Γ_E zur Energie E eines abgeschlossenen mechanischen Systems, welches symbolisch gegeben ist durch

$$d\mu_E = \text{const} \cdot \delta(H(x) - E)\, d\Gamma(x)\,. \tag{1.13}$$

Streng ist dieses Maß – bis auf die Normierungskonstante – folgendermaßen definiert (siehe auch Straumann (2014), Abschn. 5.4):

Definition 1.1
Es sei Ω die Volumenform zur symplektischen Struktur des Phasenraums und $dH \neq 0$ auf Γ_E. Ist σ eine $(2f - 1)$-Form, für die $dH \wedge \sigma = \Omega$ gilt, so ist die Form $\mu_E = i^*\sigma$ $(i : \Gamma_E \hookrightarrow \Gamma)$ unabhängig von der Wahl von σ. Per definitionem ist die Distribution $\delta(H - E)$ gegeben durch

$$\langle \delta(H - E), f \rangle = \int_{\Gamma_E} f\, \mu_E \qquad (f : \text{Testfunktion})\,.$$

---

[1] Boltzmann formulierte allerdings die Ergodenhypothese in einer Form, welche – wie Rosenthal und Plancherel zeigten – mathematisch unhaltbar ist. Diese wurde dann von P. und T. Ehrenfest modifiziert (Quasi-Ergodenhypothese).

$d\mu_E$ ist – bis auf eine Normierung – das Maß, welches zur Volumenform μ_E (Lerray-Form) auf Γ_E gehört. Distributionen, die auf einer glatten Fläche konzentriert sind, werden eingehend in Gelfand und Schilow (1960), Abschnitt III.1 behandelt.

♦

Dieses Maß ist invariant unter dem Fluss ϕ_t. Die Normierungskonstante in (1.13) sei so gewählt, dass $\mu_E(\Gamma_E) = 1$ ist. (Die Energiefläche sei kompakt.) Im Anhang A beweisen wir den

Satz 1.1 (Ergodensatz von Birkhoff)
Für jedes $f \in L^1(\Gamma_E, d\mu_E)$ konvergiert

$$\lim_{T \to \infty} \frac{1}{T} \int_0^T f \circ \phi_t \, dt$$

punktweise fast überall gegen eine Funktion $f^* \in L^1(\Gamma_E, d\mu_E)$. Ferner gilt $f^* \circ \phi_t = f^*$ fast überall, und es ist

$$\int_{\Gamma_E} f^* \, d\mu_E = \int_{\Gamma_E} f \, d\mu_E \,.$$

Man nennt den Fluss ϕ_t *ergodisch*, falls ein $f \in L^1$ nur invariant unter der Strömung ist ($f \circ \phi_t = f$ fast überall), wobei f eine Konstante ist.

Äquivalent dazu ist ϕ_t genau dann ergodisch, wenn für jede messbare Menge $B \subset \Gamma_e$ mit $\phi_t^{-1}(B) = B$ für alle t entweder $\mu_E(B) = 0$ oder $\mu_E(B) = 1$ folgt.

Beweis Es sei ϕ_t ergodisch und $\phi_t(B) = B$ für alle t. Dann ist die charakteristische Funktion $f = \chi_B$ eine invariante Funktion und daher $\chi_B = $ const fast überall. Dies impliziert $\mu_E(B) = 0$ oder $\mu_E(B) = 1$. Umgekehrt gelte die zweite Bedingung, und f sei eine invariante Funktion. Dann ist für jedes $a \in \mathbb{R}$ die Menge $\{x \,|\, f(x) < a\}$ unter ϕ_t invariant, und folglich muss $f(x) < a$ fast überall, oder $f(x) \geqslant a$ fast überall sein. □

Für einen ergodischen Fluss ergibt sich aus dem Birkhoff'schen Satz für *alle* $f \in L^1(\Gamma_E, d\mu_E)$ die Beziehung

$$\lim_{T \to \infty} \frac{1}{T} \int_0^T f \circ \phi_t \, dt = \int_{\Gamma_E} f \, d\mu_E \qquad \text{fast überall.} \qquad (1.14)$$

Die Ergodizität lässt sich aber nur für wenige idealisierte Systeme zeigen (z. B. für ein System harter Kugeln[2], Sinai (1966)). Lange Zeit glaubte man, dass alle realistischen makroskopischen Systeme ergodisch sind (*Ergodenhypothese*). Durch

---

[2]Publiziert ist lediglich der Beweis für *zwei* Kugeln (Sinai und Chernov, 1987).

die KAM-Theorie (siehe Straumann (2015), Abschnitt 10.5) haben wir jedoch gelernt, dass lange nicht alle mechanischen Systeme ergodisch sind[3], und zwar nicht einmal im Limes $f \to \infty$. Wir sehen deshalb davon ab, die Ergodenhypothese zum Ausgangspunkt der SM zu machen. Tatsächlich benötigen wir (1.14) für die Bedürfnisse der SM nicht für alle f, sondern nur für einige *wenige makroskopische Observable*[4], und dies auch nur im Limes von sehr vielen Freiheitsgraden. Dafür ist die Ergodizität keineswegs eine notwendige Bedingung.

Die Beschränkung auf wenige makroskopische Observable ist auch notwendig, um überhaupt von Gleichgewichtszuständen sprechen zu können. Ferner kann das irreversible Streben zum Gleichgewicht – ein anderes großes Problem der SM – nur auf makroskopischer Ebene mit der mikroskopischen Reversibilität (etwa von (1.10)) in Einklang gebracht werden. Auf diese schwierige Problematik gehen wir in den Anhängen B und C etwas näher ein, betonen aber schon hier, dass die *makroskopische Brechung der Zeitumkehrinvarianz* nicht in wirklich befriedigender Weise verstanden ist. Die diesbezüglichen Resultate sind sehr mager.

Nur für makroskopische Observable können wir hoffen, dass die Schwankungen i. Allg. klein bleiben und die „Gesetze der großen Zahlen" am Werk sind. Es mag an dieser Stelle nützlich sein, die wichtigsten dieser Gesetze aus der Wahrscheinlichkeitstheorie kurz vorzustellen, da diese für uns Modellcharakter haben.

Das *Gesetz der großen Zahlen* wurde von Jakob Bernoulli (1655 – 1705) entdeckt. Wie aus seinem Tagebuch hervorgeht, befriedigte ihn diese Entdeckung mehr, als wenn er die Quadratur des Kreises gefunden hätte. In einer von Etemaldi (1981) angegebenen Formulierung lautet dieses:

Satz 1.2 (Starkes Gesetz der großen Zahlen, Etemaldi)
Jede Folge $(\xi_i)_{i \in \mathbb{N}}$ reeller, integrierbarer, identisch verteilter, paarweise unabhängiger Zufallsvariablen erfüllt die Beziehung

$$\lim_{n \to \infty} \frac{1}{n} \sum_{i=1}^{n} \xi_i = \eta \qquad \textit{fast sicher,} \qquad (1.15)$$

wobei η der gemeinsame Erwartungswert der ξ_i ist.

Beweis   Siehe Bauer (1991), S. 86.   □

Die endlichen Partialsummen $\frac{1}{n} \sum_{i=1}^{n} \xi_i$ schwanken natürlich um η. Darüber gibt der *zentrale Grenzwertsatz* Auskunft. Nach diesem verhalten sich die Schwankun-

---

[3]Dazu gibt es ein spektakuläres Resultat von M. R. Herman, wonach es auf gewissen symplektischen Mannigfaltigkeiten offene Menge von Hamilton-Funktionen (in einer natürlichen Topologie) gibt, für die die Flüsse auf den Energieflächen für eine offene Menge von Energien nicht ergodisch sind. (Für eine ausführliche Beschreibung siehe Yoccoz (1992).)

[4]Es ist dabei unklar, wie man diesen Begriff präzise fassen kann. Für eine konkret gegebene Observable wird es uns aber kaum schwer fallen, zu entscheiden, ob diese als ‚makroskopisch' anzusehen ist.

gen wie $1/\sqrt{n}$. Näheres dazu sowie weitere wahrscheinlichkeitstheoretische Ergänzungen führen wir in Anhang A aus.

Interessant ist aber auch die Konvergenzgeschwindigkeit in (1.15). Darüber gibt der *Satz von Cramér-Chernoff* Auskunft. Um diesen formulieren zu können, benötigen wir ein paar Vorbereitungen. Es bezeichne μ die Verteilung der Zufallsvariablen ξ_i, und es sei

$$\check{\mu}(t) = \int e^{tx} \, d\mu(x) = \langle e^{t\xi_i} \rangle \tag{1.16}$$

($\langle \cdots \rangle$ bezeichnet den Erwartungswert mit dem Wahrscheinlichkeitsmaß P). Es gilt

$$0 < \check{\mu}(t) \leqslant +\infty, \quad \check{\mu}(0) = 1. \tag{1.17}$$

Da $x \mapsto e^{tx}$ konvex ist, liefert die Jensen'sche Ungleichung (siehe Seite 72)

$$e^{t\eta} = e^{t\langle \xi_i \rangle} \leqslant \langle e^{t\xi_i} \rangle = \check{\mu}(t).$$

Dies gilt auch, wenn $x \mapsto e^{tx}$ nicht μ-integrierbar ist, da die Ungleichung für $\check{\mu}(t) = +\infty$ trivialerweise richtig ist. Es gilt also

$$t\eta - \log \check{\mu}(t) \leqslant 0 \qquad (t \in \mathbb{R}), \tag{1.18}$$

wobei $\log(+\infty) = +\infty$ vereinbart wird. Die Funktion

$$c_\mu(t) := \log \check{\mu}(t) \tag{1.19}$$

nennt man *freie Energiefunktion*. Von dieser gehen wir zur *Legendre-Fenchel-Transformierten* (siehe Straumann (2015), Abschnitt 5.1, oder Straumann (1986), Abschnitt 1.3) über:

$$I_\mu(x) = \sup_{t \in \mathbb{R}} \{tx - c_\mu(t)\} \tag{1.20}$$

Wir zeigen in Abschnitt 7.5, dass $c_\mu(t)$ und somit $I_\mu(x)$ *konvex* sind.

Für die sogenannten *Entropiefunktionen* $I_\mu(x)$ gilt[5]

$$I_\mu : \mathbb{R} \to [0, +\infty],$$

da $t \cdot x - \log \check{\mu}(t)$ für $t = 0$ verschwindet. Dann folgt aber aus (1.18) $I_\mu(\eta) = 0$, d. h. I_μ nimmt für den Mittelwert η („makroskopischer Gleichgewichtszustand") das *Minimum* an. I_μ nennt man auch die *Cramér-Transformierte*.

Nun können wir den angekündigten Satz formulieren:

---

[5]Man beachte, dass für μ gleich dem δ-Maß, $I_\mu(x) = +\infty$ für alle $x \neq 0$.

Satz 1.3 (Cramér-Chernoff)
Es sei $(\xi_i)_{i\in\mathbb{N}}$ eine unabhängige Folge identisch verteilter, integrierbarer, reeller Zufallsvariablen. Dann gilt für jedes $\epsilon > 0$

$$P\left\{\frac{1}{n}\sum_{i=1}^{n}(\xi_i - \eta) \geqslant \epsilon\right\} \leqslant e^{-nI_\mu(\epsilon+\eta)},$$

$$P\left\{\frac{1}{n}\sum_{i=1}^{n}(\xi_i - \eta) \leqslant -\epsilon\right\} \leqslant e^{-nI_\mu(\epsilon+\eta)}.$$

Für $I_\mu(\epsilon + \eta) > 0$ konvergieren also die Wahrscheinlichkeiten auf den linken Seiten mindestens exponentiell gegen Null; für $I_\mu(\epsilon + \eta) = \infty$ sind sie null.

Beweis Siehe Anhang A. □

Dieser Satz impliziert das *schwache* Gesetz der großen Zahlen, bei welchem in (1.15) die Konvergenz stochastisch ist:

$$\lim_{n\to\infty} P\left(\left\{\left|\frac{1}{n}\sum_{i=1}^{n}(\xi_i - \eta)\right| \geqslant \epsilon\right\}\right) = 0 \tag{1.21}$$

für jedes $\epsilon > 0$ (P = Wahrscheinlichkeitsmaß).

Beispiel 1.1 (Würfel-Spiel)
Wahrscheinlichkeitsraum $= \{0,1\}^{\mathbb{N}}$, P = Produktmaß von $\rho = \frac{1}{2}\delta_0 + \frac{1}{2}\delta_1 \overset{!}{=} \mu$. Es ist

$$c_\mu(t) = \log\left[\tfrac{1}{2}(1 + e^t)\right].$$

Für die Entropiefunktion findet man sofort

$$I_\mu(x) = x\log 2x + (1 + x)\log(2(1 - x)),$$

insbesondere $I_\mu(0) = I_\mu(1) = \log 2$. ∎

2 Die mikrokanonische Gesamtheit

Für ein *isoliertes* makroskopisches System mit der Gesamtenergie E können wir die Werte von makroskopischen Observablen in einem Gleichgewichtszustand nach unserer Grundannahme als Erwartungswerte bezüglich des Wahrscheinlichkeitsmaßes μ_E darstellen. Dieses sogenannte *mikrokanonische Maß* auf der Energiefläche Γ_E lautet gemäß den Ausführungen auf S. 7

$$d\mu_E = \frac{1}{\omega(E)} d\Gamma_E \,, \tag{2.1}$$

mit

$$d\Gamma_E = \delta(H - E) d\Gamma \,, \tag{2.2}$$

$$\omega(E) = \int_{\Gamma_E} d\Gamma_E \,. \tag{2.3}$$

Die Normierungskonstante $\omega(E)$ ist also das Volumen der Energiefläche bezüglich des Maßes $d\Gamma_E$, welches durch das Liouville'sche Maß $d\Gamma$ auf Γ_E induziert wird. (Die präzise Definition von $d\Gamma_E$ wurde in der Definition 1.1 gegeben.) Natürlich gilt auch

$$\omega(E) = \frac{d\Phi(E)}{dE} \,, \tag{2.4}$$

wobei

$$\Phi(E) = \int_{H < E} d\Gamma = \int_{\Gamma} \theta(E - H) d\Gamma \tag{2.5}$$

das „Phasenvolumen" von $\{x \in \Gamma : H(x) \leqslant E\}$ ist.

Für ein makroskopisches System wird die Gesamtenergie nur bis auf einen makroskopisch unbedeutenden Fehler Δ (mit $\Delta/E \ll 1$) bekannt sein. Das Phasenvolumen $\Phi^\Delta(E)$ der *Energieschale* $\{x \in \Gamma : E - \Delta \leqslant H(x) \leqslant E\}$ ist dann in genügender Näherung gleich $\omega(E)\Delta$. Oft bezeichnet man das Wahrscheinlichkeitsmaß

$$d\mu_{\text{m-kan}} = \frac{1}{\Phi^\Delta(E)} \delta^\Delta(H - E) \, d\Gamma \,, \tag{2.6}$$

wobei δ^Δ die charakteristische Funktion des Intervalls $(-\Delta, 0)$ ist, als *mikrokanonische Gesamtheit* und (2.1) als *super-mikrokanonisches Maß*.

Wir werden später Gründe dafür angeben, dass die *Entropie* des Systems durch

$$S(E) = k \ln \Phi^\Delta(E) \tag{2.7}$$

gegeben ist (k : Boltzmann-Konstante). Die Entropie hängt für makroskopische Systeme nur sehr schwach von Δ ab. Tatsächlich gilt für große Teilchenzahlen N

$$S(E) = k \ln \Phi(E) + O(\ln N) \tag{2.8}$$

(siehe Aufgabe I.2). Deshalb können wir auch den Ausdruck $k \ln \Phi(E)$ für die Entropie verwenden. Gleichung (2.7) ist der präzise Ausdruck des *Boltzmann'schen Prinzips* im Rahmen der klassischen statistischen Mechanik. (Der Terminus geht auf Einstein zurück.)

Äquipartitionstheorem Für den mikrokanonischen Erwartungswert einer Observablen f gilt allgemein

$$\langle f \rangle = \frac{1}{\Phi^\Delta(E)} \int_\Gamma f \delta^\Delta(H-E) \, d\Gamma \approx \frac{\Delta}{\Phi^\Delta(E)} \int_{\Gamma_E} f \, d\Gamma_E$$

$$\approx \int_{\Gamma_E} f \, d\mu_E = \frac{1}{\omega(E)} \frac{\partial}{\partial E} \int_{\{H \leq E\}} f \, d\Gamma. \tag{2.9}$$

Speziell für $f(x) = x_i \dfrac{\partial H}{\partial x_j}$ erhalten wir mit dem Gauß'schen Satz

$$\int_{\{H \leq E\}} x_i \frac{\partial H}{\partial x_j} \, d\Gamma = \int_{\{H \leq E\}} x_i \frac{\partial}{\partial x_j}(H-E) d\Gamma$$

$$= \int_{\{H \leq E\}} \frac{\partial}{\partial x_j}[x_i(H-E)] \, d\Gamma - \delta^{ij} \int_{\{H \leq E\}} (H-E) \, d\Gamma.$$

$$= 0 \text{ (Oberflächenintegral über } \Gamma_E)$$

Deshalb gilt

$$\left\langle x_i \frac{\partial H}{\partial x_j} \right\rangle = \delta_{ij} \frac{1}{\omega(E)} \frac{\partial}{\partial E} \int_{\{H \leq E\}} (E-H) \, d\Gamma.$$

Die Ableitung des Integrals ist gleich

$$\frac{\partial}{\partial E} \int_\Gamma \theta(E-H)(E-H) \, d\Gamma = \int_\Gamma \underbrace{\delta(E-H)(E-H)}_{=0} \, d\Gamma + \int_\Gamma \theta(E-H) \, d\Gamma = \Phi(E).$$

Das Resultat

$$\left\langle x_i \frac{\partial H}{\partial x_j} \right\rangle = \delta_{ij} \left[\frac{d}{dE} \ln \phi(E) \right]^{-1} \tag{2.10}$$

nennt man das *Äquipartitionstheorem* für die mikrokanonische Gesamtheit.

Beispiel 2.1 (Das klassische ideale Gas)
Dafür ist

$$\Phi(E) = \int_{\sum \frac{p_i^2}{2m} \leq E} d^{3N}p \int_{\Lambda^N} d^{3N}q,$$

wenn die N Teilchen in einem Kasten Λ mit dem Volumen $V = |\Lambda|$ eingesperrt sind. Es gilt

$$\Phi(E,V) = V^N \int_{\sum \frac{p_i^2}{2m} \leq E} d^3p = V^N \, \text{Vol}\left[B_{3N}(\sqrt{2mE})\right] ,$$

wobei $B_n(R)$ den Ball im $\mathbb{R}^n$ mit dem Radius R bezeichnet. Dafür gilt (siehe Straumann, 1988)

$$\text{Vol}\left[B_n(R)\right] = R^n \frac{\pi^{n/2}}{\Gamma\left(\frac{n}{2}+1\right)} .$$

Also ist

$$\Phi(E,V) = V^N \frac{(2\pi mE)^{3N/2}}{\Gamma\left(\frac{3N}{2}+1\right)} ,$$

oder mit der Stirling'schen Formel (siehe Aufgabe I.4) $n! \approx \left(\frac{n}{e}\right)^n$,

$$\Phi(E,V) \approx V^N \left(\frac{4\pi e m E}{2N}\right)^{3N/2}$$

$$= V^N v^N \left(\frac{4\pi m}{3}\varepsilon\right)^{3N/2} \frac{3N}{2} e^{3N/2} \qquad \left(v := \frac{V}{N}, \; \varepsilon := \frac{E}{N}\right). \qquad (2.11)$$

Aus (2.10) erhalten wir damit für den Erwartungswert von $p_j \dfrac{\partial H}{\partial p_j} = \dfrac{2p_j^2}{2m}$ (p_j: eine Komponente von einem Impuls aus $\{\boldsymbol{p}_i\}$)

$$\left\langle \frac{p_j^2}{m} \right\rangle = \frac{2}{3}\varepsilon .$$

Falls wir aus der kinetischen Gastheorie $\varepsilon = \frac{3}{2}kT$ übernehmen, so ergibt sich aus (2.10)

$$\frac{\partial \ln \Phi(E,N)}{\partial E} = \frac{1}{kT} . \qquad (2.12)$$

Diese Formel werden wir in Kapitel 3 allgemeiner begründen. (Siehe auch Aufgabe I.2.) ∎

Adiabatische Invarianz des Phasenvolumens

Die Hamilton-Funktion hänge von einer Anzahl von „äußeren" Parametern a (Volumen etc.) ab. Wir berechnen die Variation des Phasenvolumens $\Phi(E, a)$, welches natürlich ebenfalls von a abhängt. Für beliebige Variationen δE und δa gilt

$$
\begin{aligned}
\delta\Phi &= \frac{\partial\Phi}{\partial E}\delta E + \frac{\partial\Phi}{\partial a}\delta a \\
&= \omega(E, a)\delta E + \delta a\frac{\partial}{\partial a}\int \theta(E - H(a))\,d\Gamma \\
&= \omega(E)\delta E - \delta a\int_{\Gamma_E} \frac{\partial H}{\partial a}\,d\Gamma_E\,,
\end{aligned}
$$

d.h.

$$
\delta\Phi = \omega(E)\left[\delta E - \left\langle\frac{\partial H}{\partial a}\right\rangle\delta a\right]\,. \tag{2.13}
$$

Bei adiabatischen Änderungen eines isolierten Systems ändert sich die Energie nur über Änderungen der äußeren Parameter, es ist also $\left\langle\dfrac{\partial H}{\partial a}\right\rangle\delta a$ gleich δE. Somit bleibt Φ *bei adiabatischer Änderung invariant.*

3 Anschluss an die Thermodynamik für die mikrokanonische Gesamtheit

Wir schreiben Gleichung (2.13) in der Form

$$dE = \frac{1}{\omega(E,a)}d\Phi + \left\langle \frac{\partial H}{\partial a} \right\rangle da\,. \tag{3.1}$$

Ferner notieren wir

$$d(k\ln\Phi) = \frac{k}{\Phi}d\Phi = k\frac{\omega}{\Phi}\left[dE - \left\langle \frac{\partial H}{\partial a} \right\rangle da\right]$$
$$= k\frac{\partial\ln\Phi}{\partial E}\left[dE - \left\langle \frac{\partial H}{\partial a} \right\rangle da\right]\,.$$

Benutzen wir noch Gleichung (2.12), so ergibt sich

$$T\,d(k\ln\Phi) = dE - \left\langle \frac{\partial H}{\partial a} \right\rangle da\,. \tag{3.2}$$

Die Gleichungen (3.1) und (3.2) habe die Struktur der ersten beiden Hauptsätze der Thermodynamik (TD) mit den Differentialformen

$$dQ^{\prec} = \frac{1}{\omega}d\Phi\,, \tag{3.3}$$

$$dA^{\prec} = \left\langle \frac{\partial H}{\partial a} \right\rangle da \tag{3.4}$$

für die reversibel zugeführte Wärme bzw. Arbeit, mit dem folgenden Ausdruck für die Entropie:

$$S(E,a) = k\ln\Phi(E,a) \tag{3.5}$$

Additivität der Entropie

Diese Interpretation wollen wir noch durch weitere Argumente untermauern. Insbesondere müssen wir die Additivität der Entropie (im Grenzfall $N \to \infty$) nachweisen.

Abb. 3.1 System, bestehend aus zwei Subsystemen 1 und 2 mit isolierender Trennwand.

Gegeben sei ein System, das aus den beiden Subsystemen 1 und 2 zusammengesetzt ist (Abbildung 3.1). Der Phasenraum ist das Cartesische Produkt $\Gamma_1 \times \Gamma_2$

und das Liouville-Maß ist das Produktmaß $d\Gamma_1 \otimes d\Gamma_2$ der Liouville-Maße von Γ_1 und Γ_2.

Zunächst betrachten wir den einfachen Fall einer *isolierenden* Trennwand. Dann sind für beide Systeme Energie, Volumen und Teilchenzahl (E_i, Λ_i, N_i) fest, und natürlich glit für das Phasenvolumen des Gesamtsystems

$$\Phi(E_1, E_2) = \int\limits_{\substack{H_1 \leqslant E_1 \\ H_2 \leqslant E_2}} d\Gamma = \int\limits_{H_1 \leqslant E_1} d\Gamma_1 \int\limits_{H_2 \leqslant E_2} d\Gamma_2 = \Phi_1(E_1)\Phi_2(E_2)\,.$$

Somit ist in der Tat die Entropie $k\ln\Phi(E)$ additiv:

$$S(E_1 + E_2) = S_1(E_1) + S_2(E_2)$$

Dies genügt aber noch nicht. Wir müssen auch eine wärmedurchlässige Trennwand betrachten, die jedoch noch starr und teilchenundurchlässig sei. Die gesamte Hamilton-Funktion sei additiv aus 1 und 2 zusammengesetzt:

$$H\left(x^{(1)}, x^{(2)}\right) = H_1\left(x^{(1)}\right) + H_2\left(x^{(2)}\right) \tag{3.6}$$

Allerdings soll eine beliebig schwache Kopplung daür sorgen, dass Energieaustausch stattfindet. Volumen und Teilchenzahl (Λ_i, N_i) der beiden Subsysteme werden gemäß der Annahme festgehalten. In dieser Situation gilt

$$\Phi(E) = \int\limits_{H \leqslant E} d\Gamma = \int\limits_{\Gamma_1} d\Gamma_1(x^{(1)}) \int\limits_{H_2(x^{(2)}) \leqslant E - H_1(x^{(1)})} d\Gamma_2(x^{(2)})$$

$$= \int\limits_{\Gamma_1} d\Gamma_1(x^{(1)})\Phi_2(E - H_1(x^{(1)}))\,.$$

Folglich ist

$$\omega(E) = \frac{d\Phi(E)}{dE} = \int\limits_{\Gamma_1} d\Gamma_1(x^{(1)})\,\omega_2(E - H_1(x^{(1)}))$$

$$= \int dE_1 \int\limits_{\Gamma_1} \delta(E_1 - H_1)\,d\Gamma_1\,\omega_2(E - E_1)$$

$$= \int dE_1\,\omega_1(E_1)\,\omega_2(E - E_1)$$

und damit

$$\omega = \omega_1 * \omega_2 \tag{3.7}$$

($*$ bedeutet Faltung). Nun wählen wir für die Entropie den Ausdruck

$$S = k\ln\omega\,, \tag{3.8}$$

der asymptotisch mit $k \ln \Phi$ übereinstimmt. (Der relative Unterschied verschwindet wie $\dfrac{\ln N}{N}$; siehe Aufgabe I.2.) Nach (3.7) gilt also

$$\exp\left[\frac{1}{k}S(E)\right] = \int \exp\left[\frac{1}{k}S_1(E_1) + \frac{1}{k}S_2(E - E_1)\right] dE_1 . \tag{3.9}$$

In der Praxis (für große N) hat der Integrand rechts ein scharfes Maximum bei E_1, bestimmt durch das Verschwinden der Ableitung des Exponenten bezüglich E_1:

$$\frac{\partial S_1}{\partial E_1}(\bar{E}_1) = \frac{\partial S_2}{\partial \bar{E}_2} \qquad (\bar{E}_2 := E - \bar{E}_1)$$

Für $E_1 = \bar{E}_1$ sind also die Temperaturen der beiden Systeme gleich.

Entwickeln wir den Exponenten bis zur zweiten Ordnung um $\bar{E}_1$, so ergibt die Sattelpunktnäherung

$$\exp\left[\frac{1}{k}S(E)\right] \approx \exp\left[\frac{1}{k}S_1(\bar{E}_1) + \frac{1}{k}S_2(\bar{E}_2)\right]$$
$$\cdot \int_{-\infty}^{+\infty} \exp\left[\frac{-(E_1 - \bar{E}_1)^2}{2\sigma}\right] dE_1 ,$$

mit

$$\sigma^{-1} = -\frac{1}{k}\left[\frac{\partial^2 S_1}{\partial(E_1)^2}(\bar{E}_1) + \frac{\partial^2 S_2}{\partial(E_2)^2}(\bar{E}_2)\right] . \tag{3.10}$$

Somit folgt

$$S(E) = S_1(\bar{E}_1) + S_2(\bar{E}_2) + k \ln\left(\sqrt{2\pi\sigma}\right) . \tag{3.11}$$

Die Größe σ gibt das Schwankungsquadrat der Energie der beiden Subsysteme an. Dies wollen wir näher ausführen.

Für irgendeine Observable F_1 des Systems 1 betrachten wir zuerst

$$\int_{H \leqslant E} F_1 \, d\Gamma_1 \otimes d\Gamma_2 = \int_{\Gamma_1} F_1(x^{(1)}) \, d\Gamma_1 \int_{H_2(x^{(2)}) \leqslant E - H_1(x^{(1)})} d\Gamma_2$$
$$= \int_{\Gamma_1} F_1(x^{(1)}) \Phi_2(E - H_1(x^{(1)})) \, d\Gamma_1 .$$

Der mikrokanonische Erwartungswert von F_1 bezüglich des Gesamtsystems ist deshalb (siehe (2.9))

$$\langle F_1 \rangle \overset{(2.9)}{=} \frac{1}{\omega(E)} \frac{d}{dE} \int_{H \leqslant E} F_1 \, d(\Gamma_1 \otimes \Gamma_2)$$
$$= \frac{1}{\omega(E)} \int_{\Gamma_1} F_1(x^{(1)}) \, \omega_2(E - H_1(x^{(1)})) \, d\Gamma_1 .$$

(Um dies zu sehen, multipliziere man den Integranden mit $1 = \int dE_1' \, \delta(H_1 - E_1')$ und führe danach die Integration bezüglich $d\Gamma_1$ aus.) Dies entspricht dem Wahrscheinlichkeitsmaß

$$d\mu_1\left(x^{(1)}\right) = \frac{\omega_2\left(E - H_1\left(x^{(1)}\right)\right)}{\omega(E)} \, d\Gamma_1 \tag{3.12}$$

auf Γ_1. Speziell für $F_1(x^{(1)}) = \chi_{H^{(1)} \leqslant E_1}$ (mit der charakteristischen Funktion χ) erhalten wir die Wahrscheinlichkeit

$$P(H_1 \leqslant E_1) = \frac{1}{\omega(E)} \int\limits_{H_1 \leqslant E_1} \omega_2(E - H_1) \, d\Gamma_1$$

$$= \frac{1}{\omega(E)} \int\limits_{-\infty}^{E_1} \omega_1(E_1') \, \omega_2(E - E_1') \, dE_1' \,,$$

d. h. die Wahrscheinlichkeitsverteilung für E_1 ist

$$W_1(E_1) \, dE_1 = \frac{\omega_1(E_1) \, \omega_2(E - E_1)}{\omega(E)} \, dE_1 \,. \tag{3.13}$$

Nach (3.7) ist diese normiert, wie es sein muss. In Sattelpunktnäherung ist

$$W_1(E_1) \, dE_1 \approx \frac{1}{\sqrt{2\pi\sigma}} e^{\frac{(E_1 - \bar{E}_1)^2}{2\sigma}} \, dE_1 \,. \tag{3.14}$$

Deshalb ist σ, wie erwartet, das Schwankungsquadrat der Energie E_1.

Für große Systeme können wir den Schwankungsbeitrag in der Beziehung (3.11) vernachlässigen und erhalten im Grenzfall $N \to \infty$ tatsächlich Additivität der Entropie. (Auf den thermodynamischen Limes werden wir in Kapitel 18 genauer eingehen.)

Damit dürfen wir $k \ln \Phi(E)$ für große Systeme (im thermodynamischen Limes) mit der *thermodynamischen Entropie eines isolierten Systems* identifizieren.

Daraus folgt thermodynamisch

$$\frac{1}{T} = \frac{\partial S}{\partial E} = k \frac{\partial}{\partial E} \ln \Phi(E) \,,$$

d. h. wieder die Gl. (2.12):

$$\frac{\partial \ln \Phi(E)}{\partial E} = \frac{1}{kT} =: \beta \tag{3.15}$$

Die reziproke Temperatur (β) stellt sich also als relative Änderung der Phasenvolumens mit der Energie dar.

Nach (3.2) gilt auch

$$\left\langle \frac{\partial H}{\partial a} \right\rangle = -T \frac{\partial S(E, a)}{\partial a} \,, \tag{3.16}$$

und insbesondere ist

$$-\left\langle \frac{\partial H}{\partial V} \right\rangle = T\, \frac{\partial S(E, V, \cdots)}{\partial V} = p\,.$$
(3.17)

Auf die Konkavitätseigenschaften der Entropie im thermodynamischen Limes werden wir in Kapitel 19 eingehen.

4 Das Gibbs'sche Variationsprinzip

Wir charakterisieren nun die Gleichverteilung auf der Energiefläche durch ein Extremalprinzip. Dazu betrachten wir die Klasse der Wahrscheinlichkeitsmaße der Form $\rho\,d\Gamma_E$, wobei ρ eine $d\Gamma_E$-integrierbare Funktion auf Γ_E ist. Jeder Wahrscheinlichkeitsdichte ρ ordnen wir eine „Entropie" (*Boltzmann-Shannon-Entropie*)

$$S(\rho) = -k \int_{\Gamma_E} \rho \ln \rho \, d\Gamma_E \,, \tag{4.1}$$

zu, welche wir als ein Maß für die Ignoranz im Zustand $\rho\,d\Gamma_E$ interpretieren. Wir zeigen jetzt, dass $\rho \equiv 1/\omega(E)$ die Entropie (4.1) maximiert (Gibbs'sches Variationsprinzip). *Die Entropie wird also für den mikrokanonischen Zustand $d\mu_E$ maximal.*

Beweis Es ist

$$\begin{aligned}
S(\omega(E)^{-1}) - S(\rho) &= k \int \rho \ln \rho \, d\Gamma_E - k \int \omega^{-1} \ln \omega^{-1} \, d\Gamma_E \\
&= k \int \rho \ln \rho \, d\Gamma_E - k \int \rho \ln \omega^{-1} \, d\Gamma_E \\
&= k \int \rho(\ln \rho - \ln \omega^{-1}) \, d\Gamma_E \\
&\geqslant k \int (\rho - \omega^{-1}) \, d\Gamma_E = 0 \qquad \text{(nur für } \rho = \omega^{-1}) \,.
\end{aligned}$$

Beim Ungleichheitszeichen haben wir die einfache Ungleichung

$$f(\ln f - \ln g) \geqslant f - g \,, \tag{4.2}$$

benutzt, die für $f \geqslant 0$, $g \geqslant 0$ gilt, wobei das Gleichheitszeichen genau für $f = g$ zutrifft.

Diese Ungleichung beweist man so: Zunächst sei $g > 0$. Dann ist die Ungleichung (4.2) äquivalent zu

$$\frac{f}{g} \ln \frac{f}{g} \geqslant \frac{f}{g} - 1 \,.$$

Tatsächlich ist aber für $0 \leqslant x < \infty$ immer $x \ln x \geqslant x - 1$ („=" nur bei $x = 1$). Durch Grenzübergang folgt dann (4.2) für alle $g \geqslant 0$.

Wir wollen uns über den Entropieausdruck (4.1) noch etwas unterhalten. Zunächst eine enttäuschende Bemerkung: Wegen der Invarianz von $d\Gamma_E$ unter dem Fluss ϕ_t folgt für $\rho_t = \rho \circ \phi_{-1}$

$$\begin{aligned}
S(\rho_t) &= -k \int \rho_t \ln \rho_t \, d\Gamma_E = -k \int (\rho \ln \rho) \circ \phi_{-t} \, d\Gamma_E \\
&= k \int \rho \ln \rho \, d\Gamma_E = S(\rho) \qquad \text{für alle } t \,.
\end{aligned} \tag{4.3}$$

Die *Entropie bleibt also zeitlich konstant.* Man kann erst nach einer *gemittelten Beschreibung* hoffen, ein *H*-Theorem zu erhalten. Im Unterschied zur Gibbs'schen Entropie (4.1) bleibt die Boltzmann-Entropie nicht konstant (siehe dazu Anhang B).

Für die weiteren Eigenschaften der Entropie betrachten wir allgemeiner einen Maßraum $(\mathcal{X}, \mathcal{A}, d\mu)$. Bezeichnet wieder ρ eine $d\mu$-integrierbare Funktion, so dass $\rho\, d\mu$ ein Wahrscheinlichkeitsmaß ist, so sei wieder

$$S(\rho) = -k \int_{\mathcal{X}} \rho \ln \rho \, d\mu \,. \tag{4.4}$$

Beispiel 4.1

$\mathcal{X} = \{1, 2, \cdots, n\}$, $d\mu$ gibt jedem Element von $\mathcal{X}$ das Gewicht 1; ferner sei

$$\rho(i) =: p_i\,, \qquad \sum_{i=1}^{n} p_i = 1 \,.$$

Dann ist

$$S(\rho) = -k \sum_{i} p_i \ln p_i \,. \tag{4.5}$$

∎

Interpretation   In sehr vielen, nämlich N, Versuchen wird Np_i-mal das Ergebnis i erscheinen. Sei Z_n die Anzahl der Möglichkeiten, in N Versuchen Np_i-mal das Ergebnis i für $i = 1, \cdots, n$ zu erhalten. Offensichtlich ist

$$Z_n = \frac{N!}{\prod_{i=1}^{n} (Np_i)!} \,.$$

Wir betrachten die Größe

$$\frac{1}{N} \ln Z_N \approx \frac{1}{N} \left[N \ln N - N + O(\ln N) - \sum_{i=1}^{n} Np_i \ln(Np_i) - Np_i + O(\ln Np_i) \right]$$

$$\approx -\sum p_i \ln p_i + O\left(\frac{\ln N}{N} \right) \,.$$

Es ist also

$$S \approx k \frac{\ln Z_N}{N} \propto \ln(\text{Anzahl der Möglichkeiten}) \,.$$

Die Entropie ist konkav   Sei $\rho = \lambda \rho_1 + (1 - \lambda)\rho_2$, $0 \leqslant \lambda \leqslant 1$, dann gilt

$$S(\rho) \geqslant \lambda S(\rho_1) + (1 - \lambda) S(\rho_2) \,. \tag{4.6}$$

Beweis   Dies ergibt sich aus der Ungleichung (4.2)

$$S(\rho) - \lambda S(\rho_1) - (1-\lambda)S(\rho_2) = \lambda k \int \rho_1 (\ln \rho_1 - \ln \rho) \, d\mu$$

$$+ (1-\lambda)k \int \rho_2 (\ln \rho_2 - \ln \rho) \, d\mu$$

$$\overset{(4.2)}{\geqslant} 0 \qquad (\text{„=" für } \rho_1 = \rho_2 = \rho).$$

Die Entropie ist subadditiv   Wir betrachten das Produkt $(\mathcal{X}_1 \times \mathcal{X}_2, \mathcal{A}_1 \otimes \mathcal{A}_2, d\mu_1 \otimes d\mu_2)$ von zwei Maßräumen $(\mathcal{X}_i, \mathcal{A}_i, d\mu_i)$, $(i = 1, 2)$ und darauf den Zustand ρ (das Wahrscheinlichkeitsmaß $\rho \, d\mu_1 \otimes d\mu_2$). Sei

$$\rho_1(x_1) = \int \rho(x_1, x_2) \, d\mu_2(x_2),$$

$$\rho_2(x_2) = \int \rho(x_1, x_2) \, d\mu_1(x_1).$$

Die $\rho_i \, d\mu_i$ sind Zustände (Wahrscheinlichkeitsmaße) der beiden Maßräume. Die Subadditivität bedeutet, dass gilt:

$$S(\rho) \leqslant S(\rho_1) + S(\rho_2)$$

$$(\text{„=" nur für } \rho = \rho_1 \otimes \rho_2) \tag{4.7}$$

Beweis

$$S(\rho) - S(\rho_1) - S(\rho_2) = -k \int \rho \ln \rho \, d\mu + k \int \rho(\ln \rho_1 + \ln \rho_2) \, d\mu$$

$$= -k \int \rho(\ln \rho - \ln \rho_1 \otimes \rho_2) \, d\mu$$

$$\overset{(4.2)}{\leqslant} -k \int (\rho - \rho_1 \otimes \rho_2) \, d\mu = 0 \qquad \text{„=" nur für } \rho = \rho_1 \otimes \rho_2$$

Anmerkungen zum Gibb'schen Variationsprinzip

Es erscheint mir unbefriedigend, dieses Extremalprinzip als Ausgangspunkt der SM zu nehmen. Dieser Standpunkt verzichtet von vornherein darauf, das makroskopische Verhalten makroskopischer Systeme *allein* aus der mikroskopischen Theorie zu erklären. Es ist ja a priori nicht ausgeschlossen, dass die mikroskopische Dynamik zu Abweichungen der Gleichverteilung führt, welche auch makroskopische Auswirkungen haben. Daran ändert die Tatsache nichts, dass die Gleichverteilung die Entropie (4.1) maximiert.

Eine simple Analogie möge dies verdeutlichen (aus Jelitto (1985), S. 241): Ein Fabrikant möchte 3000 Bälle in den Farben rot, grün und blau produzieren. Wir stellen uns vor, eine Umfrage hätte ergeben, dass 98 % aller Kunden rote Bälle bevorzugen würden, der Fabrikant aber nichts davon wüsste. Dann müsste er *aufgrund seines Kenntnisstandes* die Entropie (4.5) maximieren, wass die Gleich-verteilung $p_i = 1/3$ ergibt. Der Verkauf würde ihn aber belehren, dass er doch falsch gehandelt hatte.

Damit sollte nochmals betont werden, dass die Grundfragen der SM noch nicht befriedigend gelöst sind.

5 Das Gibbs'sche Paradoxon

Wir kehren nochmals zum klassischen monoatomaren Gas zurück. Nach Gleichung (2.11) gilt für große N

$$N^{-1}k\ln\Phi(E) = k\ln\left[v\left(\frac{4\pi m}{3}\right)^{3/2}\epsilon^{3/2}N\right] + \frac{3}{2}k.$$ (5.1)

Dieser Ausdruck divergiert im thermodynamischen Limes: $N \to \infty$ und $v, \epsilon = $ const. Deshalb ist $k\ln\Phi(E)$ keine extensive Größe und kann also nicht die richtige Entropie sein!

Eine weitere Schwierigkeit wird durch die folgende Betrachtung von Gibbs klar. Gegeben seien zwei ideale Gase mit N_1 bzw. N_2 Teilchen, welche sich in zwei separaten Volumina V_1 und V_2 auf gleicher Temperatur und bei gleicher Dichte befinden sollen (Abbildung 5.1). Nun beseitige man die Trennwand und lasse die

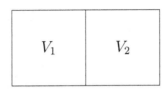

Abb. 5.1 Bezeichnungen zum Gibbs'schen Paradoxon.

Gase sich im Volumen $V = V_1 + V_2$ durchmischen. Da dabei die Temperatur und somit ϵ gleich bleiben, ist die Änderung von $\ln\Phi(E)$ nach (5.1)

$$\Delta\ln\Phi = N_1\ln\frac{V}{V_1} + N_2\ln\frac{V}{V_2}.$$ (5.2)

Dies ist die Mischentropie (siehe Straumann (1986), Abschnitt 6.3). Dieses Resultat ist auch für verschiedene Gase (z. B. Argon und Neon) experimentell richtig. Das Gibbs'sche Paradoxon ergibt sich für *identische* Gase, denn dann sollte keine Mischentropie auftreten.

Die Quantenstatistik wird uns zeigen (siehe Kapitel 33), dass die korrekte Entropie, für welche die obigen Schwierigkeiten entfallen, durch den folgenden Ausdruck gegeben ist:

$$S = k\ln\Phi^*$$ (5.3)

mit

$$\Phi^* = \frac{1}{N!\,h^{3N}}\Phi(E, V, N)$$ (5.4)

Der Faktor $N!$ beruht dabei auf der Ununterscheidbarkeit der Teilchen.

Für das ideale Gas ergibt sich dann – mit der Stirling'schen Formel – für die Entropie

$$S(E, V, N) = Nk\ln\left[\frac{V}{N}\left(\frac{E}{N}\right)^{3/2}\right] + \frac{3}{2}Nk\left[\frac{5}{3} + \ln\frac{4\pi m}{3h^2}\right]$$ (5.5)

(Sackur-Tetrode-Formel für ideale Gase). Die Entropie ist offensichtlich extensiv. Wegen $T^{-1} = \partial S/\partial E = (3/2)Nk/E$, d. h. $E = \frac{3}{2}NkT$, gilt auch

$$S(T, V, N) = n \left\{ \ln \frac{v}{\lambda^3(T)} + \frac{5}{2} \right\}, \tag{5.6}$$

mit der *thermischen Wellenlänge*

$$\lambda(T) = \frac{h}{\sqrt{2\pi mkT}}. \tag{5.7}$$

6 Die kanonische Gesamtheit

Wir betrachten nun wieder, wie beim Beweis der Additivität der Entropie in Kapitel 3, zwei Systeme im Wärmekontakt, siehe Abbildung 6.1. Diesmal sei aber $N_1 \ll N_2$, $V_1 \ll V_2$; wir untersuchen also das Verhalten eines Systems 1 in thermischem Kontakt mit einem Wärmebad. Das Gesamtsystem wird durch die mikrokanonische Gesamtheit $d\mu_{1\cup 2}$ beschrieben. Ohne Näherung können wir Erwartungs-

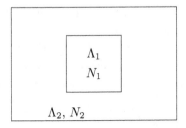

Abb. 6.1 Zwei Untersysteme eines isolierten Systems in thermischem Kontakt.

werte von Observablen auf Γ_1 mit dem Wahrscheinlichkeitsmaß (3.12) berechnen, welches wir nun als

$$d\mu_1(x_1) = \frac{Z_2(E - H_1(x_1))}{Z_{1\cup 2}(E)} \frac{d\Gamma_1(x_1)}{h^{3N_1} N_1!} \tag{6.1}$$

schreiben. Dabei sind

$$Z_i = \frac{1}{h^{3N_i} N_i!} \omega_i \,, \quad Z_{1\cup 2} = \frac{1}{h^{3N_1 + N_2} N_1! \, N_2!} \omega_{1\cup 2}$$

die *mikrokanonischen Zustandssummen*. Für diese gilt nach (3.7)

$$Z_{1\cup 2} = Z_1 \star Z_2 \,. \tag{6.2}$$

Speziell ist die Wahrscheinlichkeitsverteilung für E_1 nach (3.13) durch

$$W(E_1)\,dE_1 = \frac{Z_1(E_1) Z_2(E - E_1)}{Z_{1\cup 2}(E)}\,dE_1 \tag{6.3}$$

gegeben.

Nun werten wir $d\mu_1$ approximativ für den Fall aus, dass das System 2 – wie angenommen – ein Wärmebad ist. Es ist dann (wenn wir den Unterschied von $\ln \omega$ und $\ln \Phi$ wieder vernachlässigen)

$$Z_2(E - H_1(E_1)) = \exp\left[\frac{1}{k} S_2(E - H_1(x_1))\right]$$

$$= Z_2(E) \exp\left[-\frac{1}{k} \frac{\partial S_2}{\partial E}(E) H_1(x_1) + \frac{1}{2k} \frac{\partial^2 S_2}{\partial E^2}(\tilde{E}) H_1(x_1)^2\right],$$

wobei $\tilde{E}$ ein Zwischenwert von E ist. Nun ist $(\partial S_2/\partial E)(E) = 1/T$, wobei T die Temperatur des *Wärmebades* ist. Damit erhalten wir

$$d\mu_1(x_1) = \frac{Z_2(E)}{Z_{1\cup 2}(E)} \mathrm{e}^{-\beta H_1(x_1)} \frac{d\Gamma_1}{h^{3N_1} N_1!} \exp\left[\frac{1}{2k} \frac{\partial^2 S_2}{\partial E^2}(\tilde{E}) H_1(x_1)^2\right]. \qquad (6.4)$$

Da aber

$$\frac{\partial^2 S_2}{\partial E^2} = \frac{1}{N_2^2} \frac{\partial^2 S_2}{\partial \epsilon^2}, \qquad \epsilon := \frac{E}{N_2}$$

gilt und S_2 proportional zu N_2 ist, ist $\partial^2 S_2/\partial E^2$ von der Ordnung $\mathcal{O}(1/N_2)$, falls keine anomalen Schwankungen auftreten. (Wir haben bereits in Kapitel 6 gesehen, dass $\partial^2 S_2/\partial E^2$ die Energieschwankungen des Wärmebades bestimmt.) Da $H_1(x_1)$ sich wie $O(N_1)$ verhält, ist der Exponent im Korrekturfaktor von (6.4) um die Ordnung $\mathcal{O}(N_1/N_2)$ kleiner als $\beta H_1(x_1)$. Damit erhalten wir in ausreichender Näherung

$$d\mu_1 = \frac{Z_2(E)}{Z_{1\cup 2}(E)} \mathrm{e}^{-\beta H_1} \frac{d\Gamma_1}{h^{3N_1} N_1!}. \qquad (6.5)$$

Der Vorfaktor ergibt sich aus der Nomierungsbedingung zu

$$\frac{Z_{1\cup 2}(E)}{Z_2(E)} = Z_{\mathrm{kan}}^{(1)}, \qquad (6.6)$$

wo $Z_{\mathrm{kan}}^{(1)}$ die sogenannte *kanonische Zustandssumme*

$$Z_{\mathrm{kan}}^{(1)}(\beta, V_1, N_1) = \int_{\Gamma_1} \mathrm{e}^{-\beta H_1} \frac{d\Gamma_1}{h^{3N_1} N_1!}$$

des kleinen Systems bezeichnet.

Damit haben wir das folgende wichtige *Resultat* gefunden: Der Gleichgewichtszustand eines Systems in thermischem Kontakt mit einem Wärmebad ist durch das kanonische Wahrscheinlichkeitsmaß

$$d\mu_{\mathrm{kan}} = Z_{\mathrm{kan}}^{-1} \mathrm{e}^{-\beta H} \frac{d\Gamma}{h^{3N} N!},$$

$$Z_{\mathrm{kan}}(\beta, V, N) = \int_{\Gamma_{\Lambda,N}} \mathrm{e}^{-\beta H} \frac{d\Gamma}{h^{3N} N!}, \qquad (6.7)$$

gegeben, wobei $(k\beta)^{-1}$ die Temperatur des Wärmebades ist.

Ergänzung

Das Wärmebad sei ein ideales Gas. In diesem Fall können wir die oben gemachten Näherungen genauer kontrollieren.

Wir benötigen die Beziehung

$$\frac{Z_2(E - H_1)}{Z_2(E)} = \frac{\omega_2(E - H_1)}{\omega_2(E)}.$$

Nun war für ein ideales Gas (siehe Beispiel 2.1)

$$\Phi(E) = V^N \frac{\pi^{3N/2}}{\Gamma(3\frac{N}{2} + 1)} (2mE)^{3N/2},$$

also

$$\omega(E) \propto E^{(3N-2)/2}.$$

Folglich ist

$$\frac{Z_2(E - H_1)}{Z_2(E)} = \left(1 - \frac{H_1}{E}\right)^{(3N-2)/2} \longrightarrow e^{-\frac{3}{2}H_1/\epsilon},$$

wobei $\epsilon = E/N$ für $E, N \to \infty$ festgehalten wird. Setzen wir $\epsilon = (3/2)\,kT$, so folgt für ein großes Wärmebad

$$\frac{Z_2(E - H_1)}{Z_2(E)} \to e^{-\beta H_1}, \quad \beta = \frac{1}{kT}.$$

Wir erhalten also wieder das kanonische Maß.

Bei dieser Herleitung kommt es übrigens nicht darauf an, wie groß das System 1 ist. Unser Resultat gilt auch für ein einzelnes Teilchen! Natürlich werden wir nur für große Systeme für die mikrokanonische und die kanonische Gesamtheit die gleiche Thermodynamik erhalten (Näheres dazu in Kapitel 10).

7 Verknüpfung mit der Thermodynamik

Nun wollen wir den Anschluss an die Thermodynamik herstellen.

7.1 Die freie Energie

Wir zeigen zunächst, dass die Helmholtz'sche freie Energie F des Systems sehr einfach mit der kanonischen Zustandssumme zusammenhängt:

$$F(T, V, N) = -kT \ln Z_{\text{kan}}(T, V, N) \tag{7.1}$$

Dazu gehen wir auf die folgende Gleichung zurück (siehe Gleichung (3.9)):

$$\exp\left[\frac{1}{k} S_{1 \cup 2}(E)\right] = \int \exp\left[\frac{1}{k} S_1(E_1) + \frac{1}{k} S_2(E - E_1)\right] dE_1$$

Nun fällt $S_2(E - E_1)$ mit E_1 stark ab, da das System 2 viel größer ist als das System 1. Deshalb entwickeln wir den Exponenten rechts wieder wie auf Seite 18. Die Entropie $S_1(E_1)$ entwickeln wir ferner um den stationären Wert $\bar{E}_1$ und verwenden außerdem die Beziehungen

$$\frac{\partial S_2}{\partial E_2}(E_2 = E) \approx \frac{\partial S_2}{\partial E_2}(E_2 = E - \bar{E}_1),$$

$$\frac{\partial^2 S_2}{\partial E_2^2}(E_2 = E) \ll \frac{\partial^2 S_1}{\partial E_1^2}(E = \bar{E}_1)$$

(man überprüfe Letzteres für das ideale Gas). Damit ergibt sich

$$\exp\left[\frac{1}{k} S_{1 \cup 2}(E)\right] = \exp\left[\frac{1}{k} S_2(E)\right] \cdot$$

$$\int \exp\left[\frac{1}{k} S_1(\bar{E}_1) - \beta_1 \bar{E}_1 - \frac{1}{2}(E_1 - \bar{E}_1)^2/\sigma\right] d(E_1 - \bar{E}_1)$$

$$= \exp\left[\frac{1}{k} S_2(E) + \frac{1}{k} S_1(\bar{E}_1) - \beta_1 \bar{E}_1\right] \cdot \sqrt{2\pi\sigma},$$

mit

$$\sigma^{-1} = -\frac{1}{k} \frac{\partial^2 S_1}{\partial E_1^2}(\bar{E}_1).$$

Anderseits gilt nach (6.6)

$$Z_{\text{kan}}^{(1)} = \frac{Z_{1 \cup 2}(E)}{Z_2(E)} = \exp\left[\frac{1}{k} S_{1 \cup 2}(E) - \frac{1}{k} S_2(E)\right].$$

Vergleichen wir dies mit dem letzten Resultat, so folgt

$$Z_{\text{kan}}^{(1)} = \exp\left[-\beta_1 \bar{E}_1 + \frac{1}{k} S_1(\bar{E}_1)\right] \sqrt{2\pi\sigma}.$$

Deshalb gilt

$$- kT_1 \ln Z_{\text{kan}}^{(1)} = \bar{E}_1 - T_1 S_1(\bar{E}_1) - kT \ln \sqrt{2\pi\sigma} \,. \tag{7.2}$$

Im thermodynamischen Limes können wir den letzten Term wieder vernachlässigen. In diesem Grenzfall ist deshalb tatsächlich $-kT_1 \ln Z_{\text{kan}}^{(1)}$ die freie Energie des Systems 1.

Da die kanonische Zustandssumme von den „richtigen" Variablen T,V und N für die freie Energie abhängt, liefert uns (7.1) alles, was wir zur Beschreibung der thermodynamischen Eigenschaften benötigen. Für praktische Rechnungen ist die kanonische Gesamtheit viel bequemer als die mikrokanonische. Wir werden später sehen (Kapitel 10), dass die beiden für große Systeme äquivalent werden.

7.2 Innere Energie, Entropie

Die innere Energie U ist gleich dem Mittelwert von H:

$$U = \langle H \rangle = Z^{-1} \int H e^{-\beta H} \frac{d\Gamma}{h^{3N} N!}$$

$$= -Z^{-1} \frac{\partial}{\partial \beta} \int e^{-\beta H} \frac{d\Gamma}{h^{3N} N!} = -Z^{-1} \frac{\partial Z}{\partial \beta}$$

Damit gilt

$$U = -\frac{\partial}{\partial \beta} \ln Z \,. \tag{7.3}$$

Mit (7.1) ergibt sich auch

$$U = \frac{\partial}{\partial \beta} (\beta F) = F - T \frac{\partial F}{\partial T} \,.$$

Somit folgt aus $U = F + TS$ die richtige thermodynamische Beziehung $S = -\partial F/\partial T$. Für die Entropie erhalten wir

$$S = \frac{U - F}{T} = \beta k U + k \ln Z \,,$$

und dies ist auch gleich dem Ausdruck

$$S = -k \int \rho \ln \rho \, \frac{d\Gamma}{h^{3N} N!} \,, \quad \text{mit} \quad \rho = Z^{-1} e^{-\beta H} \,, \tag{7.4}$$

was zu erwarten war.

7.3 Gibbs'sches Variationsprinzip für die kanonische Gesamtheit

Auch die kanonische Gesamtheit lässt sich durch ein Extremalprinzip charakterisieren: Der kanonische Zustand

$$\rho_k = Z^{-1} e^{-\beta H}$$

macht die Entropie

$$S(\rho) = -k \int \rho \ln \rho \frac{d\Gamma}{h^{3N} N!}$$

bei gegebenem Erwartungswert $\langle H \rangle$ maximal.

Beweis   Aus der Nebenbedingung folgt

$$\int (\ln \rho_k) \rho \, d\Gamma = \int (\ln \rho_k) \rho_k \, d\Gamma .$$

Ferner gilt

$$\int \rho \, d\Gamma = \int \rho_k \, d\Gamma$$

und somit

$$
\begin{aligned}
k^{-1} \left(S(\rho_k) - S(\rho) \right) &= \int (\rho \ln \rho - \rho_k \ln \rho_k) \, d\Gamma \\
&= \int \rho (\ln \rho - \ln \rho_k) \, d\Gamma \\
&\overset{(4.2)}{\geq} \int (\rho - \rho_k) \, d\Gamma = 0
\end{aligned}
$$

(„$=$" nur für $\rho = \rho_k$).

7.4   Schwankungen der Energie

Für das Schwankungsquadrat der Energie, $\sigma^2(H)$, haben wir

$$\sigma^2(H) = \langle (H - \langle H \rangle)^2 \rangle = \underbrace{\langle H^2 \rangle}_{\dfrac{1}{Z} \dfrac{\partial^2 Z}{\partial \beta^2}} - \underbrace{\langle H \rangle^2}_{\left(\dfrac{1}{Z} \dfrac{\partial Z}{\partial \beta} \right)^2}$$

$$= \frac{\partial}{\partial \beta} \left(\frac{1}{Z} \frac{\partial Z}{\partial \beta} \right) .$$

Also ist

$$\sigma^2(H) = \frac{\partial^2}{\partial \beta^2} \ln Z = -\frac{\partial U}{\partial \beta} = -\frac{\partial^2}{\partial \beta^2} (\beta F) . \tag{7.5}$$

Dies zeigt u. a., dass die Funktion $U(\beta)$ monoton abnehmend ist. Außerdem gilt[6]

$$\sigma^2(H) = kT^2 \frac{\partial U}{\partial T} = kT^2 C_V , \tag{7.6}$$

wobei C_V die Wärmekapazität des Systems bei konstantem Volumen ist. Diese muss also nicht negativ sein. Es ist überraschend, dass die Schwankung der Energie, welche ja innerhalb der Thermodynamik nicht vorkommt, *nur von thermodynamischen Größen abhängt.*

---

[6] Diese Beziehung hat zuerst Einstein in einer frühen Arbeit im Jahre 1904 abgeleitet.

7.5 Konvexität von $\ln Z_{\mathrm{kan}}(\beta, N, V)$ in β

Diese Eigenschaft ist ein Spezialfall des folgenden mathematischen Sachverhalts:
Für zwei beliebige Funktionen e^f, $e^g \in L^1(\mu)$ eines beliebigen Maßraums gilt

$$\int e^{\lambda f + (1-\lambda)g} \, d\mu \leq \left(\int e^f \, d\mu \right)^{\lambda} \left(\int e^g \, d\mu \right)^{1-\lambda} . \tag{7.7}$$

Dies ist eine unmittelbare Folge der Hölder'schen Ungleichung:

$$\| F \cdot G \|_1 \leq \| F \|_p \| G \|_q , \qquad \frac{1}{p} + \frac{1}{q} = 1 \tag{7.8}$$

Tatsächlich ergibt diese für $F = e^{\lambda f}$, $G = e^{(1-\lambda)g}$, $p = 1/\lambda$, $q = 1/(1-\lambda)$ gerade
die Beziehung (7.7).

Aus (7.7) folgt nun insbesondere für

$$Z(\alpha) := \int e^{\alpha f} \, d\mu$$

die Konvexitätseigenschaft

$$\ln Z(\lambda \alpha + (1-\lambda)\beta) \leq \lambda \ln Z(\alpha) + (1-\lambda) \ln Z(\beta) .$$

Deshalb ist $\ln Z_{\mathrm{kan}}(\beta, V, N)$ konvex in β. Dies bleibt auch im thermodynamischen
Limes bestehen. Konvexitätseigenschaften in V und N ergeben sich erst im thermodynamischen Limes (siehe Kapitel 19).

8 Ein anderer Zugang zur kanonischen Gesamtheit

Gibt es einen vernünftigen Zugang zur kanonischen Gesamtheit ohne den Umweg über die mikrokanonische Gesamtheit, welche wir ja letztlich auch nicht befriedigend begründen können? (Außerdem ist ein wirklich isoliertes System eine Fiktion, siehe Aufgabe I.10.)

Eine gewisse Rechtfertigung der kanonischen Gesamtheit könnte man im Gibbs'schen Variationsprinzip erblicken. Dieser Standpunkt kann jedoch wie früher kritisiert werden (siehe Seite 23). Der kanonische Zustand ist aber auch durch die folgende *Faktorisierungseigenschaft* charakterisiert:

Für zwei beliebig schwach gekoppelte Systeme gilt für den kanonischen Zustand des zusammengesetzten Systems

$$d\mu_{\text{kan}} = d\mu_{\text{kan}}^{(1)} \otimes d\mu_{\text{kan}}^{(2)} , \tag{8.1}$$

und durch diese Eigenschaft ist der kanonische Gleichgewichtszustand ausgezeichnet.

Dies beruht darauf, dass die Funktion $e^{-\beta x}$ die einzige Lösung der Funktionalgleichung $f(x_1)f(x_2) = f(x_1 + x_2)$ ist.

Wir wollen nun noch den Brückenschlag zur Thermodynamik direkt für die kanonische Gesamtheit vollziehen. Zumindest bemerken wir, dass β in der Beziehung

$$\rho = Z^{-1}e^{-\beta H}$$

aufgrund der Faktorisierungseigenschaft als Gleichgewichtsparameter angesehen werden kann.

Wieder betrachten wir nur reversible Zustandsänderungen, bei denen das System dauernd im kanonischen Zustand bleibt. Die Hamilton-Funktion $H(x; a)$ hänge wieder von einer Anzahl von Parametern $a_1, a_2, \cdots$ (Volumen etc.) ab.

Zunächst gilt für einen beliebigen Zustand und für beliebige Variationen

$$\delta U = \delta \int H\rho d\Gamma = \sum_i \left(\int \frac{\partial H}{\partial a_i} \rho d\Gamma \right) \delta a_i + \int H \delta\rho d\Gamma$$

$$= -\sum_i K_i \delta a_i + \int H\delta\rho d\Gamma ,$$

wobei

$$K_i = -\left\langle \frac{\partial H}{\partial a_i} \right\rangle \tag{8.2}$$

die *verallgemeinerten Kräfte* sind. Wir übersetzen dieses Resultat als

$$1. \text{ Hauptsatz:} \qquad \delta U = \delta A^{\checkmark} + \delta Q^{\checkmark} , \tag{8.3}$$

mit

$$\delta A' = -\sum_i K_i \delta a_i \,, \tag{8.4}$$

$$\delta Q' = \int H \delta \rho d\Gamma \,. \tag{8.5}$$

Nun spezialisieren wir uns auf *reversible* Zustandsänderungen und zeigen zunächst, dass $\beta \delta Q'$ ein exaktes Differential ist. Dazu betrachten wir (für den kanonischen Zustand) die Beziehung

$$\delta \langle \ln \rho \rangle = \int (\delta \rho \ln \rho + \delta \rho) \, d\Gamma = \int \delta \rho \ln \rho \, d\Gamma$$

$$= \int \delta \rho (- \ln Z - \beta H) \, d\Gamma = -\beta \int H \delta \rho \, d\Gamma = -\beta \, \delta Q' \,.$$

Damit ist also

$$k\beta \, \delta Q' = \delta S \,, \tag{8.6}$$

mit

$$S = -k \langle \ln \rho \rangle \,. \tag{8.7}$$

Dies ist gerade der *2. Hauptsatz*. Bei passender Verfügung über k folgt $\beta = 1/kT$. Gleichzeitig erhalten wir den folgenden Ausdruck für die Entropie:

$$S = -k \int (-\ln Z - \beta H) \, \rho d\Gamma$$

$$= k \ln Z + \underbrace{k\beta U}_{-k\beta \frac{\partial}{\partial \beta} \ln Z} = k\beta^2 \frac{\partial}{\partial \beta}(-\frac{1}{\beta} \ln Z)$$

$$= \frac{\partial}{\partial T} (kT \ln Z)$$

Die freie Energie ist nach dem eben Ausgeführten

$$F = U - TS = U - T(k \ln Z + k\beta U) = -kT \ln Z \,, \tag{8.8}$$

und die vorherige Gleichung zeigt, dass wir die richtige thermodynamische Beziehung $S = -\partial F/\partial T$ erhalten.

Gleichverteilungssatz für die kanonische Gesamtheit

Dieser Satz ergibt sich sofort nach einer partiellen Integration:

$$\left\langle x_i \frac{\partial H}{\partial x_j} \right\rangle = Z^{-1} \int_\Gamma x_i \underbrace{\frac{\partial H}{\partial x_j} e^{-\beta H}}_{\left(-\frac{1}{\beta}\right) \frac{\partial}{\partial x_j} e^{-\beta H}} d\Gamma$$

$$= kT\delta_{ij} Z^{-1} \int_\Gamma e^{-\beta H} d\Gamma = kT\delta_{ij} \tag{8.9}$$

Historisch war es ein Glück, dass Planck diesen Satz systematisch ignorierte (siehe den „Prolog" in Straumann (2013)).

9 Die großkanonische Gesamtheit

Wir haben gesehen, dass der kanonische Zustand ein System im Gleichgewicht beschreibt, welches mit seiner Umgebung Energie, aber keine Teilchen austauschen kann. Nun wollen wir den Gleichgewichtszustand eines Untersystems ermitteln, dass auch hinsichtlich der *Teilchenzahl offen* ist.

Das Resultat der Untersuchung wird folgendes sein: Da die Teilchenzahl nicht feststeht, ist der Phasenraum die disjunkte Vereinigung der N-Teilchen-Phasenräume $\Gamma_{\Lambda,N}$

$$\Gamma_\Lambda^{\text{g-kan}} = \bigcup_{N=0}^{\infty} \Gamma_{\Lambda,N} \,. \tag{9.1}$$

Ein Maß μ auf $\Gamma_\Lambda^{\text{g-kan}}$ ist durch dessen Restriktionen μ_N auf $\Gamma_{\Lambda,N}$, bestimmt[7]. Für das *großkanonische Wahrscheinlichkeitsmaß* (Gleichgewichtszustand) lauten diese (mit $V := |\Lambda|$)

$$d\mu_{\text{g-kan}}^{(\beta,\Lambda,\mu)}\Big|_{\Gamma_{\Lambda,N}} = [Z_{\text{g-kan}}(\beta,V,\mu)]^{-1}\, e^{-\beta(H_N - \mu N)}\frac{d\Gamma_{\Lambda,N}}{N!h^{3N}} \,. \tag{9.2}$$

Der Parameter μ ist das chemische Potential des *Reservoirs*, und der Normierungsfaktor $Z_{\text{g-kan}}(\beta,V,\mu)$ ist die großkanonische Zustandssumme

$$Z_{\text{g-kan}}(\beta,V,\mu) = \sum_{N=0}^{\infty} e^{\beta\mu N} Z_{\text{kan}}(\beta,V,N) \,. \tag{9.3}$$

Diese bestimmt das großkanonische Potential[8] gemäß

$$\Omega(\beta,V,\mu) = -kT \ln Z_{\text{g-kan}}(\beta,V,\mu) \,. \tag{9.4}$$

Für dieses gilt

$$d\Omega = -SdT - \beta dV - Nd\mu \,, \tag{9.5}$$

und für ein homogenes System ist $\Omega = -Vp(T,\mu)$.

Bevor wir diese Resultate herleiten, zeigen wir, dass der großkanonische Zustand wieder das entsprechende Extremalprinzip erfüllt, das man auch als unabhängige Rechtfertigung für diese Gesamtheit ansehen könnte.

Der großkanonische Zustand (9.2) maximiert die Entropie bei gegebenen Erwartungswerten $\langle H \rangle$ und $\langle N \rangle$.

---

[7]Eine Funktion f auf $\Gamma_\Lambda^{\text{g-kan}}$ entspricht einer Familie $\{f_N\}$ von Funktionen auf $\Gamma_{\Lambda,N}$, und es ist

$$\int f d\mu = \sum_{N=0}^{\infty} \int f_N d\mu_N \,.$$

Die Maße $d\mu_N$ können wir auch als Maße von $\Gamma_\Lambda^{\text{g-kan}}$ auffassen, indem wir diese mit den Bildmaßen über die kanonischen Injektionen $i_N : \Gamma_{\Lambda,N} \to \Gamma_\Lambda^{\text{g-kan}}$ identifizieren.

[8]Zur Erinnerung konsultiere man z. B. Straumann (1986), speziell Abschnitt II.7.

Der Beweis ergibt sich ähnlich wie schon früher (siehe Abschnitt 7.3.) Als Konkurrenz haben wir die Maße der Form (mit $d\Gamma_N^* := d\Gamma_N/(N!\,h^{3N})$)

$$d\mu = \sum_{N=0}^{\infty} \rho_N\,d\Gamma_N^*, \qquad \sum_{N=0}^{\infty} \int \rho_N\,d\Gamma_N^* = 1,$$

mit

$$S(\rho) = -k \sum_N \int \rho_N \ln \rho_N\,d\Gamma_N^*,$$

$$\langle H \rangle = \sum_N \int H_N \rho_N\,d\Gamma_N^*,$$

$$\langle N \rangle = \sum_N N \int \rho\,d\Gamma_N^*$$

zuzulassen. Schreiben wir

$$d\mu_{\text{g-kan}} = \sum_{N=0}^{\infty} \rho_N^{(0)}\,d\Gamma_N^*, \qquad \rho_N^{(0)} = Z_{\text{g-kan}}^{-1} e^{-\beta(H_N - \mu N)},$$

so ergibt sich aus den Nebenbedingungen die Gleichheit

$$\sum_N \int (\ln \rho_N^{(0)}) \rho_N\,d\Gamma_N^* = \sum_N \int (\ln \rho_N^{(0)}) \rho_N^{(0)}\,d\Gamma_N^*.$$

Somit erhalten wir

$$k^{-1}\left[S(\rho^{(0)}) - S(\rho)\right] = \sum_N \int (\rho_N \ln \rho_N - \rho_N^{(0)} \ln \rho_N^{(0)})\,d\Gamma_N^*$$

$$= \sum_N \int \rho_N(\ln \rho_N - \ln \rho_N^{(0)})\,d\Gamma_N^*$$

$$\overset{(4.2)}{\geq} \sum_N \int (\rho_N - \rho_N^{(0)})\,d\Gamma_N^* = 0$$

$$(= 0 \quad \text{nur für } \rho_N = \rho_N^{(0)} \text{ für alle } N).$$

Für den Brückenschlag zur Thermodynamik berechnen wir zuerst die Entropie

$$S = -k \sum_N \int \rho_N^{(0)}(-\beta H_N + \beta \mu N - \ln Z_{\text{g-kan}})\,d\Gamma_N^*$$

$$= \frac{1}{T}\langle H \rangle - \frac{\mu}{T}\langle N \rangle + k \ln Z_{\text{g-kan}}$$

$$= \frac{1}{T}U - \frac{\mu}{T}\bar{N} + k \ln Z_{\text{g-kan}},$$

wobei U die mittlere Energie und $\bar{N}$ die mittlere Teilchenzahl bezeichnen. Die Identifikation mit der thermodynamischen Beziehung

$$\Omega = U - TS - \mu\bar{N} \tag{9.6}$$

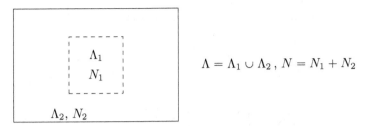

$$\Lambda = \Lambda_1 \cup \Lambda_2 \,, \; N = N_1 + N_2$$

Abb. 9.1 Untersystem in einem Teilchen-Energie-Reservoir. Das Gesamtsystem (Untersystem und Reservoir) ist nach außen hin isoliert. Das Untersystem kann Teilchen und Energie mit dem Reservoir austauschen.

zeigt, dass Ω mit der großkanonischen Zustandssumme gemäß (9.4) zusammenhängt.

Nun führen wir noch die nötigen Rechnungen zur Rechtfertigung von (9.2) und (9.4) durch. Wir betrachten wie in Kapitel 6 zwei Subsysteme, wobei das System 2 diesmal sowohl ein Wärmebad als auch ein Teilchenreservoir sei (Abbildung 9.1). Das Gesamtsystem wird durch die mikrokanonische Gesamtheit beschrieben. Wieder sei

$$H(x) = H_1(x_1(x)) + H_2(x_2(x))\,.$$

(Dabei bezeichnet $x_1(x)$ die Koordinaten und Impulse derjenigen Teilchen, die in Λ_1 sind.) Es sei $f_1(x_1, N_1)$ eine symmetrische Zustandsfunktion von Teilchen in Λ_1. Für ein $x \in \Gamma_{\Lambda,N}$ sei $S(x)$ die Teilchenmenge von $\{1, 2, \cdots, N\}$, für welche die zugehörigen Teilchenkoordinaten in Λ_1 sind. Zunächst betrachten wir (die Faktoren h^{3N} lassen wir weg)

$$\int\limits_{\{H(x) \leqslant E\}} f_1(x_1(x), N_1(x)) \frac{d\Gamma_{\Lambda,N}(x)}{N!}$$

$$= \sum_S \int\limits_{\substack{H(x) \leqslant E \\ S(x) = S}} f_1(x_1(x), N_1(x)) \frac{d\Gamma_{\Lambda,N}(x)}{N!}$$

$$= \sum_S \int\limits_{H_1(x_1) + H_2(x_2) \leqslant E} f_1(x_1, |S|) \frac{d\Gamma_{\Lambda_1}(x_1) d\Gamma_{\Lambda_2}(x_2)}{N!}$$

$$= \sum_{N_1} \binom{N}{N_1} \int \frac{1}{N!} f(x_1, N_1) \, d\Gamma_{\Lambda_1}(x_1) \int\limits_{H_2(x_2) \leqslant E - H_1(x_1)} d\Gamma_{\Lambda_2}(x_2)$$

$$= \sum_{N_1} \int\limits_{\Gamma_{\Lambda_1,N_1}} f_1(x_1, N_1) \, \Phi_{\Lambda_2}(E - H_1(x_1), N - N_1) \frac{d\Gamma_{\Lambda_1,N_1}(x_1)}{N_1!}\,.$$

Beim letzten Gleichheitszeichen wurde bereits ausgenutzt, dass im Folgenden Φ und ω immer mit dem Maß $d\Gamma/N!$ definiert sind. (Ferner haben wir in der Bezeichnung $d\Gamma_{\Lambda_i}$ die Teilchenzahl unterdrückt.)

Der mikrokanonische Erwartungswert von f_1 bezüglich des Gesamtsystems ist deshalb

$$\langle f_1 \rangle_{E,\Lambda,N} \overset{(2.9)}{=} \frac{1}{\omega_\Lambda(E,N)} \frac{d}{dE} \int\limits_{\{H \leqslant E\}} f_1 \frac{d\Gamma_{\Lambda,N}}{N!}$$

$$= \frac{1}{\omega_\Lambda(E,N)} \int\limits_{\Gamma_{\Lambda_1,N_1}} f_1(x_1,N_1) \, \omega_{\Lambda_2}(E - H_1(x_1), N - N_1) \frac{d\Gamma_{\Lambda_1,N_1}}{N_1!} .$$

Dies zeigt, dass die Wahrscheinlichkeitsverteilung $d\mu_{\Lambda_1}(x_1,N)$, die Anzahl N_1 an Teilchen in Λ_1 im Zustand $x_1 \in \Gamma_{\Lambda_1,N_1}$ zu finden, gegeben ist durch

$$d\mu_{\Lambda_1}(x_1,N_1) = \frac{\omega_{\Lambda_2}(E - H_1(x_1), N - N_1)}{\omega_\Lambda(E,N)} \frac{d\Gamma_{\Lambda_1,N_1}}{N_1!} . \tag{9.7}$$

Dies verallgemeinert Gleichung (3.12). Speziell für

$$f_1(x_1,N_1) = \begin{cases} 1 & \text{falls } H_1(x_1) \leqslant E_1, \quad N_1(x) = N_1, \\ 0 & \text{sonst} \end{cases}$$

erhalten wir die Wahrscheinlichkeit

$$P(H_1(x_1) \leqslant E_1, N_1(x) = N_1)$$

$$= \frac{1}{\omega_\Lambda(E,N)} \int\limits_{H_1(x_1) \leqslant E_1} \omega_{\Lambda_2}(E - H_1(x_1), N - N_1) \frac{d\Gamma_{\Lambda_1,N_1}}{N_1!}$$

$$= \frac{1}{\omega_\Lambda(E,N)} \int\limits_{-\infty}^{E_1} \omega_{\Lambda_1}(E_1',N_1) \omega_{\Lambda_2}(E - E_1', N - N_1) dE_1' ,$$

d. h. die gemeinsame Wahrscheinlichkeitsverteilung für E_1 und N_1 ist

$$W_1(E_1,N_1) \, dE_1 = \frac{\omega_{\Lambda_1}(E_1,N_1) \omega_{\Lambda_2}(E - E_1, N - N_1)}{\omega_\Lambda(E,N)} \, dE_1 . \tag{9.8}$$

Da diese normiert ist, gilt

$$\omega_\Lambda(E,N) = \sum_{N_1} \int \omega_{\Lambda_1}(E_1,N_1) \omega_{\Lambda_2}(E - E_1, N - N_1) dE_1 \tag{9.9}$$

(Faltung in E_1 und N_1).

Nun werten wir $d\mu_{\Lambda_1}$ (Gleichung (9.7)) approximativ aus, wenn das System 2 sehr groß ist. Ähnlich wie in Kapitel 6 ist

$$\omega_{\Lambda_2}(E - H_1(x_1), N - N_1) = \exp\left[\frac{1}{k} S_{\Lambda_2}(E - H_1(x_1), N - N_1)\right]$$

$$= \omega_{\Lambda_2}(E,N) \exp\left[-\frac{1}{k}\frac{\partial S_{\Lambda_2}(E,N)}{\partial E} H_1(x_1) - \frac{1}{k}\frac{\partial S_{\Lambda_2}(E,N)}{\partial N} N_1 + \cdots\right] .$$

Die nicht ausgeschriebenen Terme sind bei normalen Schwankungen wieder von relativer Ordnung $\mathcal{O}\left(N_1/N_2\right)$. Schließlich benutzen wir noch die Beziehung

$$\frac{\partial S_{\Lambda_2}}{\partial E}(E,N) = \frac{1}{T}, \qquad \frac{\partial S_{\Lambda_2}}{\partial N}(E,N) = -\frac{\mu}{T},$$

wobei T die Temperatur und μ das chemische Potential des Reservoirs sind. Somit erhalten wir

$$d\mu_{\Lambda_1}(x_1,N_1) = \frac{\omega_{\Lambda_2}(E,N)}{\omega_{\Lambda}(E,N)} e^{-\beta H_1(x_1)+\beta\mu N_1} \frac{d\Gamma_{\Lambda_1,N_1}}{N_1!}. \tag{9.10}$$

Dies ergibt das großkanonische Wahrscheinlichkeitsmaß (9.2) (wenn wir die Planck-Konstante mitnehmen). Dabei ist

$$Z_{\text{g-kan}} = \frac{\omega_{\Lambda_2}(E,N)}{\omega_{\Lambda}(E,N)}. \tag{9.11}$$

Für die thermodynamische Interpretation von $Z_{\text{g-kan}}$ benutzen wir in diesem Ausdruck die Gleichung (9.9) sowie die Formel $S = k\ln\omega$ für die Entropie. Der Nenner in (9.11) ist damit

$$\omega_{\Lambda}(E,N) = \sum_{N_1} \int \exp\left[\frac{1}{k}S_{\Lambda_1}(E_1,N_1) + \frac{1}{k}S_{\Lambda_2}(E-E_1,N-N_1)\right] dE_1.$$

Nun fällt $S_{\Lambda_2}(E-E_1,N-N_1)$ mit E_1 und N_1 stark ab, da das Reservoir 2 viel größer als das interessierende System 1 ist. Wir entwickeln deshalb $S_{\Lambda_2}(E-E_1,N-N_1)$ um (E,N). Ferner entwickeln wir $S_{\Lambda_1}(E_1,N_1)$ um die stationären Werte $\bar{E}_1, \bar{N}_1$ des Exponenten, für die

$$\frac{\partial S_{\Lambda_1}}{\partial E_1}(\bar{E}_1,\bar{N}_1) = \frac{\partial S_{\Lambda_2}}{\partial E_2}(\bar{E}_2 = E - \bar{E}_1, \bar{N}_2 = N - \bar{N}_1),$$

$$\frac{\partial S_{\Lambda_1}}{\partial N_1}(\bar{E}_1,\bar{N}_1) = \frac{\partial S_{\Lambda_2}}{\partial N_2}(\bar{E}_2,\bar{N}_2)$$

gilt. Wie in Kapitel 7 erhalten wir, bis auf Terme, die im thermodynamischen Limes weggelassen werden können,

$$\omega_{\Lambda}(E,N) = \omega_{\Lambda_2}(E,N)\exp\left[\frac{1}{k}S_{\Lambda_1}(\bar{E}_1) - \beta\bar{E}_1 + \beta\mu\bar{N}_1\right].$$

Also wird aus (9.11) nun

$$-kT\ln Z_{\text{g-kan}} = \bar{E}_1 - TS_1(\bar{E}_1) - \mu\bar{N}_1,$$

was nach (9.6) die Identifikation (9.4) rechtfertigt.

Die Überlegungen und Resultate dieses Abschnitts können leicht auf Gemische (eventuell mit chemischen Reaktionen) verallgemeinert werden.

Schwankungen der Teilchenzahl

In der großkanonischen Gesamtheit schwankt die Teilchenzahl um ihren mittleren Wert $\langle N \rangle$. Für das Schwankungsquadrat erhalten wir ähnlich wie in Abschnitt 7.4

$$\sigma^2(N) = \langle N^2 \rangle - \langle N \rangle^2 = \frac{1}{Z} \frac{1}{\beta^2} \frac{\partial^2 Z}{\partial \mu^2} - \left(\frac{1}{Z} \frac{1}{\beta} \frac{\partial Z}{\partial \mu} \right)^2$$

$$= \frac{1}{\beta^2} \frac{\partial}{\partial \mu} \left(\frac{1}{Z} \frac{\partial Z}{\partial \mu} \right) = \frac{1}{\beta^2} \frac{\partial^2}{\partial \mu^2} \ln Z$$

$$= -kT \frac{\partial^2 \Omega}{\partial \mu^2} = kT \left(\frac{\partial \langle N \rangle}{\partial \mu} \right)_{T,V}.$$

Dieses Resultat wollen wir festhalten ($\bar{N} \equiv \langle N \rangle$):

$$\sigma^2(N) = -kT \frac{\partial^2 \Omega}{\partial \mu^2} = kT \left(\frac{\partial \bar{N}}{\partial \mu} \right)_{T,V} \tag{9.12}$$

Auch $\sigma^2(N)$ lässt sich auf thermodynamische Größen zurückführen. Wir zeigen, dass

$$\sigma^2(N) = -kT \left(\frac{\bar{N}^2}{V} \right)^2 \left(\frac{\partial P}{\partial V} \right)_{T,\bar{N}}^{-1} \tag{9.13}$$

gilt, oder anders geschrieben (mit $v = V/\bar{N}$):

$$\sigma^2(N) = \bar{N} kT \frac{\chi_T}{v} \tag{9.14}$$

χ_t bezeichnet die isothermen Kompressibilität (pro Teilchen):

$$\chi_T = \frac{1}{v(-\partial p/\partial v)_T} \tag{9.15}$$

Diese Beziehung gewinnt man folgendermaßen: Zunächst ist nach (9.12)

$$\sigma^2(N) = kT \left(\frac{\partial \mu}{\partial \bar{N}} \right)_{T,V}^{-1} = \left(\frac{\partial^2 F}{\partial \bar{N}^2} \right)^{-1}, \tag{9.16}$$

wegen $\mu = \left(\partial F / \partial \bar{N} \right) (T, V, \bar{N})$. Nun ist $F(T, V, \bar{N})$ homogen vom 1. Grad in V und $\bar{N}$, so dass

$$\bar{N} \frac{\partial F}{\partial \bar{N}} + V \frac{\partial F}{\partial V} = F$$

folgt. Durch Differentiation nach $\bar{N}$ ergibt sich daraus

$$\frac{\partial^2 F}{\partial \bar{N}^2} = -\frac{V}{N} \frac{\partial^2 F}{\partial V \partial \bar{N}} = \frac{V}{\bar{N}} \left(\frac{\partial p}{\partial \bar{N}} \right)_{T,V}.$$

Als intensive Größe ist der thermodynamische Druck homogen vom 0-ten Grad in V und $\bar{N}$:

$$\bar{N} \left(\frac{\partial p}{\partial \bar{N}} \right)_{T,V} + V \left(\frac{\partial p}{\partial V} \right)_{T,\bar{N}} = 0$$

Es gilt also

$$\left(\frac{\partial p}{\partial \bar{N}}\right)_{T,V} = -\frac{V}{\bar{N}}\left(\frac{\partial p}{\partial V}\right)_{T,\bar{N}}$$

und somit

$$\frac{\partial^2 F}{\partial \bar{N}^2} = -\left(\frac{V}{\bar{N}}\right)^2 \left(\frac{\partial p}{\partial V}\right)_{T,\bar{N}}. \qquad (9.17)$$

Setzen wir dies in (9.16) ein, so folgt die Gleichung (9.13).

Speziell für ein ideales Gas ist (siehe Aufgabe I.2)

$$p = \frac{\bar{N}}{V}kT \qquad (9.18)$$

und folglich gemäß (9.13)

$$\sigma^2(N) = \bar{N}. \qquad (9.19)$$

Hier liegen sog. normale Schwankungen vor:

$$\frac{\sigma^2(N)}{\bar{N}^2} = O\left(\frac{1}{\bar{N}}\right) \qquad (9.20)$$

Die Gleichung (9.14) ist ein Beispiel für das sog. *Fluktuations-Dissipations-Theorem*. An einem kritischen Punkt verschwindet $\partial p/\partial v$ (siehe Straumann, 1986), weshalb die Dichteschwankung sehr groß werden. Die äußert sich z. B. im Phänomen der *kritischen Opaleszenz* bei der Lichtausbreitung (siehe Straumann, 1995).

10 Äquivalenz der verschiedenen Gesamtheiten im thermodynamischen Limes

Nach (9.14) gilt im großkanonischen Zustand für die relativen Schwankungen

$$\left(\frac{\sigma(N)}{\bar{N}}\right)^2 = \frac{kT}{V}\kappa_T .$$

(10.1)

Solange wir nicht in der Nähe eines kritischen Punktes sind, verschwindet $\sigma(N)/\bar{N}$ im thermodynamischen Limes wie $V^{-1/2}$. Diese relativen Schwankungen gehen auch am kritischen Punkt gegen null, solange sich κ_T wie V^σ mit $0 < \sigma < 1$ verhält. Dies erwartet man aufgrund verschiedener heuristischer Skalenargumente, auf die wir an dieser Stelle nicht eingehen können. Deshalb erwarten wir, dass die großkanonische und die kanonische Gesamtheit im thermodynamischen Limes äquvalent werden. In Kapitel 19 wird dies noch weiter ausgeführt werden.

Ähnliche Argumente kann man auch für die Energieschwankungen in der kanonischen Gesamtheit vorbringen. Nach Gleichung (7.6) gilt

$$\frac{\sigma(H)}{\langle H \rangle} = \frac{1}{\langle H \rangle} \left(kT^2 C_V\right)^{1/2} .$$

(10.2)

Da sowohl C_V als auch $\langle H \rangle$ extensive Größen sind, verschwindet auch $\sigma(H)/\langle H \rangle$ im thermodynamischen Limes, außer eventuell an der Stelle eines Phasenübergangs, wo die spezifische Wärme pro Teilchen divergieren kann. Wiederum erwartet man aber auf der Basis von heuristischen Betrachtungen, dass diese Divergenz das Verschwinden der relativen Schwankungen nicht verhindert. Dann ist die kanonische Gesamtheit äquivalent zur mikrokanonischen. (Literaturhinweise zu diesem Thema werden in Kapitel 19 gegeben.)

11 Zusammenfassung von Teil I

Zum Schluss dieses grundlegenden Teil wollen wir noch einmal das Wichtigste festhalten.

11.1 Mechanische Beschreibung eines abgeschlossenen Systems

a) Kinematik Die Grundbegriffe sind: Zustände, Observable, Erwartungswerte einer Observablen in einem Zustand. Die reinen Zustände sind die Punkte des Phasenraumes. Dieser ist eine symplektische Mannigfaltigkeit Γ mit symplektischer Struktur J, zu welcher ein natürliches Maß, das Liouville-Maß $d\Gamma$, gehört. Die Observablen sind $C^{\sharp}$-Funktionen auf Γ ($\sharp = \infty, \cdots$). Ein allgemeiner Zustand (Gemisch) ist ein Wahrscheinlichkeitsmaß der Form $\rho \, d\Gamma$ mit $\int_{\Gamma} \rho \, d\Gamma = 1$. Der Erwartungswert einer Observablen f im Zustand ρ ist

$$\langle f \rangle = \int_{\Gamma} f \, \rho \, d\Gamma \tag{11.1}$$

(ρ kann auch distributiv sein).

b) Dynamik Die Dynamik eines abgeschlossenen Systems wird durch eine Hamilton-Funktion $H \in C^{\sharp}(\Gamma)$ beschrieben. Zu H gehört das Hamilton'sche Vektorfeld

$$X_H = J \, \nabla H \,, \tag{11.2}$$

welches das dynamische System bestimmt; den zugehörige Fluss bezeichnen wir mit ϕ_t. Die Zeitabhängigkeit des Zustands ρ ist gegeben durch

$$\rho_t = \rho \circ \phi_{-t} \,. \tag{11.3}$$

Differentiell bedeutet dies

$$\frac{\partial}{\partial t}\rho_t = \{H, \rho_t\} = \{H, \rho\} \circ \phi_{-t} \quad \text{(Liouville-Gl.)}. \tag{11.4}$$

Die Zeitabhängigkeit der Erwartungswerte können wir auf zwei Arten darstellen (Schrödinger- bzw. Heisenberg-Bild):

$$\langle f \rangle_t = \int_{\Gamma} f \, \rho_t \, d\Gamma = \int f_t \, \rho \, d\Gamma \,, \tag{11.5}$$

mit

$$f_t = f \circ \phi_t \ \Rightarrow \ \frac{\partial}{\partial t}f_t = \{f_t, H\} = \{f, H\} \circ \phi_t \,. \tag{11.6}$$

In (11.5) wurde benutzt, dass das Liouville-Maß invariant unter ϕ_t ist.

Ein abgeschlossenes System bleibt für alle Zeiten auf der Energiefläche Γ_E ($E =$ Energie). Das durch $d\Gamma$ auf Γ_E induzierte Maß lautet

$$d\Gamma_E = \delta(H - E) \, d\Gamma \,. \tag{11.7}$$

11.2   Statistische Beschreibung von makroskopischen Systemen

Abgeschlossene Systeme

a) Gleichgewichtszustände   Als (unbewiesene) Grundannahme haben wir postuliert, dass für ein makroskopisches System im Gleichgewicht die zeitlichen Mittelwerte von makroskopischen Observablen (Energie etc.) gleich den statistischen Mittelwerten des super-mikrokanonischen Wahrscheinlichkeitsmaßes

$$d\mu_E = \frac{1}{\omega(E)} d\Gamma_E, \quad \omega(E) = \int_\Gamma \delta(H - E)\, d\Gamma \qquad (11.8)$$

sind. Für den Normierungsfaktor $\omega(E)$ haben wir auch

$$\omega(E) = \frac{d\Phi(E)}{dE}, \quad \Phi(E) = \int_{\{H \leqslant E\}} d\Gamma \ : \ \text{Phasenvolumen von } \{H \leqslant E\}. \qquad (11.9)$$

Anstelle des super-mikrokanonischen Maßes kann man für makroskopische Systeme (und Observablen) auch das mikrokanonische Maß

$$d\mu_{\text{m-kan}} = \frac{1}{\Phi^\Delta(E)} \delta^\Delta(H - E)\, d\Gamma \qquad (11.10)$$

verwenden (siehe Gl. (2.6)), für welches die Dichte in der Energieschale $\{E - \Delta \leqslant H \leqslant E\}$ konstant ist und außerhalb davon verschwindet:

$$\Phi^\Delta(E) = \int_{\{E-\Delta \leqslant H \leqslant E\}} d\Gamma \qquad (11.11)$$

b) Beziehung zur Thermodynamik H hänge von gewissen äußeren Parametern a (Volumen etc.) ab. Die Thermodynamik ist dann vollständig bestimmt durch die Entropie

$$S(E, a) = k \ln \Phi^*(E, a), \qquad (11.12)$$

mit (f = Zahl der Freiheitsgrade)

$$\Phi^*(E, a) = \frac{1}{h^f} \Phi(E, a) \times \text{Symmetriefaktor}, \qquad (11.13)$$

$$\text{Symmetriefaktor} = \begin{cases} \dfrac{1}{N!} & \text{für identische Teilchen}, \\ 1 & \text{sonst}. \end{cases} \qquad (11.14)$$

Im Ausdruck für die Entropie dürfen wir für große Systeme $\Phi(E, a)$ auch durch $\Phi^\Delta(E, a)$ oder $\omega(E, a)$ ersetzen (siehe Aufgabe I.2). Die Differentialform der (zugeführten) reversiblen Arbeit ist

$$dA' = \sum \left\langle \frac{\partial H}{\partial a} \right\rangle_{\text{m-kan}} da, \qquad (11.15)$$

und die Differentialform der reversibel zugeführten Wärme ist

$$dQ' = \frac{1}{\omega(E,a)} d\Phi. \qquad (11.16)$$

Aus bekannten thermodynamischen Beziehungen erhält man insbesondere

$$\beta := \frac{1}{kT} = \frac{\partial \ln \Phi^*(E,a)}{\partial E}, \qquad (11.17)$$

$$p = T\frac{\partial S(E,V,\cdots)}{\partial V} = -\left\langle \frac{\partial H}{\partial V} \right\rangle_{\text{m-kan}}. \qquad (11.18)$$

Das Äquipartitionstheorem besagt:

$$\left\langle x_i \frac{\partial H}{\partial x_j} \right\rangle = kT\delta_{ij} \qquad (11.19)$$

Man erinnere sich ferner an das Gibbs'sche Variationsprinzip (Kapitel 4).

Systeme in thermischem Kontakt mit einem Wärmebad

a) Gleichgewichtszustände Der Gleichgewichtszustand eines Systems in thermischem Kontakt mit einem Wärmebad der Temperatur T ist das kanonische Wahrscheinlichkeitsmaß:

$$d\mu_{\text{kan}} = Z_{\text{kan}}^{-1} \, e^{-\beta H} \, d\Gamma^*, \qquad (11.20)$$

$$Z_{\text{kan}}(\beta, V, N) = \int_{\Gamma_{\Lambda,N}} e^{-\beta H} \, d\Gamma^* \qquad (11.21)$$

(mit $d\Gamma^* = d\Gamma/(h^{3N}N!)$ für identische Teilchen). Die kanonische Zustandssumme bestimmt die *freie Helmholtz'sche Energie* gemäß

$$F(T,V,N) = -kT\ln Z_{\text{kan}}(T,V,N) \qquad (11.22)$$

und damit die gesamte Thermodynamik. Wie haben wir diese Gesamtheit begründet (siehe Kapitel 6)? Sie ist auch durch die Faktorisierungseigenschaft schwach gekoppelter Systeme ausgezeichnet (Kapitel 8).

b) Thermodynamische Beziehungen Neben der Fundamentalgleichung (11.22) sind besonders die folgenden Relationen wichtig:

$$\text{innere Energie:} \quad U = \langle H \rangle = -\frac{\partial}{\partial \beta} \ln Z \qquad (11.23)$$

$$\text{Entropie:} \quad S = -k\int \rho \ln \rho \, d\Gamma^*, \quad \rho = Z^{-1}e^{-\beta H} \qquad (11.24)$$

c) Schwankungen der Energie

$$\sigma^2(H) = \frac{\partial^2}{\partial \beta^2} \ln Z = -\frac{\partial U}{\partial \beta} = -\frac{\partial^2}{\partial \beta^2}(\beta F) = kT^2 C_V \qquad (11.25)$$

Auch in der kanonischen Gesamtheit gilt der Gleichverteilungssatz (11.19).

d) Gibbs'sches Variationsprinzip

d) Gibbs'sches Variationsprinzip   Der kanonische Zustand maximiert die Entropie

$$S(\rho) = -k \int \rho \ln \rho \, d\Gamma^* \qquad (11.26)$$

bei gegebenem Mittelwert $\langle H \rangle$ der Energie.

e) Systeme in thermischem und materiellem Kontakt mit einem Reservoir

Dafür ist der Phasenraum die disjunkte Vereinigung der N-Teilchen-Phasenräume $\Gamma_{\Lambda,N}$:

$$\Gamma_\Lambda^{\text{g-kan}} = \bigcup_{N=0}^{\infty} \Gamma_{\Gamma,N} \qquad (11.27)$$

Die Gleichgewichtszustände sind die Wahrscheinlichkeitsmaße

$$d\mu_{\text{g-kan}}(\beta, \Lambda, \mu) = Z_{\text{g-kan}}^{-1} \sum_{N=0}^{\infty} e^{-\beta(H_N - \mu N)} d\Gamma_{\Lambda,N}^* , \qquad (11.28)$$

$$\mu = \text{chemisches Potential} .$$

Die großkanonische Zustandssumme bestimmt das großkanonische Potential der Thermodynamik gemäß

$$\Omega(\beta, V, \mu) = -kT \ln Z_{\text{g-kan}}(\beta, V, \mu) . \qquad (11.29)$$

Auch hier gilt das Gibbs'sche Variationsprinzip, wobei nun neben dem Erwartungswert der Energie auch der Erwartungswert der Teilchenzahl vorgegeben werden muss.

Besonders wichtig sind die Schwankungen der Teilchenzahl. Dafür gilt

$$\begin{aligned}
\sigma^2(N) &= -kT\frac{\partial^2 \Omega}{\partial \mu^2} \\
&= kT \left(\frac{\partial \bar{N}}{\partial \mu} \right)_{T,V} \\
&= -kT \left(\frac{\bar{N}}{V} \right)^2 \left(\frac{\partial p}{\partial V} \right)_{T,N} \\
&= \bar{N}kT\frac{\kappa_T}{v}, \quad v = \frac{V}{\bar{N}}, \quad \kappa_T = \left[v \left(\frac{-\partial p}{\partial v} \right)_T \right]^{-1} .
\end{aligned} \qquad (11.30)$$

Im thermodynamischen Limes werden die Beschreibungen der mikrokanonischen, kanonischen und großkanonischen Gesamtheiten äquivalent. Worauf beruht dies (Kapitel 10)?

12 Aufgaben

I.1 Für einen eindimensionalen harmonischen Oszillator mit der Hamilton-Funktion

$$H = \frac{1}{2m}p^2 + \frac{1}{2}m\omega^2 q^2$$

berechne man das Zeitmittel und das mikrokanonische Mittel von q^2 und vergleiche die beiden.

I.2 Man vergleiche für ein klassisches ideales Gas mit sehr großer Teilchenzahl N die folgenden Größen (Bezeichnungen siehe Text):

$$k \ln\left(\frac{1}{N!}\omega(E, V, N)\right)$$

$$k \ln\left(\frac{1}{N!}\Phi^\Delta(E, V, N)\right)$$

$$k \ln\left(\frac{1}{N!}\Phi(E, V, N)\right)$$

Man zeige, dass diese bis auf relative Unterschiede der Ordnung $\mathcal{O}(\ln N/N)$ miteinander übereinstimmen.

I.3 Man berechne die Entropie $S(E, V, N_1, N_2) = k \ln \Phi^*$ für eine Mischung zweier monoatomarer idealer Gase. Man bestimme die zugehörigen chemischen Potentiale μ_j.

I.4 **Laplace-Methode.** Sei $f(x)$ eine stetige Funktion, welche im Punkt x_0 ($x_0 > 0$) ein Maximum annehme. Ferner existiere das Integral

$$I_N = \int\limits_0^\infty e^{Nf(x)}\, dx\,.$$

Man zeige, dass

$$\lim_{N\to\infty} \frac{1}{N} \ln I_N = f(x_0)$$

gilt. Man bestimme die erste Korrektur zur asymptotischen Form $I_N \propto \exp(Nf(x_0))$ für $N \to \infty$. Man leite als Anwendung die *Stirling'sche Formel*

$$N! \simeq (2\pi N)^{1/2} N^N e^{-N}$$

für $N \to \infty$ her.

I.5 Für ein extrem relativistisches ideales Gas (mit der Einteilchenenergie $\varepsilon(p) = pc$) berechne man in der kanonischen Gesamtheit

(a) die freie Energie $F(T, V, N)$,

(b) die Zustandsgleichung,

(c) die Entropie $S(T, P, N)$,

(d) die additive Energiekonstante im Resultat von (c),

(e) und schließlich die innere Energie $U(T, V, N)$, die Enthalpie $H(T, P, N)$ sowie die Wärmekapazitäten $C_{V,N}$ und $C_{P,N}$.

I.6 Für ein System von N Teilchen in einem Gebiet mit dem Volumen V und der Hamilton-Funktion

$$H = \sum_{i=1}^{N} \frac{\boldsymbol{p}_i^2}{2m} + U(\boldsymbol{x}_1, \cdots, \boldsymbol{x}_N)$$

ist die kanonische Zustandssumme

$$Z(T, V, N) = \frac{1}{N!} \int e^{-\beta H} \prod_{i=1}^{N} d^3 x_i \, d^3 p_i = \frac{(2\pi m k T)^{3N/2}}{N!} Q_N(T, V),$$

mit

$$Q_N(T, V) = \int_{V^N} e^{-\beta U(\boldsymbol{x}_1, \cdots, \boldsymbol{x}_N)} \prod_{i=1}^{N} d^3 x_i.$$

Die potentielle Energie U sei homogen vom Grade n:

$$U(\lambda \boldsymbol{x}_1, \cdots, \lambda \boldsymbol{x}_N) = \lambda^n U(\boldsymbol{x}_1, \cdots, \boldsymbol{x}_N), \quad \lambda \in \mathbb{R}$$

Man zeige, dass $V^{-N} Q_N(T, V)$ eine Funktion von $T V^{-n}$ ist.

I.7 Man zeige, dass das Funktional

$$\psi(\rho) = \int_{\Gamma} H \rho \, d\Gamma + \beta^{-1} \int_{\Gamma} (\ln \rho) \, \rho \, d\Gamma,$$

mit $\beta = $ const, für den kanonischen Zustand minimiert wird und dass $\psi(\rho_{\text{kan}})$ die freie Energie ist.

I.8 Man bestimme die Energieschwankungen in der großkanonischen Gesamtheit. (Man drücke diese durch das großkanonische Potential aus.)

I.9 Man bestimme für ein nichtrelativistisches klassisches ideales Gas das großkanonische Potential und daraus U, $\mu(T, P)$ und $S(T, P)$. Man leite auch die Zustandsgleichung her.

I.10 **Zur fiktiven Idealisierung eines isolierten Systems.** Als Illustration beantworte man die folgende Frage: Nach welcher Zeit ist der Weg eines Gasmoleküls durch die Anziehung des Mondes ebenso lang wie der Weg des Moleküls durch die Zufallsbewegung in einem Gasbehälter?

Anleitung   Als typische Werte für die mittlere freie Weglänge l und die mittlere Stoßzeit τ verwende man

$$l = 10^{-5}\,\mathrm{cm}, \quad \tau = 10^{-10}\,\mathrm{s},$$

entsprechend einer mittleren Geschwindigkeit $\bar{v} = 10^5\,\mathrm{cm\,s^{-1}}$. Der mittlere Abstand zwischen Erde und Mond ist $D = 3.8 \times 10^{10}\,\mathrm{cm}$ und dessen Masse beträgt $M = 7.4 \cdot 10^{25}\,\mathrm{g}$.

II Statistisch-mechanische Modelle, thermodynamischer Limes

Übersicht

Wie in jeder physikalischen Theorie spielt auch in der SM das Studium von speziellen Modellen eine wesentliche Rolle. Erst dadurch gewinnt man Einsicht in die Kraft und die Tragweite der Grundgesetze. Gleichzeitig erhält man dadurch den Anschluss an die Erfahrungen, da gewisse Modelle wesentliche Züge von tatsächlichen physikalischen Systemen widerspiegeln.

13 Modelle für klassische Fluide und Gittersysteme

In diesem Kapitel führen wir einige wichtige Modellsysteme ein, welche wir im Folgenden näher untersuchen werden.

13.1 Klassische Fluide

Darunter verstehen wir N-Teilchensysteme mit Phasenraum $\Gamma_{\Lambda,N}$ (siehe Kapitel 1) und Hamilton-Funktionen der Form

$$H = \sum_{j=1}^{N} \frac{\boldsymbol{p}_j^2}{2m} + \sum_{i<j} \phi(\boldsymbol{x}_i - \boldsymbol{x}_j)\,, \tag{13.1}$$

wobei ϕ ein Zweikörperpotential ist. Grundsätzlich müssen wir die kanonische Zustandssumme

$$Z_\Lambda(\beta, N) = \int_{\Gamma_{\Lambda,N}} \mathrm{e}^{-\beta H} \frac{d\Gamma}{h^{3N} N!} \tag{13.2}$$

berechnen. Die Impulsintegration ist trivial:

$$Z_\Lambda(\beta, N) = \frac{1}{\lambda^{3N} N!} \int_{\Lambda^N} \exp\Big(-\beta \sum_{i<j} \phi(\boldsymbol{x}_i - \boldsymbol{x}_j)\Big) \prod_{i=1}^{N} d^3 x_i\,, \tag{13.3}$$

mit

$$\lambda = \frac{h}{\sqrt{2\pi m k T}} \quad : \quad \text{thermische Wellenlänge}\,. \tag{13.4}$$

Ein zentralsymmetrisches Potential $\phi(r)$ wird typisch die Form in Abbildung 13.1 haben. Das hochdimensionale Integral (13.3) können wir i. Allg. nicht ausführen.

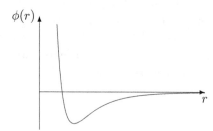

Abb. 13.1 Ein Zentralpotential.

Analytisch ist uns der Bereich verdünnter Gase zugänglich. Dies wird im Anhang J systematisch ausgeführt. An dieser Stelle besprechen wir lediglich den Anfang der sogenannten Virialentwicklung.

Es sei

$$f(r) := \mathrm{e}^{-\beta\phi(r)} - 1\,, \qquad f_{ij} := f(|\boldsymbol{x}_i - \boldsymbol{x}_j|)\,. \tag{13.5}$$

Für ein Potential ϕ der obigen Form sieht $f(r)$ wie in Abbildung 13.2 aus. Nun

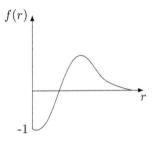

Abb. 13.2 Qualitative Form der Funktion $f(r)$ in (13.5).

schreiben wir (13.3) in folgender Form:

$$Z_\Lambda(\beta, N) = \frac{1}{\lambda^{3N} N!} \mathcal{Q}_\Lambda(\beta, N) \tag{13.6}$$

wobei

$$\mathcal{Q}_\Lambda(\beta, N) = \int_{\Lambda^N} \underbrace{\prod_{i<j}(1 + f_{ij})}_{\substack{1 + \sum\limits_{i<j} f_{ij} + \underbrace{\sum\limits_{\substack{i<j,k<l \\ (i,j)\neq(k,l)}} f_{ij} f_{kl}}_{f_{12}f_{13}+f_{12}f_{23}+f_{13}f_{23}+\cdots} + \cdots}} d^{3N}x \tag{13.7}$$

Die führenden Potenzen in $V = |\Lambda|$ werden durch die ersten beiden Anteile bestimmt:

$$\mathcal{Q}_\Lambda(\beta, N) = V^N + V^{N-2} \sum_{i<j} \int f_{ij}\, d^3 x_i d^3 x_j + O(V^{N-2})$$

$$= V^N \left[1 + \frac{N(N-1)}{2V} \underbrace{\int_\Lambda f(|\boldsymbol{x}|) d^3 x}_{\int\limits_0^\infty 4\pi r^2 f(r)\,dr} \right] + O(V^{N-2})$$

Wir erhalten also

$$Z_\Lambda(\beta, N) = \mathrm{e}^{-\beta F_\Lambda(\beta, N)}$$

$$= \frac{V^N}{\lambda^{3N} N!} \left[1 + \frac{1}{2} \frac{N(N-1)}{V} \int\limits_0^\infty 4\pi r^2 f(r)\, dr + O\left(\frac{1}{V^2}\right) \right]\,. \tag{13.8}$$

Im thermodynamischen Limes ergibt sich daraus für die freie Energie

$$\frac{F}{N} - \frac{F_{\text{ideal}}}{N} \;\to\; -\frac{nkT}{2} \int_0^\infty \left(e^{-\beta\phi(r)} - 1\right) 4\pi r^2 \, dr + \cdots \tag{13.9}$$

(n: Teilchendichte). Für die Zustandsgleichung erhalten wir daraus

$$p = p_{\text{ideal}} - \frac{1}{2}kTn^2 \int_0^\infty \left(e^{-\beta\phi(r)} - 1\right) 4\pi r^2 \, dr + \cdots ,$$

d. h.

$$p = nkT \left[1 + nB(T) + n^2 C(T) + \cdots \right] , \tag{13.10}$$

mit dem *Virialkoeffizienten*

$$B(T) = -\frac{1}{2} \int_0^\infty \left(e^{-\beta\phi(r)} - 1\right) 4\pi r^2 \, dr . \tag{13.11}$$

Zur Auswertung von dieser Gleichung benötigen wir das Wechselwirkungspotential $\phi(r)$. Quantenmechanisch findet man nach der Theorie der Van-der-Waals-Kräfte ein langreichweitiges anziehendes Verhalten proportional zu r^{-6} (nach Mittelung über alle Richtungen); siehe z. B. Abschnitt 89 in Landau und Lifschitz (1992). Bei kurzen Abständen ist die Wechselwirkung kompliziert, da man dann auch das Pauli-Prinzip für die Elektronen der beiden Atome berücksichtigen muss. Atome von Edelgasen stoßen sich bei kurzen Abständen ab, weil Überlappungen der Elektronen unterdrückt werden. Der steile Abfall der Abstoßung bei kleinen Abständen wird meist mit einer hohen Potenz des reziproken Abstands r parametrisiert. Populär ist die Parametrisierung durch das *Lennard-Jones-Potential*:

$$\phi(r) = 4\varepsilon \left[\left(\frac{\sigma}{r}\right)^{12} - \left(\frac{\sigma}{r}\right)^{6}\right] . \tag{13.12}$$

Wir schreiben $B(T)$ zu diesem Potential in dimensionsloser Form. Dazu benutzen wir die folgenden Größen: $r_0 = 2^{1/6}\sigma$ als Abstand, bei dem $\phi(r)$ den minimalen Wert $-\varepsilon$ annimmt, und

$$B' = \frac{B}{r_0^3}, \quad T' = \frac{kT}{\varepsilon}, \quad r' = \frac{r}{r_0} . \tag{13.13}$$

Dann ist

$$B'(T') = 2\pi \int_0^\infty \left(1 - e^{-\phi'(r')/T'}\right) r'^2 \, dr', \tag{13.14}$$

mit

$$\phi'(r') = \left(\frac{1}{r'}\right)^{12} - 2\left(\frac{1}{r'}\right)^{6} . \tag{13.15}$$

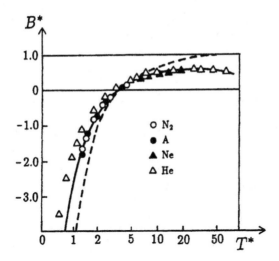

Abb. 13.3 Reduzierter zweiter Virialkoeffizient $B^*(T^*)$. Dabei sind $B^* = B/b_0$, $T^* = kT/\varepsilon$, $b_0 = 2\pi\sigma^3/3$ (also $B^* = (3/\sqrt{2}\pi)B'$, $T^* = T'$). Die durchgezogene Linie gilt für das Lennard-Jones-Potential. Die gestrichelte Kurve gehört zum schematischen Square-Well-Potential. (Abbildung aus dem Artikel von Hopfer und Windisch (2010)). Die Daten für Argon entsprechen $\sigma = 3.5$ Å, $\varepsilon/k = 117.7$ K.

$B'(T')$ ist eine *universelle dimensionslose* Funktion, die mit einer numerischen Integration berechnet werden kann. Eine etwas anders normierte Funktion $B^*(T^*)$ ist in Abbildung 13.3 gezeigt, zusammen mit experimentellen Daten für verschiedene Gase. Nach Anpassung der beiden Parameter des Potentials ist die Übereinstimmung ziemlich gut, außer für Wasserstoff und Helium. Bei diesen leichten Elementen spielen quantenmechanische Effekte eine wesentliche Rolle (siehe Hirschfelder et al., 1954).

Beziehung zur Van-der-Waals'schen Zustandsgleichung

Wir verwenden schließlich eine grobe Näherung für den zweiten Virialkoeffizienten, bei der wir für das Potential $\phi(r)$ einen harten Kern bei $r = r_0$ und einen anschließenden schwach anziehenden, rasch abklingenden Ast (z. B. $\propto r^{-6}$ wie beim Lennard-Jones-Potential) annehmen. Näherungsweise ist dann

$$B(T) \approx \frac{1}{2}\int_0^{r_0} 4\pi r^2\, dr - \frac{1}{2}\beta\int_{r_0}^{\infty} |\phi(r)| 4\pi r^2\, dr\,.$$

Dieser Ausdruck ist von der Form

$$B(T) = b - \frac{a}{T}\,.$$

Dabei ist $b = (16\pi/3)r_0^3$, also gleich dem *vierfachen Volumen eines Moleküls*, und a ist eine positive Konstante. Damit ergibt sich die freie Energie

$$F = F_{\text{ideal}} + \frac{N^2}{V}(b\,kT - a)\,.$$

Für F_{ideal} erhalten wir mit der Stirling'schen Formel

$$F_{\text{ideal}} = -kT \ln\left(\frac{V^N}{\lambda(T)^{3N} N!}\right) \approx -kTN \ln V + 3kTN \ln \lambda(T) + kTN \ln\left(\frac{N}{e}\right),$$

also

$$F = 3kTN \ln \lambda(T) - kTN\left(\ln V - \frac{Nb}{V}\right) - \frac{N^2 a}{V}\,.$$

Da das Gas gemäß der Herleitung verdünnt sein muss, ist $N \gg Nb$. Unter dieser Voraussetzung gilt

$$\ln V - \frac{Nb}{V} \approx \ln(V - Nb) = \ln V + \ln\left(1 - \frac{Nb}{V}\right)$$

und folglich

$$F = F_{\text{ideal}} - NkT \ln\left(1 - \frac{Nb}{V}\right) - \frac{N^2 a}{V}\,. \tag{13.16}$$

Diese Formel für die freie Energie ist aber für alle V brauchbar, denn erstens konvergiert F für große V gegen F_{ideal}, und zweitens kann nun das Gas nicht mehr unbegrenzt komprimiert werden (das Argument des Logarithmus würde dabei negativ).

Interessant ist, dass der Ausdruck (13.16) zu der in der Thermodynamik bekannten (Straumann, 1986) Van-der-Waals'schen Zustandsgleichung

$$\left(p + \frac{N^2 a}{V}\right)(V - Nb) = NkT \tag{13.17}$$

führt, wie man leicht nachrechnet. Die Interpolation der freien Energie zu höheren Dichten ist natürlich weitgehend willkürlich.

Bei der Anpassung der Zustandsgleichung (13.17) an experimentelle Daten muss man freilich neben a auch b als freien Parameter behandeln, der keineswegs gleich dem vierfachen Volumen des Moleküls sein muss. Die Bedeutung der obigen Betrachtung überlasse ich dem Urteil des Lesers.

13.2   Klassische Gittersysteme

a) Spinsysteme

Ein typisches Modell eines Magneten besteht aus einer Menge von „Spins" $\{\vec{S}\}$, welche die Vertizes eines Gitters $\mathbb{Z}^d$ besetzen. (Wir wählen hier immer kubische Gitter.) Zwischen den Spins besteht eine gewisse Wechselwirkungsenergie $H(\{\vec{S}\})$.

Etwas mathematischer ausgedrückt, besteht die folgende Situation: Eine (Spin-) Konfiguration einer Teilmenge $\Lambda \subset \mathbb{Z}^d$ ist eine Abbildung von Λ in den Raum eines Einzelspins:

$$S_\Lambda : \ \Lambda \to E , \quad E = S^n, \mathbb{R}^n, \cdots \tag{13.18}$$

Der *Konfigurationsraum* zu $\Lambda \subset \mathbb{Z}^d$ ist also gleich E^Λ. Auf E denken wir uns ein „A-priori“-Maß $d\rho$ gegeben[1] (z. B. das Oberflächemaß für $E = S^n$). Die *Hamilton-Funktion* H_Λ ist eine Funktion auf dem Konfigurationsraum.

Beispiel 13.1

$$H_\Lambda = - \sum_{\langle i,j \rangle \subset \Lambda} J_{ij} \vec{S}_i \cdot \vec{S}_j - \sum_{i \in \Lambda} \vec{h}_i \cdot \vec{S}_i \tag{13.19}$$

∎

Dabei sei Λ eine *endliche* Teilmenge. (Unter $\vec{S}_i$ verstehen wir natürlich $S_\Lambda(i)$, d. h. den „Spin“ an der Stelle $i \in \mathbb{Z}^d$ der Spinkonfiguration S_Λ.)

Die Zustandssumme für das endliche Gebiet Λ ist

$$Z_\Lambda(\beta) = \int_{E^\Lambda} e^{-\beta H_\Lambda(S_\Lambda)} \prod_{i \in \Lambda} d\rho(\vec{S}_i) , \tag{13.20}$$

und der thermodynamische Erwartungswert einer Observablen A aus Λ (z. B. die Spinsumme) ist

$$\langle A \rangle_{\beta,\Lambda} = Z_\Lambda(\beta)^{-1} \int_{E^\Lambda} A(S_\Lambda) e^{-\beta H_\Lambda(S_\Lambda)} \prod_{i \in \Lambda} d\rho(\vec{S}_i) . \tag{13.21}$$

Wir interessieren uns natürlich vor allem für den Limes $\Lambda \nearrow \mathbb{Z}^d$, in welchem die Systeme oft Phasenübergänge zeigen.

Besonders wichtig sind die *Ising-Modelle*, für welche $E = S^0$ ist. Die Spins sind dann Vorzeichen $\sigma_i = \pm 1$. Meistens beschränkt man sich auf Wechselwirkungen von nächsten Nachbarn (Bezeichnung $\langle i,j \rangle$):

$$H_\Lambda(\sigma_\Lambda) = - \sum_{\langle i,j \rangle \subset \Lambda} J_{ij} \sigma_i \sigma_j - \sum h_i \sigma_i \tag{13.22}$$

Für $d = 1$ ist dieses Modell einfach zu lösen (siehe Kapitel 14). In zwei Dimensionen ist dies gerade noch möglich (siehe Kapitel 17 und Anhang F). Die Existenz von Phasenübergängen für $d \geqslant 3$ werden wir in den Kapiteln 20 und 22 beweisen.

---

[1] E hat eine natürliche σ-Algebra $\mathcal{E}$, welche von E^Λ geerbt wird (Produkt-σ-Algebra).

Abb. 13.4 Bonds.

Wir betrachten an dieser Stelle noch den trivialen Fall $J_{ij} = 0$:

$$H_\Lambda = -\sum_{i\in\Lambda} h_i \sigma_i$$

$$Z_\Lambda(\beta) = e^{-\beta F_\Lambda(\beta)} = \prod_{i\in\Lambda} \int e^{\beta h_i \sigma_i}\, d\rho(\sigma_i)$$

Für Ising-Systeme wählen wir $\rho(\{1\}) = \rho(\{-1\}) = 1$. Damit ist

$$-\beta F_\Lambda = \sum_{i\in\Lambda} \ln(e^{-\beta h_i} + e^{\beta h_i})\,.$$

Für ein homogenes Magnetfeld, mit $h_i = h$ für alle i, gilt also

$$-\frac{\beta F_\Lambda(\beta)}{N(\Lambda)} = \ln\left[2\cosh(\beta h)\right] \tag{13.23}$$

($N(\Lambda)$ = Zahl der Gitterpunkte in Λ).

b) Gitter-Eichmodelle

> Be wise, discretize!
>
> ――――――――――――――――
>
> Marc Kac

In der heutigen Elementarteilchenphysik spielt die Diskretisierung von Eichfeldtheorien, insbesondere der Quantenchromodynamik, ein wichtige Rolle. Es ist dies nämlich die einzige bekannte Methode für die Regularisierung der Theorie, welche die Eichinvarianz nicht zerstört und nicht auf der Störungstheorie fußt. Wir formulieren hier diese Gitterversion ohne nähere Motivierung. (Für Letztere verweisen wir z. B. auf Creutz (1983), Wipf (2013)).

In diesen Modellen ist der Konfigurationsraum Ω_Λ zu $\Lambda \subset \mathbb{Z}^d$ gleich G^{Λ_1}, wobei G eine kompakte Gruppe ist und Λ_1 die Menge der positiv orientierten Verbindungslinien (*bonds*) b zwischen benachbarten Gitterpunkten bezeichnet (siehe Abbildung 13.4).

Es seien μ_0 das normierte Haar'sche Maß auf G und μ_0^Λ das Produktmaß auf Ω_Λ. (Man beachte: $\mu_0^{\mathbb{Z}^d}$ ist wohldefiniert!) Für eine Observable, d. h. eine Funktion $F : \Omega_\Lambda \to \mathbb{R}$, bezeichnen wir den Erwartungswert bezüglich μ_0^Λ mit $\langle F\rangle_{0,\Lambda}$.

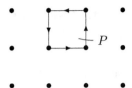

Abb. 13.5 Plaquette P, Rand ∂P.

Die Wirkung wird eine Funktion $S_\Lambda : \Omega_\Lambda \to \mathbb{C}$ sein. Der Erwartungswert der wechselwirkenden Theorie hat die Form

$$\langle A \rangle_\Lambda = Z_\Lambda^{-1} \left\langle A e^{-S_\Lambda} \right\rangle_{0,\Lambda} , \tag{13.24}$$

mit der Zustandssumme

$$Z_\Lambda = \left\langle e^{-S_\Lambda} \right\rangle_{0,\Lambda} . \tag{13.25}$$

Nun geben wir die genaue Form der Wirkung an. Für eine Konfiguration $\omega \in \Omega_\Lambda$ (d. h. eine Abbildung $\omega : \Lambda_1 \to G$ sei $g_b(\omega) = \omega(b)$ (g_b sind also die Projektionsabbildungen). Für die umgekehrte Orientierung $-b$ von b definieren wir $g_{-b} = g_b^{-1}$. Die *Yang-Mills-Wirkung* hat die Form

$$S_\Lambda = \sum_{P \in \Lambda_2} S_P , \tag{13.26}$$

wobei S_P die folgende Größe ist, die einer Plaquette P, d. h. einer geschlossenen Kurve, bestehend aus 4 bonds (siehe Abbildung 13.5), zugeordnet ist:

$$S_P = \text{const } \Re \chi(g_{\partial P}) \tag{13.27}$$

Hier ist χ ein Charakter, der Gruppe G und $g_{\partial P}$ bezeichnet das Produkt

$$g_{\partial P} = \prod_{b \in \partial P} g_b \tag{13.28}$$

der vier Gruppenelemente, die zum Rand ∂P einer Plaquette gehören. S_P ist, wie man leicht sieht, unabhängig von der Orientierung von P. Besonders wichtig ist die folgende *Eichinvarianz-Eigenschaft*: Die Yang-Mills-Wirkung ist invariant unter der Substitution

$$g_{x,y} \to \gamma_x g_{x,y} \gamma_y^{-1} , \tag{13.29}$$

wobei $x \mapsto \gamma_x \in G$ eine beliebige gruppenwertige Funktion auf dem Gitter ist. Dies ergibt sich aus der Tatsache, dass χ eine Klassenfunktion ist.

Die Eigenschaften dieser Modelle sind vor allem mit numerischen Methoden (Monte-Carlo-Simulationen) sehr eingehend untersucht worden.

Für $G = \mathrm{SU}(n)$ wird (13.27) meistens so gewählt:

$$S_P = \frac{2n}{g^2} \left[1 - \frac{1}{n} \Re S_P(g_{\partial P}) \right] \tag{13.30}$$

Mehr zu diesem Thema findet der Leser z. B. in Montvay (1994).

14 Lösung des eindimensionalen Ising-Modells, die Transfermatrix

Das eindimensionale Ising-Modell lässt sich auf verschiedene Weisen sehr einfach lösen. Wegen ihrer allgemeinen Bedeutung benutzen wir hier die Methode der Transfermatrix.

Wir denken uns die N Spins auf einem Kreis angeordnet (siehe Abbildung 14.1).

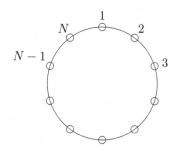

Abb. 14.1 Auf einem Kreis angeordnete Spins.

Die Energie einer Konfiguration $\{\sigma_1, \sigma_2, \cdots, \sigma_N\}$ ist

$$H_N = -J \sum_{k=1}^{N} \sigma_k \sigma_{k+1} - h \sum_{k=1}^{N} \sigma_k, \qquad (\sigma_{N+1} = \sigma_1). \tag{14.1}$$

Die Zustandssumme lautet

$$Z_N(\beta, h) = \sum_{\{\sigma\}} \exp\left[\beta \sum_{k=1}^{N} (J\sigma_k \sigma_{k+1} + h\sigma_k)\right]. \tag{14.2}$$

Wir versuchen, diese als $\operatorname{Sp} T^N$ einer (2×2)-Matrix T darzustellen. Die Matrix $(\sigma, \sigma' = \pm 1)$

$$\langle \sigma | T | \sigma' \rangle = e^{\beta\left[J\sigma\sigma' + \frac{1}{2}h(\sigma+\sigma')\right]} \tag{14.3}$$

ist reell und symmetrisch. Offensichtlich gilt, wie gewünscht,

$$Z_N(\beta, h) = \sum_{\sigma_1} \sum_{\sigma_2} \cdots \sum_{\sigma_N} \langle \sigma_1 | T | \sigma_2 \rangle \langle \sigma_2 | T | \sigma_3 \rangle \cdots \langle \sigma_N | T | \sigma_1 \rangle$$

$$= \operatorname{Sp} T^N. \tag{14.4}$$

Die Eigenwerte der *Transfermatrix*

$$T = \begin{pmatrix} e^{\beta(J+h)} & e^{-\beta J} \\ e^{-\beta J} & e^{\beta(J-h)} \end{pmatrix} \tag{14.5}$$

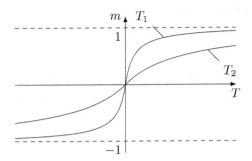

Abb. 14.2 Magnetisierung pro Spin im thermodynamischen Grenzfall.

lassen sich leicht bestimmen. Man erhält dafür

$$\lambda_\pm = e^{\beta J}\left[\cosh(\beta h) \pm \sqrt{\sinh^2(\beta h) + e^{-4\beta J}}\right]. \tag{14.6}$$

Daraus folgt

$$\frac{1}{N}\ln Z_N = \frac{1}{N}\ln\left[\lambda_+^N + \lambda_-^N\right] = \ln\lambda_+ + \frac{1}{N}\ln\left[1 + \left(\frac{\lambda_-}{\lambda_+}\right)^N\right]$$

$$\xrightarrow[(N\to\infty)]{} \ln\lambda_+. \tag{14.7}$$

Die freie Energie pro Spin, $-\dfrac{1}{\beta}\dfrac{1}{N}\ln Z$, konvergiert also im thermodynamischen Limes gegen

$$f = -\frac{1}{\beta}\ln\lambda_+ = -J - \frac{1}{\beta}\ln\left[\cosh(\beta h) + \sqrt{\sinh^2(\beta h) + e^{-4\beta J}}\right]. \tag{14.8}$$

Die Magnetisierung pro Spin ist

$$m(\beta, h) = -\frac{\partial f}{\partial h} = \frac{\sinh(\beta h)}{\sqrt{\sinh^2(\beta h) + e^{-4\beta J}}}. \tag{14.9}$$

Dieses Ergebnis ist in Abbildung 14.2 skizziert. Man beachte, dass

$$m(\beta, h = 0) = 0$$

ist, d. h. dass es keine spontane Magnetisierung gibt.

In den Aufgaben werden wir das eindimensionale Ising-Modell noch weiter untersuchen. Die Methode der Transfermatrix spielt eine sehr wichtige Rolle (siehe dazu die Lösung des zweidimensionalen Ising-Modells in Kapitel 17 und Anhang F). Dabei spielt der folgende Sachverhalt aus der linearen Algebra eine wichtige Rolle:

Satz 14.1 (Perron-Frobenius)

Jede strikt positive Matrix $T = (T_{ij})$ (alle $T_{ij} > 0$) hat einen ausgezeichneten Eigenwert $\lambda_0 > 0$ mit den Eigenschaften:

(i) $|\lambda| < \lambda_0$ *für alle Eigenwerte $\lambda \neq \lambda_0$ von T.*

(ii) *Es gibt einen Eigenvektor ψ_0 zum Eigenwert λ_0, dessen Komponenten alle strikt positiv sind.*

(iii) λ_0 *ist einfach.*

(iv) λ_0 *hängt holomorph von den Matrixelementen von T ab.*

Beweis: Siehe Anhang E.

15 Das Curie-Weiss-Modell

Wir diskutieren nun ein exakt lösbares Modell, welches einen Phasenübergang beschreibt. Dieses ist zwar etwas künstlich, erlaubt es uns aber, gewisse allgemeine Gesichtspunkte zu illustrieren.

Das Curie-Weiss-Modell ist ein langreichweitiges Ising-Modell, bei dem jeder der Ising-Spins σ_i ($\sigma = \pm 1$) mit jedem anderen mit der Austauschenergie $-J/N$ ($N = $ Anzahl der Spins) wechselwirkt. Die Skalierung der Austauschenergie mit $1/N$ ist nötig, damit das Modell einen thermodynamischen Limes hat. Die Hamilton-Funktion ist also ($\underline{\sigma}$: Spinkonfiguration)

$$H_N(\underline{\sigma}) = -\frac{J}{2N} \sum_{i,j=1}^{N} \sigma_i \sigma_j - h \sum_{i=1}^{N} \sigma_i . \tag{15.1}$$

(Die Terme mit $i = j$ ergeben lediglich den konstanten Beitrag $-J/2$.) Entsprechend ist die Zustandssumme

$$Z_N(\beta, h) = \sum_{\underline{\sigma}} e^{-\beta H_N(\underline{\sigma})} = \sum_{\underline{\sigma}} \exp\left[\frac{\beta}{2} \frac{J}{N} \sum_{i,j=1}^{N} \sigma_i \sigma_j + \beta h \sum_{i=1}^{N} \sigma_N \right]. \tag{15.2}$$

Nun stellen wir den ersten Summanden im Exponenten rechts durch ein Integral über ein Hilfsfeld dar. (Diese Methode wird uns auch später noch gute Dienste leisten.) Wir benutzen dabei die Gauß'sche Identität

$$\exp\left[\frac{\beta J}{2N} \left(\sum_i \sigma_i \right)^2 \right] = \int_{\mathbb{R}} \frac{d\mu}{\sqrt{\frac{2\pi}{N\beta J}}} e^{-\frac{N\beta J}{2}\mu^2 + \beta J \mu \sum \sigma_i} . \tag{15.3}$$

Damit werden die Spins entkoppelt:

$$Z_N(\beta, h) = \int_{-\infty}^{+\infty} \frac{d\mu}{\sqrt{\frac{2\pi}{N\beta J}}} e^{-\frac{N\beta J}{2}\mu^2} \underbrace{\sum_{\underline{\sigma}} e^{\beta(J\mu+h) \sum \sigma_i}}_{\left(e^{\beta(J\mu+h)} + e^{-\beta(J\mu+h)} \right)^N}$$

Wir erhalten also

$$Z_N(\beta, h) = \int_{-\infty}^{+\infty} \frac{d\mu}{\sqrt{\frac{2\pi}{N\beta J}}} \exp\left[-\frac{N\beta J}{2}\mu^2 + N \ln\left(2\cosh[\beta(h+J\mu)]\right) \right]$$

$$\equiv \int_{-\infty}^{+\infty} \frac{d\mu}{\sqrt{\frac{2\pi}{N\beta J}}} e^{-\beta N \mathcal{L}(\mu, h)} , \tag{15.4}$$

mit der *Landau-Funktion*

$$\mathcal{L}(\mu, h) = \frac{J}{2}\mu^2 - \frac{1}{\beta} \ln\left(2\cosh[\beta(h + J\mu)]\right) . \tag{15.5}$$

Da der Exponent in (15.4) proportional zu N ist, wird im thermodynamischen Limes die Methode der stationären Phase (Laplace-Methode, siehe Aufgabe I.4) exakt. Die freie Energie $f(\beta, h)$ pro Spin ist in diesem Limes folglich

$$f(\beta, h) = \min_{\mu} \mathcal{L}(\mu, h) . \tag{15.6}$$

Die stationären Werte $\mu_0(h)$ von (15.5) werden durch die Gleichung

$$\mu_0 = \tanh(\beta(h + J\mu_0)) \tag{15.7}$$

bestimmt. [Diese wird uns in der Molekularfeld-Näherung (Kapitel 16) wieder begegnen.] Die Magnetisierung pro Spin ist

$$m(\beta, h) = -\frac{\partial}{\partial h} \underbrace{f(\beta, h)}_{\mathcal{L}(\mu_0(h), h)} = -\left.\frac{\partial \mathcal{L}}{\partial h}(\mu, h)\right|_{\mu = \mu_0}$$

$$= \tanh \beta(h + J\mu)\big|_{\mu = \mu_0} = \mu_0 .$$

Also ist $m(\beta, h)$ eine Lösung von (15.7), und zwar diejenige, für die $\mathcal{L}(\mu, h, \beta)$ – bei gegebenen (h, β) – minimalisiert wird.

Diese wollen wir nun genauer diskutieren. Wir betrachten zunächst den Fall $h \searrow 0$. Dabei erfüllt μ_0 die Gleichung

$$\tanh(\beta J\mu) = \mu . \tag{15.8}$$

Je nachdem, ob $\beta J < 1$ oder $\beta J > 1$ ist, gibt es qualitativ verschiedene Lösungen von (15.8). Für $\beta J < 1$ (d. h. $kT > J$) existiert, wie Abbildung 15.1 zeigt, nur die Lösung $\mu = 0$, also ist $f(\beta, h = 0) = -kT \ln 2$. Die Suszeptibilität erhält man durch Differentiation von (15.7) nach h an der Stelle $h = 0$:

$$\chi = \left.\frac{\beta(1 - m^2)}{1 - \beta J(1 - m^2)}\right|_{h=0} \tag{15.9}$$

In der paramagnetischen Phase $kT > J$ $(m = 0)$ ist also

$$\chi^{\text{para}} = \beta \left(1 - \frac{J}{T}\right)^{-1} , \tag{15.10}$$

und diese Suszeptibilität divergiert für $T_c = J$ (*kritischer Punkt*).

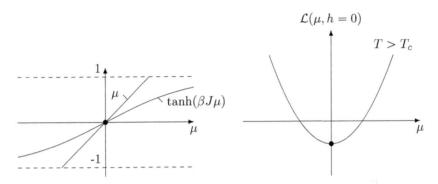

Abb. 15.1 $\beta J < 1$. Nur $\mu = 0$ ist eine Lösung von (15.8).

Ganz anders sind die Verhältnisse für $\beta J > 1$ $(T < T_c)$. Dann hat die Gleichung (15.8) drei Lösungen, wie Abbildung 15.2 zeigt. Aber nur die beiden Lösungen $\pm\mu_0 \neq 0$ entsprechen Minima von $\mathcal{L}(\mu, 0)$. Sie entsprechen den beiden Magnetisierungsrichtungen $+$ und $-$. Beide haben natürlich dieselbe freie Energie. Nahe bei T_c können wir μ_0 aus (15.8) durch Entwickeln der Gleichung um $\mu = 0$ bestimmen:

$$\mu_0 \approx \sqrt{3\left(\frac{T}{T_c}\right)^2 \left(1 - \frac{T}{T_c}\right)} \tag{15.11}$$

Deshalb verhält sich die Suszeptibilität in der Nähe von T_c – aber unterhalb – wie

$$\chi \approx \frac{\beta_c}{2}\left(\frac{T_c}{T} - 1\right)^{-1}. \tag{15.12}$$

Die Magnetisierung ist in Abbildung 15.3 skizziert.

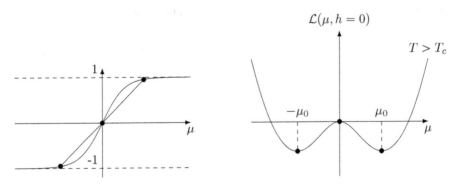

Abb. 15.2 $\beta J > 1$. Nur $\pm\mu_0 \neq 0$ entsprechen Minima von $\mathcal{L}(\mu, 0)$.

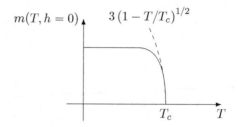

Abb. 15.3 Magnetisierung.

Kritische Isotherme   Diese erhält man aus (15.7) für $T = T_c = J$ und Entwickeln der tanh-Funktion. Aus dieser Gleichung wird dann

$$m = (m + \beta_c h) - \frac{1}{3}(m + \beta_c h)^3 + \cdots ,$$

und daher

$$h \approx \frac{J}{3} m^3 \quad \text{für} \quad T = T_c , \ h \to 0 . \tag{15.13}$$

Spezifische Wärme für $h = 0$:   Für $h = 0$ ist die freie Energie nach (15.6) und (15.5)

$$f(\beta, h = 0) = \begin{cases} -\dfrac{1}{\beta} \ln 2 & , \quad T \geqslant T_c \\ \dfrac{J}{2}\mu_0^2 - \dfrac{1}{\beta} \ln[2 \cosh(\beta J \mu_0)] & , \quad T < T_c . \end{cases} \tag{15.14}$$

Deshalb gilt für die spezifische Wärme

$$c(h = 0) = -T \frac{\partial^2 f}{\partial T^2} = \begin{cases} 0 & , \quad T \geqslant T_c \\ -\dfrac{J}{2} \dfrac{d\mu_0^2(\beta)}{dT} & , \quad T < T_c . \end{cases} \tag{15.15}$$

Diese hat einen Sprung bei T_c, dessen Größe nach (15.15) und (15.11) gleich $3/2k$ ist (siehe Abbildung 15.4). Aus den oben abgeleiteten Ergebnissen für das kritische Verhalten ergeben sich bestimmte Werte für die sog. kritischen Exponenten. Mit

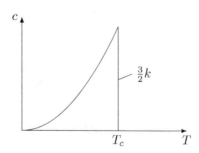

Abb. 15.4 Spezifische Wärme im Nullfeld.

den Definitionen, die wir später geben werden (siehe dazu Tabelle 16.1 auf Seite 81), erhält man

$$\alpha = \alpha' = 0\,, \quad \beta = \frac{1}{2}\,, \quad \gamma = \gamma' = 1\,, \quad \delta = 3\,. \tag{15.16}$$

16 Molekularfeldnäherung, kritische Dimensionen

Die Molekularfeldnäherung (MFN) wurde zuerst von Pierre Weiss eingeführt. Sie ist ein einfaches, aber nützliches Werkzeug zum Studium von Phasenübergängen. Ihre Gültigkeit hängt aber stark von der räumlichen Dimension ab: Für $d > d_c$ (= *obere kritische Dimension*) ist die MFN sehr gut, und zwar bei allen Temperaturen; sie gibt die richtigen kritischen Exponenten und bildet den Ausgangspunkt für systematische Korrekturen. Für $d \leqslant d_c$, aber oberhalb der *unteren kritischen Dimension* d_l, ist die MFN immer noch gut, *außer* nahe beim kritischen Punkt; die kritischen Exponenten kommen falsch heraus. Für $d \leqslant d_l$ wird die MFN ungültig und führt auch zu qualitativ falschen Voraussagen.

Wir diskutieren die MFN im Kontext eines klassischen Spinmodells (siehe Abschnitt 13.2), mit der Hamilton-Funktion

$$H_\Lambda(\underset{\sim}{S}) = -\frac{1}{2} \sum_{i,j} J_{ij} \vec{S}_i \cdot \vec{S}_j - \sum_j \vec{h}_j \cdot \vec{S}_j \,; \tag{16.1}$$

$$\vec{S}_j \in S^{N-1}\,, \quad J_{ii} = 0\,.$$

Wir arbeiten vorläufig in einem endlichen Teilgebiet $\Lambda \subset \mathbb{Z}^d$. Die Zustandssumme lautet nach (13.20)

$$Z_\Lambda(\beta, h) = \int e^{-\beta H_\Lambda(\underset{\sim}{S})} \prod_{i \in \Lambda} d\rho(\vec{S}_i) = e^{-\beta F_\Lambda(\beta, h)}\,, \tag{16.2}$$

und die Magnetisierungen sind

$$\vec{m}_j(\beta, h) = \left\langle \vec{S}_j \right\rangle = -\frac{\partial F_\Lambda}{\partial \vec{h}_j}\,. \tag{16.3}$$

Der Beweis in Abschnitt 7.5 zeigt, dass F_Λ in den $\vec{h}_j$ *konkav* ist. Neben F betrachten wir auch die Legendre-Transformierte, also das Gibbs-Potential

$$\Gamma(m) = \sum_i \vec{h}_i(m) \cdot \vec{m}_i + F(h(m))\,. \tag{16.4}$$

Dafür gilt wie immer

$$\vec{h}_i = \frac{\partial \Gamma}{\partial \vec{m}_i} \tag{16.5}$$

und

$$\frac{\partial^2 \Gamma}{\partial \vec{m}_i \partial \vec{m}_j} = -\left(\frac{\partial^2 F}{\partial \vec{h}_i \partial \vec{h}_j} \right)^{-1}\,. \tag{16.6}$$

Die zweiten Ableitungen hängen mit den Spin-Spin-Korrelationen zusammen. Wir erhalten

$$\frac{\partial^2}{\partial \vec{h}_i \vec{h}_j} \ln Z = \frac{\partial}{\partial \vec{h}_i} \left(\beta \left\langle \vec{S}_j \right\rangle \right)$$

$$= \beta^2 \left[\left\langle \vec{S}_i \otimes \vec{S}_j \right\rangle - \left\langle \vec{S}_i \right\rangle \otimes \left\langle \vec{S}_j \right\rangle \right],$$

also

$$-\frac{1}{\beta} \frac{\partial^2 F}{\partial \vec{h}_i \partial \vec{h}_j} = G_{ij}, \qquad (16.7)$$

mit

$$G_{ij} = \left\langle \vec{S}_i \otimes \vec{S}_j \right\rangle - \left\langle \vec{S}_i \right\rangle \otimes \left\langle \vec{S}_j \right\rangle. \qquad (16.8)$$

16.1 Molekularfeldnäherung für die Magnetisierung

Es gibt verschiedene Zugänge zur MFN. Bevor wir eine Methode besprechen, die es für $d > d_c$ erlaubt, systematische Korrekturen zu berechnen, verfahren wir auf denkbar einfachste Weise.

Wir ersetzen dabei im ersten Term von (16.1) einen der Spins durch einen mittleren Spin $\left\langle \vec{S}_j \right\rangle$, wobei $\left\langle \vec{S}_j \right\rangle$ selbstkonsistent so bestimmt wird, dass dies auch der Erwartungswert zu

$$\bar{H}_\Lambda = -\sum_i \vec{S}_i \cdot \left(\vec{h}_i + \sum_j J_{ij} \left\langle \vec{S}_j \right\rangle \right) \qquad (16.9)$$

ist; d. h. es soll

$$\left\langle \vec{S}_i \right\rangle = \frac{\int \vec{S}_i \, e^{-\beta \bar{H}_\Lambda(\underline{S}, \langle S \rangle)} \prod_{j \in \Lambda} d\rho(\vec{S}_j)}{\int e^{-\beta \bar{H}_\Lambda(\underline{S}, \langle S \rangle)} d\rho(\vec{S}_j)} \qquad (16.10)$$

gelten.

Wir werten dies für Ising-Spins $S_i = \pm 1$ aus; $\int d\rho(\vec{S}) \to \sum_{S=\pm 1}$. Die Zustandssumme für die Hamilton-Funktion $-\sum_i S_i \cdot \tilde{h}_i$ ist gleich $\prod_i 2\cosh(\beta \tilde{h}_i)$, also wird aus (16.9) und (16.10)

$$\left\langle S_i \right\rangle = \frac{1}{\beta} \frac{\partial}{\partial h_i} \ln \left(2 \cosh \left[\beta (h_i + \sum_j J_{ij} \left\langle S_j \right\rangle) \right] \right)$$

oder

$$\left\langle S_i \right\rangle = \tanh \left[\beta (h_i + \sum_j J_{ij} \left\langle S_j \right\rangle) \right]. \qquad (16.11)$$

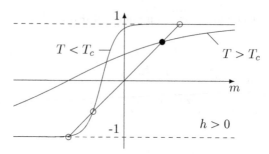

Abb. 16.1 Lösungen der Gleichung (16.12) für $T \gtrless T_c$, $h > 0$.

Dies ist das gesuchte Resultat. Für NN-Wechselwirkungen (NN = nächste Nachbarn) $J_{ij} = J$ für $\langle ij \rangle$ und ein uniformes Magnetfeld $h_j = h$ folgt für die Magnetisierung m pro Gitterpunkt

$$m = \tanh\left[\beta(h + 2dJm)\right] . \tag{16.12}$$

Diskussion Die Gleichung (16.12) hatten wir schon beim Curie-Weiss-Modell gefunden, siehe Gleichung (15.7). Sie lässt sich grafisch lösen, wie dies in Abbildung 16.1 angedeutet ist. Welche Lösung für $T < T_c$ auszuwählen ist, ergibt sich aus einer Diskussion der freien Energie, auf welche wir nun in einem zweiten Zugang zur MFN eingehen.

16.2 Freie Energie in der Molekularfeldnäherung, kritische Exponenten

Bei dem eben erwähnten zweiten Zugang zur MFN benutzen wir als Ausgangspunkt die *Jensen-Ungleichung*:

Es seien $g(x)$ eine (nach unten) konvexe Funktion auf $\mathbb{R}$ (z. B. $g(x) = e^x$) und ξ eine Zufallsvariable auf einem Wahrscheinlichkeitsraum mit $\langle \xi \rangle < \infty$. Dann gilt

$$g(\langle \xi \rangle) \leq \langle (g(\xi)) \rangle \tag{16.13a}$$

und speziell

$$\langle e^\xi \rangle \geq e^{\langle \xi \rangle} . \tag{16.13b}$$

Beweis Zu $x_0 \in \mathbb{R}$ existiert wegen der Konvexität von g ein $\lambda(x_0)$ mit

$$g(x) \geq g(x_0) + (x - x_0)\lambda(x_0)$$

(siehe Abbildung 16.2). Setzen wir darin $x = \xi$, $x_0 = \langle \xi \rangle$, so erhalten wir

$$g(\xi) \geq g(\langle \xi \rangle) + (\xi - \langle \xi \rangle)\lambda(\langle \xi \rangle) .$$

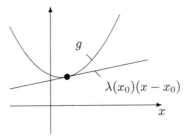

Abb. 16.2 Stützhyperebene für die konvexe Funktion g.

Bilden wir davon den Erwartungswert, so ergibt sich gerade (16.13a).   □

Neben der Hamilton-Funktion (16.1) betrachten wir eine zweite Hamilton-Funktion $\bar{H}_\Lambda$, über die wir noch geeignet verfügen werden, und verwenden die Jensen-Ungleichung

$$\left\langle \mathrm{e}^A \right\rangle \geqslant \mathrm{e}^{\langle A \rangle}$$

für $A = -\beta(H_\Lambda - \bar{H}_\Lambda)$ und den Erwartungswert bezüglich $\bar{H}_\Lambda$:

$$\underbrace{\left\langle \mathrm{e}^{-\beta(H_\Lambda - \bar{H}_\Lambda)} \right\rangle}_{} \geqslant \mathrm{e}^{-\beta\left\langle H_\Lambda - \bar{H}_\Lambda \right\rangle}$$

$$\frac{\int \mathrm{e}^{-\beta H_\Lambda} \prod d\rho}{\int \mathrm{e}^{-\beta \bar{H}_\Lambda} \prod d\rho} = \frac{Z_\Lambda(\beta)}{\bar{Z}_\Lambda(\beta)}$$

$Z, \bar{Z}$ bezeichnen die Zustandssummen zu H bzw. $\bar{H}$. Es gilt also für die freien Energien F und $\bar{F}$ die Beziehung

$$F_\Lambda(\beta) \leqslant \bar{F}_\Lambda(\beta) + \left\langle H_\Lambda - \bar{H}_\Lambda \right\rangle . \tag{16.14}$$

Es sei nochmals betont, dass hier der Erwartungswert mit der Hamilton-Funktion $\bar{H}$ zu bilden ist. Natürlich erhalten wir in (16.14) das Gleichheitszeichen für $H = \bar{H}$. Damit wir den Erwartungswert berechnen können, wählen wir jetzt

$$\bar{H}_\Lambda = -\sum S_i \, \phi_i , \tag{16.15}$$

wobei ϕ_i gewisse Hilfsfelder sind, deren ‚selbstkonsistente Werte' die rechte Seite in (16.14) minimieren sollen.

Für (16.15) lautet (16.14):

$$F_\Lambda(\beta) \leqslant \bar{F}_\Lambda(\beta) + \left\langle H_\Lambda + \sum S_i \, \phi_i \right\rangle =: \mathcal{L}_\Lambda(\phi) \tag{16.16}$$

Die rechte Seite wird minimal für Werte $\bar{\phi}_i$ von ϕ_i, für welche

$$\left. \frac{\partial \mathcal{L}_\Lambda}{\partial \phi_i} \right|_{\phi_i = \bar{\phi}_i} = 0 \tag{16.17}$$

gilt. Die MFN der freien Energie ist jetzt

$$F_\Lambda^{\mathrm{MFN}}(h) = \mathcal{L}_\Lambda(\bar\phi)\,, \tag{16.18}$$

mit der Lösung $\bar\phi$, für die $\mathcal{L}_\Lambda(\phi)$ minimal wird. ($\mathcal{L}$ können wir als *Landau-Funktion* in der phänomenologischen Ginzburg-Landau-Theorie[2] auffassen.)

Für die konkreten Rechnungen wählen wir jetzt wieder Ising-Spins. Dann ist

$$-\beta \bar{F}_\Lambda(\beta, \underset{\sim}{\phi}) = \sum_{i \in \Lambda} \ln\left[2\cosh(\beta\phi_i)\right]\,.$$

Ferner gilt

$$\left\langle H_\Lambda - \bar{H}_\Lambda \right\rangle = \left\langle -\frac{1}{2}\sum_{i,j} J_{ij}\, S_i\, S_j + \sum_i (\phi_i - h_i)S_i \right\rangle$$

$$= -\frac{1}{2}\sum_{i,j} J_{ij} \left\langle S_i \right\rangle \left\langle S_j \right\rangle + \sum_i (\phi_i - h_i) \left\langle S_i \right\rangle\,,$$

mit

$$\left\langle S_i \right\rangle = \tanh(\beta\phi_i)\,. \tag{16.19}$$

Es ist also nach (16.14)

$$F_\Lambda(\beta) \leqslant -\frac{1}{\beta}\sum_i \ln\left[2\cosh(\beta\phi_i)\right] - \frac{1}{2}\sum_{i,j} J_{ij}\, \tanh(\beta\phi_i)\, \tanh(\beta\phi_j)$$

$$+ \sum_i (\phi_i - h_i)\tanh(\beta\phi_i)$$

$$\equiv \mathcal{L}_\Lambda(\phi, h)\,.$$

An dieser Stelle muss betont werden, dass F^{MFN} in h konkav ist. Dies folgt aus

$$F_\Lambda^{\mathrm{MFN}}(h) = \inf_\phi \mathcal{L}(\phi, h) \tag{16.20}$$

(i. Allg. gibt es mehrere stationäre Lösungen!) und aus der Linearität von $\mathcal{L}$ in h.[3] (Es ist wichtig, dass diese Eigenschaft der freien Energie (siehe Seite 70) in der MFN erhalten bleibt.)

---

[2]Für eine Darstellung dieser Theorie sei der Leser auf Zinn-Justin (2002) verwiesen.

[3]Es sei $f_*(x) = \inf_y f(x, y)$, und $f(x, y)$ sei linear in x. Dann gilt für $0 \leqslant \lambda \leqslant 1$:

$$f_*(\lambda x_1 + (1-\lambda)x_2) = \inf_y f(\lambda x_1 + (1-\lambda)x_2, y) = \inf_y \{\lambda f(x_1, y) + (1-\lambda)f(x_2, y)\}$$

$$\geqslant \lambda \inf_y f(x_1, y) + (1-\lambda)\inf_y f(x_2, y) = \lambda f_*(x_1) + (1-\lambda)f_*(x_2)\,,$$

d. h. es gilt

$$f_*(\lambda_x 1 + (1-\lambda)x_2) \geqslant \lambda f_*(x_1) + (1-\lambda)f_*(x_2)\,.$$

Die Magnetisierung pro Spin ist in der MFN wegen (16.17) gegeben durch

$$m_i = -\left.\frac{\partial \mathcal{L}}{\partial h_i}\right|_{\bar{\phi}_i} = \tanh(\beta\bar{\phi}_i). \tag{16.21}$$

Wir schreiben (16.17) noch explizit aus. Mit (16.18) sowie

$$\cosh(\tanh^{-1} x) = (1 - x^2)^{-1/2}$$

und $\dfrac{d}{dx}\tanh(x) = \dfrac{1}{\cosh^2 x}$ erhalten wir sofort

$$\bar{\phi}_i - h_i = \sum_j J_{ij} m_j. \tag{16.22}$$

Aus (16.21) und (16.22) folgt jetzt wieder die MF-Gleichung (16.11):

$$m_i = \tanh\left[\beta(h_i + \sum_j J_{ij} m_j)\right] \tag{16.23}$$

Anmerkung Unterhalb von T_c ist die Lösung ϕ_i nicht eindeutig, weshalb $\inf\limits_{\phi}$ in (16.20) wesentlich ist.

Nun bestimmen wir noch das Gibbs'sche Potential Γ^{MFN} in der MFN, welches als Legendre-Transformierte von F^{MFN} konvex in m sein muss.

Nach (16.20) gilt, wenn wir $\tanh(\beta\phi_i) = \hat{m}_i$ setzen,

$$
\begin{aligned}
F_\Lambda^{\text{MFN}}(h) = \inf_{\hat{m}}\Bigg\{ &-\sum_i h_i \hat{m}_i - \frac{1}{\beta}\sum_i \ln\left[2(1-\hat{m}_i^2)^{1/2}\right] \\
&-\frac{1}{2}\sum_{i,j} J_{ij}\hat{m}_i\hat{m}_j + \frac{1}{\beta}\sum_i \hat{m}_i \underbrace{\tanh^{-1}(\hat{m}_i)}_{\frac{1}{2}\ln\frac{1+\hat{m}_i}{1-\hat{m}_i}}\Bigg\} \\
= \inf_{\hat{m}}\Bigg\{ &-\sum_i h_i \hat{m}_i - \frac{1}{2}\sum_{i,j}\hat{m}_i J_{ij}\hat{m}_j - \frac{N}{\beta}\ln 2 \\
&+ \frac{1}{2\beta}\sum_i (1+\hat{m}_i)\ln(1+\hat{m}_i) + (1-\hat{m}_i)\ln(1-\hat{m}_i)\Bigg\}.
\end{aligned} \tag{16.24}
$$

Dies ist aber gerade die Legendre-Transformierte der Funktion in der geschweiften Klammer ohne den ersten Term. Als Legendre-Transformierte von F^{MFN} ist deshalb Γ^{MFN} die konvexe Hülle der eben erwähnten Funktion:

$$
\begin{aligned}
\Gamma^{\text{MFN}} = \text{konvexe Hülle}\Bigg\{ &-\frac{1}{2}\sum_{i,j} m_i J_{ij} m_j - \frac{N}{\beta}\ln 2 \\
&\frac{1}{2\beta}\sum_i [(1+m_i)\ln(1+m_i) + (1-m_i)\ln(1-m_i)]\Bigg\}
\end{aligned} \tag{16.25}
$$

Würde man die Legendre-Transformierte auf die „naive" Weise bestimmen, so würde sich die geschweifte Klammer in (16.24) ergeben, welche nicht für alle β konvex ist! In den Lehrbüchern wird dieser wichtige Punkt oft übersehen. Zur Kontrolle wollen wir die Zustandsgleichung $h_i = \dfrac{\partial \Gamma(m)}{\partial m_i}$ aufstellen. An den Stellen, wo die geschweifte Klammer in (16.25) konvex ist, finden wir

$$h_i = \frac{\partial \Gamma}{\partial m_i} = -\sum J_{ij} m_j + \frac{1}{2\beta} \underbrace{\sum \{\ln(1 + m_i) + 1 - \ln(1 - m_i) - 1\}}_{\ln \frac{1 + m_i}{1 - m_i} = 2\tanh^{-1} m_i},$$

d. h.

$$h_i = -\sum J_{ij} m_j + \frac{1}{\beta} \tanh^{-1} m_i, \tag{16.26}$$

was mit (16.23) übereinstimmt.

Für weitere Diskussionen betrachten wir den Fall einer uniformen Magnetisierung $m_i = m$. Da in d Dimensionen die Zahl der nächsten Nachbarn (NN) in $\mathbb{Z}^d$ gleich dN ist ($N = |\Lambda|$), gilt pro Gitterpunkt

$$\begin{aligned}
\frac{1}{N}\Gamma(m) &= \text{konvexe Hülle}\Big\{ -Jdm^2 - \frac{1}{\beta}\ln 2 \\
&\qquad\qquad + \frac{1}{2\beta}\big[(1 + m)\ln(1 + m) + (1 - m)\ln(1 - m)\big]\Big\} \\
&= \text{konvexe Hülle}\Big\{ -T\ln 2 + \frac{m^2}{2}(T - 2Jd) + \frac{T}{12}m^4 + O(m^6)\Big\}.
\end{aligned} \tag{16.27}$$

(Wir benutzen Einheiten mit $k = 1$.) Aus der letzten Zeile ist ersichtlich, dass die geschweifte Klammer – wir wollen sie mit $\hat{\Gamma}(m)$ bezeichnen – für $T - 2Jd < 0$ nicht konvex ist. Γ und $\hat{\Gamma}$ sind in der Abbildung 16.3 skizziert. Offensichtlich liegt bei $T_c = 2Jd$ ein *Phasenübergang zweiter Ordnung* vor. *Oberhalb* von T_c ist $\Gamma = \hat{\Gamma}$, und die Zustandsgleichung $h = \partial \Gamma/\partial m$ ergibt

$$h = m(T - T_c) + \frac{T}{3}m^3 + \cdots. \tag{16.28}$$

Für $h = 0$ verschwindet deshalb auch die Magnetisierung. *Unterhalb* der kritischen Temperatur ist $\partial \Gamma/\partial m = 0$ zwischen $\pm m_0$ (siehe Abbildung 16.3), wobei sich m_0 aus $\partial \hat{\Gamma}/\partial m = 0$ ergibt:

$$m_0 = \pm\sqrt{\frac{3}{T}}(T_c - T)^{1/2}, \qquad (T < T_c) \tag{16.29}$$

Diese spontane Magnetisierung $m(\beta, h = 0)$ verhält sich also für $T \nearrow T_c$ wie

$$m \propto \left(\frac{T_c - T}{T}\right)^{\beta}, \qquad (T < T_c), \tag{16.30}$$

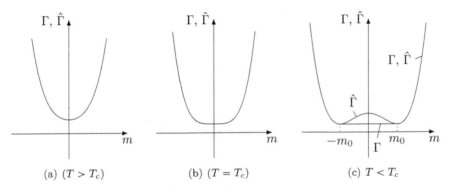

Abb. 16.3 Graphen der Potentiale Γ und $\hat{\Gamma}$ in der Nähe der kritischen Temperatur.

mit dem kritischen Exponenten

$$\beta = \frac{1}{2} . \tag{16.31}$$

Dies hatten wir auch in (15.16).

An der Stelle T_c lautet die Abhängigkeit $m(h)$ gemäß (16.28)

$$m(h, T_c) = \left(\frac{3}{T_c} \right)^{1/3} |h|^{1/3} . \tag{16.32}$$

Allgemein definiert man den kritischen Exponenten δ durch das Verhalten

$$m \propto |h - h_c|^{1/\delta} \tag{16.33}$$

in der Nähe des kritischen Feldes h_c.

In unserem Fall ist $h_c = 0$ und, wie in (15.16),

$$\delta = 3 . \tag{16.34}$$

Nun diskutieren wir die Spin-Spin-Korrelation. Nach (16.7) und (16.6) gilt allgemein

$$[\beta G_{ij}]^{-1} = \frac{\partial^2 \Gamma}{\partial m_i \partial m_j} = \frac{\partial h_i}{\partial m_j} . \tag{16.35}$$

Oberhalb der kritischen Temperatur können wir hier (16.26) verwenden und erhalten

$$[\beta G_{ij}]^{-1} = -J_{ij} + T\delta_{ij}(1 + m_i^2) + O(m^4) . \tag{16.36}$$

Diese Gleichung diskutiert man am besten durch Fourier-Transformation. Da nämlich J_{ij} nur von der Differenz der Gitterpositionen abhängt, wird diese Matrix durch die Fourier-Transformation diagonalisiert! Ist die Kopplungsmatrix gleich der Funktion $J(x)$ für den Gitterabstand $x \in \mathbb{Z}^d$, so sind die Diagonalelemente nach der Fourier-Transformation gleich

$$\hat{J}(k) = \sum_{x \in \mathbb{Z}^d} J(x)\, \mathrm{e}^{-ik \cdot x} , \quad k \in [-\pi, \pi]^d . \tag{16.37}$$

(Für ein endliches $\Lambda \subset \mathbb{Z}^d$ mit periodischen Randbedingungen müssen wir nur über Λ summieren; in diesem Fall sind die k-Werte auf

$$\Delta = \left\{ k \in \mathbb{R}^d \ : \ k_\alpha = \frac{2\pi n_k}{|\Lambda|^{1/d}}, \quad -\frac{|\Lambda|^{1/d}}{2} < n_\alpha \leqslant \frac{|\Lambda|^{1/d}}{2} \right\}$$

zu beschränken.)

Beschränken wir aus auf NN-Wechselwirkungen, so gilt

$$\hat{J}(k) = 2J \sum_{\alpha=1}^{d} \cos k_\alpha$$

$$= 2J \left(d - \frac{1}{2}k^2 + O(k^2)^2 \right) . \tag{16.38}$$

Nach Fourier-Transformation lauten die Diagonalelemente $\hat{G}(k)$ von G_{ij} nach (16.36)

$$\beta \hat{G}(k) = \frac{1}{T - 2J \sum\limits_{\alpha=1}^{d} \cos k_\alpha + Tm^2}$$

$$\overset{(k^2 \approx 0)}{\approx} \frac{1}{T - T_c + Jk^2 + Tm^2} . \tag{16.39}$$

Oberhalb von T_c verschwindet die spontane Magnetisierung, und deshalb gilt

$$\beta \hat{G}(k) \overset{k \to 0}{\approx} \frac{1}{T - T_c + Jk^2} , \qquad (T > T_c) . \tag{16.40}$$

Nun ist aber (siehe (16.37))

$$\lim_{k \to 0} \beta \hat{G}(k) = \sum_j \beta G_{ij} \overset{(16.8)}{=} \frac{\beta}{|\Lambda|} \sum_{i,j} (\langle S_i S_j \rangle - \langle S_i \rangle \langle S_j \rangle)$$

$$= \frac{\partial m}{\partial h} \bigg|_{h=0} = \chi \ : \ \text{magnetische Suszeptibilität} . \tag{16.41}$$

Beim vorletzten Gleichheitszeichen haben wir die Beziehung

$$\frac{\partial m}{\partial h} = \frac{\partial}{\partial h} \left(\frac{1}{|\Lambda|} \sum_i \langle S_i \rangle \right) = \frac{\beta}{|\Lambda|} \sum_{i,j} (\langle S_i S_j \rangle - \langle S_i \rangle \langle S_j \rangle)$$

verwendet (siehe auch Seite 70).

Nach (16.40) und (16.41) gilt also für die Suszeptibilität

$$\chi_+ = \frac{1}{T - T_c} , \qquad T > T_c . \tag{16.42}$$

(Der Index $+$ oder $-$ soll andeuten, ob T oberhalb oder unterhalb der kritischen Temperatur liegt.)

Die Green'sche Funktion (16.40) impliziert einen exponentiellen Zerfall im Koordinatenraum:

$$G(x) \propto \exp\left[\sqrt{\frac{T-T_c}{J}}\,|x|\right], \quad T > T_c \tag{16.43}$$

Daraus ergibt sich die Korrelationslänge

$$\xi_+ = \sqrt{\frac{J}{T-T_c}}, \quad T > T_c. \tag{16.44}$$

Diese divergiert beim kritischen Punkt. Allgemein beschreibt man ein solches Verhalten durch den kritischen Exponenten ν in

$$\xi \underset{T \to T_c}{\propto} |T-T_c|^{-\nu}. \tag{16.45}$$

Wir erhalten also in der MFN

$$\nu = \frac{1}{2}. \tag{16.46}$$

Für die Suszeptibilität schreibt man allgemein

$$\chi \underset{T \to T_c}{\propto} |T-T_c|^{-\gamma}, \tag{16.47}$$

weshalb in der MFN

$$\gamma = 1 \tag{16.48}$$

wird.

Unterhalb der kritischen Temperatur gilt nach (16.29)

$$m^2 = \frac{3}{T}(T_c - T).$$

Benutzen wir dies in (16.39), so folgt

$$\beta\,\hat{G}(k) \overset{(k \to 0)}{\approx} \frac{1}{2(T_c - T) + Jk^2} \quad (T < T_c), \tag{16.49}$$

weshalb jetzt

$$\chi_- = \frac{1}{2(T_c - T)} \quad (T < T_c), \tag{16.50}$$

$$G(x) \propto \exp\left[-\sqrt{\frac{2(T_c - T)}{J}}\,|x|\right] \quad (T < T_c), \tag{16.51}$$

$$\xi_- = \sqrt{\frac{J}{2(T_c - T)}} \quad (T < T_c). \tag{16.52}$$

Die kritischen Exponenten sind also $\nu = \dfrac{1}{2}$ und $\gamma = 1$.

Bei T_c ist der Abfall der Korrelationsfunktion nicht mehr exponentiell. Sie fällt vielmehr polynomial ab:

$$G(x) = \frac{T}{J} \int \frac{d^d k}{(2\pi)^d} \frac{e^{i\,k\cdot x}}{|k|^2} \propto \frac{1}{|x|^{d-2}} \tag{16.53}$$

Allgemein parametrisiert man $G(x)$ gemäß

$$G(x) \overset{T \to T_c}{\propto} \frac{e^{-|x|/\xi}}{|x|^{d-2+\eta}} . \tag{16.54}$$

Somit ist in der MFN

$$\eta = 0 . \tag{16.55}$$

Schließlich betrachten wir noch die Wärmekapazität

$$C_h = \left(\frac{\partial U}{\partial T} \right)_h = T \left(\frac{\partial S}{\partial T} \right)_h = -T \left(\frac{\partial^2 F}{\partial T^2} \right)_h . \tag{16.56}$$

Nach (16.24) ist

$$\begin{aligned}
\frac{1}{|\Lambda|} F_\Lambda^{\mathrm{MFN}}(h=0) &= \inf_m \Big\{ -Jdm^2 - T\ln 2 \\
&\quad + \frac{T}{2} \left[(1+m)\ln(1+m) + (1-m)\ln(1-m) \right] \Big\} \\
&= \inf_m \Big\{ -T\ln 2 + \frac{m^2}{2}(T - 2Jd) + \frac{T}{12} m^4 + O(m^6) \Big\} .
\end{aligned} \tag{16.57}$$

Hier ist die geschweifte Klammer unserer früheres $\hat{\Gamma}(m)$, welches in Abbildung 16.3 skizziert ist. Für $T > T_c$ ist das Infimum bei $m = 0$, also ist die freie Energie pro Spin $f(h = 0) = -T\ln 2$. Für $T < T_c$ wird das Infimum für $m^2 = m_0^2 = 3(T_c - T)/T$ (Gleichung (16.29)) angenommen und wir erhalten

$$f^{\mathrm{MFN}}(h = 0) = \begin{cases} -T\ln 2 , & T > T_c , \\ -T\ln 2 - \dfrac{3}{4T}(T_c - T)^2 + O(T_c - T)^3 , & T < T_c . \end{cases} \tag{16.58}$$

Somit ist (mit $c_h = C_h/|\Lambda| = -T\left(\partial^2 f/\partial T^2 \right)_h$)

$$c_h = \begin{cases} 0 , & T > T_c \\ \dfrac{3}{2} \left(\dfrac{T_c}{T} \right)^2 + O(T_c - T) , & T < T_c . \end{cases} \tag{16.59}$$

Auch dieses Resultat war uns beim Curie-Weiss-Modell begegnet (siehe Abbildung 15.4). Allgemein stellt man das kritische Verhalten so dar:

$$c_h \underset{T \to T_c}{\sim} |T - T_c|^{-\alpha} + c \tag{16.60}$$

Tab. 16.1 Definition der kritischen Exponenten sowie die MF-Werte und die Werte für die Ising-Modelle in zwei bzw. drei Dimensionen

Definition		MF	Ising	
			$d=3$	$d=2$
$C_H = \left(\dfrac{\partial U}{\partial T}\right)_h = -T\left(\dfrac{\partial^2 F}{\partial T^2}\right)_h \overset{(T\to T_c)}{\propto} \lvert T - T_c\rvert^{-\alpha} + C$	α	0	0.11	0
$m \overset{(T\to T_c)}{\propto} (T_c - T)^\beta$	β	$\frac{1}{2}$	0.326	$\frac{1}{8}$
$\chi = \dfrac{\partial M}{\partial h} = -\dfrac{\partial^2 F}{\partial h^2} \overset{(T\to T_c)}{\propto} \lvert T - T_c\rvert^{-\gamma}$	γ	1	1.24	$\frac{7}{4}$
$m \overset{(h\to h_c)}{\propto} \lvert h - h_c\rvert^{1/\delta}$	δ	3	4.8	15
$G(x) \overset{(T\to T_c)}{\propto} \dfrac{\mathrm{e}^{-\lvert \alpha\rvert/\xi}}{\lvert x\rvert^{d-2+\eta}}$	η	0	0.037	$\frac{1}{4}$
$\xi \overset{(T\to T_c)}{\propto} \lvert T - T_c\rvert^{-\nu}$	ν	$\frac{1}{2}$	0.63	1

Deshalb ist in der MFN

$$\alpha = 0\,. \tag{16.61}$$

Wir stellen in Tabelle 16.1 die Definition der kritischen Exponenten und ihre MF-Werte nochmals zusammen. Es sind darin auch bereits die Werte für die Ising-Modelle in $d = 2, 3$ angegeben. Man sieht, dass Letztere gar nichts mit den MF-Werten zu tun haben. Das ändert sich erst für $d > 4$, wie wir im nächsten Abschnitt näher erläutern.

16.3 Methode der Zufallsfelder, Loop-Korrektur und obere kritische Dimension

Wir geben nun noch eine Herleitung der MFN mit der *Methode der Zufallsfelder* (*random field transformation*). Diese hat den Vorteil, dass man auch Korrekturen diskutieren kann. Dabei zeigt sich der Wert der oberen kritischen Dimension.

Wir betrachten zuerst wieder ein $\mathcal{O}(n)$-Spinmodell für beliebiges n (Gleichung (16.1)). In einem ersten Schritt verallgemeinern wir die Methode, die wir beim Curie-Weiss-Modell verwendet haben. Wir benutzen die Identität

$$\int_{\mathbb{R}^n} \exp\left[-\frac{1}{2}\sum x_i A_{ij} x_j + \sum_i x_i y_j\right] \frac{d^n x}{(2\pi)^{n/2}} = (\det A)^{-1/2} \exp\left[\frac{1}{2}\sum (A^{-1})_{ij} y_i y_j\right],$$

$$\tag{16.62}$$

wobei A eine symmetrische, nicht-ausgeartete Matrix ist. (Am einfachsten beweist man dies durch Diagonalisierung von A; siehe z.B. Shiryaev (1996), Seite 297.)

Damit können wir die Zustandssumme (16.2) in folgender Form schreiben (mit $x_i \to \vec{\phi}_i$, $A \to \beta J^{-1}$, $y_i \to -\beta \vec{S}_i$):

$$Z_\Lambda(\beta, h) = C \int \prod_i d\vec{\phi}_i \, \exp\left[-\frac{\beta}{2} \sum_{i,j} J_{ij}^{-1} (\vec{\phi}_i - \vec{h}_i) \cdot (\vec{\phi}_j - \vec{h}_j) \right]$$

$$\cdot \int \prod_i d\rho(\vec{S}_i) \, e^{\beta \sum \vec{\phi}_i \cdot \vec{S}_i} \qquad \left(C = \left(\frac{2\pi}{\beta} \right)^{-|\Lambda| N/2} (\det J)^{-1/2} \right)$$

$$\equiv C \int \prod_i d\vec{\phi}_i \, e^{-\beta \mathcal{L}(\phi, h)} \,, \tag{16.63}$$

wobei

$$\mathcal{L}(\phi, h) = \frac{1}{2} \sum_{i,j} J_{ij}^{-1} (\vec{\phi}_i - \vec{h}_i) \cdot (\vec{\phi}_j - \vec{h}_j) - \frac{1}{\beta} \sum_i \ln \int d\rho(\vec{S}) \, e^{\beta \vec{\phi}_i \cdot \vec{S}} \tag{16.64}$$

das „Landau-Funktional" ist ist.

Von jetzt an spezialisieren wir die Diskussion auf Ising-Spins. Für diesen Fall erhalten wir

$$\mathcal{L}(\phi, h) = \frac{1}{2} \sum_{i,j} (\phi_i - h_i) J_{ij}^{-1} (\phi_j - h_j) - \frac{1}{\beta} \sum_i \ln\left[2 \cosh(\beta \phi_i) \right] . \tag{16.65}$$

Soweit erscheint kein Fortschritt erzielt worden zu sein. Wesentlich ist aber, dass Z in (16.63) als ein Integral über die Variablen $\{\phi_i\}$ dargestellt worden ist, deren Erwartungswerte lokale „Ordnungsparameter" sind, d. h. verschiedene Phasen unterscheiden.

In tiefster Ordnung verwenden wir nun in (16.63) die Laplace-Näherung:

$$e^{-\beta F_\Lambda(\beta, h)} \approx C e^{-\beta \inf_\phi \mathcal{L}(\phi, h)} \,.$$

Wenn wir noch den additiven Beitrag von C zu F weglassen, so erhalten wir

$$F_\Lambda^{\text{MFN}}(\beta, h) = \inf_\phi \mathcal{L}(\phi, h) \tag{16.66}$$

Stationäre Werte $\{\bar{\phi}_i\}$ von $\{\phi_i\}$ erfüllen die Beziehung

$$\left. \frac{\partial \mathcal{L}}{\partial \phi_i} \right|_{\bar{\phi}_i} = 0 = \sum J_{ij}^{-1} (\bar{\phi}_j - h_j) - \tanh(\beta \bar{\phi}_i) \,.$$

Diese genügen also der MF-Gleichung

$$\bar{\phi}_i = h_i + \sum_j J_{ij} \tanh(\beta \bar{\phi}_j) \,. \tag{16.67}$$

Zur Interpretation der $\bar{\phi}_i$ bestimmen wir die Magnetisierungen

$$m_i = -\frac{\partial F(h)}{\partial h_i} = -\frac{\partial}{\partial h_i} \mathcal{L}(\bar{\phi}(h), h) = -\frac{\partial \mathcal{L}}{\partial h_i}$$

$$= \sum J_{ij}^{-1} (\bar{\phi}_j - h_j) = \tanh(\beta \bar{\phi}_i) \,. \tag{16.68}$$

Diese Beziehung hatten wir auch in Abschnitt 16.2 (Gleichung (16.21)). Mit ihr können wir (16.67) wieder in der Form von (16.23) schreiben:

$$m_i = \tanh\Big[\beta(h_i + \sum_j J_{ij} m_j)\Big] \qquad (16.69)$$

Setzen wir in (16.65) $\phi_j = h_j + \sum J_{jl}\,\hat{m}_l$, so erhalten auch

$$F^{\mathrm{MFN}}(\beta, h) = \inf_{\hat{m}}\Big\{\frac{1}{2}\sum_{i,j} J_{ij}\,\hat{m}_i\,\hat{m}_j$$

$$-\frac{1}{\beta}\sum_i \ln\Big[2\cosh\beta(h_i + \sum_j J_{ij}\,\hat{m}_j)\Big]\Big\}. \qquad (16.70)$$

Nun gilt für stationäre Punkte in der geschweiften Klammer

$$\hat{m} = \tanh\left[\beta(h + J\hat{m})\right]. \qquad (16.71)$$

Davon müssen wir diejenige Lösung wählen, für die diese Klammer minimal wird. Für jeden stationären Wert $\hat{m}$ ist

$$\mathcal{L}(\hat{m}, h) = -\frac{1}{2}\langle \hat{m}, J\,\hat{m}\rangle - \langle h, \hat{m}\rangle + \langle \hat{m}, J\,\hat{m} + h\rangle$$

$$-\frac{1}{\beta}\sum_i \ln\left[2\cosh\beta(h + J\,\hat{m})\right]. \qquad (16.72)$$

Von diesem Ausdruck berechnen wir zuerst die beiden letzten Terme, unter Benutzung von (16.71). Wegen

$$\cosh(\tanh^{-1} x) = \frac{1}{\sqrt{1 - x^2}}, \quad \tanh^{-1}(x) = \frac{1}{2}\ln\frac{1 + x}{1 - x}$$

ist der letzte Term in (16.72) gleich

$$-\frac{1}{\beta}\sum_i \ln\left[2\cosh\tanh^{-1}\hat{m}_i\right] = -\frac{1}{\beta}\sum_i \ln\left[\frac{2}{\sqrt{1 - \hat{m}_i^2}}\right]$$

$$= -\frac{1}{\beta}N\ln 2 + \frac{1}{2\beta}\sum_i \ln\left(1 - \hat{m}_i^2\right).$$

Dazu addieren wir den zweitletzten Term in (16.72),

$$\sum \hat{m}_i\,J_{ij}(h_j + \hat{m}_j) = \sum \hat{m}_i\frac{1}{\beta}\tanh^{-1}\hat{m}_i$$

$$= \frac{1}{2\beta}\sum_i \hat{m}_i \ln\frac{1 + \hat{m}_i}{1 - \hat{m}_i}.$$

Zusammen sind diese gleich

$$-\frac{1}{\beta}N\ln 2 + \frac{1}{2\beta}\sum_i \left\{(1 + \hat{m}_i)\ln(1 + \hat{m}_i) + (1 - \hat{m}_i)\ln(1 - \hat{m}_i)\right\}.$$

Damit wird aus (16.72)

$$\mathcal{L}(\hat{m}, h) = -\sum h_i \hat{m}_i - \frac{1}{2} \sum \hat{m}_i J_{ij} \hat{m}_j - \frac{N}{\beta} \ln 2$$

$$+ \frac{1}{2\beta} \sum_i \{(1 + \hat{m}_i) \ln(1 + \hat{m}_i) + (1 - \hat{m}_i) \ln(1 - \hat{m}_i)\} \qquad (16.73)$$

Dies ist genau derselbe Ausdruck wie in (16.24), weshalb die beiden Methoden in den Abschnitten 16.2 und 16.3 zum selben Resultat führen. Mit dem jetzigen Verfahren können wir aber Korrekturen berechnen.

1-Loop-Korrekturen

Unser Ausgangspunkt ist durch die Gleichungen (16.63) und (16.65) bestimmt. Von $\mathcal{L}(\phi, h)$ bilden wir die Hess'sche Matrix:

$$\frac{\partial^2 \mathcal{L}}{\partial \phi_i \, \partial \phi_j} = J_{ij}^{-1} - \beta \left(1 - \tanh^2 \beta \phi_i\right) \delta_{ij} \qquad (16.74)$$

Zur leichteren Verfolgung der Ordnungen in der stationären Phasenapproximation führen wir in (16.63) einen Entwicklungsparameter l ein. Mithilfe von (16.62) erhalten wir

$$Z_\Lambda(\beta, h) = \sharp \int \prod_i d\phi_i \, e^{-l\beta \mathcal{L}(\phi, h)}$$

$$\approx \sharp \det \left[l\beta \frac{\partial^2 \mathcal{L}}{\partial \phi_i \, \partial \phi_j} \right]^{-1/2} e^{-l\beta \mathcal{L}} \Bigg|_{\bar{\phi}}$$

$$\equiv C e^{-\beta F_\Lambda(\bar{\phi}, h)} . \qquad (16.75)$$

Dabei ist

$$F_\Lambda(\bar{\phi}, h) = \frac{1}{2} \sum_{i,j} (\bar{\phi}_i - h_i) J_{ij}^{-1} (\bar{\phi}_j - h_j) - \frac{1}{\beta} \sum_i \ln\left[2 \cosh(\beta \bar{\phi}_i)\right] + \frac{1}{2\beta l} A(\bar{\phi}) ,$$

$$(16.76)$$

mit

$$A(\bar{\phi}) = \ln \det \left[\delta_{ij} - \beta(1 - \tanh^2(\beta \bar{\phi}_i)) J_{ij}\right] . \qquad (16.77)$$

Die stationären Punkte $\bar{\phi}_i(h)$ sind dabei durch (16.67) bestimmt:

$$\bar{\phi}_i = h_i + \sum_j J_{ij} \tanh(\beta \bar{\phi}_j) \qquad (16.78)$$

Wir ignorieren dabei die multiplikative Konstante C.

In führender Ordnung in $1/l$ ist die Magnetisierung (siehe (16.68))

$$m_i = -\frac{\partial F}{\partial h_i} = \sum_j J_{ij}^{-1} (\bar{\phi}_j - h_j) - \frac{1}{2\beta l} \frac{\partial A(\bar{\phi})}{\partial h_i} . \qquad (16.79)$$

Aus (16.78) und (16.79) folgt

$$\tanh(\beta\bar{\phi}_i) = m_i + \frac{1}{2\beta l}\frac{\partial A(\bar{\phi})}{\partial h_i} . \tag{16.80}$$

In führender Ordnung dürfen wir deshalb im Zusatz $\frac{1}{2\beta l}A(\bar{\phi})$ zur freien Energie in (16.76) die Größe (16.77) durch

$$A(m) = \ln\det\left[\delta_{ij} - \beta(1 - m_i^2)J_{ij}\right] \tag{16.81}$$

ersetzen. Es dürfte klar sein, dass damit das Gibbs'sche Potential $\Gamma(m)$ zum MF-Ausdruck (16.25) den Zusatz $\frac{1}{2\beta l}A(m)$ erhält:

$$\Gamma(m) = \Gamma^{\mathrm{MFN}}(m) + \frac{1}{2\beta l}A(m) \tag{16.82}$$

(Konvexität ?). Die Zustandsgleichung lautet jetzt gemäß (16.26):

$$h_i = \frac{\partial\Gamma}{\partial m_i} = -\sum J_{ij}m_j + \frac{1}{\beta}\tanh^{-1}m_i + \frac{1}{2\beta l}\frac{\partial A}{\partial m_i} \tag{16.83}$$

$$\frac{\partial A}{\partial m_i} = \frac{1}{l}\sum_k J_{ik}\left[\delta_{rs} - \beta(1 - m_r^2)J_{rs}\right]_{ki}^{-1}m_i \tag{16.84}$$

Beim letzten Gleichheitszeichen haben wir die folgende allgemeine Formel benutzt: Ist $M(x)$ eine nichtsinguläre Matrix, welche von einer Variablen x abhängt, so gilt

$$\frac{d}{dx}\ln\det M = \sum_{i,j}\left(M^{-1}\right)_{ij}\frac{dM_{ij}}{dx} .$$

In der Hochtemperaturphase, wo $m_i = 0$ ist, lautet deshalb die Suszeptibilität

$$\chi^{-1} = \frac{\partial^2\Gamma}{\partial m^2} = -2dJ + \frac{1}{\beta} + \frac{1}{l}\sum J_{ik}\left[\delta_{rs} - \beta(1 - m_r^2)J_{rs}\right]_{ki}^{-1} .$$

Durch die Benutzung der Fourier-Transformierten (16.37) können wir die Summe rechts einfacher darstellen:

$$\chi^{-1} = -2dJ + \frac{1}{\beta} + \frac{1}{l}\int\frac{d^dk}{(2\pi)^d}\frac{\hat{J}(k)}{1 - \beta\hat{J}(k)} \tag{16.85}$$

Das Integral erstreckt sich dabei über die Brillouin-Zone $(-\pi,\pi]^d$.

Bei der kritischen Temperatur T_c divergiert die Suszeptibilität. Also erfüllt T_c die Gleichung

$$0 = -2dJ + T_c + \frac{1}{l}\int\frac{d^dk}{(2\pi)^d}\frac{\hat{J}(k)}{1 - \hat{J}(k)/T_c} . \tag{16.86}$$

In führender Ordnung in $\frac{1}{l}$ ergibt dies

$$T_c = 2dJ - \frac{1}{l}\int\frac{d^dk}{(2\pi)^d}\frac{\hat{J}(k)}{1 - \hat{J}(k)/T_c} . \tag{16.87}$$

Die Fluktuationen erniedrigen also den MF-Wert $T_c^{\mathrm{MF}} = 2dJ$. Das ist plausibel, denn die Fluktuationen führen zu zusätzlicher Unordnung.

Nun interessieren wir uns für das kritische Verhalten von χ. Dazu subtrahieren wir (16.86) von (16.85) und erhalten

$$\chi^{-1} = T - T_c + (T_c - T)\frac{1}{l} \int \frac{d^d k}{(2\pi)^d} \frac{\hat{J}(k)^2}{(T - \hat{J}(k))(T_c - \hat{J}(k))} . \qquad (16.88)$$

Da die kritische Region durch langwellige Fluktuationen (kleine k) dominiert wird, entwickeln wir $\hat{J}(k)$ nach k^2 und erhalten mit (16.38)

$$\chi^{-1} \stackrel{(T \to T_c)}{\sim} (T - T_c)\left[1 - \frac{1}{l} \int \frac{d^d k}{(2\pi)^d} \frac{T_c^2}{Jk^2(Jk^2 + T - T_c)}\right] . \qquad (16.89)$$

Dies ist ein interessantes Ergebnis. Wir sehen, dass die $1/l$-Korrektur zu χ^{-1} für $d = 4$ bei T_c den Faktor

$$\int \frac{|k|^3 \, d|k|}{|k|^4}$$

enthält, der infrarot-divergent ist. Für jede andere Dimension setzen wir

$$q = \sqrt{\frac{J}{T - T_c}} \, k$$

und erhalten

$$\chi^{-1} \stackrel{T \to T_c}{\sim} (T - T_c)\left[1 - \frac{1}{l}\frac{(T - T_c)^{(d-4)/2} \, T_c^2}{J^{d/2}} \int \frac{d^d q}{(2\pi)^d} \frac{1}{q^2(q^2 + 1)}\right] . \qquad (16.90)$$

Man sieht an dieser Formel, dass die $1/l$-Korrektur für $d > 4$ endlich ist und deshalb das singuläre Verhalten von χ nicht ändert. Insbesondere bleibt der kritische Exponent γ gleich 1. Man kann zeigen, dass dies auch in höheren Ordnungen in $1/l$ so bleibt.

Hingegen divergiert für $d \leqslant 4$ die $1/l$-Korrektur zu χ^{-1} um T_c und dominiert deshalb das kritische Verhalten. Man sagt, das kritische Verhalten sei *fluktuationsdominiert*. Die höheren Ordnungen in $1/l$ werden zunehmend divergenter um T_c, und die MF-Näherung bricht zusammen.

Für $d \leqslant 4$ ist deshalb das kritische Verhalten eine sehr subtile Angelegenheit. Die Methode der *Renormierungsgruppe* hat hier beträchtliche Fortschritte gebracht. Darauf werden wir in Kapitel 24 detailliert eingehen.

17 Onsagers Lösung des zweidimensionalen Ising-Modells

Onsagers Lösung des zweidimensionalen Ising-Modells (aus dem Jahre 1944) gehört zu den Großtaten der mathematischen Physik. Ihr Einfluss auf die Entwicklung der SM kann nicht überschätzt werden.

In diesem Abschnitt beschränken wir uns auf eine Diskussion der Onsager'schen Lösung. Eine der vielen Herleitungen geben wir in Anhang F.

Wir betrachten das Modell zunächst auf einem endlichen Teil des Gitters $\mathbb{Z}^2$, bestehend aus M Zeilen und N Spalten. Die Ising-Spins an den Stellen, an denen sich die i-te Zeile mit der j-ten Kolumne schneidet, bezeichnen wir mit $\sigma_{i,j}$ (mit $i = 1, \cdots, M;\ j = 1, \cdots, N$). Längs jeder Zeile i verlangen wir periodische Randbedingungen $\sigma_{i,N+1} = \sigma_{i,1}$ (mit $i = 1, \cdots, M$). Dies bedeutet, dass wir das Gitter um einem Zylinder legen (Abbildung 17.1).

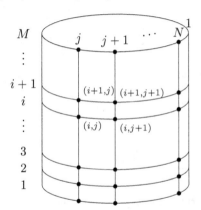

Abb. 17.1 Bezeichnungen zum zweidimensionalen Ising-Modell.

Die Hamilton-Funktion lautet

$$H(\{\sigma\}) = -J \sum_{i=1}^{M-1} \sum_{j=1}^{N} \sigma_{i,j}\, \sigma_{i+1,j} - J' \sum_{i=1}^{M} \sum_{j=1}^{N} \sigma_{i,j}\, \sigma_{i,j+1} - h \sum_{i=1}^{M} \sum_{j=1}^{N} \sigma_{i,j}. \quad (17.1)$$

J ist die Kopplungskonstante für Spins, welche nächste Nachbarn in der gleichen Spalten sind. Entsprechend beschreibt J' die Kopplungsstärke zwischen nächsten Nachbarn in der gleichen Zeile (siehe Abbildung 17.2). Im Weiteren bezeichne $\hat{\sigma}_j$ die Sequenz der $\sigma_{i,j}$ in der Spalte j:

$$\hat{\sigma}_j = (\sigma_{1,j},\ \sigma_{2,j},\ \cdots,\ \sigma_{M,j}) ;\quad \hat{\sigma}_{N+1} = \hat{\sigma}_1 \quad (17.2)$$

Die Wechselwirkungsenergie dieser j-ten Spalte ist

$$U(\hat{\sigma}_j) = -J \sum_{i=1}^{M-1} \sigma_{i,j}\, \sigma_{i+1,j} - h \sum_{i=1}^{M} \sigma_{i,j} , \quad (17.3)$$

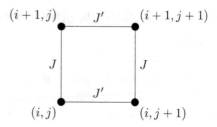

Abb. 17.2 Die Kopplungskonstanten für nächste Nachbarn.

und die Wechselwirkungsenergie zwischen benachbarten Spalten ist

$$V(\hat{\sigma}_j, \hat{\sigma}_{j+1}) = -J' \sum_{i=1}^{M} \sigma_{i,j}\, \sigma_{i,j+1}\,. \tag{17.4}$$

Offensichtlich gilt

$$H(\{\sigma\}) = \sum_{i=1}^{N} \left[U(\hat{\sigma}_i) + V(\hat{\sigma}_i, \hat{\sigma}_{i+1}) \right]\,. \tag{17.5}$$

Mit diesen Notationen erhalten wir für die Zustandssumme

$$Z_{N,M} = \sum_{(\hat{\sigma}_1,\cdots,\hat{\sigma}_N)} \exp\left[-\beta \sum_{i=1}^{N} \left(U(\hat{\sigma}_i) + V(\hat{\sigma}_i, \hat{\sigma}_{i+1}) \right) \right]$$

$$= \sum_{(\hat{\sigma}_1,\cdots,\hat{\sigma}_N)} \prod_{i=1}^{N} T(\hat{\sigma}_i, \hat{\sigma}_{i+1})\,, \tag{17.6}$$

wobei nach Symmetrisierung des Exponenten folgt

$$T(\hat{\sigma}, \hat{\sigma}') = \exp\left[-\beta \left(\frac{U(\hat{\sigma})}{2} + V(\hat{\sigma}, \hat{\sigma}') + \frac{U(\hat{\sigma}')}{2} \right) \right]\,. \tag{17.7}$$

Wir fassen $T(\hat{\sigma}, \hat{\sigma}')$ als Komponenten einer $(2^M \times 2^M)$-Matrix $\mathcal{T}$ auf. Gemäß (17.6) gilt (für periodische Randbedingungen)

$$Z_{N,M} = \mathrm{Sp}\left(\mathcal{T}^N \right)\,. \tag{17.8}$$

Sind λ_α, $\alpha = 1, \cdots, 2^M$ die Eigenwerte der positiven symmetrischen Matrix $\mathcal{T}$, so gilt

$$Z_{M,N} = \sum_{\alpha=1}^{2^M} \lambda_\alpha^N\,. \tag{17.9}$$

Wie früher erhalten wir deshalb für die freie Energie pro Spin im thermodynamischen Limes

$$-\beta f = \lim_{\substack{M\to\infty \\ N\to\infty}} \frac{1}{M \cdot N} Z_{M,N} = \lim_{M\to\infty} \frac{1}{M} \lambda_1\,, \tag{17.10}$$

wenn λ_1 den größten Eigenwert von $\mathcal{T}$ bezeichnet.

Setzen wir die Ausdrücke (17.3) und (17.4) in (17.7) ein und verwenden die Abkürzungen

$$K = \beta J, \quad K' = \beta J', \quad B = \beta h, \tag{17.11}$$

so lautet die Transfermatrix explizit

$$\mathcal{T}(\hat{\sigma}, \hat{\sigma}') = \exp\left[\frac{K}{2} \sum_{i=1}^{M-1} \sigma_i \sigma_{i+1} + \frac{B}{2} \sum_{i=1}^{M} \sigma_i\right]$$

$$\cdot \exp\left[K' \sum_{i=1}^{M} \sigma_i \sigma_i'\right]$$

$$\cdot \exp\left[\frac{K}{2} \sum_{i=1}^{M-1} \sigma_i' \sigma_{i+1}' + \frac{B}{2} \sum_{i=1}^{M} \sigma_i'\right], \tag{17.12}$$

mit

$$\hat{\sigma} = (\sigma_1, \cdots, \sigma_M), \quad \hat{\sigma}' = (\sigma_1', \cdots, \sigma_M'), \tag{17.13}$$

(und $\sigma_i = \pm 1$, $\sigma_j' = \pm 1$).

Onsager gelang es, das vollständige Spektrum von $\mathcal{T}$ für beliebige K und K', aber $h = 0$, zu bestimmen. Wir setzen im Folgenden $J = J'$, ($K = K'$) und $h = 0$ und betrachten nur den Limes in (17.10). Für diesen Fall wollen wir die Transfermatrix noch durch die *Pauli'schen Spinmatrizen* $\tau^{(k)}$ ($k = 1, 2, 3$) ausdrücken. Die Matrizen

$$\tau_i^{(k)} = \mathbb{1}_2 \otimes \cdots \otimes \mathbb{1}_2 \otimes \underset{\underset{i\text{-te Stelle}}{\uparrow}}{\tau^{(k)}} \otimes \mathbb{1}_2 \otimes \cdots \otimes \mathbb{1}_2, \tag{17.14}$$

(mit $k = 1, 2, 3$ und $i = 1, \cdots, M$) können benutzt werden, um (17.12) passend darzustellen. Der erste und der dritte Faktor in (17.12) sind zwei gleiche Diagonalmatrizen der Form

$$V_1^{1/2} = \exp\left[\frac{K}{2} \sum_{j=1}^{M-1} \tau_j^{(3)} \tau_{j+1}^{(3)}\right]. \tag{17.15}$$

Die mittlere Matrix in (17.12) ist das M-fache Tensorprodukt der folgenden (2×2)-Matrix:

$$L = \begin{pmatrix} e^K & e^{-K} \\ e^{-K} & e^K \end{pmatrix} = e^K \mathbb{1}_2 + e^{-K} \tau^{(1)}$$

Wegen

$$e^{K^* \tau^{(1)}} = \cosh K^* \, \mathbb{1}_2 + \sinh K^* \, \tau^{(1)}$$

gilt

$$L = (2 \sinh 2K)^{1/2} \, e^{K^* \tau^{(1)}}, \tag{17.16}$$

falls

$$\tanh K^* = e^{-2K} \quad \Longleftrightarrow \quad \sinh(2K^*) \sinh(2K) = 1 \tag{17.17}$$

gilt. Setzen wir also

$$V_2 = (2 \sinh 2K)^{M/2} \exp\left[K^* \sum_{j=1}^{M} \tau_j^{(1)}\right], \qquad (17.18)$$

so gilt

$$T = V_1^{1/2} V_2 V_1^{1/2}, \qquad (17.19)$$

d. h.

$$\mathrm{Sp}\, T^N = \mathrm{Sp}\, V^N,$$

mit

$$V := V_2^{1/2} V_1 V_2^{1/2} = (2 \sinh 2K)^{M/2}$$
$$\cdot \exp\left[\frac{K^*}{2} \sum_{j=1}^{M} \tau_j^{(1)}\right] \exp\left[K \sum_{j=1}^{M-1} \tau_j^{(3)} \tau_{j+1}^{(3)}\right] \exp\left[\frac{K^*}{2} \sum_{j=1}^{M} \tau_j^{(1)}\right]. \qquad (17.20)$$

(Man beachte, dass T und V zueinander konjugiert sind.) Es läuft also alles auf die Bestimmung des größten Eigenwertes dieser positiven symmetrischen Matrix hinaus. Dies wird in Anhang F durchgeführt, mit dem Resultat

$$\lambda_1 = (2 \sinh 2K)^{M/2} \exp\left[\frac{1}{2}(\gamma_1 + \gamma_3 + \cdots + \gamma_{2M-1})\right], \qquad (17.21)$$

wobei die γ_k definiert sind durch ($\gamma_k > 0$):

$$\cosh \gamma_k = \cosh 2K \coth 2K - \cos\left(\frac{\pi k}{M}\right) \qquad (17.22)$$

Im Limes $M \to \infty$ wird aus der Riemann-Summe im Exponenten von (17.21) ein Integral, und folglich erhalten wir mit (17.10)

$$-\beta f(\beta, h = 0) = \lim_{M \to \infty} \frac{1}{M} \ln \lambda_1 = \frac{1}{2} \ln(2 \sinh 2K) + \lim_{M \to \infty} \frac{1}{2M} \sum_{k=0}^{M-1} \gamma_{2k+1}$$

$$= \frac{1}{2} \ln(2 \sinh 2K) + \frac{1}{2\pi} \int_0^\pi \cosh^{-1}(\cosh 2K \coth 2K - \cos \theta_1)\, d\theta_1.$$

$$(17.23)$$

Nun benutzen wir die Identität

$$\cosh^{-1}|x| = \frac{1}{\pi} \int_0^\pi \ln\left[2(x - \cos \theta_2)\right] d\theta_2, \qquad (17.24)$$

welche man folgendermaßen einsieht: Die Funktion $g(x)$ sei definiert durch

$$g(x) = \frac{1}{2\pi} \int_0^{2\pi} d\theta \, \ln\left(2 \cosh x \pm 2 \cos \theta\right). \qquad (17.25)$$

Es gilt

$$g'(x) = \frac{1}{2\pi} \int_0^{2\pi} d\theta \, \frac{\sinh x}{\cosh x \pm \cos \theta} \, . \tag{17.26}$$

Nun ist für $a > 1$

$$\int_0^{2\pi} \frac{d\theta}{a \pm \cos \theta} = \frac{2\pi}{\sqrt{a^2 - 1}} \, . \tag{17.27}$$

Mithilfe des Residuensatzes ergibt sich dies folgendermaßen: Setzen wir $z = e^{i\theta}$, dann ist

$$a + \cos \theta = a + \frac{1}{z}(z + \bar{z}) = a + \frac{1}{2}\left(z + \frac{1}{z}\right) = (z^2 + 2az + 1)/2z \, ,$$

also

$$\int_0^{2\pi} \frac{d\theta}{a + \cos \theta} = -2i \oint_{|z|=1} \frac{dz}{\underbrace{z^2 + 2az + 1}_{(z-\alpha)(z-\beta)}} \, ,$$

mit

$$\alpha = -a + \sqrt{a^2 - 1}\, , \qquad \beta = -a - \sqrt{a^2 - 1} \, .$$

Für $a > 1$ ist $|\alpha| < 1$, $|\beta| > 1$; also gibt der Residuensatz tatsächlich (17.27). Dies impliziert für g'

$$g'(x) = \text{sign}\,(x) \quad \Longrightarrow \quad g(x) = |x| \, . \tag{17.28}$$

Insbesondere ist deshalb für $x > 0$

$$g\left(\cosh^{-1} x\right) = \frac{1}{\pi} \int_0^{\pi} \ln\left[2(x + \cos \theta)\right] d\theta = \left|\cosh^{-1} x\right| = \cosh^{-1} x \, .$$

Setzen wir (17.24) in (17.23) ein, so erhalten wir die Integraldarstellung

$$-\beta f(\beta, h = 0) = \ln 2 + \frac{1}{2\pi^2} \int_0^{\pi} d\theta_1 \int_0^{\pi} d\theta_2 \ln\left[\cosh^2 2K - \sinh 2K(\cos \theta_1 + \cos \theta_2)\right] \, . \tag{17.29}$$

Eine andere Form erhält man, wenn das letzte Integral I mit Hilfe der Darstellung (17.24) folgendermaßen umgeformt wird: Zunächst ergibt sich

$$I = \frac{1}{2\pi^2} \int_0^{\pi} d\theta_1 \int_0^{\pi} d\theta_2 \ln\left[2\cosh 2K \coth 2K - 2(\cos \theta_1 + \cos \theta_2)\right] \, .$$

Statt über das Quadrat $[0, \pi]^2$ zu integrieren, können wir auch über das punktierte Rechteck in Abbildung 17.3 integrieren, ohne den Wert des Integrals zu ändern. Dafür ist $0 \leqslant (\theta_1 + \theta_2)/2 \leqslant \pi$, $0 \leqslant \theta_2 - \theta_1 \leqslant \pi$. Führen wir also die neuen Integrationsvariablen

$$\omega_1 = \frac{\theta_2 - \theta_1}{2} \, , \qquad \omega_2 = \frac{\theta_1 + \theta_2}{2}$$

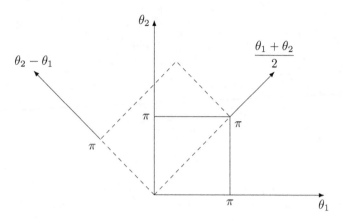

Abb. 17.3 Zur Transformation des Integrals I.

ein und benutzen die trigonometrische Identität

$$\cos\theta_1 + \cos\theta_2 = 2\cos\omega_2 \cos\omega_1\,,$$

so erhalten wir

$$I = \frac{1}{\pi^2} \int\limits_0^\pi d\omega_2 \int\limits_0^{\pi/2} d\omega_1\, \ln\left(2\cosh 2K\, \coth 2K - 4\cos\omega_1\, \cos\omega_2\right).$$

Hier ist das ω_2-Integral fast von der Form (17.24). Um es in diese Gestalt zu bringen, schreiben wir

$$
\begin{aligned}
I \;=\;& \frac{1}{\pi^2} \int\limits_0^\pi d\omega_2 \int\limits_0^{\pi/2} d\omega_1\, \ln(2\cos\omega_1) \\[2mm]
&+ \frac{1}{\pi^2} \int\limits_0^{\pi/2} d\omega_1 \int\limits_0^\pi d\omega_2\, \ln\left(\frac{\cosh 2K\, \coth 2K}{\cos\omega_1} - 2\cos\omega_2\right) \\[2mm]
\overset{(17.24)}{=}\;& \frac{1}{\pi} \int\limits_0^{\pi/2} d\omega_1\, \ln(2\cos\omega_1) + \frac{1}{\pi} \int\limits_0^{\pi/2} d\omega_1\, \cosh^{-1}\left(\frac{\cosh 2K\, \coth 2K}{2\cos\omega_1}\right).
\end{aligned}
$$

Nun ist $\cosh^{-1} x = \ln\left[x + \sqrt{x^2 - 1}\right]$, womit

$$I = \frac{1}{2\pi} \int\limits_0^\pi d\theta\, \ln\left[D\left(1 + \sqrt{1 - q^2\cos^2\theta}\right)\right],$$

mit

$$D := \cosh 2K\, \coth 2K\,, \qquad q = \frac{2}{D} \tag{17.30}$$

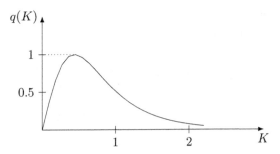

Abb. 17.4 Graph der Funktion $q(K)$.

folgt. Dieses Integral ändert sich nicht, wenn wir $\cos^2 \theta$ durch $\sin^2 \theta$ ersetzen:

$$I = \frac{1}{2} \ln \left(2 \cosh 2K \, \coth 2K\right) + \frac{1}{2\pi} \int_0^\pi \ln \left(\frac{1 + \sqrt{1 - q^2(K) \sin^2 \theta}}{2}\right) d\theta$$

Benutzen wir dies in (17.23), so erhalten wir schließlich

$$- \beta f(\beta, h = 0) = \ln \left(2 \cosh 2K\right) + \frac{1}{\pi} \int_0^{\pi/2} d\theta \, \ln \left(\frac{1 + \sqrt{1 - q^2 \sin^2 \theta}}{2}\right) . \quad (17.31)$$

Die Funktion $q(K)$ ist nach (17.30)

$$q(K) = \frac{2 \sinh 2K}{\cosh^2 2K} \quad (17.32)$$

und hat die in Abbildung 17.4 dargestellte Form. Sie erreicht ihren maximalen Wert $q = 1$ bei $\sinh 2K = 1$. Es ist klar, dass die freie Energie (17.31) nur an dieser Stelle nicht-analytisch sein kann, da sonst der Ausdruck unter der Wurzel nie verschwindet. Falls es also einen Phasenübergang gibt, muss die kritische Temperatur T_c deshalb die Gleichung

$$\sinh \frac{2J}{kT_c} = 1 \quad (17.33)$$

erfüllen.

Die innere Energie pro Spin $u(T)$ kann man in folgende Form bringen

$$u(\beta) = \frac{\partial}{\partial \beta} (\beta f(\beta)) = -J \coth(2\beta J) \left[1 + \frac{2}{\pi} \left(2 \tanh^2(2\beta J) - 1\right) K_1(q)\right], \quad (17.34)$$

wobei

$$K_1(q) = \int_0^{\pi/2} \frac{d\theta}{\sqrt{1 - q^2 \sin^2 \theta}}$$

das vollständige elliptische Integral der ersten Art ist. Im Folgenden erläutern wir die zugehörigen Zwischenschritte. Zunächst erhält man aus (17.31)

$$u(\beta) = -2J \tanh(2\beta J) + \frac{q}{\pi} \frac{dq}{d\beta} \int_0^{\beta/2} d\theta \, \frac{\sin^2\theta}{\Delta(1-\Delta)} \, ,$$

mit $\Delta := \sqrt{1 - q^2 \sin^2\theta}$. Nun sieht man sofort, dass

$$\int_0^{\pi/2} \frac{\sin^2\theta}{\Delta(1+\Delta)} \, d\theta = -\frac{\pi}{2q^2} + \frac{1}{q^2} \int_0^{\pi/2} \frac{d\theta}{\Delta}$$

gilt, und daraus folgt

$$u(\beta) = -2J \tanh(2\beta J) + \frac{1}{2q} \frac{dq}{d\beta} \left[-1 + \frac{2}{\pi} \int_0^{\pi/2} \frac{d\theta}{\sqrt{1 - q^2 \sin^2\theta}} \right].$$

Aus (17.32) erhalten wir

$$\frac{1}{q} \frac{dq}{d\beta} = -2J \coth(2\beta J) \left(2 \tanh^2(2\beta J) - 1 \right)$$

$$\implies \quad -2J \tanh(2\beta J) - \frac{1}{2q} \frac{dq}{d\beta} = -J \coth(2\beta J).$$

Setzen wir dies oben ein, so folgt die Behauptung (17.34).

Aus (17.34) erhält man nach einigen Zwischenrechnungen (die wir dem Leser überlassen) für die spezifische Wärmekapazität pro Spin

$$\frac{1}{k} c(\beta) = \frac{4}{\pi} \left(K \coth 2K \right)^2 \left\{ K_1(q) - E_1(q) - (1 - \tanh^2 2K) \right.$$
$$\left. \cdot \left[\frac{\pi}{2} + (2 \tanh^2 2K - 1) K_1(q) \right] \right\}, \tag{17.35}$$

wobei

$$E_1(q) = \int_0^{\pi/2} \sqrt{1 - q^2 \sin^2\theta} \, d\theta$$

das vollständige elliptische Integral zweiter Art ist.

Anstelle der exakten Ausdrücke (17.34) und (17.35) wollen wir, ausgehend von (17.29), direkt einfache Formeln in der Nähe von T_c herleiten. Zunächst erhalten wir

$$u = -J \coth 2K \left[1 + (\sinh^2 2K - 1) \frac{1}{\pi} \int_0^\pi d\theta_1 \int_0^\pi d\theta_2 \left\{ \cos^2 2K \right. \right.$$
$$\left. \left. - \sinh 2K \left(\cos\theta_1 + \cos\theta_2 \right) \right\}^{-1} \right]. \tag{17.36}$$

Hier divergiert das Integral logarithmisch, falls $\cosh^2 2K = 2\sinh 2K$ ist. Tatsächlich erhalten wir in einer Umgebung von $\theta_1 = \theta_2 = 0$ für ein kleines

$$\delta := \cosh^2 2K - 2\sinh 2K = (\sinh 2K - 1)^2$$

für das Integral in (17.36)

$$\frac{1}{\pi^2} \int\limits_0^\pi d\theta_1 \int\limits_0^\pi d\theta_2 \{\cdots\}^{-1} \approx \frac{1}{\pi^2} \int\limits_0^\pi d\theta_1 \int\limits_0^\pi d\theta_2 \left\{\delta + \frac{1}{2}\sinh 2K \,(\theta_1^2 + \theta_2^2)\right\}^{-1}$$

$$= \frac{2}{\pi} \int\limits_0 \left(\delta + \frac{r^2}{2}\sinh 2K\right)^{-1} r\,dr \approx -\frac{2}{\pi}\ln\delta \quad (\text{für } \delta \to 0)\,.$$

(Wir haben dabei auf Polarkoordinaten mit $\theta_1^2 + \theta_2^2 = r^2$ und $d\theta_1\,d\theta_2 = r\,d\theta\,dr$ transformiert.)

Wir finden also, in Übereinstimmung mit (17.33), eine Singularität für

$$\sin 2K = 1\,.$$

Die innere Energie $u(\beta)$ selbst ist aber nach den vorangegangenen Formeln bei der kritischen Temperatur stetig ($K_c = \beta_c J$):

$$u \approx -J\coth(2K_c)\left[1 + A(K - K_c)\ln|K - K_c|\right]\,, \tag{17.37}$$

wobei A eine gewisse Konstante ist. Daraus erhalten wir für die spezifische Wärmekapazität

$$c = \frac{\partial u}{\partial T} \approx B\ln|K - K_c| \quad \text{für} \quad K \to K_c\,. \tag{17.38}$$

Diese *divergiert* also *logarithmisch* bei T_c. Genauer erhält man aus (17.35)

$$\frac{c(\beta)}{k} \approx -\frac{2}{\pi}\left(\frac{2J}{kT_c}\right)^2 \ln\left|1 - \frac{T}{T_c}\right| + \text{const}\,. \tag{17.39}$$

Dies entspricht dem kritischen Exponenten $\alpha = 0$. (Man beachte:

$$\frac{1}{\alpha}(x^{-\alpha} - 1) \to \ln x$$

für $\alpha \to 0$.)

Die Berechnung der spontanen Magnetisierung erfordert eine wesentliche Erweiterung des Vorangegangenen. Für den kritischen Exponenten β findet man $\beta = 1/8$ (anstelle von $\beta = 1/2$ in der MFN). Man kennt auch den Exponenten $\gamma = 7/4$ (MFN: $\gamma = 1$). All dies zeigt, dass, wie früher begründet, die MFN das kritische Verhalten in $d = 2$ nicht korrekt beschreibt.

Für weitere exakt lösbare Modelle verweise ich auf das Buch von Baxter (1990). Das interessante sphärische Modell wird im Anhang D behandelt.

18 Der thermodynamische Limes

Es wurde schon mehrfach betont, dass die Thermodynamik erst im Grenzfall unendlich vieler Freiheitsgrade aus der SM folgt. Etwas genauer ausgedrückt, möchten wir Folgendes zeigen:

Für die Gibbs'schen Ensembles sollten die Limites

$$s(u, v) = \lim_{V \to \infty} \frac{1}{V} S_{\text{m-kan}}(U, V, N) \qquad (S_{\text{m-kan}} = k \ln Z_{\text{m-kan}}), \qquad (18.1)$$

$$f(\beta, v) = \lim_{V \to \infty} \frac{1}{V} F_{\text{kan}}(\beta, V, N) \qquad (-\beta F_{\text{kan}} = \ln Z_{\text{kan}}), \qquad (18.2)$$

$$p(\beta, \mu) = \lim_{V \to \infty} P_{\text{g-kan}}(\beta, \mu, V) \qquad (\beta V P_{\text{g-kan}} = \ln Z_{\text{g-kan}}) \qquad (18.3)$$

als Funktionen in den angedeuteten Variablen existieren, wobei

$$u = \lim_{V \to \infty} \frac{U}{V}, \quad v = \lim_{V \to \infty} \frac{V}{N}$$

gilt. Ferner sollten diese drei Grenzfunktionen miteinander konsistent sein, indem sie die gleiche thermodynamische Fundamentalgleichung definieren.

Beim Grenzübergang müssen noch Annahmen über die Gestalt der Volumina gemacht werden. Ferner soll natürlich $\lim V/N$ existieren bzw. festgehalten werden.

Mit anderen Worten: Wir erwarten, dass im thermodynamischen Limes die drei Ensembles äquivalent werden.

Bevor wir diesen Limes genauer untersuchen, möchten wir aber betonen, dass die statistische Thermodynamik für *endliche* Systeme ebenfalls interessant und sinnvoll ist, falls diese in Kontakt mit Reservoiren sind. Die *Unterschiede* von kanonischen und großkanonischen Ensemble tragen dann der unterschiedlichen Natur der Wechselwirkung des endlichen Systems mit den Reservoiren Rechnung. (Für das kanonische Ensemble wird nur Energie mit dem Wärmebad ausgetauscht, während beim großkanonischen Ensemble sowohl Wärme als auch Teilchen ausgetauscht werden.)

Historisch wurde die Frage nach der Existenz des thermodynamischen Limes relativ spät gestellt (Van Hove (1949); Lee und Yang (1952)). Systematische Untersuchungen setzten erst in den sechziger Jahren ein (siehe dazu das Buch von Ruelle (1969)).

Konvexitätseigenschaften der thermodynamischen Funktionen werden i. Allg. erst im thermodynamischen Limes gültig sein. Ferner werden scharfe *Diskontinuitäten* oder *Unendlichkeiten* in Größen wie der spezifischen Wärmekapazität erst im thermodynamischen Limes auftreten, da die Zustandssummen für endliche Systeme analytisch in β sind. In diesem Limes sollte der Formalismus eine Erklärung für die verschiedenen Phasen der Stoffe liefern.

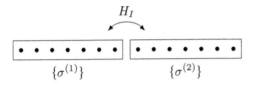

Abb. 18.1 Zerlegung der Spinkette in zwei gleiche Teile.

18.1 Der thermodynamische Limes für Gittersysteme

Der Einfachheit halber betrachten wir hier ein spezielles Modell. Die angewandte Methode lässt sich aber auf sehr allgemeine Gittersysteme übertragen.[4] (Siehe dazu das Buch von Ruelle (1969) und ferner das von Israel (1979), Kapitel I.)

Wir wählen das eindimensionale Ising-Modell mit $N = 2^n$ Spins und translationsinvarianter Hamilton-Funktion:

$$H_n = -\sum_{1 \leqslant i < j < N} J(i-j)\, \sigma_i \sigma_j \quad (\sigma_i = \pm 1) \tag{18.4}$$

Für die Kopplungskonstanten $J(k)$ verlangen wir

$$\sum_{k=1}^{\infty} |J(k)|^2 < \infty. \tag{18.5}$$

Es stellt sich nun die Frage, ob die freie Energie f pro Teilchen im Limes $n \to \infty$ existiert, d. h. ob

$$\lim_{n \to \infty} \frac{1}{2^n} \ln Z_n\,, \qquad Z_n = Z(2^n, \beta) = \sum_{\{\sigma\}} e^{-\beta H_n(\{\sigma\})}\,, \tag{18.6}$$

existiert.

Wir werden zeigen, dass die Folge der $\tilde{f}_n = \dfrac{1}{2^n} \ln Z_n$ monoton und beschränkt ist, womit die Frage positiv beantwortet wird.

Monotonie Wir zerlegen die Spinkette in zwei gleiche Teile (siehe Abbildung 18.1) und schreiben $H_n(\{\sigma\})$ in der Form

$$H_n(\{\sigma\}) = H_{n-1}(\{\sigma^{(1)}\}) + H_{n-1}(\{\sigma^{(2)}\}) + H_I(\{\sigma^{(1)}, \sigma^{(2)}\})\,, \tag{18.7}$$

wobei gilt:

$$\left. \begin{array}{rcl} \sigma_i^{(1)} &=& \sigma_i \\[2mm] \sigma_i^{(2)} &=& \sigma_{2^{n-1}+i} \end{array} \right\} \quad i = 1, 2, \cdots, 2^{n-1} \tag{18.8}$$

---

[4] Siehe Anhang G.

und

$$H_I(\{\sigma^{(1)}, \sigma^{(2)}\}) = -\sum_{i=1}^{2^{n-1}} \sum_{j=2^{n-1}+1}^{2^n} J(j-i)\,\sigma_i\,\sigma_j$$

$$= -\sum_{i=1}^{2^{n-1}} \sum_{j=1}^{2^{n-1}} J(j-i+2^{n-1})\,\sigma_i^{(1)}\,\sigma_j^{(2)} \qquad (18.9)$$

Es erweist sich als zweckmäßig, die folgende Wahrscheinlichkeitsverteilung einzuführen:

$$P(\{\sigma^{(1)}, \sigma^{(2)}\}) = Z_{n-1}^{-2} \exp\left[-\beta H_{n-1}(\{\sigma^{(1)}\}) - \beta H_{n-1}(\{\sigma^{(2)}\})\right]. \qquad (18.10)$$

Dann lässt sich Z_n so darstellen:

$$Z_n = Z_{n-1}^2 \sum_{\{\sigma^{(1)}, \sigma^{(2)}\}} P(\{\sigma^{(1)}, \sigma^{(2)}\})\, e^{-\beta H_I(\{\sigma^{(1)}, \sigma^{(2)}\})}$$

$$= Z_{n-1}^2 \left\langle e^{-\beta H_I}\right\rangle_P, \qquad (18.11)$$

wobei $\langle\cdots\rangle_P$ den Erwartungswert mit der Verteilung (18.10) bezeichnet. Mit Hilfe der Jensen-Ungleichung (siehe Seite 73), ergibt sich aus (18.11) die Abschätzung

$$Z_n \geqslant Z_{n-1}^2\, e^{-\beta\langle H_I\rangle_P}. \qquad (18.12)$$

Nun ist aber H_I ungerade in $\{\sigma^{(1)}\}$,

$$H_I(\{-\sigma^{(1)}, \sigma^{(2)}\}) = -H_I(\{\sigma^{(1)}, \sigma^{(2)}\}), \qquad (18.13)$$

während die Verteilung P gerade ist. Somit gilt $\langle H_I\rangle_P = 0$ und

$$Z_n \geqslant Z_{n-1}^2. \qquad (18.14)$$

Deshalb ist auch

$$\tilde{f}_n \geqslant \tilde{f}_{n-1}, \qquad (18.15)$$

womit die Monotonie bewiesen ist.

Beschränktheit   Offensichtlich gilt

$$H_n(\{\sigma\}) \geqslant -\sum_{1\leqslant i<j\leqslant N} |J(i-j)| \geqslant -N\sum_{k=1}^N |J(k)|$$

und folglich

$$Z_n \leqslant 2^N \exp\left(N\beta \sum_{k=1}^N |J(k)|\right).$$

Dies zeigt, dass

$$\tilde{f}_n \leqslant \ln 2 + \beta \sum_{k=1}^\infty |J(k)| \overset{(18.5)}{<} \infty \qquad (18.16)$$

gilt, und damit ist die Existenz von f (freie Energie pro Spin) im thermodynamischen Limes bewiesen. Auf deren Konvexitätseigenschaften kommen wir noch zurück.

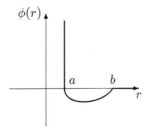

Abb. 18.2 Typische Form eines Van-Hove-Potentials.

18.2 Thermodynamischer Limes für ein Kontinuum-Modell

Nun untersuchen wir den thermodynamischen Limes für das Kontinuum-Modell in Abschnitt 13.1, beschränken uns aber der Einfachheit halber auf sog. *Van-Hove-Potentiale* (siehe Abbildung 18.2):

$$
\phi(r) = \begin{cases}
\infty & , \quad 0 \leqslant r < a \\
< 0 & , \quad a < r < b \\
0 & , \quad r \geqslant b \\
> -c & , \quad r > a \quad (c > 0)
\end{cases}
\tag{18.17}
$$

Gewisse Einschränkungen beim Potential sind auf jeden Fall nötig. Z. B. würde für ein Potential der Art wie in Abbildung 18.3 keine makroskopische Materie existieren (siehe Ruelle (1969), S. 36).

Wir betrachten eine Folge Λ_k von dreidimensionalen Gebieten mit Volumina V_k, $V_{k+1} > V_k$, welche N_k Teilchen mit fester Teilchenzahldichte $\rho = N_k/V_k$ enthalten. Die kanonische Zustandssumme ist

$$
Z_k(\beta, N_k) = \frac{1}{N_k!} \int_{\Lambda_k} \exp\Big[-\beta \sum_{1 \leqslant i < j \leqslant N_k} \phi(|\boldsymbol{x}_i - \boldsymbol{x}_j|)\Big]\, d^{3N_k}x \,.
\tag{18.18}
$$

Die freien Energien f_k pro Teilchen sind gegeben durch

$$
-\beta f_k = \frac{1}{N_k} \ln Z_k \equiv \tilde{f}_k \,.
\tag{18.19}
$$

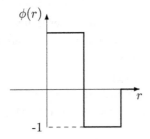

Abb. 18.3 Beispiel eines Potentials, für das keine makroskopische Materie existiert.

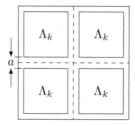

Abb. 18.4 Rekursive Definition der Kuben Λ_k.

Wir zeigen für Potentiale der Art (18.17), dass der Limes

$$\lim_{k \to \infty} f_k = f(\beta, \rho) \qquad (18.20)$$

existiert, wobei wir der Einfachheit halber für die Λ_k eine monotone Folge von Kuben wählen. (Man kann auch allgemeinere Gebiete wählen; siehe dazu Ruelle (1969).)

Genauer wird die Sequenz Λ_k folgendermaßen gewählt: Man beginne mit einem Kubus Λ_1 mit „freiem" Volumen V_1 und Wänden der Dicke $a/2$. Induktiv ist Λ_{k+1} so konstruiert: Man platziere acht Λ_k-Kuben mit freien Volumina V_k und Wänden der Dicke $a/2$ in einem großen Kubus mit freiem Volumen $V_{k+1} = 8V_k$ und ebenfalls Wänden der Dicke $a/2$ (siehe Abbildung 18.4).

Wieder zeigen wir, dass die Folge der freien Energien f_k monoton wächst und beschränkt ist. Die Folge der Λ_k mit Wänden oder Korridoren ist etwas künstlich gewählt, um die Monotonie leicht zeigen zu können. Es dürfte aber intuitiv klar sein, dass sich das Argument verallgemeinern lässt, da der Bruchteil des Gesamtvolumens in den Korridoren im thermodynamischen Limes gegen null geht.

Monotonie   Wir beweisen zuerst die Ungleichung

$$Z_k \geqslant (Z_{k-1})^8. \qquad (18.21)$$

Sicher ist Z_k größer als der Ausdruck (18.18), wenn man in diesem das Integrationsgebiet so beschränkt, dass N_{k-1} der $N_k = 8N_{k-1}$ Teilchen in jedem der acht Λ_{k-1}-Kuben sind, welche Λ_k ausmachen. Sodann betrachten wir, dass Teilchen in verschiedenen Λ_{k-1}-Kuben weiter als a voneinander entfernt sind, weshalb das Potential zwischen ihnen $\leqslant 0$ ist. Deshalb ist der Beitrag zum Integranden $\geqslant 1$. Vernachlässigen wir also die Wechselwirkung zwischen verschiedenen Λ_{k-1}-Kuben, so wird das Integral nochmals verkleinert.

Da im ersten Schritt $(8N_{k-1}!)/(N_{k-1}!)^8$ Aufteilungen der beschriebenen Art möglich sind und beim zweiten Schritt das Integral in ein Produkt von acht identischen Integralen faktorisiert, folgt in der Tat (18.21). Daraus erhalten wir wieder

$$\tilde{f}_k \geqslant \tilde{f}_{k-1}. \qquad (18.22)$$

Beschränktheit   Um dies zu zeigen, genügt es, für das Potential ϕ die *Stabilitäts-bedingung*

$$\sum_{1 \leq i < j \leq N} \phi(|\boldsymbol{x}_i - \boldsymbol{x}_j|) \geq -BN \quad \text{für alle Konfigurationen} \tag{18.23}$$

zu verlangen, wobei B eine positive Konstante unabhängig von N ist. (Diese ist, wie wir gleich noch zeigen werden, für (18.17) erfüllt.)

Tatsächlich folgt dann sofort

$$Z_k < \frac{1}{N_k!} V_k^{N_k} \, e^{\beta B N_k} \, .$$

Da aber

$$\ln N! > N \ln N - N$$

ist und $\rho = N_k / V_k$ festgehalten wird, folgt auch

$$\tilde{f}_k < 1 + \beta B - \ln \rho \quad (k = 1, 2, \cdots) \, , \tag{18.24}$$

womit die Beschränktheit der $\{\tilde{f}_k\}$ gezeigt ist.

Nun verifizieren wir noch die Stabilitätsbedingung (18.23) für die Van-Hove-Potentiale. Da $\phi(r) = 0$ für $r \geq b$ ist, kann nur eine endliche Anzahl von Teilchen mit einem gegebenen Teilchen wechselwirken, und zwar ist diese Zahl begrenzt durch die Anzahl $s(a;b)$ von Kugeln mit Durchmesser a, welche in einer Kugel mit Durchmesser b gepackt werden können. Offensichtlich gilt

$$\sum_{j=1}^{N} \phi(|\boldsymbol{x}_i - \boldsymbol{x}_j|) \geq -c\, s(a;b) \quad \text{für alle } |\boldsymbol{x}_i - \boldsymbol{x}_j| > a \, , \quad i,j = 1, \ldots, N$$

und deshalb

$$\sum_{1 \leq j < j \leq N} \phi(|\boldsymbol{x}_i - \boldsymbol{x}_j|) \geq -Nc\, s(a;b) \tag{18.25}$$

für alle (erlaubten) Konfigurationen $\{x\}$, was zu zeigen war.

19 Konvexität der freien Energie und thermodynamische Stabilität

Die zentrale Rolle von Konvexitätseigenschaften wurde bereits in der Thermodynamik (Straumann, 1986) betont. Wir zeigen nun, dass für das zuletzt betrachtete Modell (Abschnitt 18.2) die freie Energie f im thermodynamischen Limes tatsächlich konvex ist.

Wir gehen ähnlich vor wie in Abschnitt 18.2, aber bei der Reduktion des Integrationsgebietes (im ersten Schritt) beschränken wir jetzt die Integration auf Konfigurationen, bei denen $N_{k-1}^{(1)}$ Teilchen *vier* der Λ_{k-1}-Kuben und $N_{k-1}^{(2)}$ der Teilchen in den verbleibenden vier Kuben sind, die Λ_k ausmachen. Ferner halten wir jetzt die beiden Dichten $\rho_1 = N_{k-1}^{(1)}/V_{k-1}$ und $\rho_2 = N_{k-1}^{(2)}/V_{k-1}$ fest. Lassen wir sodann wiederum Wechselwirkungen zwischen verschiedenen Λ_{k-1}-Kuben weg, so ergibt sich jetzt (man prüfe die Kombinatorik)

$$Z_k(\beta, N_k) \geqslant \left[Z_{k-1}(\beta, N_{k-1}^{(1)}) \right]^4 \left[Z_{k-1}(\beta, N_{k-1}^{(2)}) \right]^4 , \tag{19.1}$$

mit

$$N_k = 4N_{k-1}^{(1)} + 4N_{k-1}^{(2)} . \tag{19.2}$$

Sei jetzt

$$g_k(\rho) := \frac{1}{V_k} \ln Z_k(\beta, N_k)$$

(„freie Energie" pro Volumen), so folgt aus (19.1) und (19.2)

$$g_k \left(\frac{\rho_1 + \rho_2}{2} \right) \geqslant \frac{1}{2} \left[g_{k-1}(\rho_1) + g_{k-1}(\rho_2) \right] . \tag{19.3}$$

Da

$$g_k = \frac{N_k}{V_k} \tilde{f}_k = \rho \tilde{f}_k \tag{19.4}$$

gilt, und $\lim \tilde{f}_k = \tilde{f}$ existiert, existiert auch $\lim g_k =: g$, und wir erhalten aus (19.3)

$$g \left(\frac{\rho_1 + \rho_2}{2} \right) \geqslant \frac{1}{2} \left[g(\rho_1) + g(\rho_2) \right] . \tag{19.5}$$

Dies impliziert aber bereits, dass g eine *konkave Funktion* ist. Aus (19.5) und der Beschränktheit[5] von g (nach (18.24) und $g = \rho \tilde{f}$) folgt nämlich, dass g stetig ist.[6] Nun kann man aus (19.5) durch Induktion leicht beweisen, dass

$$g(t\rho_1 + (1 - t)\rho_2) \geqslant t\, g(\rho_1) + (1 - t)\, g(\rho_2) \tag{19.6}$$

---

[5] jedenfalls für $0 \leqslant \rho \leqslant \rho_0$: Dichte der dichtesten Kugelpackung.
[6] Siehe z. B. Hardy et al. (1964).

für alle $t = j/2^k$, $j = 0, 1, \cdots, 2^k$ gilt (siehe Aufgabe II.6). Aus Stetigkeitsgründen gilt dann (19.6) für beliebige $t \in [0, 1]$, d. h. g ist konkav. Es ist dann auch $\tilde{f}(v) = vg(1/v)$ eine konkave Funktion und somit f *wegen (18.19) eine konvexe Funktion des spezifischen Volumens.* In der Tat gilt $(\lambda_1 + \lambda_2 = 1, \lambda_i \geqslant 0)$

$$
\begin{aligned}
\tilde{f}(\lambda_1 v_1 + \lambda_2 v_2) &= (\lambda_1 v_1 + \lambda_2 v_2)\, g\left(\frac{1}{\lambda_1 v_1 + \lambda_2 v_2} \right) \\
&= (\lambda_1 v_1 + \lambda_2 v_2)\, g\left(\frac{\lambda_1 v_1}{\lambda_1 v_1 + \lambda_2 v_2}\frac{1}{v_1} + \frac{\lambda_2 v_2}{\lambda_1 v_2 + \lambda_2 v_2}\frac{1}{v_2} \right) \\
&\geqslant \lambda_1 v_1\, g\left(\frac{1}{v_1} \right) + \lambda_2 v_2\, g\left(\frac{1}{v_2} \right) = \lambda_1 \tilde{f}(v_1) + \lambda_2 \tilde{f}(v_2)\,.
\end{aligned}
$$

Als konvexe Funktion ist f auch stetig.

Thermodynamische Stabilität   Da nach (18.24) $\tilde{f} < 1 + \beta B - \ln \rho$ gilt, folgt aus $g = \rho \tilde{f}$ auch

$$
g(0) = \lim_{\rho \searrow 0} g(\rho) = 0\,. \tag{19.7}
$$

Im Verein mit (19.6) ergibt sich $(\rho_1 = 0,\ t_2 = t)$

$$
g(t\rho) > t\, g(\rho) \quad \text{für} \quad 0 \leqslant t \leqslant 1\,. \tag{19.8}
$$

Somit nimmt die freie Energie monoton ab:

$$
f(v) \geqslant f(v') \quad \text{für} \quad v \leqslant v' \tag{19.9}
$$

Damit ist der Druck

$$
p = -\frac{\partial f}{\partial v} \tag{19.10}
$$

nirgends negativ. Da ferner die Ableitung einer konvexen Funktion nicht abnehmend ist, nimmt der *Druck mit dem spezifischen Volumen nicht zu.* Weil schließlich eine monotone Funktion fast überall differenzierbar ist, existiert die isotherme Kompressibilität

$$
\kappa_T = -\left(v\frac{\partial p}{\partial v} \right)^{-1} \tag{19.11}
$$

fast überall und ist dort nicht-negativ. Man kann auch zeigen, dass $p(v)$ stetig ist (siehe Ruelle, 1969).

Wir haben früher bereits gezeigt (Abschnitt 7.5), dass die freie Energie sogar für ein endliches System eine konkave Funktion der Temperatur ist. Deshalb ist auch die spezifische Wärme c_v nicht-negativ. Ähnliche Aussagen können für magnetische System bewiesen werden (siehe Anhang G).

Ergänzungen zu Abschnitt 10

Zur Frage der Äquivalenz der verschiedenen Ensembles im thermodynamischen Limes zeigen wir nun noch, dass der großkanonische Druck tatsächlich mit dem kanonischen übereinstimmt.

Der großkanonische Druck ist (mit $\Omega = -pV$)

$$p_{\text{g-kan}}(\beta, \mu) = (V\beta)^{-1} \ln Z_{\text{g-kan}}(\beta, V, \mu). \tag{19.12}$$

Nun ist ja (siehe Gleichung (9.3) aus Kapitel I)

$$Z_{\text{g-kan}}(\beta, V, \mu) = \sum_{N=0}^{\infty} e^{\beta\mu N} Z_{\text{kan}}(\beta, V, N). \tag{19.13}$$

Da nach Abschnitt 10 im thermodynamischen Limes die relativen Schwankungen von N verschwinden, wird für große V die Summe in (19.13) durch den maximalen Term dominiert (siehe die Aufgabe I.4 zur Laplace-Methode). Dieser gehöre zu N_0, wobei N_0 für große V proportional zu V wächst. Da die freie Energie $f(\beta, \mu)$ im thermodynamischen Limes existieren soll, gilt

$$\lim_{\substack{V \to \infty \\ v = V/N_0 = \text{const}}} N_0^{-1} \ln Z_{\text{kan}}(\beta, V, N_0) = -\beta f(\beta, v), \tag{19.14}$$

und auch das großkanonische Potential $\omega(\beta, \mu)$ pro Teilchen existiert:

$$-\beta\omega(\beta, \mu) := \lim_{V \to \infty} \frac{-\beta\Omega(\beta, V, \mu)}{V} = \lim_{V \to \infty} V^{-1} \ln Z_{\text{g-kan}}(\beta, V, \mu)$$
$$= v^{-1} [\beta\mu - \beta f(\beta, v)] \tag{19.15}$$

Wir erhalten also die richtige Beziehung zwischen der kanonischen freien Energie und dem großkanonischen Potential ω:

$$f(\beta, v) = \mu + v\omega(\beta, \mu) \tag{19.16}$$

Differenzieren wir diese Gleichung nach μ, so ergibt sich

$$\frac{\partial\omega}{\partial\mu} = -v^{-1}, \tag{19.17}$$

was der Gleichung $\langle N \rangle = -(\partial\Omega/\partial\mu)(\beta, V, \mu)$ im thermodynamischen Limes entspricht, wenn wir $N_0 = v^{-1}V$ mit dem Mittelwert $\langle N \rangle$ identifizieren. Diese Gleichung definiert μ als Funktion von v und β.

Nach (19.12) ist

$$p_{\text{g-kan}}(\beta, \mu) = -\omega(\beta, \mu). \tag{19.18}$$

Andererseits ist der kanonische Druck mit (19.16) und (19.17), wenn wir rechts in (19.16) μ gemäß (19.17) als Funktion von β und v auffassen:

$$p_{\text{kan}} = -\left(\frac{\partial f}{\partial v}\right)_\beta = -\left(\frac{\partial \mu}{\partial v}\right)_\beta - \omega - v\left(\frac{\partial \omega}{\partial \mu}\right)_\beta \left(\frac{\partial \mu}{\partial v}\right)_\beta$$

$$= -\omega$$

Somit gilt $p_{\text{kan}}(\beta, \mu) = p_{\text{g-kan}}(\beta, \mu)$. Aus den Gleichungen (19.16) und (19.17) ergeben sich damit die bekannten thermodynamischen Beziehungen

$$f(\beta, v) = -\mu - vp(\beta, \mu)\,,$$

$$\frac{\partial p}{\partial v}(\beta, \mu) = v\,. \tag{19.19}$$

Einige der Punkte in dieser Diskussion sind etwas heuristischer Natur, können aber streng begründet werden (siehe Lee und Yang, 1952).

20 Das Peierls-Argument für die Existenz eines Phasenübergangs

Das Peierls-Argument (aus dem Jahr 1936) für eine nicht-verschwindende spontane Magnetisierung des zweidimensionalen Ising-Modells in der strengen Ausgestaltung durch Griffith (1964) ist ein schönes Beispiel dafür, wie auf die Existenz von Phasenübergängen ohne Kenntnis der expliziten Lösung des Modells geschlossen werden kann.

Wir betrachten das zweidimensionale Ising-Modell auf einem quadratischen Gitter $\mathbb{Z}^2$ mit der Wechselwirkung

$$H = -J \sum_{\langle ij \rangle} \sigma_i \, \sigma_j - h \sum \sigma_i \,. \tag{20.1}$$

Für ein endliches $\Lambda \in \mathbb{Z}^2$ ist die Zustandssumme

$$Z_\Lambda(\beta, h) = \sum_{\{\sigma\}} \mathrm{e}^{-\beta H_\Lambda(\{\sigma\})} \,, \tag{20.2}$$

wobei die Hamilton-Funktion (20.1) für die endliche Teilmenge Λ gilt. (Die Summationen erstrecken sich nur über Λ.) Die mittlere Magnetisierung pro Spin ist für das endliche System

$$
\begin{aligned}
m_\Lambda(\beta, h) &= \left\langle \frac{1}{|\Lambda|} \sum_{i \in \Lambda} \sigma_i \right\rangle \\
&= Z_\Lambda^{-1} \sum_{\{\sigma\}} \left(\frac{1}{|\Lambda|} \sum_{i \in \Lambda} \sigma_i \right) \mathrm{e}^{-\beta H_\Lambda(\{\sigma\})} \,.
\end{aligned}
\tag{20.3}
$$

Die spontane Magnetisierung $m_0(\beta)$ ist

$$m_0(\beta) = \lim_{h \searrow 0} \lim_{\Lambda \nearrow \infty} m_\Lambda(\beta, h) \tag{20.4}$$

(*zuerst* der thermodynamische Limes und dann $h \searrow 0$).

Wir betrachten nur den ferromagnetischen Fall $J > 0$. Für die folgenden Argumentationen ist auch die Größe

$$\hat{m}_\Lambda(\beta, h) = \left\langle \frac{1}{|\Lambda|} \sum_{i \in \Lambda} \sigma_i \right\rangle_\Lambda^+ \tag{20.5}$$

wichtig, wobei $\langle \cdots \rangle_\Lambda^+$ den thermische Erwartungswert mit der „Plus-Randbedingung" bezeichnet. Dies bedeutet, dass sich die Summe nur über die Konfigurationen erstreckt, für die die σ_i auf dem Rand von Λ alle gleich $+1$ sind. Offensichtlich ist $\hat{m}_\Lambda(\beta, 0) \neq 0$ (siehe unten).

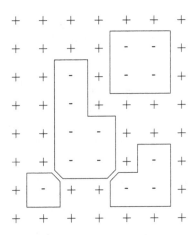

Abb. 20.1 Typische Peierls-Polygone.

Das Peierls-Argument besteht nun in den beiden folgenden Schritten:

(i) Zuerst wird eine Schranke der Art

$$\hat{m}_\Lambda(\beta, h) \geqslant \alpha > 0 \quad \text{für} \quad \beta \geqslant \beta_1 \tag{20.6}$$

etabliert, wobei α *unabhängig* von $|\Lambda|$ ist.

(ii) Sodann wird ausgenutzt, dass die freie Energie f_Λ pro Spin *konkav* in h ist. (Diese letztere Eigenschaft folgt aus dem allgemeinen Sachverhalt in Abschnitt 7.5.) Dies wird uns den Schluss auf $m_0(\beta) \geqslant \alpha$ für $\beta \geqslant \beta_1$ ermöglichen.

Zum Beweis von (20.6) konstruieren wir für jede Konfiguration mit der Plus-Randbedingung geschlossene Polygone (oder Ränder), indem wir Linien zwischen ungleichen Spins ziehen (siehe Abbildung 20.1). Wenn sich zwei oder mehrere Polygone an einer Ecke treffen, so trennen wir diese, indem wir die Ecken gegenüber den Minus-Spins abschneiden (siehe Abbildung 20.1). Ein Polygon mit Umfang L (mit L Segmenten) erhält höchstens $(L/4)^2$ Gitterplätze.

Wir halten nun Λ fest und bezeichnen mit $n(L)$ die Anzahl der Polygone mit Umfang L, welche sich auf dem Gitter (in Λ) ziehen lassen. Für das j-te Polygon dieser Sorte sei $\chi_L^{(j)}$ die folgende charakteristische Funktion auf den Konfigurationen:

$$\chi_L^{(j)}(\{\sigma\}) = \begin{cases} 1 & \text{falls das betreffende Polygon in } \{\sigma\} \text{ vorkommt} \\ 0 & \text{sonst} \end{cases} \tag{20.7}$$

Damit lässt sich für eine gegebene Plus-Konfiguration $\{\sigma\}$ die Zahl $N_-(\{\sigma\})$ der Minus-Spins ($\sigma = -1$) folgendermaßen abschätzen:

$$N_-(\{\sigma\}) \leqslant \sum_{L=4,6,\cdots} \left(\frac{L}{4}\right)^2 \sum_{j=1}^{n(L)} \chi_L^{(j)}(\{\sigma\}) \tag{20.8}$$

Da aber (mit $N = |\Lambda|$)

$$\frac{1}{N} \sum_{i\in\Lambda} \sigma_i = 1 - \frac{2N_-(\{\sigma\})}{N} \tag{20.9}$$

gilt, so folgt aus (20.5) die Abschätzung

$$\hat{m}(\beta,0) \geqslant 1 - \frac{2}{N} \sum_{L=4,6,\cdots} \left(\frac{L}{4}\right)^2 \sum_{j=1}^{n(L)} \left\langle \chi_L^{(j)} \right\rangle_\Lambda^+ . \tag{20.10}$$

Nun ist aber nach Definition

$$\left\langle \chi_L^{(j)} \right\rangle_\Lambda^+ = \frac{\displaystyle\sum_{\{\sigma\}}^{+\prime} \mathrm{e}^{-\beta H(\{\sigma\})}}{\displaystyle\sum_{\{\sigma\}}^{+} \mathrm{e}^{-\beta H(\{\sigma\})}} , \tag{20.11}$$

wobei das Pluszeichen in $\displaystyle\sum_{\{\sigma\}}^{+}$ die Restriktion auf Pluskonfigurationen bedeutet und der Strich im Zähler andeuten soll, dass nur über Konfigurationen zu summieren ist, für welche das spezifische Polygon vorkommt.

Jetzt nutzen wir im Wesentlichen aus, dass in (20.1) nur nächste Nachbarwechselwirkungen enthalten sind. Wir ordnen jeder Konfiguration $\{\sigma\}$, in welcher das Polygon vorkommt, die Konfiguration $\{\sigma\}^*$ zu, indem wir überall innerhalb des Polygons σ_i durch $-\sigma_i$ ersetzen. Für $h = 0$ folgt aus (20.1)

$$H(\{\sigma\}) - H(\{\sigma\}^*) = 2LJ . \tag{20.12}$$

Damit erhalten wir eine *obere* Schranke für (20.11), indem wir im Nenner die Konfigurationen auf diejenigen vom Typ $\{\sigma\}^*$ beschränken, was auf die grobe Abschätzung

$$\left\langle \chi_L^{(j)} \right\rangle_\Lambda^+ \leqslant \mathrm{e}^{-2\beta J L} \tag{20.13}$$

führt, welche für die folgenden Überlegungen ausreicht.

Schließlich benötigen wir noch eine obere Schranke für $n(L)$. Bei der Konstruktion eines Polygons der Länge L können wir an irgendeinem der N Gitterpunkte in Λ starten und ein erstes Segment zeichnen. Darauf haben wir in jedem weiteren Schritt höchsten drei Möglichkeiten, und somit gilt

$$n(L) \leqslant 2N \cdot 3^{L-1} . \tag{20.14}$$

Benutzen wir jetzt (20.13) und (20.14) in der Ungleichung (20.10), so folgt

$$\hat{m}_\Lambda(\beta,0) \geqslant 1 - \frac{1}{24} \sum_{L=0}^{\infty} L^2 \left[3\mathrm{e}^{-2\beta J} \right]^L . \tag{20.15}$$

Indem wir β genügend groß wählen, können wir die rechte Seite beliebig nahe an 1 bringen. Damit ist die Abschätzung (20.6) bewiesen (mit einem α, das unabhängig von Λ ist).

Nun benutzen wir, wie angekündigt, dass die freie Energie $\hat{f}_\Lambda$ pro Gitterplatz für die Plus-Randbedingung konkav ist. Deshalb gilt mit (20.6)

$$\hat{f}_\Lambda(\beta,h) \leqslant \hat{f}_\Lambda(\beta,0) + h\frac{\partial \hat{f}_\Lambda}{\partial h}(\beta,0)$$
$$= \hat{f}_\Lambda(\beta,0) - \hat{m}_\Lambda(\beta,0)h \leqslant \hat{f}_\Lambda(\beta,0) - \alpha h \quad \text{für} \quad h > 0. \tag{20.16}$$

Natürlich konvergiert auch $\hat{f}_\Lambda$ gegen den thermodynamischen Limes f von f_Λ. (Der Unterschied von $\hat{f}_\Lambda$ und f_Λ besteht nur aus Oberflächenbeiträgen.) Damit gilt (20.16) auch für f,

$$f(\beta,h) \leqslant f(\beta,0) - \alpha h,$$

woraus $m_0(\beta) \geqslant \alpha$ folgt.

Anmerkung Damit ist nur bewiesen, dass für genügend kleine Temperaturen die spontane Magnetisierung nicht verschwindet. Für die Existenz eines Phasenübergangs müsste man streng genommen noch zeigen, dass die spontane Magnetisierung für genügend hohe Temperaturen identisch verschwindet. Auf den Beweis dieser plausiblen Tatsache gehen wir nicht näher ein.

21 Korrelationsungleichungen, Anwendungen

Wir diskutieren in diesem Kapitel die einfachen Korrelationsungleichungen für Ising-ähnliche Systeme und einige ihrer wichtigsten Anwendungen.

In leichter Verallgemeinerung der in Abschnitt 13.2 beschriebenen Spinsysteme wählen wir

$$H_\Lambda(\{S\}) = - \sum_{A \subset \Lambda} J_A \, S^A \,, \quad J_A \geqslant 0 \,, \tag{21.1}$$

mit

$$S^A = \prod_{i \in A} S_i \,, \quad S_i \in \mathbb{R} \,.$$

Die Zustandssumme für $\Lambda \subset \mathbb{Z}^d$ ist (vgl. mit (13.20))

$$Z_\Lambda(\beta) = \int e^{-\beta H_\Lambda(\{S\})} \prod_{i \in \Lambda} d\mu_i(S_i) \,, \tag{21.2}$$

wobei die positiven Maße die Beziehung $d\mu_i(S) = d\mu_i(-S)$ erfüllen sollen. Für den Erwartungswert einer Observablen F (Funktion auf dem Konfigurationsraum) gilt wie immer

$$\langle F \rangle_\Lambda = Z_\Lambda^{-1} \int F(\{S\}) e^{-\beta H_\Lambda(\{S\})} \, d\mu_\Lambda(\{S\}) \,, \tag{21.3}$$

wobei die $d\mu_\Lambda$ das Produktmaß der $\{\mu_i\}_{i \in \Lambda}$ auf dem Konfigurationsraum $\mathbb{R}^\Lambda$ ist.

Die folgende *Fluktuationsbeziehung* ist unmittelbar einzusehen:

$$\frac{1}{\beta} \frac{\partial}{\partial J_B} \langle S^A \rangle = \langle S^A S^B \rangle - \langle S^A \rangle \langle S^B \rangle \tag{21.4}$$

Beispiel 21.1

Für das Ising-Modell

$$H = - \sum_{\langle ij \rangle} J_{ij} \, \sigma_i \, \sigma_j - h \sum_j \sigma_j \,, \quad \sigma_i = \pm 1$$

(d. h. $J_A = h$ für $A = \langle i \rangle$, $J_A = J_{ij}$ für $A = \langle ij \rangle$ und null sonst) gilt für die Suszeptibilität

$$\chi_\Lambda(\beta, h) = \frac{\partial}{\partial h} \Big\langle \frac{1}{|\Lambda|} \sum_{i \in \Lambda} \sigma_i \Big\rangle = \frac{\beta}{|\Lambda|} \sum_{i,j} G_\Lambda(i, j) \,, \tag{21.5}$$

mit der Korrelationsfunktion

$$G_\Lambda(i, j) = \langle \sigma_i \, \sigma_j \rangle_\Lambda - \langle \sigma_i \rangle_\Lambda \, \langle \sigma_j \rangle_\Lambda \,. \tag{21.6}$$

∎

Wir beweisen im Folgenden die beiden *GKS-Ungleichungen* (nach Griffith, Kelly und Sherman):

$$\text{(I)} \qquad \left\langle S^A \right\rangle_\Lambda \geq 0 \tag{21.7}$$

$$\text{(II)} \qquad \left\langle S^A S^B \right\rangle_\Lambda \geq \left\langle S^A \right\rangle_\Lambda \left\langle S^B \right\rangle_\Lambda \tag{21.8}$$

Zuvor wollen wir aber wichtige Anwendungen besprechen, um die Nützlichkeit dieser Ungleichungen zu demonstieren.

Existenz von Phasenübergängen   Aus (21.4) und (21.8) ergibt sich

$$\frac{\partial}{\partial J_B} \left\langle S^A \right\rangle \geq 0 \,. \tag{21.9}$$

Betrachten wir z. B. wieder das Ising-Modell, so impliziert dies, dass die Magnetisierung m_Λ pro Spin bei festem Λ in allen Kopplungskonstanten monoton zunehmend ist. Vergleichen wir also zwei Modelle, bei denen das zweite aus dem ersten durch zusätzliche ferromagnetische Kopplung hervorgeht, so gilt die Ungleichung $m_\Lambda^{(1)} \leq m_\Lambda^{(2)}$, was auch im thermodynamischen Limes und sodann im Limes $h \searrow 0$ gültig bleibt. Falls also das erste System einen Phasenübergang hat, dann auch das zweite. Insbesondere können wir aus der Existenz eines Phasenübergangs für das zweidimensionale Ising-Modell auf die Existenz eines Phasenübergangs für $d \geq 2$ schließen, wobei zusätzlich für die kritische Temperatur auf

$$T_c^{d>2} \geq T_c^{d=2}$$

geschlossen werden kann. Indem wir ferner auch bei festem d weitere ferromagnetische Kopplungen (übernächste Nachbarn etc.) einführen, wird die spontane Magnetisierung erhöht.

Monotonie   Weitere Observable, welche Monotonieeigenschaften zeigen, sind die mittlere Energie $\langle H \rangle = -\sum_A J_A \left\langle S^A \right\rangle$ und die freie Energie, wegen $\partial f / \partial J_B = -\left\langle S^B \right\rangle / |\Lambda|^{-1}$ (beide nehmen ab). Ferner nehmen die Korrelationsfunktionen und die Magnetisierung mit wachsender Temperatur ab, da alles von βJ_A abhängt. Damit nimmt auch die Entropie s pro Spin mit J_B ab, wegen

$$\frac{\partial s}{\partial J_B} = -\frac{\partial}{\partial J_B} \frac{\partial f}{\partial T} = \frac{1}{|\Lambda|} \frac{\partial}{\partial T} \left\langle S^B \right\rangle \leq 0 \,. \tag{21.10}$$

Thermodynamischer Limes von Korrelationsfunktionen   Außer für hohe Temperaturen (oder kleine Dichten) ist es i. Allg. schwierig, die Existenz des thermodynamischen Limes für Korrelationsfunktionen zu beweisen. Wir zeigen nun, dass die GKS-Ungleichung (II) für Ising-Modelle mit ferromagnetischer Kopplung und „freien" Randbedingungen dies unmittelbar impliziert. Tatsächlich gilt zum Einen

$$\left\langle S^B \right\rangle_{\Lambda'} \leq \left\langle S^B \right\rangle_\Lambda \quad \text{für} \quad B \subset \Lambda' \subset \Lambda, \tag{21.11}$$

da $H_{\Lambda'}$ als Hamilton-Funktion für das System mit Volumen Λ aufgefasst werden kann, in welcher alle J_A verschwinden, für die A nicht in Λ' enthalten ist. H_Λ erhält man daraus durch Einschalten gewisser ferromagnetischer Kopplungen, weshalb die Behauptung (21.11) aus der oben begründeten Monotonie folgt. Für Ising-Spins ist zudem $\langle S^B \rangle \leq 1$, womit die Konvergenz garantiert ist.

Beweise der GKS-Ungleichungen   Der Beweis von (21.7) ist fast trivial. Es gilt

$$\langle S^A \rangle_\Lambda = Z_\Lambda^{-1} \sum_{n=0}^\infty \int_{\mathbb{R}^\Lambda} S^A \Big(\sum_{B \in \Lambda} J_B\, S^B \Big)^n d\mu_\Lambda \,. \tag{21.12}$$

Nun ist Z_Λ positiv, und ferner gilt wegen der Symmetrieeigenschaft der Maße $d\mu_j$

$$\int \prod_{i \in A \subset \Lambda} S_i^{n_i} \prod_{j \in \Lambda} d\mu_j(S_j) \geq 0 \,,$$

d. h. alle Terme in (21.12) sind ≥ 0.

Gleichung (21.8) ist etwas weniger einfach zu beweisen. Am einfachsten gelingt dies mit einem Trick von Ginibre (1970), bei dem man das System zusammen mit einem Duplikat betrachtet, dessen Variablen wir mit S_i' bezeichnen. Es sei

$$\langle\!\langle F \rangle\!\rangle_\Lambda = Z_\Lambda^{-2} \int e^{-\beta H_\Lambda(\{S\}) - \beta H_\Lambda(\{S'\})}\, F(\{S\}, \{S'\})\, d\mu_\Lambda(\{S\})\, d\mu_\Lambda(\{S'\}) \,. \tag{21.13}$$

Offensichtlich gilt

$$2 \left[\langle S^A S^B \rangle_\Lambda - \langle S^A \rangle \langle S^B \rangle \right] = \langle\!\langle (S^A - S'^A)(S^B - S'^B) \rangle\!\rangle_\Lambda \,. \tag{21.14}$$

Da $H_\Lambda(\{S\}) + H_\Lambda(\{S'\})$ ferromagnetisch ist, folgt aus (21.7): $\langle\!\langle S^A S'^B \rangle\!\rangle \geq 0$. Schreibt man die rechte Seite von (21.14) aus, so zeigt sich sogleich, dass es genügt, die folgenden Ungleichungen zu beweisen:

$$\left\langle\!\!\!\left\langle \prod_{i=1,\cdots,N} (S_i^+)^{n_i} \prod_{j=1,\cdots,M} (S_j^-)^{m_j} \right\rangle\!\!\!\right\rangle_\Lambda \geq 0 \,, \tag{21.15}$$

mit

$$S_i^+ + S_i^- = S_i \,, \quad S_i^+ - S_i^- = S_i' $$

($S^A - S'^A$ ist in den S_i^+, S_i^- ein Polynom mit positiven Koeffizienten.) Nun folgt aus der Symmetrie der Maße in (21.13), dass die linke Seite in (21.15) verschwindet, wenn n_i oder m_j ungerade sind. Eine nicht-negative Größe resultiert natürlich, wenn beide gerade sind.

Ergänzungen Aus (21.5) und (21.6) folgt im translationsinvarianten Fall (mit $J_{ij} = J(|i-j|)$)

$$\chi_\Lambda(\beta,h) = \beta \sum_{j\in\Lambda} \left(\langle \sigma_0\,\sigma_j \rangle_\Lambda - \langle \sigma_0 \rangle^2 \right) . \qquad (21.16)$$

Deshalb gilt im thermodynamischen Limes

$$\chi(\beta,h) = \beta \sum_{j\in\mathbb{Z}^d} G(j) . \qquad (21.17)$$

Solange χ beschränkt ist, muss gelten: $G(j) \overset{(j\to 0)}{\longrightarrow} 0$, also $\langle \sigma_i\,\sigma_j \rangle \overset{(j\to 0)}{\longrightarrow} \langle \sigma_0 \rangle^2$. Mehr über Korrelationsungleichungen findet man in Glimm und Jaffe (1987).

22 Phasenübergänge bei Spinmodellen

In diesem Abschnitt zeigen wir, dass für Spinmodelle (O(n)-Modelle) in $d \geqslant 3$ Phasenübergänge stattfinden, mit denen Symmetriebrechungen verbunden sind. In zwei Dimensionen ist dies nur für Ising-Spins der Fall, während es für S^{n-1}-wertige Spins mit $n > 1$ keinen Phasenübergang gibt. Dieses Theorem von Mermin und Wagner werden wir in Kapitel 36 auch für den quantenmechanischen Fall beweisen.

Wir betrachten etwas allgemeiner $\mathbb{R}^n$-wertige Spins $\vec{\phi}_x$, $x \in \mathbb{Z}^d$, mit der Hamilton-Funktion zu $\Lambda \subset \mathbb{Z}^d$:

$$H_\Lambda = -\sum_{\langle x,y \rangle \subset \Lambda} \vec{\phi}_x \cdot \vec{\phi}_y - \sum_{x \in \Lambda} \vec{h} \cdot \vec{\phi}_x \tag{22.1}$$

Die Verteilung $d\rho(\vec{\phi})$ für einen einzelnen Spin falle stärker ab als jede Gauß-Funktion:

$$\int e^{a|\vec{\phi}|^2} d\rho(\vec{\phi}) < \infty$$

Beispiele für $d\rho$ sind

$$d\rho(\vec{\phi}) = e^{-P(|\vec{\phi}|)} d^n\phi, \qquad P \text{ ist ein Polynom},$$
$$d\rho(\vec{\phi}) = \delta(|\vec{\phi}|^2 - 1) d^n\phi. \tag{22.2}$$

Der Gleichgewichtszustand für das endliche Gebiet Λ ist wie immer

$$d\mu_\Lambda = Z_\Lambda^{-1} e^{-\beta H_\Lambda} \prod_{x \in \Lambda} d\rho(\vec{\phi}_x), \tag{22.3}$$

wobei natürlich Z_Λ so gewählt ist, dass $d\mu_\Lambda$ ein Wahrscheinlichkeitsmaß ist:

$$Z_\Lambda = \int e^{-\beta H_\Lambda(\phi)} \prod_{x \in \Lambda} d\rho(\vec{\phi}_x) \tag{22.4}$$

(Mit ϕ bezeichnen wir eine Konfiguration, d. h. eine Abbildung $\phi : \Lambda \to \mathbb{R}^n$, $x \in \Lambda \mapsto \vec{\phi}_x$.) Erwartungswerte mit $d\mu_\Lambda$ werden mit $\langle \cdots \rangle_\Lambda$ bezeichnet. Für das endliche System wählen wir *periodische* Randbedingungen (Torus). Die Existenz des thermodynamischen Limes beweisen wir hier nicht.

Im Folgenden spielt die Zweipunktsfunktion

$$S(x) = \left\langle \vec{\phi}_0 \cdot \vec{\phi}_x \right\rangle \tag{22.5}$$

eine wesentliche Rolle. Im unendlichen Volumen ist dies eine Funktion von *positivem Typ* auf $\mathbb{Z}^d$, d. h. für jede Funktion $f : \mathbb{Z}^d \to \mathbb{C}$, die nur auf endlich vielen $x \in \mathbb{Z}^d$ nicht verschwindet, gilt

$$\sum_{x,y} S(x-y) f^*(x) f(y) \geqslant 0.$$

In der Tat ist die Summe links gleich

$$\left\langle \vec{\phi}(f)^* \cdot \vec{\phi}(f) \right\rangle, \quad \vec{\phi}(f) := \sum_x \vec{\phi}_x \, f(x).$$

Nach dem *Satz von Bochner-Herglotz*[7] ist dann $S(x)$ die Fourier-Transformierte eines positiven Maßes $d\hat{S}$ auf dem Torus $\mathbb{T}^d = \mathbb{R}^d / 2\pi\mathbb{Z}^d$.

Für den anschließenden Gebrauch sei noch Folgendes festgehalten: $\mathbb{T}^d$ ist die duale Gruppe von $\mathbb{Z}^d$ und umgekehrt. Die Charaktere der Torusgruppe $\mathbb{T}^d$ sind von der Form

$$\chi_m(k) = e^{im \cdot k}, \quad m \in \mathbb{Z}^d$$

(k sind dabei die Standardkoordinaten von $\mathbb{T}^d$ mod 2π). Die Fourier-Transformation

$$f \in L^1(\mathbb{Z}^d) \mapsto \hat{f}(k) = \sum_{x \in \mathbb{Z}^d} f(x) \, e^{-ik \cdot x} \tag{22.6}$$

hat unter gewissen Umständen die Umkehrung

$$f(x) = \int_{\mathbb{T}^d} \hat{f}(k) \chi_x(k) \frac{d^d k}{(2\pi)^d}$$

$$= \int_{\mathbb{T}^d} \hat{f}(k) e^{ik \cdot x} \frac{d^d k}{(2\pi)^d}. \tag{22.7}$$

Jedenfalls vermitteln (22.6) und (22.7) zueinander inverse Hilbertraum-Isomorphismen zwischen $L^2(\mathbb{T}^d)$ und $l^2(\mathbb{Z}^d)$ (Satz von Riesz-Fischer; siehe ebenfalls Schempp und Dreseler (1980)).

22.1 Infrarotschranken und die Existenz von Phasenübergängen

Der Beweis für die Phasenübergänge beruht nur auf der folgenden Infrarotschranke (Fröhlich et al., 1976):

Das Maß $d\hat{S}(p)$,

$$S(x) = \int_{\mathbb{T}^d} e^{ip \cdot x} \, d\hat{S}(p),$$

erfüllt für eine gewisse Konstante c die Ungleichung

$$0 \leqslant d\hat{S}(p) - c\delta^d(p) \leqslant \frac{n}{4\beta \displaystyle\sum_{\alpha=1}^{d} \sin^2\left(\frac{p_\alpha}{2}\right)} \frac{d^d p}{(2\pi)^d}. \tag{22.8}$$

---

[7]Siehe dazu: Schempp und Dreseler (1980), speziell S. 82, oder Straumann (1981), Kapitel 10.

Anmerkung　Würden wir den Gitterabstand gleich ε (statt 1) wählen, so würden wir in dieser Schranke $\varepsilon^{-2} \sin^2 (\varepsilon p_\alpha/2)$ statt $\sin^2 (p_\alpha/2)$ erhalten; im Limes $\varepsilon \searrow 0$ würde sich dann die rechte Seite in (22.8) wie $1/p^2$ verhalten.

Den Beweis von (22.8) stellen wir zurück und ziehen zuerst die Konsequenzen. Es interessiert uns zunächst, ob das System bei genügend tiefen Temperaturen für $\vec{h} = 0$ eine *langreichweitige Ordnung* hat. Dazu betrachten wir den Limes der zusammenhängenden Zweipunktsfunktion (Korrelationsfunktion)

$$\left\langle \vec{\phi}_0 \cdot \vec{\phi}_x \right\rangle^c := \left\langle \vec{\phi}_0 \cdot \vec{\phi}_x \right\rangle - \left\langle \vec{\phi}_0 \right\rangle \cdot \left\langle \vec{\phi}_x \right\rangle \tag{22.9}$$

für periodische Randbedingungen im Limes $|x| \to \infty$. Wenn $\vec{h}$ verschwindet, gilt natürlich für das endliche System

$$\left\langle \vec{\phi} \right\rangle = 0 \,,$$

und dies bleibt so im thermodynamischen Limes. Deshalb folgt

$$\lim_{|x| \to \infty} \left\langle \vec{\phi}_0 \cdot \vec{\phi}_x \right\rangle^c = \lim_{|x| \to \infty} \int e^{ip \cdot x} \, d\hat{S}(p)$$

$$= c + \lim_{|x| \to \infty} \int \left(d\hat{S}(p) - c\delta^d(p) \right) e^{ip \cdot x} = c \,.$$

Das letzte Gleichheitszeichen gilt, da die rechte Seite von (22.8) integrabel ist, und deshalb verschwindet nach dem Riemann-Lebesque-Lemma der zuletzt aufgeschriebene Limes. Also ist

$$\lim_{|x| \to \infty} \left\langle \vec{\phi}_0 \cdot \vec{\phi}_x \right\rangle^c = c \quad (\text{für } \vec{h} = 0) \,. \tag{22.10}$$

Nun möchten wir natürlich wissen, ob c für genügend tiefe Temperaturen nicht verschwindet. Dazu bilden wir

$$S(0) - c = \int_{\mathbb{T}^d} d\hat{S}(p) - c$$

$$\overset{(22.8)}{\leq} \frac{n}{\beta} \int_{\mathbb{T}^d} \frac{1}{4 \sum_{\alpha=1}^{d} \sin^2 \left(\frac{p_\alpha}{2} \right)} \frac{d^d p}{(2\pi)^d} < 1 \tag{22.11}$$

für β genügend groß und $d \geq 3$. Falls $\vec{\phi}_x \in S^{n-1}$ ist, bedeutet dies, dass $1 - c < 1$ bzw. $c > 0$ ist. Der Limes von (22.10) verschwindet deshalb nicht!

Angenommen, wir können zeigen, dass für $h_1 > 0$ in $\vec{h} = (h_1, 0, \cdots, 0)$ der Limes in (22.10) verschwindet, dann gilt wegen der Translationsinvarianz

$$\lim_{|x| \to \infty} S(x) = \left\langle \vec{\phi}_0 \right\rangle_h^2 \,.$$

Andererseits ist die linke Seite mit den gleichen Argumenten wie oben gleich $c(h)$, d. h. es gilt

$$\left\langle \vec{\phi}_0 \right\rangle_h^2 = c(h) \neq 0. \tag{22.12}$$

Die Konstante $c(h)$ können wir uniform in h_1 nach unten begrenzen. Tatsächlich gilt nach (22.11) für genügend große β: $1 - c(h) \leqslant \bar{c}, \bar{c} > 0 \Rightarrow c(h) > \bar{c}$. Deshalb ergibt sich für die *spontane Magnetisierung*

$$\lim_{h_1 \searrow 0} \left\langle \vec{\phi}_x \right\rangle_h \neq 0. \tag{22.13}$$

Falls die Verteilung $d\rho(\vec{\phi})$ wie in (22.2) $O(n)$-*invariant* ist, folglich das Modell für $\vec{h} = 0$ $O(n)$-symmetrisch ist, zeigt (22.13), dass die $O(n)$-*Symmetrie spontan gebrochen* ist.

Die Voraussetzung in dieser Argumentation kann für $n = 1, 2, 3$ bewiesen werden. Wir gehen aber darauf nicht näher ein. (Für Literaturverweise dazu siehe Glimm und Jaffe (1987), Seite 336).

Was bedeutet für $\vec{h} = 0$ die Eigenschaft (22.10) mit $c \neq 0$? Wir behaupten, dass dann *keine reine Phase* vorliegt, d. h. der Zustand des unendlichen Systems nicht extremal ist. Leider können wir dies hier nicht im Einzelnen ausführen. Für Interessierte geben wir aber die folgenden Hinweise auf das oben zitierte Buch von Glimm und Jaffe (1987):

(i) Man konsultiere die Abschnitte 10.4 und 7.10, in denen die sogenannte Reflexionspositivität gezeigt wird.

(ii) Damit kann man allgemein die Transfermatrix konstruieren (Abschnitt 6.1).

(iii) Ein Zustand des unendlichen Systems ist extremal ($\Leftrightarrow$ ergodisch bezüglich den Gittertranslationen) genau dann, wenn der Grundzustand der Transfermatrix eindeutig ist (Abschnitt 19.7). In diesem Fall verschwindet die Korrelationsfunktion (Abschnitt 16.1).

22.2 Herleitung der Infrarotschranke aus der Gradientenschranke

Wir führen zuerst einige Bezeichnungen und Begriffe ein. Für eine Funktion $f : \mathbb{Z}^d \to \mathbb{R}$ definieren wir die *Gradienten*

$$(\partial_\alpha f)(x) := f(x + e_\alpha) - f(x),$$
$$(\partial_\alpha^* f)(x) := f(x - e_\alpha) - f(x), \tag{22.14}$$

wobei e_α der Einheitsvektor in Richtung α ist ($\alpha = 1, \cdots, d$). Für das l^2-Skalarprodukt gilt offensichtlich

$$\langle \partial_\alpha f, g \rangle = \langle f, \partial_\alpha^* g \rangle. \tag{22.15}$$

Der *Laplace-Operator* auf dem Gitter ist definiert durch

$$-\Delta = \sum_{\alpha=1}^{d} \partial_{\alpha}^{*}\partial_{\alpha} = \sum_{\alpha=1}^{d} \partial_{\alpha}\partial_{\alpha}^{*} \, , \tag{22.16}$$

also ist

$$(\Delta h)(x) = \sum_{\alpha=1}^{d} \left(h(x + e_{\alpha}) + h(x - e_{\alpha}) - 2h(x) \right) \, . \tag{22.17}$$

Dies führt zum richtigen Kontinuumslimes.

Lemma 22.1

Es seien $\vec{h}_{\alpha}$ $\mathbb{R}^{n}$-wertige Funktionen auf dem Gitter, deren n Komponenten in $l^{2}(\mathbb{Z}^{d})$ liegen, und $h = \{\vec{h}_{\alpha}\} \in l^{2}(\mathbb{Z}^{nd})$. Dann gilt

$$\left\langle \exp\left(\sum_{\alpha=1}^{d} \vec{\phi} \cdot \partial_{\alpha}\vec{h}_{\alpha} \right) \right\rangle \leqslant \exp\left(\frac{1}{2\beta} \|h\|_{l^{2}}^{2} \right) \, , \tag{22.18}$$

mit

$$\|h\|_{l^{2}}^{2} = \sum_{x,\alpha} \vec{h}_{\alpha}^{2}(x) \, . \tag{22.19}$$

Den Beweis dieses Lemmas stellen wir zurück und leiten daraus zuerst die Infrarotschranke (22.8) ab. Dazu ersetzen wir h in (22.18) durch εh und benutzen $\left\langle \vec{\phi} \cdot \partial_{\alpha}\vec{h} \right\rangle = 0$ als Folge der Translationsinvarianz. Entwickeln wir sodann bis zur Ordnung ε^{2}, so ergibt sich

$$\left\langle \left[\vec{\phi} \cdot \sum_{\alpha=1}^{d} \partial_{\alpha}\vec{h}_{\alpha} \right]^{2} \right\rangle \leqslant \frac{1}{\beta} \|h\|_{l^{2}}^{2} \, . \tag{22.20}$$

Nun wählen wir speziell $\vec{h}_{\alpha} = (-\Delta)^{-1/2}\partial_{\alpha}^{*}f\vec{\nu}_{r}$, wobei $\vec{\nu}_{r}$ einer der n-Standardbasisvektoren im Spinraum $\mathbb{R}^{n}$ ist. Dann erhalten wir aus (22.20) nach Summation über r (wie wir gleich näher begründen werden)

$$\left\langle \vec{\phi}(f) \cdot \vec{\phi}(-\Delta f) \right\rangle \leqslant \frac{n}{\beta} \|f\|_{l^{2}}^{2} \tag{22.21}$$

mit

$$\vec{\phi}(f) = \sum_{x \in \mathbb{Z}^{d}} \vec{\phi}(x) f(x) \, .$$

Auf der rechten Seite erhalten wir tatsächlich mit (22.15), über α wird summiert,

$$\frac{n}{\beta} \left\langle (-\Delta)^{-1/2}\partial_{\alpha}^{*}f, (-\Delta)^{-1/2}\partial_{\alpha}^{*}f \right\rangle = \frac{n}{\beta} \left\langle (-\Delta)^{-1/2}f, (-\Delta)^{-1/2} \underbrace{\partial_{\alpha}\partial_{\alpha}^{*}}_{-\Delta} f \right\rangle$$

$$= \frac{n}{\beta} \|f\|_{l^{2}}^{2} \, .$$

Auf der linken Seite benutzen wir als Folge der Translationsinvarianz

$$\left\langle \vec{\phi}(\partial_\alpha f) \cdot \vec{\phi}(g) \right\rangle = \left\langle \vec{\phi}(f) \cdot \vec{\phi}(\partial_\alpha^* g) \right\rangle$$

(man verifiziere dies). Dann wir aus der linken Seite von (22.20) nach Summation über r $(g := (-\Delta)^{-1/2} f)$

$$\left\langle \vec{\phi}(\underbrace{\partial_\alpha \partial_\alpha^*}_{-\Delta} g) \cdot \vec{\phi}(\underbrace{\partial_\beta \partial_\beta^*}_{-\Delta} g) \right\rangle = \left\langle \vec{\phi}((-\Delta)^{1/2} f) \cdot \vec{\phi}((-\Delta)^{1/2} f) \right\rangle$$

$$= \left\langle \vec{\phi}(f) \cdot \vec{\phi}(-\Delta f) \right\rangle .$$

Jetzt schreiben wir (22.21) im Impulsraum aus. Dazu benutzen wir die Darstellung

$$\left\langle \vec{\phi}_x \cdot \vec{\phi}_y \right\rangle = \int_{\mathbb{T}^d} e^{ip \cdot (x-y)} \, d\hat{S}(p) \tag{22.22}$$

sowie die Formel für die Fourier-Transformierte des Laplace-Operators:

$$(-\hat{\Delta})(p) = 2 \sum_{\alpha=1}^{d} (1 - \cos p_\alpha)$$

(Diese Formel findet man sofort aus (22.17).) Damit lautet (22.21)

$$\int_{\mathbb{T}^d} \sum_{\alpha=1}^{d} (1 - \cos p_\alpha) |\hat{f}(p)|^2 \, d\hat{S}(p) \leqslant \frac{n}{2\beta} \int_{\mathbb{T}^d} |\hat{f}(p)|^2 \frac{d^d p}{(2\pi)^d}$$

für alle $\hat{f} \in L^2(\mathbb{T}^d)$ und die Lebesque-Zerlegung des Maßes $d\hat{S}$ hat die Form

$$d\hat{S}(p) = c\delta^d(p) + \rho(p) \frac{d^d p}{(2\pi)^d} , \tag{22.23}$$

wobei für den absolut stetigen zweiten Term die Ungleichung

$$0 \leqslant \rho(p) \leqslant \frac{n}{4\beta \sum_\alpha \sin^2 \left(\frac{p_\alpha}{2} \right)} \tag{22.24}$$

gilt. Damit ist die Infrarotschranke aus dem Lemma abgeleitet.

22.3   Beweis des Lemmas

Es genügt, das Lemma (die Ungleichung (22.18)) auf dem periodischen Gitter (Torus) Λ zu beweisen, da sich daraus die Behauptung im unendlichen Volumenlimes ergibt. Um nicht unnötige Indizes schreiben zu müssen, sei jetzt $n = 1$ gewählt.

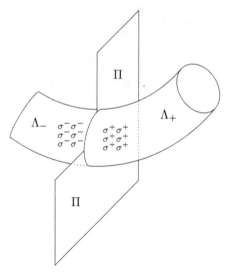

Abb. 22.1 Die Hyperebene Π, welche den Torus Λ durchschneidet, und die Unterteilung der Spins ϕ_x in vier Teilmengen gemäß der Beschreibung im Text.

Wir müssen zeigen, dass

$$
1 \geq \left\langle \exp\left(\sum_{\alpha=1}^{d} \phi(\partial_\alpha h_\alpha) \right) e^{-\frac{1}{2\beta}\|h\|^2} \right\rangle =
$$

$$
\frac{\displaystyle\int \exp\left[\sum_{x,\alpha} \frac{\beta}{2} \left(\phi_x - \phi_{x-e_\alpha} + \frac{1}{\beta}h(x) \right)^2 \right] \prod_{y\in\Lambda} d\rho(\phi_y)}{\displaystyle\int \exp\left[-\sum_{x,\alpha} \frac{\beta}{2} \left(\phi_x - \phi_{x-e_\alpha} \right)^2 \right] \prod_{y\in\Lambda} d\rho(\phi_y)} \tag{22.25}
$$

gilt. Hier haben wir den linearen Term im Magnetfeld gemäß (22.1) in den $d\rho(\phi_y)$ eingeschlossen. $Z[h]$ bezeichne den Zähler in (22.25). Zu zeigen ist also die „diamagnetische Ungleichung"

$$
Z[h] \leq Z[0]. \tag{22.26}
$$

Dies bewerkstelligen wir nun dadurch, dass wir $h(x)$ systematisch abbauen. In einem ersten Schritt wählen wir eine Hyperebene Π, welche den Torus durchschneidet (siehe Abbildung 22.1). Die Spins werden in vier Teilmengen $\phi^\pm$, $\sigma^\pm$ unterteilt: Die Spins σ^+ und σ^- koppeln durch Π, die Spins $\{\phi^+, \sigma^+\}$ sind alle Spins in $\Lambda_+ = \Lambda \cap \Pi_+$ etc.

Nach Integration über die $\phi^\pm$ hat $Z[h]$ die Form

$$
Z[h] = \int \exp\left[-\frac{\beta}{2} \sum \left(\sigma_x^+ - \sigma_{x'}^- + \frac{h(x)}{\beta} \right)^2 \right] f(\sigma^+)\, g(\sigma^-) \prod_{x,x'} d\sigma_x^+ \, d\sigma_x^-. \tag{22.27}
$$

Nun gilt allgemein[8] in $\mathbb{R}^n$

$$\langle FG \rangle_\beta := \int P^*(x)\, e^{-\beta(x-y)^2/2} G(x)\, d\mu(x)\, d\mu(y)$$

$$= \int \widehat{\mu F}(p)^*\, e^{-p^2/2\beta}\, \widehat{\mu G}(p)\, dp$$

und

$$\left| \int F^*(x)\, e^{-\beta(x-y+h)^2/2}\, G(y)\, d\mu(x)\, d\mu(y) \right| = \left| \int \widehat{\mu F}(p)^*\, e^{iph}\, \widehat{\mu G}(p)\, dp \right|$$

$$\leq \left| \langle FG \rangle_\beta \right| \leq \|F\|_\beta^{1/2}\, \|G\|_\beta^{1/2}$$

Wenden wir dies auf (22.27) an, so ergibt sich

$$Z[h] \leq \left(Z[h_-, \theta h_-] \right)^{1/2} \left(Z[h'_+, \theta h'_+] \right)^{1/2} . \tag{22.28}$$

Dabei bezeichnet θ die Reflexion an Π, und h'_+ bezeichnet die $h(x)$ in Λ_+ ohne die zunächst an Π gelegenen.

Nun kann man das Verfahren iterieren und nacheinander alle h eliminieren. Damit ist das Lemma bewiesen.

22.4 Unmöglichkeit von kontinuierlichen Symmetriebrechungen für $d = 2$

Nach dem Hohenberg-Mermin-Wagner-Theorem gibt es in zwei Dimensionen keine spontane Symmetriebrechung einer kontinuierlichen Symmetriegruppe. Der Gleichgewichtszustand ist unter sehr allgemeinen Voraussetzungen eindeutig und damit invariant unter der zugrunde liegenden Lie'schen Symmetriegruppe.

Wir beweisen hier eine Form des Theorems, welche auf McBryan und Spencer (1977) zurückgeht. Der Einfachheit halber beschränken wir uns auf das Rotatormodell

$$H = -\sum_{\langle i,j \rangle} \vec{\sigma}_i \cdot \vec{\sigma}_j , \quad \vec{\sigma}_i \in S^1 . \tag{22.29}$$

Stellen wir die Spinvektoren in der Form $\vec{\sigma}_i = (\cos\theta_i, \sin\theta_i)$ dar, so gilt auch

$$H = -\sum_{\langle i,j \rangle} \cos(\theta_i - \theta_j) . \tag{22.30}$$

Der folgende Sachverhalt deutet stark darauf hin, dass es keine Phasenübergänge erster Ordnung gibt.

---

[8] Auch für die Fourier-Stieltjes-Transformation gilt die Parseval-Identität (siehe die Fußnote auf Seite 115 und speziell Seite 108 in Schempp und Dreseler (1980).)

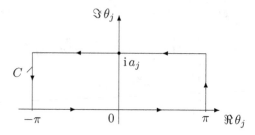

Abb. 22.2 θ_j-Integration in (22.33).

Lemma 22.2

Zu $\varepsilon > 0$ existiert $\beta(\varepsilon) < \infty$, so dass für $\beta > \beta(\varepsilon)$ gilt:

$$0 \leqslant \langle \vec{\sigma}_k \cdot \vec{\sigma}_l \rangle \leqslant |k - l|^{-(1-\varepsilon)/2\pi\beta} \tag{22.31}$$

Beweis 22.2 Die GKS-Ungleichung (21.8) lässt sich ähnlich auch für mehrkomponentige Spins beweisen. Insbesondere gilt

$$0 \leqslant \langle \vec{\sigma}_i \cdot \vec{\sigma}_j \rangle - \langle \vec{\sigma}_i \rangle \langle \vec{\sigma}_j \rangle \tag{22.32}$$

(siehe Glimm und Jaffe (1987), Abschnitt 4.7). Daraus folgt das erste Ungleichheitszeichen in (22.31). Um die obere Schranke zu beweisen, benutzen wir die folgende Darstellung:

$$\langle \vec{\sigma}_k \cdot \vec{\sigma}_l \rangle = \Re Z^{-1} \int_{-\pi}^{+\pi} \cdots \int_{-\pi}^{+\pi} \exp\left[\sum_{\langle i,j \rangle} \cos(\theta_i - \theta_j)\right]$$
$$\cdot \exp\left[\mathrm{i}(\theta_k - \theta_l)\right] \prod_i d\theta_i \tag{22.33}$$

Dabei ist ein endliches Gitter angenommen, und wir zeigen im Folgenden den Zerfall (22.31) gleichmäßig in der Größe des Gitters.

Der Integrand in (22.33) ist analytisch und periodisch in den θ_1, θ_2, $\cdots$. Jedes θ_j-Integral über die geschlossene Kurve C verschwindet deshalb (siehe Abbildung 22.2). Wegen der Periodizität heben sich die seitlichen Beiträge ($\Re\theta_j = \pm\pi$) weg, und wir können deshalb in (22.33) θ_j durch $\theta_j + \mathrm{i}\, a_j$ ersetzen. Da dabei $\cos(\theta_i - \theta_j) \to \cos(\theta_i - \theta_j)\cosh(a_i - a_j) - \mathrm{i}\sin(\theta_i - \theta_j)\sinh(a_i - a_j)$ ist, ergibt dies

$$\langle \vec{\sigma}_k \cdot \vec{\sigma}_l \rangle \leqslant \mathrm{e}^{-(a_k - a_l)} Z^{-1} \int \exp\left[\beta \sum_{\langle ij \rangle} \cos(\theta_i - \theta_j)\cosh(a_i - a_j)\right] \prod_k d\theta_k$$

$$= \mathrm{e}^{-(a_k - a_l)} Z^{-1} \int \underbrace{\exp\left[\beta \sum \cos(\theta_i - \theta_j)\left(1 + \cosh(a_i - a_j) - 1\right)\right]}_{\leqslant \exp[\beta \sum \cosh(a_i - a_j) - 1]\, \exp[\beta \sum \cos(\theta_i - \theta_j)]} \prod_k d\theta_k$$

$$\leqslant \mathrm{e}^{-(a_k - a_l)} \exp\left[\beta \sum_{\langle ij \rangle} (\cosh(a_i - a_j) - 1)\right]. \tag{22.34}$$

An dieser Stelle wählen wir

$$a_j = \beta^{-1} \left[C(j,k) - C(j,l) \right] , \tag{22.35}$$

wobei $C(i,j) = C(i-j)$ der Kern von $(-\Delta)^{-1}$ auf dem Gitter ist. Aus (22.17) erhalten wir (etwa) für periodische Randbedingungen die folgende Fourier-Darstellung von $C(k)$:

$$C(k) = \frac{1}{|\Lambda|} \sum_{\{p_\alpha\}} \frac{e^{ip \cdot k}}{4 \sum_{\alpha=1}^{d} \sin^2 \left(\frac{p_\alpha}{2} \right)} \tag{22.36}$$

Anmerkung Für $\Lambda \nearrow \mathbb{Z}^2$ hat $C(0)$ eine Infrarotdivergenz.

Für nächste Nachbarn j und j' folgt daraus

$$|C(j) - C(j')| \leq \left| \frac{1}{|\Lambda|} \sum_{\{p\}} \frac{1 - e^{i(j'-j) \cdot p}}{4 \sum_{\alpha} \sin^2 \left(\frac{p_\alpha}{2} \right)} \right| .$$

Rechts hat die Summe für $\Lambda \nearrow \mathbb{Z}^2$ einen endlichen Limes (wegen des Zählers gibt es keine Infrarotdivergenz). Deshalb gilt für nächste Nachbarn j und j' die Schranke

$$|a_j - a_{j'}| \leq \text{const}/\beta \quad (j, j' : \text{nächste Nachbarn}) . \tag{22.37}$$

Damit können wir den Exponenten in (22.34) folgendermaßen abschätzen:

$$\beta \sum_{\langle ij \rangle} \left(\cosh(a_i - a_j) - 1 \right) \leq \frac{\beta}{2} \left(1 + O(\beta^{-2}) \right) \sum_{\langle ij \rangle} (a_i - a_j)^2 ,$$

wobei wir rechts die Summe über ganz $\mathbb{Z}^d$ erstrecken. Nun gilt für die Funktion a, $i \mapsto a_i$, auf dem Gitter

$$\sum_{\langle ij \rangle} (a_i - a_j)^2 = \| \partial a \|_{l^2}^2 = \langle a , -\Delta a \rangle .$$

Nach Definition ist

$$a_j = \beta^{-1} \langle \delta_j, (-\Delta)^{-1} (\delta_k - \delta_l) \rangle , \tag{22.38}$$

wobei δ_k die Standardbasis auf dem Gitter ist ($\delta_k(j) = \delta_{kj}$). Deshalb gilt

$$-\Delta a = \beta^{-1}(\delta_k - \delta_l) \Rightarrow \langle a , -\Delta a \rangle = \beta^{-1}(a_k - a_l) .$$

Eingesetzt ergibt dies

$$\beta \sum_{\langle ij \rangle} \left(\cosh(a_i - a_j) - 1 \right) \leq \frac{1}{2}(a_k - a_l) + O(\beta^{-2})(a_k - a_l) . \tag{22.39}$$

Falls also $\beta(\varepsilon)$ genügend groß gewählt wird, gilt für $\beta > \beta(\varepsilon)$ nach (22.34) und (22.39)

$$\langle \vec{\sigma}_k \cdot \vec{\sigma}_l \rangle \leqslant \exp\left[-\frac{1}{2}(a_k - a_l)(1 - \varepsilon) \right] . \qquad (22.40)$$

Aus (22.38) ergibt sich

$$\begin{aligned} a_k - a_l &= \beta^{-1} \left\langle \delta_k - \delta_l \, , \, (-\Delta)^{-1}(\delta_k - \delta_l) \right\rangle \geqslant 0 \\ &= 2\beta^{-1} \left(C(0) - C(k - l) \right) . \end{aligned} \qquad (22.41)$$

Beim Übergang $\Lambda \nearrow \mathbb{Z}^2$ verhält sich die Größe rechts asymptotisch wie[9]

$$C(0) - C(k) \sim \frac{1}{2\pi} \ln|k| \quad \text{für} \quad |k| \to \infty. \qquad (22.42)$$

(In Unterschied dazu gilt für $d \geqslant 3$: $C(k) \sim |k|^{-d+2}$.) Setzen wir (22.41) und (22.42) in (22.40) ein, so ergibt sich die Behauptung (22.31).

Aus (22.31) und (22.32) und der Translationsinvarianz schließen wir auf

$$0 \leqslant \langle \vec{\sigma}_k \rangle^2 \leqslant \lim_{|k-l| \to \infty} \langle \vec{\sigma}_k \cdot \vec{\sigma}_k \rangle = 0.$$

Für genügend große β erhalten wir also

$$\langle \vec{\sigma}_k \rangle = 0. \qquad (22.43)$$

$\square$

Anmerkung   Wählen wir im obigen Beweis

$$a_j = \varepsilon(1 + \beta)^{-1} \left[C(j, k) - C(j, l) \right] , \qquad (22.44)$$

mit $0 < \varepsilon < 1$, so erhalten wir *für alle* β das Zerfallsgesetz

$$0 \leqslant \langle \vec{\sigma}_k \cdot \vec{\sigma}_l \rangle \leqslant |k - l|^{-c/(1+\beta)} \qquad (22.45)$$

mit einer geeigneten Konstante $0 < c < 1$. Wie oben folgt daraus auch wieder (22.43).

Die Abwesenheit einer langreichweitigen Ordnung lässt sich heuristisch einsehen. Sie beruht auf der Anregung von langwelligen Spinwellen, welche für $d = 2$ besonders wichtig wird. Dies führen wir gleich etwas aus. Ergänzungen zum Mermin-Wagner-Theorem gibt Anhang H.

In Kapitel 36 werden wir zeigen, dass das quantenmechanische Heisenberg-Modell für $d = 2$ keine spontane Magnetisierung aufweist.

---

[9] Für die Fourier-Transformierte der Distribution $\mathcal{P}\dfrac{1}{p^2}$ gilt in zwei Dimensionen:

$$\mathcal{F}\left[\mathcal{P}\frac{1}{p^2} \right] = -2\pi \ln|x| - 2\pi C_0 .$$

Für die Herleitung und die Konstante C_0 siehe Wladimirow (1972), S. 128.

Verhalten bei tiefen Temperaturen (Spinwellen)

Der Abfall der Funktion (22.31) beruht auf der Anregung von langwelligen Spinwellen, wie wir im Folgenden sehen werden.

Bei tiefen Temperaturen ist die gleichmäßige Ausrichtung aller Spins bevorzugt $(\cos(\theta_i - \theta_j) \approx 1)$. Wir entwickeln deshalb H um $|\theta_i - \theta_j| = 0$:

$$H \approx \frac{1}{2} \sum_{\langle ij \rangle} (\theta_i - \theta_j)^2 \qquad (22.46)$$

Bei dieser Behandlung vergessen wir den periodischen Charakter von θ_i. Bei dieser sogenannten *Spinwellen-Approximation* lautet also die Zustandssumme

$$Z_{\text{SW}} = \int \prod_i \frac{d\theta_i}{\sqrt{2\pi}} \, e^{-\frac{1}{2}\beta\|\partial\theta\|^2} \,. \qquad (22.47)$$

Zunächst bestimmen wir die freie Energie pro Spin. Solange wir in einem endlichen Kubus Λ (mit $|\Lambda| = N^d$) mit periodischen Randbedingungen arbeiten, ist alles wohldefiniert. Wir benutzen die Fourier-Transformation auf $\Lambda \subset \mathbb{Z}^d$ (siehe (22.6)):

$$\hat{f}(k) = \sum_{x \in \Lambda} f(x) \, e^{-ik \cdot x} \,,$$

$$f(x) = \frac{1}{|\Lambda|} \sum_{k \in \Delta} \hat{f}(k) \, e^{ik \cdot x} \qquad (22.48)$$

mit

$$\Delta = \left\{ k : k_\alpha = \frac{2\pi}{N} n_\alpha \,, \; -\frac{N}{2} < n_\alpha \le \frac{N}{2} \right\} \qquad (22.49)$$

Die Parseval-Gleichung lautet

$$\sum_{x \in \Lambda} f(x)^* \, g(x) = \frac{1}{|\Lambda|} \sum_{k \in \Delta} \hat{f}(k)^* \, \hat{g}(k) \,.$$

Die Fourier-Transformierte des Gradienten (22.14) ergibt sich aus

$$(\partial_\alpha f)(x) = \frac{1}{|\Lambda|} \sum_{k \in \Delta} \hat{f}(k) \left[e^{ik \cdot (x + e_\alpha)} - e^{ik \cdot x} \right]$$

zu

$$\widehat{\partial_\alpha f}(k) = \hat{f}(k) \left(e^{ik_\alpha} - 1 \right) \,. \qquad (22.50)$$

Deshalb gibt die Paseval-Gleichung

$$\sum_x \sum_\alpha |\partial_\alpha f|^2 = \frac{1}{|\Lambda|} \sum_{\alpha=1}^d \sum_{k \in \Delta} |\hat{f}(k)|^2 \underbrace{\left| e^{ik_\alpha} - 1 \right|^2}_{2(1 - \cos k_\alpha)} \,.$$

Damit folgt

$$\|\partial\theta\|^2 = \frac{1}{|\Lambda|} \sum_{k\in\Delta} \sum_{\alpha=1}^{d} (2 - 2\cos k_\alpha) \underbrace{|\hat{\theta}(k)|^2}_{\sum_{x,x'} \theta_x \theta_{x'} e^{ik(x-x')}}$$

$$\equiv \langle \theta, M\theta \rangle, \tag{22.51}$$

wobei

$$M = F\left(\operatorname{diag}\hat{M}(k)\right)\tilde{F}$$

gilt, mit

$$F = (F_{xk}), \quad F_{xk} = e^{ik\cdot x}, \quad \tilde{F} = (\tilde{F}_{kx'}), \quad \tilde{F}_{kx'} = e^{-ik\cdot x'}$$

und

$$\hat{M}(k) = \frac{1}{|\Lambda|} \sum_{\alpha} (2 - 2\cos k_\alpha).$$

Wegen $F\tilde{F} = \sum_{k\in\Delta} e^{ik\cdot(x-x')} = |\Lambda|\delta_{xx'}$ gilt $\tilde{F} = |\Lambda|F^{-1}$, also

$$M = F\left(\operatorname{diag}|\Lambda|\hat{M}(k)\right)F^{-1}. \tag{22.52}$$

Für die Zustandssumme erhalten wir mit (16.62)

$$Z_{\text{SW}} = (\det \beta M)^{-1/2}, \quad \det(\beta M) = \prod_{k\in\Delta} \beta \sum_{\alpha=1}^{d} (2 - 2\cos k_\alpha). \tag{22.53}$$

Also gilt für die freie Energie

$$-\beta f = \frac{\ln Z}{|\Lambda|} = -\frac{1}{2}\frac{1}{|\Lambda|} \sum_{k\in\Delta} \ln\left\{\beta\left[2d - 2\sum_{\alpha=1}^{d}\cos k_\alpha\right]\right\}. \tag{22.54}$$

Im thermodynamischen Limes ergibt dies

$$-\beta f = -\frac{1}{2}\int_{\mathbb{T}^d} \frac{d^d k}{(2\pi)^d} \ln\left\{2\beta\left[d - \sum_{\alpha=1}^{d}\cos k_\alpha\right]\right\}. \tag{22.55}$$

Jetzt bestimmen wir noch die Korrelationsfunktion

$$G_{\text{SW}}^{(p)}(x_1, x_2) = \left\langle e^{ip(\theta_{x_1} - \theta_{x_2})} \right\rangle \tag{22.56}$$

(uns interessiert vor allem $p = 1$). Es ist

$$G_{\text{SW}}^{(p)}(x_1, x_2) = Z_{\text{SW}}^{-1}\int \prod_x \frac{d\theta_x}{\sqrt{2\pi}} \exp\left[-\frac{1}{2}\beta \sum_{x,x'} \theta_x M_{xx'} \theta_{x'} + i\sum_x J_x \theta_x\right], \tag{22.57}$$

mit

$$M_{xx'} = \frac{1}{|\Lambda|} \sum_{k \in \Delta} e^{ik \cdot (x-x')} \left[2d - 2 \sum \cos k_\alpha \right] \qquad (22.58)$$

und

$$J_x = \begin{cases} p & \text{für } x = x_1, \\ -p & \text{für } x = x_2, \\ 0 & \text{sonst.} \end{cases} \qquad (22.59)$$

Das Integral (22.57) ist nach (16.62) gleich $\exp\left[-\frac{1}{2\beta} \langle J, M^{-1}J \rangle \right]$. Darin ist nach (22.58) der Exponent gleich

$$\frac{1}{2\beta} \sum_{x,x'} J_x \, G(x - x') \, J_{x'},$$

mit

$$G(x - x') = \frac{1}{|\Lambda|} \sum_{k \in \Delta} \frac{e^{ik \cdot (x-x')}}{2d - 2 \sum_\alpha \cos k_\alpha}. \qquad (22.60)$$

Für J in (22.59) ergibt dies

$$\frac{1}{2\beta} \langle J, M^{-1}J \rangle = \frac{1}{2\beta} p^2 \cdot 2 \cdot [G(0) - G(x_1 - x_2)].$$

Also erhalten wir

$$G_{\mathrm{SW}}^{(p)}(x_1, x_2) = \exp\left[-\frac{p^2}{\beta} \left(G(0) - G(x_1 - x_2) \right) \right] \equiv \exp\left[-\frac{p^2}{2\pi\beta} \Gamma(x_1 - x_2) \right], \qquad (22.61)$$

mit dem folgenden Ausdruck für $\Gamma(x)$ im thermodynamischen Limes:

$$\Gamma(x_1 - x_2) = 2\pi \int_{\mathbb{T}^d} \frac{d^d k}{(2\pi)^d} \frac{1 - e^{ik \cdot (x_1 - x_2)}}{2d - 2 \sum \cos k_\alpha} \qquad (22.62)$$

Nun betrachten wir die Eigenschaften von $\Gamma(x)$. Offensichtlich ist $\Gamma(0) = 0$ und, wie man leicht zeigt, $\Gamma(|x| = 1) = \pi/2$. Für große $|x|$ werden wir Folgendes erhalten (siehe unten):

$$\Gamma(x) \underset{|x| \gg 1}{\approx} \ln\left(2\sqrt{2}\, e^\gamma |x| \right) + O(1/|x|), \qquad (22.63)$$

wobei γ die Euler'sche Konstante ist. Sogar für $|x| = 1$ ist (22.63) keine schlechte Näherung (1.6169 statt $\frac{\pi}{2} = 1.5708$). Setzen wir $r_0^{-1} = 2\sqrt{2}\, e^\gamma$, so ergibt die Näherung (22.63) in (22.61) für $p = 1$

$$G_{\mathrm{SW}}(x) \underset{|x| \gg 1}{\approx} \exp\left[-\frac{1}{2\pi\beta} \ln(|x|/r_0) \right] = \left(\frac{r_0}{|x|} \right)^{1/2\pi\beta}. \qquad (22.64)$$

Dies soll man mit (22.31) vergleichen.

Bevor wie dieses Ergebnis weiter diskutieren, kommen wir auf den asymptotischen Ausdruck (22.63) zurück. Wir begnügen uns dabei mit einer groben Näherung. Dazu ersetzen wir für große $|x|$ den Nenner in (22.62) durch seinen Kontinuumslimes,

$$\Gamma(x) \approx \frac{1}{2\pi} \int_{\mathbb{T}^2} d^2k \, \frac{1 - e^{ik \cdot x}}{k^2} \,,$$

und ignorieren außerdem die genaue Form der Brillouin-Zone. Wir ersetzen $\int_{\mathbb{T}^2} d^2k$

durch

$$\int_0^\pi k \, dk \int_0^{2\pi} d\theta$$

und erhalten ($x = kr$)

$$\Gamma(x) \approx \int_0^\pi \frac{dk}{k} \frac{1}{2\pi} \int_0^{2\pi} \left(1 - e^{ikr \cos\theta}\right) d\theta = \int_0^{2\pi} \frac{1 - J_0(x)}{x} \, dx \,.$$

Für große r können wir näherungsweise die Besselfunktion vernachlässigen und erhalten

$$\Gamma(x) \approx \ln(\pi r) \,, \quad \text{statt } \ln\left(2\sqrt{2}\, e^\gamma \, r\right) \,. \tag{22.65}$$

Die Spinwellen-Approximation liefert nach (22.64) ein *Potenzgesetz* für die Korrelationsfunktion, das also qualitativ verschieden ist vom exponentiellen Abfall bei hohen Temperaturen. Dies deutet auf einen Übergang bei mittleren Temperaturen hin. Was hier vorgeht, wurde von Kosterlitz und Thouless (1972) geklärt. Es zeigt sich, dass es neben den Spinnwellen, welche bei tiefen Temperaturen dominieren, eine andere Art von Anregungen gibt, nämlich *Vortices*. Diese kommen bei tiefen Temperaturen in eng gebundenen Paaren vor und brechen bei einer kritischen Temperatur auf. Für eine Diskussion verweisen wir auf die Literatur, insbesondere auf Kosterlitz und Thouless (1973) oder auch Plischke und Bergerson (1989).

23 Hochtemperatur/Tieftemperatur-Dualität des zweidimensionalen Ising-Modells

Wir leiten in diesem Abschnitt für $\psi(K) = -\beta f$ (darin ist f die freie Energie pro Gitterplatz im thermodynamischen Limes) die bemerkenswerte Beziehung

$$\psi(K) - \frac{1}{2}\ln[\sinh 2K] = \psi(K^*) - \frac{1}{2}\ln[\sinh 2K^*] \qquad (23.1)$$

her, in der K und K^* folgendermaßen verknüpft sind:

$$e^{-2K^*} = \tanh K \quad \Longleftrightarrow \quad \sinh 2K \sinh 2K^* = 1 \qquad (23.2)$$

Eine interessante Konsequenz der Dualitätsrelation (23.1) ist der Wert der kritischen Temperatur, wenn angenommen wird, dass die freie Energie f nur bei *einer* Temperatur singulär wird. Dann muss nämlich der kritische Wert K_c von K ein Fixpunkt unter der Involution $K \to K^*$ sein:

$$K_c^* = K_c \qquad (23.3)$$

Dies ist gleichbedeutend mit

$$\sinh 2K_c = 1 \quad \Longrightarrow \quad K_c = 0.44068679\cdots. \qquad (23.4)$$

Dieser Wert ist uns von Onsagers exakter Lösung bekannt (vgl. (17.33)). Die Herleitung von (23.1) ist lehrreich, da sie auf einem Vergleich von Hoch- und Tieftemperaturentwicklung beruht. Wir folgen dabei Simon (1993), Abschnitt II.7.

Wir beginnen mit der Hochtemperaturentwicklung der Zustandssumme ($|\Lambda| = L^2$):

$$Z_L(K) = \sum_{\{\sigma_i\}} \exp\Big[K \sum_{\langle i,j \rangle} \sigma_i \sigma_j\Big] \qquad (23.5)$$

Dazu schreiben wir $Z_L(K)$ mit Hilfe der Identität (mit $\varepsilon = \pm 1$)

$$e^{\varepsilon A} = \cosh A + \varepsilon \sinh A = \cosh A \left(1 + \varepsilon \tanh A\right)$$

um ($\zeta := 2L(L-1) = $ Zahl der Paar $\langle i,j \rangle$ in (23.5)):

$$Z_L(K) = (\cosh K)^\zeta \sum_{\{\sigma_i\}} \Big[\prod_{\langle i,j \rangle}(1 + \sigma_i \sigma_j \tanh K)\Big] \qquad (23.6)$$

Sammeln wir rechts in (23.6) gleiche Potenzen von $\tanh K$, so können wir das Resultat als

$$Z_L(K) = 2^{L^2}(\cosh K)^\zeta \sum_G (\tanh K)^{|G|} \Big\langle \prod_{\langle i,j \rangle \in G} \sigma_i \sigma_j \Big\rangle_0 \qquad (23.7)$$

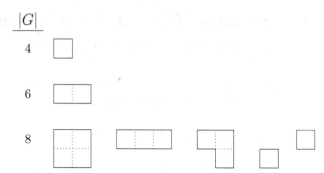

Abb. 23.1 Beispiele von Hochtemperaturgraphen.

darstellen. Dabei bezeichnet $\langle \,\cdot\, \rangle_0$ den Erwartungswert des unkorrelierten Systems,

$$\langle A \rangle_0 = \frac{1}{2^{|\Lambda|}} \sum_{\{\sigma_i\}} A(\{\sigma_i\}) \,,$$

und die Summe erstreckt sich über alle *Hochtemperaturgraphen* G, welche beliebige Teilmengen der Familie der Gitterlinien (zwischen nächsten Nachbarn) sind; $|G|$ bezeichnet dabei die Anzahl der Gitterlinien („bonds") von G. Nun ist $\left\langle \sum_{\langle i,j \rangle \in G} \sigma_i \sigma_j \right\rangle_0$ entweder 1 oder 0, je nachdem, ob der Rand ∂G von G leer ist oder nicht. Dabei dürfte klar sein, was unter dem *Rand* eines Graphen gemeint ist: Wir verstehen darunter diejenigen Gitterpunkte von G, welche in G nur *eine* nächste Nachbarverbindung haben. Falls $\partial G \neq \varnothing$ ist, so besteht G nur aus geschlossenen Polygonzügen. Mit dieser Bemerkung wird aus (23.7)

$$Z_L(K) = 2^{L^2} (\cosh K)^\zeta \sum_{G;\, \partial G = \varnothing} (\tanh K)^{|G|} \,. \tag{23.8}$$

Dies ist die gesuchte *Hochtemperaturentwicklung.*

Beispiele von Hochtemperaturgraphen G mit $\partial G = \varnothing$ sind in der Abbildung 23.1 dargestellt. (Man bestimme die Zahl der Graphen einer gegebenen Gestalt; z. B. ist diese für $\square$ offensichtlich gleich L^2. Man schreibe die zugehörigen Terme in (23.8) auf.)

Nun wenden wir uns der *Tieftemperaturentwicklung* zu. Die Abweichung einer Konfiguration $\{\sigma_i\}$ von den beiden Grundzuständen $\{\sigma_i = +1\}$ und $\{\sigma_i = -1\}$ wird durch den Graphen

$$G(\{\sigma_i\}) = \{\langle ij \rangle \mid \sigma_i \sigma_j = -1\} \tag{23.9}$$

beschrieben. Offensichtlich ist

$$-\beta H(\{\sigma_i\}) = \sum_{\langle ij \rangle} K \sigma_i \sigma_j = K(\zeta - |G|) - K|G|$$

$$= K\zeta - 2K|G| \,. \tag{23.10}$$

Somit gilt

$$Z_L(K) = e^{K\zeta} \sum_{\{\sigma_i\}} e^{-2K|G(\{\sigma_i\})|} . \tag{23.11}$$

Dies wollen wir wieder in eine Summe über gewisse Graphen verwandeln. Die folgende Feststellung zeigt uns, welche Graphen diesmal vorkommen.

Graphen vom Typ 1 Ein Graph G ist der Graph einer Konfiguration gemäß (23.9) genau dann, wenn für jedes elementare Quadrat (jede Plakette) des Gitters eine *gerade* Zahl $(0, 2, 4)$ von Gitterlinien zu G gehören. Zu jedem Graph mit dieser Eigenschaft (Graph vom Typ 1) gibt es überdies *genau zwei* Konfigurationen.

Zum Beweis notieren wir, dass für die Spinvariablen σ_{i_1}, σ_{i_2}, σ_{i_3}, σ_{i_4} zu einem elementaren Quadrat die Beziehung

$$(\sigma_{i_1} \sigma_{i_2}) (\sigma_{i_2} \sigma_{i_3}) (\sigma_{i_3} \sigma_{i_4}) (\sigma_{i_4} \sigma_{i_1}) = 1$$

gilt, da jedes σ genau zweimal vorkommt. Deshalb hat jedes $G(\{\sigma_i\})$ einen Graphen vom Typ 1. Umgekehrt habe ein Graph G diese Eigenschaft. Wir konstruieren dazu eine Konfiguration, welche zu diesem Graphen führt. Dazu setzen wir $\sigma_j = 1$ für j in der unteren linken Ecke von Λ und bestimmen σ_i durch

$$\sigma_i = (-1)^{|G \cap H|} ,$$

wobei H irgendein Graph ist, mit $\partial H = \{i, j\}$. Man überzeuge sich davon, dass diese Definition – aufgrund der vorausgesetzten Eigenschaft von G – unabhängig von der Wahl von H ist, und ferner, dass der Graph zu der so konstruierten Konfiguration gleich G ist. Offensichtlich erhalten wir zwei verschiedene Konfigurationen, da wir auch mit $\sigma_j = -1$ starten können. Es gibt dann aber auch nicht mehr als zwei Konfigurationen, da durch σ_j und σ_i sowie alle Produkte $\sigma_i \sigma_k$ für $|i - k| = 1$ die Konfiguration festgelegt ist.

Bezeichnet $\mathcal{G}$ die Menge der Graphen vom Typ 1, die sogenannten *Tieftemperaturgraphen*, so können wir (23.11) so schreiben:

$$Z_L(K) = 2 e^{K\zeta} \sum_{G \in \mathcal{G}} e^{-2K|G|} \tag{23.12}$$

Graphen vom Typ 2 Nun besteht zwischen den Graphen von $\mathcal{G}$ und den Graphen in (23.8) eine enge Verwandtschaft: Diejenigen von $\mathcal{G}$ enthalten 0, 2 oder 4 Verbindungen jedes elementaren Quadrats, und die Eigenschaft $\partial G = \varnothing$ für jeden Graphen in (23.8) bedeutet, dass jeder Gitterpunkt zu 0, 2 oder 4 Gitterpunkten gehört. Um diese Verwandtschaft zu einer Identität zu machen, ordnen wir jedem $G \in \mathcal{G}$ einen Graphen G^* im dualen Gitter zu.

Das zu $\mathbb{Z}^2$ *duale Gitter* besteht aus den Zentren aller elementaren Quadrate. Jeder Gitterverbindung in $\mathbb{Z}^2$ ordnen wir eine Gitterverbindung im dualen Gitter gemäß der Abbildung 23.2 zu. Damit ist auch die Zuordnung $G \to G^*$ definiert.

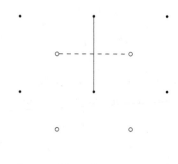

Abb. 23.2 Punkte markieren das ursprüngliche Gitter, kleine Kreise das duale Gitter. Gezeigt ist die Zuordnung der Gitterlinien.

Speziell gehört zu jedem Graphen $G(\{\sigma_i\})$ in (23.9) der duale Graph, den wir die *Begrenzung der Konfiguration* $\{\sigma_i\}$ nennen. Abbildung 23.3 zeigt ein Beispiel. Die Begrenzungen trennen offenbar die Gebiete der plus-Spins von denjenigen der minus-Spins. Es ist auch klar, dass die Begrenzungen einer $(L \times L)$-Konfiguration genau diejenigen Graphen Γ eines $(L+1) \times (L+1)$-Quadrates sind, die folgende Eigenschaften haben:

(i) $\partial\Gamma$ enthält keine Punkte des „inneren" $(L-1) \times (L-1)$-Quadrates.

(ii) Γ enthält keine Gitterlinien zwischen zwei Randpunkten des $(L+1) \times (L+1)$-Gebietes.

Graphen mit diesen Eigenschaften nennen wir vom *Typ 2*. Zusammen mit (23.12) könne wir also

$$Z_L(K) = 2\,\mathrm{e}^{K\zeta} \sum_{\Gamma} \mathrm{e}^{-2K|\Gamma|}\,, \qquad (23.13)$$

festhalten, wobei über die Graphen Γ vom Typ 2 summiert wird.

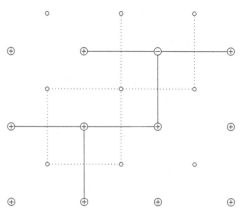

Abb. 23.3 Graphen Γ vom Typ 2.

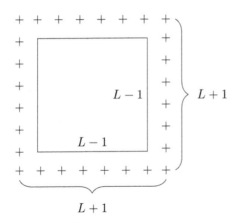

Abb. 23.4 Graphen mit freien Spins umgeben von lauter plus-Spins.

Bis auf Randbedingungen stimmen die Graphen Γ mit denjenigen in (23.8) (mit $\partial\Gamma = \varnothing$) überein (man beachte insbesondere Eigenschaft (i)). Im thermodynamischen Limes sollte dies keine Rolle spielen.[10] Wir wollen aber die Randbedingungen so einrichten, dass auch für *endliche* Gitter eine exakte Dualität besteht. Periodische Randbedingungen führen nicht zum Ziel, wohl aber die plus-Randbedingungen für tiefe Temperaturen. Für die Tieftemperaturentwicklung betrachten wir jetzt $(L-1)\times(L-1)$-Anordnungen von freien Spins, umgeben von lauter plus-Spins (siehe Abbildung 23.4). Die zugehörige Zustandssumme bezeichnen wir mit $Z_{L-1}^+(K)$. Man kann leicht einsehen, dass die zugehörigen Begrenzungen im dualen Gitter genau aus den Graphen Γ im $(L \times L)$-Quadrat mit $\partial\Gamma = \varnothing$ bestehen (siehe Abbildung 23.5). Es gilt also, da nun wegen der plus-Fixierung am Rande ein Faktor 2 entfällt, gemäß (23.12)

$$\frac{Z_{L-1}^+(K^*)}{\mathrm{e}^{K^*\zeta}} = \sum_{G,\partial G=\varnothing} \mathrm{e}^{-2K^*|G|}$$

$$= \sum_{G,\partial G=\varnothing} (\tanh K)^{|G|} \tag{23.14}$$

für

$$\tanh K = \mathrm{e}^{-2K^*} . \tag{23.15}$$

Vergleichen wir dies mit (23.8), so folgt (da über dieselben Graphen summiert wird)

$$\frac{Z_{L-1}^+(K^*)}{\mathrm{e}^{2K^*L(L-1)}} = \frac{Z_L(K)}{2^{L^2}(\cosh K)^{2L(L-1)}} . \tag{23.16}$$

---

[10] Man leite unter die Dualitätsbeziehung (23.1) im thermodynamischen Limes her.

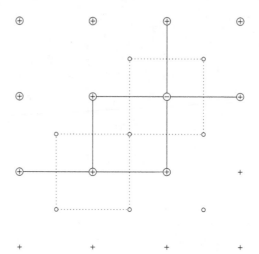

Abb. 23.5 Graphen und Begrenzungen für $Z_{L-1}^+(K)$.

Nehmen wir davon den Logarithmus und dividieren anschließend durch L^2, so ergibt sich für $L \to \infty$

$$\psi(K) - \ln\left[2\cosh^2 K\right] = \psi(K^*) - 2K^* .$$

Wegen (23.15) ist aber

$$\begin{aligned}
\ln\left[2\cosh^2 K\right] - 2K^* &= \ln\left[2\cosh^2 K\right] + \ln[\tanh K] \\
&= \ln\left[2\cosh K \sinh K\right] = \ln\left[\sinh 2K\right] \\
&= \frac{1}{2}\ln\left[\sinh 2K\right] - \frac{1}{2}\ln\left[\sinh 2K^*\right] ,
\end{aligned}$$

wobei die Äquivalenz in (23.2) benutzt wurde. Damit erhalten wir in der Tat die Dualitätsrelation (23.1), welche auch so geschrieben werden kann:

$$\begin{aligned}
\psi(K) &= \psi(K^*) + \ln[\sinh 2K] \\
&= \psi(K^*) - \ln[\sinh 2K^*]
\end{aligned} \tag{23.17}$$

24 Die Renormierungsgruppe

In der Nähe kritischer Punkte von Phasenübergängen zweiter Art, bei denen die Kohärenzlänge im thermodynamischen Limes divergiert, zeigt sich eine Skaleninvarianz, auf der gewisse universelle Gesetzmäßigkeiten beruhen. Durch Beiträge einer Reihe von Autoren, zu denen in erster Linie Kadanoff (1966), Fisher (1974) und Wilson (1971) gehören, wurde dafür eine erfolgreiche Theorie unter den Stichworten *Renormierungsgruppe* (RG) und *Renormierungsgruppen-Transformationen* (RGT) entwickelt, die inzwischen zum festen Bestand der Physik der kondensierten Materie geworden ist. Diese Transformationen (die übrigens lediglich eine Halbgruppe bilden) kommen durch systematische Ausintegrationen von mikroskopischen Freiheitsgraden in der Nähe von kritischen Punkten zustande. Dabei spielen die Eigenschaften der resultierenden Transformationen in den Umgebungen ihrer Fixpunkte eine entscheidende Rolle.

Wir werden in diesem Abschnitt die Hauptideen zunächst anhand einfacher Spinsysteme einführen und erst anschließend systematischere Gesichtspunkte besprechen. Für numerische Implementierungen müssen wir auf die Literatur verweisen.

24.1 Renormierungsgruppe des eindimensionalen Ising-Modells

Dieses Modell ist zwar zu einfach (ohne kritischen Punkt), aber die wichtige Methode der Block-Spin-Transformation und die zugehörige Renormierungsgruppe lassen sich analytisch durchführen. Dies ist Thema in Aufgabe II.4; wir wollen daran aber nicht anknüpfen.

Block-Spin-Transformation Man denke sich die Spins des eindimensionalen Ising-Modells in Zweierblöcke wie in Abbildung 24.1 zusammengefasst. Wie in

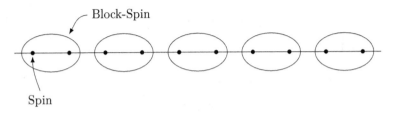

Abb. 24.1 Zerlegung in Block-Spins für das eindimensionale Ising-Modell.

Kapitel 14 gezeigt, ist die Transfermatrix $\mathcal{T}$ des ursprünglichen Systems (siehe (14.5))

$$\mathcal{T} = \begin{pmatrix} \dfrac{1}{uv} & u \\ u & \dfrac{v}{u} \end{pmatrix}, \qquad u := e^{-\beta J}, \quad v := e^{-\beta h}. \tag{24.1}$$

Die Zustandssumme für N Spins ist nach (14.4)

$$Z_N(\beta, h) = \operatorname{Sp} \mathcal{T}^N. \tag{24.2}$$

Die freie Energie pro Spin ist gleich $-1/(N\beta) \ln Z_N$ und konvergiert gemäß (14.8) gegen

$$f = -\frac{1}{\beta} \ln \lambda_+ = -J - \frac{1}{\beta} \ln \left[\cosh(\beta h) + \sqrt{\sinh^2(\beta h) + e^{-4\beta J}} \right], \tag{24.3}$$

wobei λ_+ den größten Eigenwert von $\mathcal{T}$ bezeichnet. Offensichtlich gilt

$$Z_{2N} = \operatorname{Sp}(\mathcal{T}')^N, \quad \mathcal{T}' := \mathcal{T}^2, \tag{24.4}$$

also

$$\mathcal{T}' = \begin{pmatrix} u^2 + \dfrac{1}{u^2 v^2} & v + \dfrac{1}{v} \\ v + \dfrac{1}{v} & u^2 + \dfrac{v^2}{u^2} \end{pmatrix}. \tag{24.5}$$

Diese Matrix ist, wie wir gleich sehen werden, bis auf einen Faktor von derselben Form (24.1) wie $\mathcal{T}$:

$$\mathcal{T}' = C' \begin{pmatrix} \dfrac{1}{u'v'} & u' \\ u' & \dfrac{v'}{u'} \end{pmatrix}. \tag{24.6}$$

Tatsächlich haben die drei Gleichungen

$$C'u' = v + \frac{1}{v},$$
$$C'\frac{1}{u'v'} = u^2 + \frac{1}{u^2 v^2},$$
$$C'\frac{v'}{u'} = u^2 + \frac{v^2}{u^2} \tag{24.7}$$

die eindeutige Lösung

$$u' = \frac{\left(v + \frac{1}{v}\right)^{1/2}}{\left(u^4 + \frac{1}{u^4} + v^2 + \frac{1}{v^2}\right)^{1/4}},$$

$$v' = \frac{\left(u^4 + v^2\right)^{1/2}}{\left(u^4 + \frac{1}{v^2}\right)^{1/2}},$$

$$C' = \left(v + \frac{1}{v}\right)^{1/2} \left(u^4 + \frac{1}{u^4} + v^2 + \frac{1}{v^2}\right)^{1/4}. \tag{24.8}$$

Dies schreiben wir noch in etwas anderer, oft verwendeter Form. Dazu benutzen wir die folgenden Bezeichnungen:

$$K_1 = \beta J, \ K_2 = \beta h, \ \rightarrow \ u = e^{-K_1}, \ v = e^{-K_2}; \ \ u' =: e^{-K_1'}, \ v' =: e^{-K_2'}$$
(24.9)

Ferner betrachten wir im Hinblick auf nachfolgende Iterationen eine leicht allgemeinere Transfer-Matrix der Gestalt

$$\mathcal{T} = e^{K_0} \begin{pmatrix} e^{K_1+K_2} & e^{-K_1} \\ e^{-K_1} & e^{K_1-K_2} \end{pmatrix}$$
(24.10)

sowie deren Quadrat

$$\mathcal{T}' = \mathcal{T}^2 = e^{K_0'} \begin{pmatrix} e^{K_1'+K_2'} & e^{-K_1'} \\ e^{-K_1'} & e^{K_1'-K_2'} \end{pmatrix}.$$
(24.11)

Man findet leicht die folgenden Beziehungen:

$$e^{K_1'} = \frac{\left[e^{2K_2} + e^{-2K_2} + e^{4K_1} + e^{-4K_1} \right]^{1/4}}{\left(e^{K_2} + e^{-K_2} \right)^{1/2}},$$

$$e^{K_2'} = \frac{\left(e^{-4K_1} + e^{2K_2} \right)^{1/2}}{\left(e^{-4K_1} + e^{-2K_2} \right)^{1/2}},$$

$$e^{K_0'} = e^{2K_0} \left(e^{K_2} + e^{-K_2} \right)^{1/2} \left[e^{2K_2} + e^{-2K_2} + e^{4K_1} + e^{-4K_1} \right]^{1/4}$$
(24.12)

Mit einfachen Umformungen kann man diese Transformation auch so schreiben:

$$e^{K_0'} = 2e^{2K_0} \left[\cosh(2K_1 + K_2) \cosh(2K_1 - K_2) \cosh^2 K_2 \right]^{1/4},$$

$$e^{K_1'} = \left[\frac{\cosh(2K_1 + K_2) \cosh(2K_1 - K_2)}{\cosh^2 K_2} \right]^{1/4},$$

$$e^{K_2'} = e^{K_2} \left[\frac{\cosh(2K_1 + K_2)}{\cosh(2K_1 - K_2)} \right]^{1/2}$$
(24.13)

Für die freie Energie f pro Spin erhalten wir

$$-\beta f(K_1, K_2) = \ln \lambda_+(\mathcal{T}) = \frac{1}{2} \ln \lambda_+(\mathcal{T}').$$
(24.14)

Nach dem ersten Gleichheitszeichen und gemäß (24.3) ist (mit $K_0 = 0$)

$$-\beta f(K_1, K_2) = \ln \left\{ e^{K_1} \cosh K_2 + \left[e^{-K_1} + e^{2K_1} \sinh^2 K_2 \right]^{1/2} \right\}.$$
(24.15)

Anderseits gilt nach dem zweiten Gleichheitszeichen die *Rekursionsgleichung*

$$-\beta f(K_1, K_2) = \frac{1}{2} (K_0' - \beta f(K_1', K_2'))$$
(24.16)

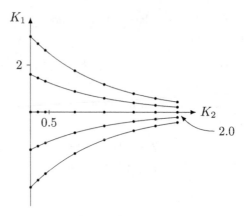

Abb. 24.2 Fluss der Kopplungen (K_1, K_2) unter der wiederholten Anwendung der Dezimierungstransformation $\mathcal{R}$ für die Ising-Kette, definiert durch (24.13).

bezüglich der Transformation (24.13). Aufgrund der Herleitung muss diese für die Funktion f in (24.15) und in den Transformationsformeln (24.13) erfüllt sein. Man verifiziere dies für den Spezialfall $h = 0 \, (K_2 = 0)$, also für

$$- \beta f(K_1, 0) = \ln(2 \cosh K_1) \,. \tag{24.17}$$

Iteration von (24.16) liefert wegen $K_0 = 0$

$$-\beta f(K_1, K_2) = \frac{1}{2} \left(K_0' + \frac{1}{2} K_0'' \right) - \beta \frac{1}{2^2} f(K_1'', K_2'')$$

$$= \left(K_0 + \frac{1}{2} \left(K_0' + \frac{1}{2} K_0'' \right) + \cdots \right) \,. \tag{24.18}$$

Hier beachte man, dass nach (24.13) K_0' durch

$$K_0' = \frac{1}{4} \ln \left[\cosh(2K_1 + K_2) \cosh(2K_1 - K_2) \cosh^2 K_2 \right] =: 2g(K_1, K_2) \tag{24.19}$$

gegeben ist. Entsprechendes gilt für die Iterationen K_0'' etc.

Wir erhalten damit die folgende Beziehung zwischen der mikroskopischen freien Energie pro Spin und den dezimierten (*coarse-grained*) Systemen

$$- \beta f(K_1, K_2) = g(K_1, K_2) + \frac{1}{2} g(K_1', K_2') + \frac{1}{2^2} g(K_1'', K_2'') + \cdots \,. \tag{24.20}$$

Es ist zu beachten, dass in jedem Schritt *dieselbe* Funktion g auftritt.

Die beiden letzten Gleichungen in (24.13) definieren eine differenzierbare Abbildung $\mathcal{R}$ der (K_1, K_2)-Ebene. Dies ist ein Beispiel einer RG-Transformation (RGT). Abbildung 24.2 illustriert die wiederholte Wirkung von $\mathcal{R}$ in der Ebene der Kopplungskonstanten.

Die Fixpunkte der Abbildung $\mathcal{R} : (u,v) \mapsto (u',v')$ sind, wie man leicht sieht,

$$(u,v) = (0,1)\,, \qquad u = 1\,, \quad 0 \leqslant v \leqslant 1\,. \tag{24.21}$$

Der erste ist instabil, und die Kohärenzlänge ξ wird unendlich, während längs der Linie des zweiten Falles alle Punkte stabil sind und $\xi = 0$ verschwindet. Dabei ist der Fixpunkt $(0,1)$ unerreichbar und entspricht deshalb keinem kritischen Punkt. Diese Fakten werden in Aufgabe II.4 hergeleitet.

24.2 Renormierungsgruppe und zentraler Grenzwertsatz

Eine hübsche Illustration einer RGT bietet der nachfolgende Beweis des zentralen Grenzwertsatzes (in der Formulierung von Anhang A). Wahrscheinlichkeitstheoretische Aspekte der RG sind besonders von Jona-Lasinio (1975) betont worden.

Es ist für uns zweckmäßig, den zentralen Grenzwertsatz in der Sprache von Spinsystemen zu formulieren. Dazu betrachten wir N $\mathbb{R}$-wertige Spins S_i, die identisch verteilt sind. Dabei wird angenommen, dass Mittelwert μ und Varianz σ eines Einzelspins existieren. Die Spins sollen unabhängige Zufallsvariablen sein, weshalb die Verteilungsfunktion $P_N(S)$ für

$$S_N := \sum_{i=1}^{N} S_i$$

durch die N-fache Faltung der a priori-Verteilung der Einzelspins gegeben ist. Letztere sei, bis auf eine Normierung, die Funktion $\rho(s) = \exp(-\beta f(s))$. Dann ist

$$P_N(S) = \frac{\displaystyle\int \prod_{i=1}^{N} \exp(-\beta f(S_i))\, dS_i\, \delta\Big(S - \sum_{i=1}^{N} S_i\Big)}{\displaystyle\int \prod_{i=1}^{N} \exp(-\beta f(S_i))\, dS_i}\,. \tag{24.22}$$

Wir wollen beweisen, dass die Folge der Verteilungen $P_{S_N^*}$ von

$$S_N^* := \frac{S_N - N\mu}{\sqrt{N\sigma^2}} \tag{24.23}$$

schwach gegen die Gauß'sche Normalverteilung (siehe Anhang A) konvergiert. (Dies ist eine Art Universalitätsaussage.) Beim nachfolgenden Beweis setzen wir, ohne Beschränkung der Allgemeinheit, $\mu = 0$.

Die Wahl der RG wird durch die folgende Aussage motiviert: Es sei X^* eine Zufallsvariable, die gemäß $\nu_{0,1}$ verteilt ist. Dann ist, wie leicht zu zeigen ist, $X = \sqrt{N\sigma^2}\, X^*$ gemäß der Wahrscheinlichkeitsdichte

$$p(x) = \frac{1}{\sqrt{N}}\,\frac{1}{\sqrt{2\pi\sigma^2}}\, \mathrm{e}^{-x^2/2\sigma^2}$$

verteilt. Also gilt

$$\sqrt{N}p(\sqrt{N}x) = \frac{1}{\sqrt{2\pi\sigma^2}}\,e^{-x^2/2\sigma^2}\,. \tag{24.24}$$

Deshalb werden wir weiter unten mit der Verteilung

$$R_N(S) := \sqrt{N}P(\sqrt{N}S) \tag{24.25}$$

arbeiten, denn diese muss nach den zentralen Grenzwertsatz gegen (24.25) konvergieren.

Im Sinne der Idee der RG leiten wir eine Beziehung zwischen P_{2N} und P_N her. Offensichtlich gilt

$$P_{2N}(S) = \int\limits_{-\infty}^{\infty} dT \Big\langle \delta\Big(\frac{S}{2} - \sum_{S_j=1}^{N} S_j - T\Big)\Big\rangle\Big\langle \delta\Big(T + \frac{S}{2} - \sum_{j=N+1}^{2N} S_j\Big)\Big\rangle$$

$$= \int\limits_{-\infty}^{\infty} dT\, P_N\Big(\frac{S}{2} - T\Big) P_N\Big(\frac{S}{2} + T\Big)\,. \tag{24.26}$$

Diese Beziehung schreiben wir auf $R_N(S)$ um. Nach einfachen Umformungen erhält man

$$\frac{1}{\sqrt{2}}R_{2N}(S) = \int\limits_{-\infty}^{\infty} dT\, R_N\Big(\frac{S}{\sqrt{2}} - T\Big) R_N\Big(\frac{S}{\sqrt{2}} + T\Big)\,. \tag{24.27}$$

Im Grenzfall $N \to \infty$ wird daraus

$$R_\infty(S) = \sqrt{2}\int\limits_{-\infty}^{\infty} dT\, R_\infty\Big(\frac{S}{\sqrt{2}} - T\Big) R_\infty\Big(\frac{S}{\sqrt{2}} + T\Big) \tag{24.28}$$

oder

$$\sqrt{2}(R_\infty * R_\infty)(\sqrt{2}S) = R_\infty(S)\,, \tag{24.29}$$

falls

$$\lim_{N \to \infty} R_N(S)$$

existiert, was nach der obigen Aussage zu erwarten ist. Eine Lösung dieser letzten Gleichung ist

$$R_\infty(S) = \frac{1}{\sqrt{2\pi\sigma^2}}\,e^{-S^2/2\sigma^2}\,. \tag{24.30}$$

Dies folgt aus der bekannten Gleichung

$$\nu_{\mu_1,\sigma_1^2} * \nu_{\mu_2,\sigma_2^2} = \nu_{\mu_1+\mu_2,\sigma_1^2+\sigma_2^2}\,. \tag{24.31}$$

Es gilt die *Eindeutigkeit der Lösung* von

$$\sqrt{2}(p * p)(\sqrt{2}x) = p(x)\,.$$

Für die Fourier-Transformierte $\hat{p}(k)$ liefert diese Gleichung die Funktionalgleichung

$$\hat{p}^2(k/\sqrt{2}) = \hat{p}(k)\,.$$

Für $g(k) := \ln \hat{p}(k)$ bedeutet dies

$$g(k/\sqrt{2}) = \frac{1}{2}g(k)\,.$$

Diese Funktionalgleichung ist für $g(k) \propto k^2$ erfüllt. Um zu zeigen, dass dies die einzige Lösung ist, betrachten wir auch die dritte Ableitung von g, also $\varphi(k) := g'''(k)$, die

$$\varphi(k) = \frac{1}{\sqrt{2}}\varphi(k/\sqrt{2})$$

erfüllt. Daraus folgt

$$\sup_{0 \leqslant k \leqslant K} \varphi(k) = \frac{1}{\sqrt{2}} \sup_{0 \leqslant k \leqslant \frac{K}{\sqrt{2}}} \varphi(k) \leqslant \sup_{0 \leqslant k \leqslant K} \varphi(k)\,,$$

wobei das letzte Gleichheitszeichen nur gilt, falls φ identisch verschwindet. Damit ist gezeigt, dass $\varphi \equiv 0$ ist. Somit ist

$$g(k) = -\frac{1}{2}\sigma^2 k^2 + \text{const}\,, \quad \text{also} \quad \hat{p}(k) = \text{const} \cdot \exp\left(-\frac{1}{2}\sigma^2 k^2\right)\,.$$

Das negative Vorzeichen im Exponenten gilt wegen $\hat{p}(k) \in L^2(\mathbb{R})$. Nach Fourier-Inversion ist $p(x)$ folglich Gauß'sch, was zu zeigen war.

24.3 Renormierungsgruppe für das zweidimensionale Ising-Modell

Für $h = 0$ lautet die Energiefunktion

$$\beta H_\Lambda = -K \sum_{\langle i,j \rangle} S_i S_j\,. \tag{24.32}$$

Von der Zustandssumme

$$Z_\Lambda(K) = \sum_{\{S_i\}} \exp\left\{\sum_{\langle i,j \rangle} KS_i S_j\right\} \tag{24.33}$$

schreiben wir nur die Terme explizit aus, welche einen bestimmten Spin, z. B. S_5 in Abbildung 24.3, enthalten:

$$\sum_{S_5 = \pm 1} \prod_{\text{N.N.}} \cdots e^{KS_2 S_5} e^{KS_4 S_5} e^{KS_5 S_6} e^{KS_5 S_8} \cdots$$

$$= \prod_{\text{N.N.}}' \cdots [2\cosh K(S_2 + S_4 + S_6 + S_8)] \cdots \tag{24.34}$$

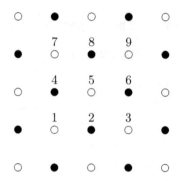

Abb. 24.3 Ein Teil des zweidimensionalen Ising-Gitters. Über die Spins zu den offenen ungeraden Gitterplätzen wird summiert. Das verbleibende verdünnte Gitter besteht aus den schwarzen Gitterplätzen.

Dabei bedeutet der Strich bei $\prod'$, dass das Produkt über die verbleibenden nächsten Nachbarn zu bilden ist.

Wir schreiben die eckige Klammer als Exponentialfunktion. Dabei müssen wir neben nächsten Nachbarpaaren weitere Kopplungen zulassen. Wir versuchen es mit dem Ansatz

$$2\cosh[K(S_2 + S_4 + S_6 + S_8)] =$$

$$\exp\left[K_0' + \frac{1}{2}K_1'(S_2\,S_4 + S_2\,S_6 + S_4\,S_8 + S_6\,S_8) + K_2'\cdot NN + K_3'\cdot Q\right], \quad (24.35)$$

mit

$$NN := S_2\,S_8 + S_4\,S_6\,, \quad Q := S_2\,S_4\,S_6\,S_8\,. \quad (24.36)$$

Der Faktor $1/2$ vor K_1' in (24.35) wird sich als zweckmäßig erweisen. Diese Exponentialdarstellung ist richtig, falls die folgenden Gleichungen erfüllt sind:

$$2\cosh 4K = \exp(K_0' + 2K_1' + 2K_2' + K_3')\,,$$
$$2\cosh 2K = \exp(K_0' - K_3')\,,$$
$$2 = \exp(K_0' - 2K_2' + K_3')\,,$$
$$2 = \exp(K_0' - 2K_1' + 2K_2' + K_3') \quad (24.37)$$

Diese vier Gleichungen erhält man, wenn oben die folgenden vier unabhängigen Möglichkeiten eingesetzt werden:

$$(S_2, S_4, S_6, S_8) = (1,1,1,1) \quad : 2\cosh(4K) = \exp(K_0' + 2K_1' + 2K_2' + K_3')\,,$$
$$(S_2, S_4, S_6, S_8) = (1,1,1,-1) \quad : 2\cosh(2K) = \exp(K_0' - K_3')\,,$$
$$(S_2, S_4, S_6, S_8) = (1,1,-1,-1): \quad 2 = \exp(K_0' - 2K_2' + K_3')\,,$$
$$(S_2, S_4, S_6, S_8) = (1,-1,-1,1): \quad 2 = \exp(K_0' - 2K_1' + 2K_2' + K_3')$$

$$(24.38)$$

Als eindeutige Lösung findet man für die neuen Kopplungskonstanten K'_α

$$K'_0 = \ln 2 + \frac{1}{2}\ln\cosh 2K + \frac{1}{8}\ln\cosh 4K =: 2g(K)\,, \tag{24.39}$$

$$K'_1 = \frac{1}{4}\ln\cosh 4K\,, \tag{24.40}$$

$$K'_2 = \frac{1}{8}\ln\cosh 4K\,, \tag{24.41}$$

$$K'_3 = \frac{1}{8}\ln\cosh 4K - \frac{1}{2}\ln\cosh 2K\,. \tag{24.42}$$

Wenn wir das obige Prozedere weiterführen, erhalten wir den Term $(1/2)K'_1 S_2 S_4$ in der eckigen Klammer von (24.35) nochmals, wenn wir über S_1 (statt S_5) summieren. Entsprechendes gilt nach Summation über S_3 etc. für die weiteren nächsten Nachbarpaare im Exponenten rechts in (24.35). Ansonsten treten keine weiteren Änderungen auf.

Deshalb erhalten wir nach Summation über die Spins zu den offenen Kreisen in Abbildung 24.3 die folgende Darstellung der Zustandssumme bezüglich des dezimierten Gitters Λ':

$$Z_\Lambda = e^{N(\Lambda')K'_0}\sum_{\{S'_j\}}\exp\Big\{K'_1\sum_{N.N.}S'_jS'_k + K'_2\sum_{N.N.N.}S'_jS'_k + K'_3\sum_Q S'_jS'_kS'_lS'_m\Big\} \tag{24.43}$$

Dabei ist $N(\Lambda') = N(\Lambda)/2$, und N.N.N. bezeichnet die übernächsten Nachbarn. Hier zeigt sich, weshalb der Faktor $1/2$ in (24.35) zweckmäßig ist. Die gestrichenen Spin-Variablen beziehen sich auf die schwarzen Punkte in Abbildung 24.3 (mit geraden Nummern).

Im Unterschied zum eindimensionalen Ising-Modell ist nach Summation über die ungeraden Spins die neue Wechselwirkung, die sogenannte *Landau-Ginzburg-Wilson*-Energiefunktion,

$$-(\beta H)' = 2N(\Lambda')g(K) + K'_1\sum_{N.N.}S_{x'}S_{y'} + K'_2\sum_{N.N.N.}S_{x'}S_{y'} + K'_3\sum_Q S_{x'}S_{y'}S_{u'}S_{v'}\,, \tag{24.44}$$

wesentlich komplizierter als in (24.32). In dieser durchlaufen die $x', y', \cdots$ die Positionen des verdünnten Gitters Λ'. Würden wir die ausgeführte Dezimierung iterieren, so ergäben sich zunehmend kompliziertere Wechselwirkungen, auch zwischen weit entfernten Spins. Ohne Trunkierungen kommen wir analytisch nicht weiter. Mehr dazu später.

24.4 Verallgemeinerungen

Die bisherigen Ausführungen zur RG-Methode anhand von Beispielen wollen wir nun verallgemeinern. Dabei verbleiben wir im Rahmen von Spinsystemen und halten uns an deren Formulierung in Abschnitt 13.2.

Ausgangspunkt ist die Zustandssumme für ein d-dimensionales Gitter Λ der Form

$$Z_\Lambda(\beta; \boldsymbol{K}) = \sum_{\omega \in \Omega_\Lambda} \exp\left[-\beta H_\Lambda(\omega; \boldsymbol{K})\right] . \tag{24.45}$$

Dabei ist Ω_Λ der Konfigurationsraum der Spins ($\omega = \{S_x\}$), und $H_\Lambda(\omega; \boldsymbol{K})$ ist eine Energiefunktion (Hamilton-Funktion) auf Ω_Λ, welche von einer Anzahl von Kopplungskonstanten $\boldsymbol{K} = (K_1, K_2, \cdots)$ abhängt. Wichtige Beispiele haben die Form

$$\beta H_\Lambda(\omega) = -\sum_{A \subset \Lambda} K_A\, S^A , \quad S^A = \prod_{x \in A} S_x . \tag{24.46}$$

Im Folgenden absorbieren wir die inverse Temperatur β in der Hamilton-Funktion und den Kopplungskonstanten.

Nun dezimieren wir das System wieder, indem wir jeweils b^d mikroskopische Freiheitsgrade (Spins) in einen einzigen Block-Spin auf dem gröberen (coarse-grained) Gitter Λ' zusammenfassen. Die algebraischen Eigenschaften der neuen Spinvariablen $S_{x'}$ sollen dabei ungeändert bleiben. Die Gitterpunkte $x' = (x_1', \cdots x_d') \in \Lambda'$ durchlaufen dabei nach einer Reskalierung die Werte $x_j' = \lceil x_j/b \rceil$, wobei $\lceil x \rceil$ die Gauß'sche Klammer (die kleinste ganze Zahl nicht kleiner als x) bezeichnet. Abbildung 24.4 zeigt ein Beispiel mit $b = 2, d = 2$.

Die renormierte Energiefunktion $H_{\Lambda'}(\omega')$ soll dieselbe Form haben wie die ursprüngliche, bis auf eine additive Konstante. Für das Beispiel (24.46) soll also

$$H_{\Lambda'}'(\omega') = -\sum_{A \subset \Lambda'} K_A' S_A - N(\Lambda) g(K) \tag{24.47}$$

sein, mit denselben Mengen A. Damit soll erreicht werden, dass die RG-Transformation $\mathcal{R} : \boldsymbol{K} \mapsto \boldsymbol{K}'$ ein *Diffeomorphismus* ist. (Man sagt dann auch, dass die Anzahl der Kopplungskonstanten $\boldsymbol{K}$ vollständig ist.) Dies schließt nicht aus, dass gewisse der anfänglichen K_A, welche langreichweitigen Wechselwirkungen entsprechen, vernachlässigt werden können.

Für die freien Energien erhalten wir die Beziehung

$$\mathrm{e}^{-F_\Lambda(\boldsymbol{K})} = \sum_{\omega \in \Omega_\Lambda} \mathrm{e}^{-H_\Lambda(\omega)} = \mathrm{e}^{N(\Lambda)g(\boldsymbol{K})} \sum_{\omega' \in \Omega_{\Lambda'}} \mathrm{e}^{-H_{\Lambda'}(\omega')} = \mathrm{e}^{N(\Lambda)g(\boldsymbol{K})}\, \mathrm{e}^{-F_{\Lambda'}(\boldsymbol{K}')} .$$

$$\tag{24.48}$$

Wegen $N(\Lambda) = b^d N(\Lambda')$ ergibt sich für die freie Energie pro Spin im thermodynamischen Limes

$$f(\boldsymbol{K}) = b^{-d} f(\boldsymbol{K}') - g(\boldsymbol{K}). \tag{24.49}$$

Eine solche Rekursionsbeziehung ist uns schon früher begegnet (siehe (24.16)).

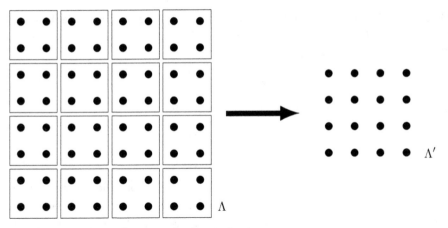

Abb. 24.4 Blocktransformation für $b = 2, d = 2$.

24.5 Fixpunkte einer RG-Transformation

Mathematisches über Fixpunkte von Diffeomorphismen Bevor wir uns mit der physikalischen Bedeutung von Fixpunkten der RG-Transformation eines Systems beschäftigen, behandeln wir einige wichtige mathematische Sachverhalte.

Es sei $\varphi : U \subseteq \mathbb{R}^n \to \mathbb{R}^n$ ein Diffeomorphismus. (Das Folgende kann auch für allgemeine differenzierbare Mannigfaltigkeiten formuliert werden.) Es sei x^* ein Fixpunkt von φ, $\varphi(x^*) = x^*$. Das Differential von φ beim Fixpunkt,

$$D\varphi(x^*) = \left(\frac{\partial \varphi_i}{\partial x_j}\right)(x^*) , \qquad (24.50)$$

spielt eine wichtige Rolle für das qualitative lokale Verhalten von φ. Man sagt, x^* sei ein hyperbolischer Fixpunkt von φ, falls das Spektrum von $D\varphi(x^*)$ einen leeren Durchschnitt mit S^1 hat (es gibt keine Eigenwerte vom Betrag 1). In diesem Fall hat die nichtlineare Abbildung φ qualitativ dieselbe (topologische) Struktur wie die Linearisierung $D\varphi(x^*)$. Es gilt nämlich der folgende

Satz 24.1 (Hartman-Grobman)
Es gibt eine Umgebung $N \subseteq U$ von x^* und eine Umgebung $N' \subseteq \mathbb{R}^n$, welche den Nullpunkt enthält, derart, dass $\varphi|_N$ topologisch konjugiert zu $\varphi(x^*)|_{N'}$ ist.

Dies bedeutet: Es gibt einen Homöomorphismus $h : N \to N'$ mit der Eigenschaft

$$h \circ \varphi \circ h^{-1} = D\varphi(x^*) .$$

Für einen Beweis dieses wichtigen Satzes verweisen wir auf Amann (1995), Abschnitt IV.19.

Stabile und instabile Mannigfaltigkeiten   Zu einer linearen hyperbolischen Abbildung $A : E \to E$ eines Vektorraumes E gehört eine direkte Zerlegung $E = E_s \oplus E_u$, welche A reduziert,

$$A = A_s \oplus A_u , \tag{24.51}$$

derart, dass das Spektrum $\sigma(A)$ wie folgt zerlegt wird:

$$\sigma(A_s) = \{\lambda \in \sigma(A) \mid |\lambda| < 1\} ,$$
$$\sigma(A_u) = \{\lambda \in \sigma(A) \mid |\lambda| > 1\} \tag{24.52}$$

Auf E_s wirkt A als Kontraktion und auf E_u als Expansion. Diese Zerlegung ist eindeutig. In Analogie zur Zerlegung im linearen Fall definiert man für einen hyperbolischen Fixpunkt x^* die stabile Mannigfaltigkeit $W_s(x^*)$ von φ als die Menge

$$W_s(x^*) := \{x \in E \mid \varphi^n(x) \to x^* \quad \text{für} \quad n \to \infty\} \tag{24.53}$$

und entsprechend die instabile Mannigfaltigkeit als die Menge

$$W_u(x^*) := \{x \in E \mid \varphi^{-n}(x) \to x^* \quad \text{für} \quad n \to \infty\} . \tag{24.54}$$

Offensichtlich sind beide bezüglich φ invariant, und x^* ist in ihrem Durchschnitt.

Wir formulieren nun ein zentrales Theorem über die *lokalen stabilen und instabilen Mannigfaltigkeiten*.

Satz 24.2

Es sei M eine offene Menge im $\mathbb{R}^n$, und $\varphi : M \to \mathbb{R}^n$ sei ein Diffeomorphismus mit hyperbolischem Fixpunkt x^*. Dann gibt es eine Umgebung $N \subseteq U$ von x^* derart, dass die Mengen

$$W_s^N(x^*) := \{x \in W_s(x^*) \mid \varphi^n(x) \in N \quad \text{für} \quad n \geqslant 0\} ,$$
$$W_u^N(x^*) := \{x \in W_u(x^*) \mid \varphi^n(x) \in N \quad \text{für} \quad n \leqslant 0\} \tag{24.55}$$

differenzierbare Mannigfaltigkeiten sind, wobei die Tangentialräume in x^* parallel zum stabilen Unterraum E_s bzw. zum instabilen Unterraum E_u von $A = D\varphi(x^*)$ sind.

Für einen Beweis verweisen wir wieder auf Amann (1995), Abschnitt IV.19.

$W_s^N(x^*)$ und $W_u^N(x^*)$ nennt man die *lokal stabile*, bzw. *instabile Mannigfaltigkeit*. (Für eine globale Version siehe Palis und de Melo (1982), Thm. 6.2.) Eine zweidimensionale Illustration gibt Abbildung 24.5, und Abbildung 24.6 skizziert die differenzierbaren Untermannigfaltigkeiten $W_s^N(x^*)$ und $W_u^N(x^*)$ für $d = 3$. Ist x^* kein hyperbolischer Fixpunkt, dann gibt es auch das *zentrale Spektrum* $\sigma_c(A) = \{\lambda \in \sigma(A) \mid |\lambda| = 1\}$ und eine Zerlegung

$$E = E_c \oplus E_h, \quad E_h = E_s \oplus E_u ,$$
$$A = A_c \oplus A_h, \quad A_h = A_s \oplus A_u . \tag{24.56}$$

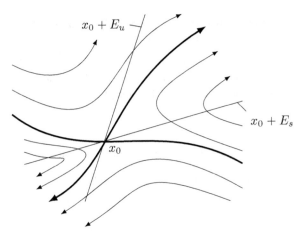

Abb. 24.5 Lokales Verhalten der Orbits eines Diffeomorphismus φ in der Nähe eines Fixpunktes. In dieser Abbildung soll man φ als $(t = 1)$-Diffeomorphismus eines Flusses ϕ_t auffassen, dessen Phasenportrait gezeigt ist. Iterationen $\varphi^n(x)$ liegen diskret auf der Flusslinie $\phi_t(x)$ von x.

Dabei ist A_h eine hyperbolische lineare Transformation und es ist $\sigma(A_c) = \sigma_c(A)$. Im nichtlinearen Fall gibt es lokal auch eine *Zentrumsmannigfaltigkeit*, welche bezüglich φ invariant ist und beim Fixpunkt x^* den Tangentialraum parallel zu E_c hat. Im Unterschied zu den stabilen und den instabilen Mannigfaltigkeiten ist die Zentrumsmannigfaltigkeit nicht immer eindeutig. Eine topologische Klassifizierung der Dynamik ist sehr schwierig.

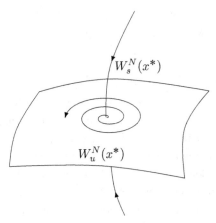

Abb. 24.6 Skizze der differenzierbaren Untermannigfaltigkeiten $W_s^N(x^*)$ und $W_u^N(x^*)$ für $d = 3$.

Physikalische Bedeutung von Fixpunkten der RG-Transformation Wir kehren nun zu Abschnitt 24.4 zurück und betrachten die Rolle von Fixpunkten der RGT $\mathcal{R}$. Dabei nehmen wir an – wie fast immer in der physikalischen Literatur –, dass das Differential $\mathcal{A} := D\mathcal{R}(\boldsymbol{K}^*)$ für einen Fixpunkt $\boldsymbol{K}^*$ diagonalisierbar ist.[11] Dann hat die Matrix $\mathcal{A}$ eine Basis von Eigenfunktionen $\{\phi_a\}$ mit Eigenwerten $\{\lambda_a\}$:

$$\mathcal{A}\phi_a = \lambda_a\phi_a \tag{24.57}$$

Kleine Abweichungen $\delta\boldsymbol{K}$ und $\delta\boldsymbol{K}'$ von $\boldsymbol{K}^*$ können wir nach $\{\phi_a\}$ entwickeln:

$$\delta\boldsymbol{K} = \sum_a u_a\phi_a, \quad \delta\boldsymbol{K}' = \sum_a u'_a\phi_a \tag{24.58}$$

mit

$$u'_a = \lambda_a u_a \tag{24.59}$$

Die u_a werden *Skalenfelder* genannt. Unter sukzessiver Anwendung von $\mathcal{R}$ auf Punkte nahe bei $\boldsymbol{K}^*$ ändern sich diese gemäß

$$u_a^n = \lambda_a^n u_a \,. \tag{24.60}$$

Unabhängig von dieser Linearisierung nähern sich, wie im vorangegangenen Abschnitt ausgeführt, Punkte auf der invarianten stabilen Mannigfaltigkeit durch Iteration dem Fixpunkt, während sich solche auf der instabilen Mannigfaltigkeit vom Fixpunkt entfernen. Aufgrund der Halbgruppen-Eigenschaft von $\mathcal{R}$ als Funktion das Parameters b,

$$\mathcal{R}_b \circ \mathcal{R}_b = \mathcal{R}_{b^2} \,, \tag{24.61}$$

können wir alle Eigenwerte λ_a als positiv annehmen und als Potenzen von b darstellen: $\lambda_a = b^{y_a}$. Mit unseren früheren Bezeichnungen gilt

$$\sigma(\mathcal{A}_s) = \{\lambda_i < 1\}, \quad \sigma(\mathcal{A}_u) = \{\lambda_i > 1\}, \quad \sigma(\mathcal{A}_c) = \{\lambda_i = 1\}. \tag{24.62}$$

Die Korrelationslänge ξ ändert sich bei der Abbildung $\mathcal{R}$ gemäß

$$\xi' = b^{-1}\xi, \tag{24.63}$$

weshalb $\xi(\boldsymbol{K}^*)$ *entweder null oder unendlich* ist. Wir interessieren uns nur für den zweiten Fall. In diesem ist ξ auch unendlich längs der stabilen Mannigfaltigkeit, da ξ bei der Näherung an $\boldsymbol{K}^*$ abnehmen muss. Deshalb wird diese als *kritische Mannigfaltigkeit (Fläche)* bezeichnet. Die zugehörigen Skalenfelder mit $\lambda_a < 1$ nennt man *irrelevant*, da die Folgen $u_a^{(n)}$ gegen null streben. Umgekehrt sagt man, die Felder zu $\lambda_a > 1$ seien *relevant*. Die Felder zu $\lambda_a = 1$ nennt man marginal; sie verändern sich zunächst nur langsam. Mit den vorangegangenen Begriffen und Betrachtungen können wir den Parameterraum qualitativ verstehen. Wir führen dies anhand von Abbildung 24.7 näher aus.

---

[11]Notwendig und hinreichend dafür ist, dass das charakteristische Polynom nur reelle Nullstellen hat, die zudem *halbeinfach* sind, d. h., dass deren algebraische und geometrische Multiplizitäten gleich sind.

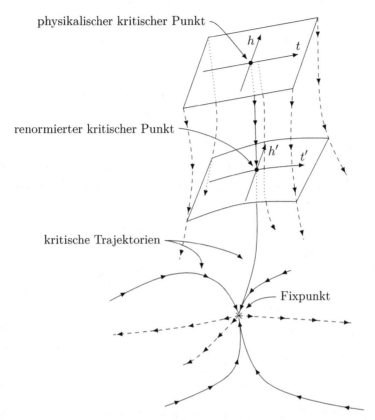

physikalischer kritischer Punkt

renormierter kritischer Punkt

kritische Trajektorien

Fixpunkt

Abb. 24.7 Kritische Trajektorien (ausgezogene Linien), die in einem Fixpunkt enden. Der Unterraum der relevanten Variablen ist transversal zu diesen Trajektorien. Die verschiedenen kritischen Trajektorien unterscheiden sich nur in den irrelevanten Variablen, welche alle im Fixpunkt verschwinden. Die gestrichenen Linien zeigen den Teil des Flusses, in welchem die relevanten Variablen eine wesentliche Rolle spielen.

Beispiele von Trunkierungen Wir knüpfen direkt an den Schluss von Kapitel 16 zum zweidimensionalen Ising-Modell an. Würden wir einfach die zwei letzten Terme in (24.44), welche neu hinzugekommen sind, weglassen, so ergäbe sich kein Phasenübergang. Besser ist die Approximation $K_3' = 0$ und zusätzlich die Ersetzung der Summe über N.N.N. im Term proportional zu K_2' durch dieselbe Summe, aber über N.N. In dieser Näherung lautet die Zustandssumme

$$Z_\Lambda = e^{N(\Lambda)g(K)} \sum_{\omega'} \exp\left(K' \sum_{\langle x',y'\rangle} S_{x'} S_{y'}\right), \quad K' = K_1' + K_2'. \tag{24.64}$$

Für die zugehörige RGT $K \mapsto K'(K)$ ergibt sich nach (24.40) und (24.41)

$$K' = \frac{3}{8} \ln \cosh 4K$$

(siehe Abbildung 11.5 in Wipf (2013)). Diese RGT hat wie das eindimensionale Ising-Modell die Fixpunkte $K = 0$, $K = \infty$, aber zusätzlich einen Fixpunkt bei

$$K^* = 0.50698 \,. \tag{24.65}$$

Letzterer ist instabil. Die RGT treibt das System entweder in den Hochtemperatur-Fixpunkt bei $K = 0$ oder in den Tieftemperatur-Fixpunkt bei $K = \infty$. Der Näherungswert (24.65) ist nicht weit vom exakten kritischen Punkt $K_c = 0.4407$ (siehe Abbildung 24.8) entfernt.

Eine andere Näherung wurde von Wilson (1975) vorgeschlagen. In dieser wird die 4-Spin-Wechselwirkung in (24.44) weggelassen, und in den Transformations-formeln (24.40), (24.41) wird angenommen, dass die Näherung

$$K_1' = 2K^2 \,, \quad K_2' = K^2$$

für kleine K ausreichend ist.

Hätten wir von Beginn an auch den Term $K_2 \sum_{n.n.n.} S_x S_y$ eingeschlossen, so ergäbe sich in derselben Näherung die RGT

$$K_1' = 2K^2 + K_2 \,, \quad K_2' = K^2 \,. \tag{24.66}$$

Diese Abbildung hat einen Fixpunkt bei

$$K^* = \frac{1}{3}, \quad K_2^* = \frac{1}{9} \,. \tag{24.67}$$

Für den physikalischen kritischen Wert K_c müssen wir längs der kritischen Kurve (stabile Mannigfaltigkeit), welche in den Fixpunkt läuft, den Wert von K für $K_2 = 0$ finden (siehe Abbildung 24.8). Wilson hat dies numerisch durchgeführt. Eine grobe Abschätzung erhält man mit der Ersetzung der kritischen Kurve durch deren Tangente in Richtung des Eigenvektors zum Eigenwert $\lambda < 1$ beim Fixpunkt. Die Linearisierung von (24.66) beim Fixpunkt lautet

$$\mathcal{A} = \begin{pmatrix} \frac{4}{3} & 1 \\ \frac{2}{3} & 0 \end{pmatrix} \tag{24.68}$$

und hat die Eigenwerte

$$\lambda_1 = \frac{1}{3}(2 + \sqrt{10}) > 1 \,, \quad \lambda_2 = \frac{1}{3}(2 - \sqrt{10}) < 1 \,,$$

mit den Eigenfunktionen (bis auf Normierungen)

$$\phi_1 = \begin{pmatrix} 2 + \sqrt{10} \\ 2 \end{pmatrix}, \quad \phi_2 = \begin{pmatrix} 2 - \sqrt{10} \\ 2 \end{pmatrix} \,.$$

ϕ_2 ist also der gesuchte Eigenvektor. Das Verhältnis seiner Komponenten in der (K, K_2)-Ebene ist

$$\frac{k_2}{k_1} = -\frac{1}{3}(\sqrt{10} + 2) \,.$$

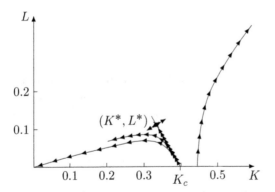

Abb. 24.8 Schnitt der kritischen Kurve des zweidimensionalen Ising-Modells in der Nähe des nichttrivialen Fixpunktes $(1/3, 1/9)$. Außerhalb der kritischen Kurve fließen die Punkte von diesem Fixpunkt weg zu den trivialen Fixpunkten $(0,0)$ bzw. (∞, ∞).

Die Gerade mit diesem Verhältnis durch den Fixpunkt $(1/3, 1/9)$ trifft die Achse $K_2 = 0$ bei

$$K_c = \frac{4 + \sqrt{10}}{18} = 0.3979 . \tag{24.69}$$

Auch dieser Wert weicht nur gering vom exakten Resultat 0.4407 ab.

24.6 Skalengesetze, Universalität

Betrachten wir z. B. die Korrelationslänge ξ als Funktion der Skalenfelder u_a, so gilt nach (24.60) und (24.63) unter $\mathcal{R}_b^n$ das Transformationsgesetz

$$\xi(u_1, u_2, \cdots) = b^n \xi(\lambda_1^n u_1, \lambda_2^n u_2, \cdots), \quad n \in \mathbb{N}. \tag{24.70}$$

Für $\lambda_a > 1$ wächst die relevante Koordinate u_a sukzessive mit n, während die irrelevanten Koordinaten immer kleiner werden. Aus Erfahrung ist zu erwarten, dass die reduzierte Temperatur $t := (T - T_c)/T_c$ eine relevante Variable ist, die wir mit u_1 identifizieren. Dies nehmen wir auch für den Feldparameter h $[= \mu B/kT]$ an und identifizieren diesen mit u_2. Das kritische Verhalten der Korrelationslänge beschreiben wir mit einem *kritischen Exponenten* ν gemäß

$$\xi^{-1} = -\lim_{|x| \to \infty} \frac{1}{|x|} \ln\langle S_0 S_x \rangle^c \propto |t|^\nu . \tag{24.71}$$

Die beiden letzten Gleichungen implizieren

$$u_1^{-\nu} = b^n (\lambda_1^n u_1)^{-\nu} , \quad \text{also} \quad \nu = \ln b / \ln \lambda_1 .$$

Der kritische Exponent ν hängt nur scheinbar von b ab. Dies folgt aus der Darstellung $\lambda_a = b^{y_a}$, die sich aus der Halbgruppeneigenschaft (24.61) ergab, weshalb

$$\nu = 1/y_1 \qquad (24.72)$$

gilt.

Nach der Rekursionsformel (24.49) für die freie Energie pro Spin erhalten wir für den singulären Teil f_s als Funktion der relevanten Koordinaten t, h (y_1 und y_2 positiv) und den übrigen $u_3, \cdots$, von denen wir annehmen, dass sie irrelevant sind ($y_a < 0$),

$$f_s(u_a) = b^{-nd} f_s(\lambda_a^n u_a) = b^{-nd} f_s(b^{ny_1} t, b^{ny_2} h, b^{ny_3} u_3, \cdots). \qquad (24.73)$$

Diese Relation hängt nicht von n ab, denn wählen wir $b^{ny_1} = 1/t$ oder $b^n = t^{-1/y_1}$, so wird aus der letzten Gleichung

$$f_s(t, h, u_3, \cdots) = t^{d/y_1} f_s\left(1, \frac{h}{t^{y_2/y_1}}, \frac{u_3}{t^{y_3/y_1}}, \cdots\right). \qquad (24.74)$$

Wählen wir anderseits $b^n = h^{-1/y_2}$, so erhalten wir

$$f_s(t, h, u_3, \cdots) = h^{d/y_2} f_s\left(\frac{t}{t^{y_1/y_2}}, 1, \frac{u_3}{h^{y_3/y_2}}, \cdots\right). \qquad (24.75)$$

Hier ist zu beachten, dass für die auftretenden Argumente

$$\lim_{t \to 0} \frac{u_a}{t^{y_a/y_1}} = 0, \quad \lim_{h \to 0} \frac{u_a}{h^{y_a/y_2}} = 0, \quad a = 3, 4, \cdots \qquad (24.76)$$

gilt, da darin die Exponenten von t und h negativ sind.

Nun sind wir in der Lage, kritische Exponenten von thermodynamischen Größen durch die Exponenten der linearisierten RGT auszudrücken. Solche Exponenten wurden bereits früher deduziert, z. B. in Kapitel 16 im Rahmen der Molekularfeldnäherung und beim zweidimensionale Ising-Modell in Kapitel 17 für die spezifische Wärmekapazität.

Als erstes Beispiel betrachten wir die spezifische Wärmekapazität $c(t, h)$, welche thermodynamisch durch die zweite Ableitung der freien Energie bestimmt ist:

$$c(t, h) = -T \frac{\partial^2 f}{\partial T^2} \qquad (24.77)$$

Ihr singuläres Verhalten wird durch den kritischen Exponenten α parametrisiert:

$$c(t, 0) \propto |t|^{-\alpha} \qquad (24.78)$$

Deshalb lautet das kritische Verhalten von f_s für $h = 0$

$$f_s \propto |t|^{2-\alpha}. \qquad (24.79)$$

(Für das zweidimensionale Ising-Modell erhielten wir $\alpha = 0$.) Vergleichen wir dieses Verhalten mit (24.74), so folgt die Beziehung $2 - \alpha = d/y_1$. Ähnlich können wir mit den folgenden thermodynamischen Größen verfahren:

$$\text{innere Energiedichte:} \quad u(t, h) = \frac{\partial(\beta f)}{\partial \beta}, \tag{24.80}$$

$$\text{Magnetisierung:} \quad m(t, h) = -\frac{\partial f}{\partial h}, \tag{24.81}$$

$$\text{Suszeptibilität:} \quad \chi(t, h) = \frac{\partial^2 f}{\partial h^2} \tag{24.82}$$

Die zugehörigen kritischen Exponenten sind folgendermaßen definiert:

$$u(t, 0) \propto |t|^{1-\alpha}, \quad m(t, 0) \propto t^{\beta},$$
$$\chi(t, 0) \propto |t|^{-\gamma}, \quad m(0, h) \propto |h|^{1/\delta} \operatorname{sign}(h) \tag{24.83}$$

Als weiteres Beispiel bestimmen wir noch den kritischen Exponenten β. Nach (24.81) und (24.74) gilt

$$m(t, 0) = -t^{d/y_1} \frac{\partial}{\partial h} f_s \left(1, \frac{h}{t^{y_2/y_1}}, \cdots \right) \Bigg|_{h=0} \propto t^{(d-y_2)/y_1}.$$

Durch Vergleich mit (24.83) erhalten wir $\beta = (d - y_2)/y_1$. Weitere Beziehungen in der nachstehenden Liste werden in Aufgabe II.8 hergeleitet.

$$2 - \alpha = \frac{d}{y_1}, \qquad \beta = \frac{d - y_2}{y_1}, \qquad \gamma = \frac{2y_2 - d}{y_1},$$
$$\frac{1}{\delta} = \frac{d - y_2}{y_2}, \qquad \nu = \frac{1}{y_1} \tag{24.84}$$

Ein weiterer kritischer Exponent η wurde in (16.54) im Zusammenhang mit der Green'schen Funktion eingeführt:

$$\langle S_0 S_x \rangle^T \propto \frac{1}{|x|^{d-2+\eta}} \tag{24.85}$$

In der MFN ist $\eta = 0$. Im jetzigen Rahmen der RG findet man, wie wir weiter unten zeigen werden,

$$d - 2 + \eta = 2(d - y_2). \tag{24.86}$$

Damit sind $\alpha, \beta, \gamma, \delta, \nu, \eta$ durch die relevanten Exponenten y_1, y_2 bestimmt. Deshalb ergeben sich vier Skalenbeziehungen, die ursprünglich auf bekannte Autoren zurückgehen:

$$\gamma = \nu(2 - \eta) \quad \text{(Fisher)},$$
$$\alpha + 2\beta + \gamma = 2 \qquad \text{(Rushbrooke)},$$
$$\gamma = \beta(\delta - 1) \quad \text{(Widom)},$$
$$\nu d = 2 - \alpha \qquad \text{(Josephson, „hyperscaling relation")} \tag{24.87}$$

Herleitung von Gleichung (24.86) Diese Gleichung ist eine unmittelbare Konsequenz der folgenden Skalenbeziehung der Korrelationsfunktion $g(x; h)$ in der Nähe des kritischen Punktes für $t = 0$:

$$g(x; h) = \kappa^{-2d+2y_2} g(x/\kappa; \kappa^{y_2} h) \tag{24.88}$$

Bevor wir diese begründen, benutzen wir sie, um im Verein mit (24.85) die Beziehung (24.86) für die kritischen Exponenten zu folgern. Mit der Wahl $|x| = \kappa$ und $h = 0$ erhalten wir $\kappa^{2d-2y_2} \kappa^{-(d-2+\eta)} \approx 1$, also (24.86).

Kommen wir nun zu Gleichung (24.88). Wir knüpfen an Abschnitt 24.4 an und benutzen die dortigen Notationen. Zunächst erinnern wir an die bekannte Tatsache: Falls $H_\Lambda(\omega)$ von der Form

$$H_\Lambda(\omega) = \tilde{H}_\Lambda(\omega) - \sum_{x \in \Lambda} h_x S_x$$

mit einem inhomogenen Magnetfeld h_x ist, so erhalten wir die zusammenhängende Korrelationsfunktion $g(x; \{h_x\}) = \langle S_x S_0 \rangle^c$ durch Ableiten der Zustandssumme $Z_\Lambda(\boldsymbol{K}) = \exp[-F_\Lambda(\boldsymbol{K})]$:

$$\langle S_x S_0 \rangle^c = \frac{\partial^2}{\partial h_x \partial h_0} \ln Z_\Lambda = -\frac{\partial^2 F_\Lambda}{\partial h_x \partial h_0}$$

Nun benutzen wir die Beziehung (24.48) unter der RGT $\mathcal{R}$ und wenden diese n-mal an. Dabei ändert sich h_x in der Nähe des kritischen Punktes gemäß $h_x \mapsto h'_{x'} = \kappa^{y_2} h_{x'}$, $\kappa := b^n$, und das transformierte Gitter Λ' besteht aus den Plätzen $\{x' = x/\kappa, x \in \Lambda\}$ (Gauß'sche Klammern werden weggelassen). Die Block-Spins pro Schritt sind

$$s'_{x'} = \frac{1}{b^d} \sum_{\text{Block}(x')} S_x \, .$$

Man sieht jetzt leicht, dass in der Nähe des kritischen Punktes (24.86) gilt: Der Faktor κ^{-2d} beruht auf der Definition der Block-Spins, κ^{-2y_2} auf der zweifachen Ableitung nach dem Magnetfeld und die Änderung der Position x auf der Reskalierung des Gitters.

Universalität Die hier aufgedeckten Zusammenhänge zeigen eine gewisse Universalität des kritischen Verhaltens. Diese beruht letztlich darauf, dass die Korrelationslänge ξ beim kritischen Punkt divergiert. Das führt dazu, dass die kritischen Exponenten durch den singulären Teil der freien Energie f_s bestimmt werden, welcher seinerseits nicht von den (unendlich) vielen irrelevanten Koordinaten u_a abhängt. Freilich gehen dabei Annahmen über das nichtsinguläre Verhalten ein, die man nicht unterdrücken sollte und die auch nicht immer erfüllt sind. Meistens sind aber offenbar die Resultate in Übereinstimmung mit den experimentellen Befunden.

Für weiterführende Literatur und Referenzen verweise ich einmal mehr auf das Buch von Wipf (2013).

25 Aufgaben

II.1 Zustandssumme eines Rotators. Durch Spezialisierung der kinetischen Energie eines symmetrischen Kreisels erhält man für die kinetische Energie eines Rotators mit Trägheitsmoment I (siehe z. B. Straumann (2015), Abschnitt 11.6)

$$E_{\text{kin}} = \frac{1}{2} I \left(\dot{\vartheta}^2 + \sin^2 \vartheta \dot{\varphi}^2 \right) ,$$

wobei ϑ, φ die Winkelkoordinaten sind, welche die Lage der Figurenachse bestimmen. $E_{\text{kin}}(\vartheta, \varphi, \dot{\vartheta}, \dot{\varphi})$ ist gleichzeitig auch die Lagrange-Funktion.

Man bestimme die Hamilton-Funktion $H(\vartheta, \varphi, p_\vartheta, p_\varphi)$ und berechne die kanonische Zustandssumme (pro Rotator)

$$Z(\beta) = \frac{1}{h^2} \int_\Gamma e^{-\beta H} \, d\Gamma ,$$

ferner die zugehörige Energie pro Rotator und den Beitrag der Rotation zur spezifischen Wärmekapazität.

Anleitung Man transformiere die Impulsintegration auf die Winkelgeschwindigkeiten

$$\omega_1 = p_\vartheta / I , \quad \omega_2 = p_\varphi / I \sin \vartheta .$$

II.2 Man zeige, dass für das eindimensionale Ising-Modell die Korrelationsfunktion $\langle \sigma_k \sigma_l \rangle$ im Nullfeld ($h = 0$) durch den folgenden Ausdruck gegeben ist:

$$\langle \sigma_k \sigma_l \rangle = [\tanh(\beta J)]^{|k-l|}$$

Anleitung Zunächst bestimme man die Zustandssumme für beliebige Kopplungskonstanten J_k in

$$H_N = - \sum_{k=1}^N J_k \sigma_k \sigma_{k+1} \quad (\sigma_{N+1} = \sigma_1) ,$$

indem man der Reihe nach über $\sigma_N, \sigma_{N-1}, \cdots, \sigma_1$ summiert. Sodann drücke man $\langle \sigma_k \sigma_{k+r} \rangle$ durch die folgenden Ableitungen aus:

$$\frac{\partial^{r-1} Z_N}{\partial J_k \, \partial J_{k+1} \cdots \partial J_{k+r-1}} (J_1 = J, \cdots, J_N = J)$$

II.3 Man übertrage die Lösung der Probleme in Aufgabe II.1 auf das Vektormodell für $\sigma_k \in S^1$. Dabei benötigt man die bekannte Integralformel

$$\frac{1}{2\pi} \int_0^{2\pi} e^{a \cos a\varphi} = I_0(a) ,$$

wobei I_0 die modifizierte Bessel-Funktion vom Index 0 ist.

II.4   Die Resultate der vorigen Aufgabe übertrage man auf Spins mit Werten in S^{n-1} $(n > 2)$. Dazu benötigt man die Integralformel

$$\int_{S^{n-1}} e^{\langle a,x \rangle} \, d\Omega_n(x) = 2\pi^{n/2} \frac{I_{n/2-1}(|a|)}{(|a|/2)^{n/2-1}} \, . \tag{25.1}$$

Eine Methode, diese Formel zu beweisen, besteht in folgenden Schritten:

(i) Man betrachte etwas allgemeiner das Integral

$$\mathcal{J}_n(r) = \int e^{\langle a,x \rangle} r^{n-1} \, d\Omega_n(\hat{x}) \, , \quad \hat{x} = x/r$$

und setze erst am Schluss $r = 1$.

(ii) Als Umweg berechne man sodann das Integral

$$\int_0^\infty e^{-pr^2} \mathcal{J}_n(r) \, dr = \int_0^\infty e^{-px} \mathcal{J}_n(\sqrt{x}) \frac{dx}{2\sqrt{x}} = \mathcal{L}(\mathcal{J}_n(\sqrt{x})/2\sqrt{x}) \, ,$$

wobei $\mathcal{L}$ die Laplace-Transformation bezeichnet. Dieses Integral ist auch gleich dem Gauß'schen Integral

$$\int_{\mathbb{R}^n} \exp\left[-pr^2 + \langle a,x \rangle\right] d^n x = \left(\frac{\pi}{p}\right)^{n/2} \exp\left(\frac{|a|^2}{4p}\right) \, .$$

Somit erhält man

$$\mathcal{L}(\mathcal{J}_n(\sqrt{x})/2\sqrt{x}) = \left(\frac{\pi}{p}\right)^{n/2} \exp\left(\frac{|a|^2}{4p}\right) \, .$$

Durch Laplace-Inversion (siehe Straumann (1988), Abschnitt V.4) ergibt sich für $r = 1$

$$\frac{1}{2}\mathcal{J}_n(1) = \frac{1}{2\pi i} \int_{c-i\infty}^{c+i\infty} \exp\left[p + \frac{|a|^2}{4p}\right] \frac{\pi^{n/2}}{p^{n/2}} \, dp \, .$$

(iii) Schließlich benutze man, dass nach Abramowitz und Stegun (1970), Gleichung (29.3.81), die Funktion

$$F(t) = \left(\frac{t}{k}\right)^{(\mu-1)/2} I_{\mu-1}(2\sqrt{kt})$$

die inverse Laplace-Transformierte von $f(p) = (1/p^\mu) e^{k/p}$ $(\mu > 0)$ ist, dass also

$$\left(\frac{t}{k}\right)^{(\mu-1)/2} I_{\mu-1}(2\sqrt{kt}) = \frac{1}{2\pi i} \int_{c-i\infty}^{c+i\infty} e^{tp} (1/p^\mu) e^{k/p} \, dp$$

gilt. Benutzt man dies für $t = 1, k = |a|^2/4, \mu = n/2$, so folgt die Gleichung (25.1).

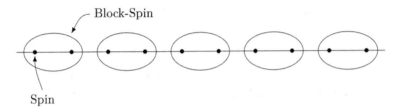

Abb. 25.1 Zerlegung in Block-Spins für das eindimensionale Ising-Modell.

Vielleicht findet der Leser einen direkteren Weg zur Berechnung des Integrals (25.1).

II.5   Block-Spin-Transformation des eindimensionalen Ising-Modells. Man denke sich die Spins des eindimensionalen Ising-Modells in Zweierblöcke zusammengefasst (siehe Abbildung 25.1). Man suche für die Block-Spins eine Transfer-Matrix $\mathcal{T}'$ mit der Eigenschaft, dass diese für N Blockspins die gleiche Zustandssumme ergibt wie für $2N$ Spins des ursprünglichen Modells.

Anleitung   Mit den Bezeichnungen von Kapitel 14 ist die Transfermatrix des ursprünglichen Systems

$$\mathcal{T} = \begin{pmatrix} \dfrac{1}{uv} & u \\ u & \dfrac{v}{u} \end{pmatrix}, \quad u := e^{-\beta J}, \quad v := e^{-\beta h}. \tag{25.2}$$

Setzen wir $\mathcal{T}' = \mathcal{T}^2$, so gilt wie gewünscht, $\mathrm{Sp}\,\mathcal{T}^{2N} = \mathrm{Sp}\,\mathcal{T}'^{N}$. Man verwende den Ansatz

$$\mathcal{T}' = C' \begin{pmatrix} \dfrac{1}{u'v'} & u' \\ u' & \dfrac{v'}{u'} \end{pmatrix} \tag{25.3}$$

und bestimme u', v' und C'. Man diskutiere die *Renormierungsgruppen-Transformation* $(u, v) \mapsto (u', v')$ und bestimme deren Fixpunkte. Welche von diesen sind stabil? Was erwartet man für die Korrelationslänge bei einem Fixpunkt?

II.6   Es sei f eine stetige Funktion auf einer konvexen Menge K. Ferner sei für alle $x_1, x_2 \in K$

$$f\left(\frac{x_1 + x_2}{2}\right) \leqslant \frac{1}{2} f(x_1) + \frac{1}{2} f(x_2).$$

Man zeige, dass f auf K konvex ist.

II.7   Kritische Exponenten des eindimensionalen Ising-Modells. In dieser Aufgabe sollen die kritischen Exponenten mit Hilfe der RG-Methode für das eindimensionale Ising-Modell bestimmt werden.

a) Man zeige, dass es in den (u, v)-Variablen folgende Fixpunkte der RGT (24.8) gibt:

$$(u^*, v^*) = (0, 1), \quad (u^*, v^*) = (1, v^* \text{ beliebig in } [0, 1]) \qquad (25.4)$$

Da $u = e^{-K_1} = e^{-\beta J}$ ist, liegt der zweite Fall vor, wenn entweder $J = 0$ oder $T = \infty$ ist. Dabei ist beide Male $\xi = 0$. Interessanter ist der erste Fall. Diesen erhält man für $h = 0$ und $T = 0$. Dann wird ξ unendlich.

b) Man betrachte den nicht-trivialen Fall $(u^*, v^*) = (0, 1)$ und zeige, dass in der Nähe des Fixpunktes die RGT (24.8) in erster Näherungen wie folgt lautet:

$$u' \simeq \sqrt{2}u, \quad v' \simeq v^2 \qquad (25.5)$$

An Stelle von u, v benutze man jetzt die Variablen $t = u^p$ $(p > 0)$ und $h = -\ln v$. (Da $T_c = 0$ ist, kann man die konventionelle Definition $t = (T - T_c)/T_c$ nicht verwenden.) Für diese wird (25.5) linear:

$$t' = 2^{p/2}t, \quad h' = 2h, \quad \text{mit Fixpunkt} \quad (t^*, h^*) = (0, 0) \qquad (25.6)$$

Die Linearisierung der RGT beim Fixpunkt ist somit

$$\mathcal{A} = \begin{pmatrix} 2^{p/2} & 0 \\ 0 & 2 \end{pmatrix}, \qquad (25.7)$$

mit den Eigenwerten $\lambda_1 = 2^{y_1} = 2^{p/2}$, $\lambda_2 = 2^{y_2} = 2$ (man beachte, dass $b = 2$ ist). Mit dem Ergebnis

$$y_1 = p/2, \quad y_2 = 1$$

bestimme man dann mithilfe von (24.84) und (24.86) die kritischen Exponenten $\alpha, \beta, \gamma, \delta, \nu, \eta$.

Das Resultat ist

$$\alpha = 2 - 2/p, \ \beta = 0, \ \gamma = 2/p, \ \delta = \infty, \ \eta = 1, \ \nu = 2/p. \qquad (25.8)$$

c) Man zeige, dass dieses Resultat auch aus der exakten Lösung des eindimensionalen Ising-Modells folgt. Man benutze dazu Kapitel 14 sowie das Ergebnis für die Korrelationslänge ξ in Aufgabe II.1 und verwende als unabhängige Variable wieder t und h in a) und b).

II.8 Man leite auch die verbleibenden Beziehungen (24.84) her.

III Quantenstatistik

Die Grundlagen der klassischen SM lassen sich mühelos quantentheoretisch übersetzen. An die Stelle der Maße $\rho \, d\Gamma$ auf dem Phasenraum treten nun die statistischen Operatoren (Dichtematrizen), und Phasenraumintegrale sind durch Spurbildungen zu ersetzen. Dann bleiben die meisten grundlegenden Formeln (welche in Abschnitt 11 zusammengefasst wurden) bestehen.

26 Statistische Operatoren

Die Verallgemeinerung der reinen Zustände auf Gemische wurde bereits in der Quantenmechanik (siehe Straumann (2013)) ausführlich behandelt. Letztere entsprechen den Maßen auf dem Phasenraum und werden mathematisch durch statistische Operatoren ρ mit den folgenden Eigenschaften beschrieben:

(i) ρ ist positiv hermitesch: $\rho^* = \rho$, $\rho \geqslant 0$;

(ii) ρ ist nuklear (in der Spurklasse), und es ist $\operatorname{Sp}\rho = 1$.

Für eine detaillierte Diskussion der Spurklasse verweisen wir auf das Skript Straumann (1988). Dort wird u. a. gezeigt, dass diese ein zweiseitiges *-Ideal im Raum der beschränkten Operatoren $\mathcal{L}(\mathcal{H})$ eines Hilbertraumes $\mathcal{H}$ bildet. Da nukleare Operatoren kompakt sind, ist ρ genau dann ein statistischer Operator, wenn ρ von der Form

$$\rho = \sum_j p_j \, P_j \,, \quad \sum p_j = 1 \quad (p_j \geqslant 0)\,, \quad \operatorname{Sp}\rho = 1 \tag{26.1}$$

ist, wobei $\{P_j\}$ orthogonale *endlichdimensionale* Projektoren sind. Die Eigenwerte $p_i \geqslant 0$ können sich höchstens im Nullpunkt häufen. (Diese Charakterisierung kann der Leser auch als Definition auffassen.)

Wichtig sind auch die folgenden Eigenschaften der Spur:

$$\operatorname{Sp}(\alpha_1 A_1 + \alpha_2 A_2) = \alpha_1 \operatorname{Sp} A_1 + \alpha_2 \operatorname{Sp} A_2 \,, \qquad A_1 \,, A_2 \text{ nuklear}\,;$$

$$\operatorname{Sp}(AB) = \operatorname{Sp}(BA)\,, \qquad A \text{ nuklear}\,, B \text{ beschränkt}\,.$$

Der *Erwartungswert* einer Observablen A im Zustand ρ ist gleich

$$\operatorname{Sp}(A\rho) =: \langle A \rangle_\rho \,. \tag{26.2}$$

Diese Formel ist i. Allg. nur sinnvoll für beschränkte Operatoren und definiert auf $\mathcal{L}(\mathcal{H})$ ein stetiges positives lineares Funktional. Wir werden im Folgenden mit dem Spur-Begriff teilweise recht formal operieren und z. B. auch von $\operatorname{Sp}(H\rho)$ für unbeschränkte Operatoren H reden.

Die *reinen* Zustände (reinen Fälle) sind statistische Operatoren mit $\rho^2 = \rho$. Genau dann ist nämlich ρ ein eindimensionaler Projektor,

$$\rho = P_\psi \,, \quad P_\psi = (\psi, \cdot)\psi \,, \quad \|\psi\| = 1 \,, \tag{26.3}$$

und für diesen gilt

$$\operatorname{Sp}(P_\psi A) = (\psi, A\psi) \,. \tag{26.4}$$

Im Allgemeinen ist ρ von der Form (siehe (26.1))

$$\rho = \sum_i \lambda_i \, P_{\psi_i} \,, \quad \sum_i \lambda_i = 1 \,, \tag{26.5}$$

wobei die $\{\lambda_i\}$ die (höchstens endlich entarteten) Eigenwerte von ρ und $\{\psi_i\}$ eine zugehörige Basis von Eigenfunktionen sind. Für den Erwartungswert gilt

$$\langle A \rangle_\rho = \sum_i \lambda_i \, (\psi_i, A\psi_i) \,, \tag{26.6}$$

was sich in naheliegender Weise interpretieren lässt.

Die Menge der Zustände ist *konvex*: Mit ρ_1 und ρ_2 ist auch $\mu_1\rho_1 + \mu_2\rho_2$ für $\mu_1, \mu_2 \geq 0$, $\mu_1 + \mu_2 = 1$, ein Zustand. Die *extremalen* Punkte dieser konvexen Menge sind gerade die reinen Zustände.

Beweis Sei ρ extremal. In der Darstellung (26.5) gibt es immer einen Eigenwert, der nicht verschwindet. Falls $\lambda_1 = 1$ ist, gilt $\rho = P_{\psi_1}$ und ρ ist ein reiner Zustand. Wäre $\lambda_1 \neq 1$, so hätte ρ die Darstellung $\rho = \lambda_1 P_{\psi_1} + (1 - \lambda_1)\rho_2$, mit $\rho_2 = \sum_{i>1}(1 - \lambda_1)^{-1} \cdot \lambda_i P_{\psi_i}$, im Widerspruch zur Annahme. Die Umkehrung der Aussage wird in Aufgabe III.2 bewiesen.

Eine interessante Charakterisierung der statistischen Operatoren gibt der Satz von Gleason (siehe Straumann (2013), Satz 3.4.1).

In der Heisenberg-Darstellung entwickeln sich die Observablen gemäß

$$A_H(t) = U^{-1}(t)\, A_S\, U(t)\,, \quad U(t) = \mathrm{e}^{-\frac{i}{\hbar}Ht}\,, \tag{26.7}$$

wobei H der Hamilton-Operator des autonom angenommenen Systems ist, und die Zustände sind zeitunabhängig. Nun gilt für einen Zustand ρ_H

$$\begin{aligned} \mathrm{Sp}\,(\rho_H A_H(t)) &= \mathrm{Sp}\left(\rho_H\, U^{-1}(t)\, A_S\, U(t)\right) \\ &= \mathrm{Sp}\left(U(t)\, \rho_H\, U^{-1}(t)\, A_S\right) \\ &= \mathrm{Sp}\left(\rho_S(t)\, A_S\right), \end{aligned}$$

mit der Schrödinger-Darstellung

$$\rho_S(t) = U(t)\, \rho_H\, U^{-1}(t) \tag{26.8}$$

des Zustandes. In der Bewegungsgleichung für $\rho_S(t)$ erhalten wir gegenüber der Heisenberg'schen Bewegungsgleichung für $A_H(t)$ nach (26.7) und (26.8) einen Vorzeichenwechsel:

$$\dot{\rho}_S = -\frac{i}{\hbar}[H, \rho_S]\,. \tag{26.9}$$

Diese Gleichung nennt man oft *quantenmechanische Liouville-Gleichung* oder *von-Neumann-Gleichung*.

Ein Zustand ρ ist stationär, falls ρ_S zeitunabhängig ist. Dies ist gleichbedeutend mit

$$[H, \rho] = 0\,. \tag{26.10}$$

27 Die Entropie eines Zustandes

Ähnlich wie in der klassischen Theorie führen wir als *Maß für die Ignoranz* die Entropie $S(\rho)$ eines Zustandes ein. Wir setzen

$$S(\rho) = -k \ln \mathrm{Sp}\,(\rho \ln \rho)\,, \qquad (27.1)$$

falls $\rho \ln \rho$ in der Spurklasse ist[1]; sonst setzen wir $S(\rho) = \infty$. Benutzen wir die Spektraldarstellung (26.1) für ρ, so ergibt sich

$$S(\rho) = -k \sum_i p_i \ln p_i (\dim P_i)\,. \qquad (27.2)$$

Wiederum ist bei einem abgeschlossenen System die Entropie zeitlich konstant,

$$S\big(\rho_S(t)\big) = S\big(U(t)\,\rho\,U^{-1}(t)\big) = S(\rho)\,, \qquad (27.3)$$

denn es gilt (siehe die Fußnote 1)

$$\ln\big(U(t)\,\rho\,U^{-1}(t)\big) = U(t)(\ln \rho)U^{-1}(t)\,.$$

Man sieht leicht, dass i. Allg. $S(\rho) \geqslant 0$ ist. $S(\rho) = 0$ gilt genau dann, wenn ρ ein reiner Fall ist (siehe Aufgabe III.1).

Für die weiteren Eigenschaften der Entropie benötigen wir die

Ungleichung von O. Klein   Für zwei Operatoren R und S aus der Spurklasse gilt

$$\mathrm{Sp}\,[R(\ln R - \ln S) - R + S] \geqslant 0\,. \qquad (27.4)$$

Das Gleichheitszeichen gilt genau dann, wenn $R = S$ ist.

Beweis R und S sind insbesondere zwei selbstadjungierte kompakte Operatoren mit den Spektraldarstellungen

$$R = \sum_i \lambda_i\, E_i\,, \quad S = \sum_j \mu_j\, F_j\,.$$

Es sei

$$g(x,y) = x(\ln x - \ln y) - x + y \qquad \text{für} \quad x,y > 0 \qquad (27.5)$$

---

[1] $\ln \rho$ ist mit der Spektraldarstellung (26.1) so definiert:

$$\ln \rho = \sum_j (\ln p_j) P_j\,.$$

Wegen

$$U\,\rho\,U^{-1} = \sum_j p_j\, U\, P_j\, U^{-1}$$

gilt

$$\ln(U\,\rho\,U^{-1}) = \sum_j \ln p_j (U\, P_j\, U^{-1}) = U(\ln \rho)\,U^{-1}\,.$$

und ferner

$$g(x,0) = \infty \,, \quad g(0,y) = y \,, \quad g(0,0) = 0 \,. \tag{27.6}$$

Nach (4.2) ist

$$g(x,y) \geqslant 0 \,, \quad g(x,y) = 0 \iff x = y \,. \tag{27.7}$$

Nun lässt sich das Argument in (27.4) so darstellen:

$$R(\ln R - \ln S) - R + S = \sum_{i,j} g(\lambda_i, \mu_j) \, E_i \, F_j \equiv g(R,S) \,, \tag{27.8}$$

denn es ist

$$\sum_{i,j} (\lambda_i \ln \lambda_i) \, E_i \, F_j = \sum_{i} (\lambda_i \ln \lambda_i) \, E_i = R \ln R$$

und

$$\sum_{i,j} \lambda_i \ln \mu_j \, E_i \, F_j = \sum_{i} \lambda_i \, E_i \sum_{j} \ln \mu_j \, F_j = R \ln S \,.$$

Ist $g(R,S)$ ebenfalls in der Spurklasse, so folgt

$$\mathrm{Sp}\,[g(R,S)] = \sum_{i,j} g(\lambda_i, \mu_j) \, \mathrm{Sp}\,(E_i \, F_j) \geqslant 0 \,,$$

d. h. die Ungleichung (27.4). Wenn $g(R,S)$ nicht in der Spurklasse ist, definieren wir die Spur in (27.4) als $+\infty$, und die Ungleichung gilt wieder. Es bleibt die Untersuchung des Gleichheitszeichens.

Dann ist $g(\lambda_i, \mu_j)\,\mathrm{Sp}\,(E_i\,F_j) = 0$ für alle i, j. Für beliebige Paare (i,j) gilt also

$$\lambda_i = \mu_j \quad \text{oder} \quad E_i\,F_j = 0 \,. \tag{27.9}$$

Für ein festes i betrachten wir die Menge $J_i = \{j \mid E_i\,F_j \neq 0\}$; nach (27.9) gilt $\mu_j = \lambda_i$ für alle $j \in J_i$. Die Menge J_i ist nicht leer, da

$$\sum_{j} E_i\,F_j = E_i \neq 0$$

ist. Da andererseits die μ_j für verschiedene Indizes verschieden sind, besteht J_i aus genau einem Element, das wir mit $j(i)$ bezeichnen. Die Abbildung $i \mapsto j(i)$ ist injektiv: Für $j(i) = j(i')$ folgt $\lambda_i = \mu_{j(i)} = \mu_{j(i')} = \lambda_{i'}$, also $i = i'$. Andererseits ist diese Abbildung auch surjektiv: Wegen

$$\sum_{i} E_i\,F_j = F_j \neq 0$$

existiert zu j wenigstens ein i mit $j = j(i)$. Wir haben also

$$E_i\,F_{j(i)} \neq 0 \,, \quad E_i\,F_j = 0 \quad \text{für} \quad j \neq j(i) \,.$$

Daraus ergibt sich

$$E_i = \sum_j E_i\, F_j = E_i\, F_{j(i)}\,, \quad F_j = \sum_i E_i\, F_j = E_{i(j)}\, F_j\,,$$

mit $j(i(j)) = j$, also

$$F_{j(i)} = E_{i(j(i))}\, F_{j(i)} = E_i\, F_{j(i)}\,.$$

Somit ist $E_i = F_{j(i)}$ und daher $S = \sum \mu_j F_j = \sum \mu_{j(i)} F_{j(i)} = \sum \lambda_i E_i = R$, was zu beweisen war. $\square$

Als erste Anwendung der Ungleichung (27.4) zeigen wir, dass die *Entropie konkav* ist: Sei

$$\rho = \lambda\,\rho_1 + (1 - \lambda)\,\rho_2\,, \quad 0 \leqslant \lambda \leqslant 1\,,$$

dann gilt

$$S(\rho) \geqslant \lambda S(\rho_1) + (1 - \lambda) S(\rho_2)$$

$$(\text{„=" genau für } \rho_1 = \rho_2)\,. \tag{27.10}$$

Beweis

$$S(\rho) - \lambda S(\rho_1) - (1 - \lambda) S(\rho_2)$$

$$= \lambda k\, \mathrm{Sp}\,[\rho_1(\ln \rho_1 - \ln \rho)] + (1 - \lambda)\, k\, \mathrm{Sp}\,[\rho_2(\ln \rho_2 - \ln \rho)]$$

$$\overset{(27.4)}{\geqslant} 0 \quad (= 0 \;\Leftrightarrow\; \rho_1 = \rho_2)$$

$\square$

Neben diesem *Mischungssatz* beweisen wir nun auch den sogenannten *Trennungssatz*. Dabei betrachten wir ein System, das sich aus zwei Teilsystemen zusammensetzt. Der Hilbertraum $\mathcal{H}$ ist entsprechend ein Tensorprodukt $\mathcal{H}_1 \otimes \mathcal{H}_2$, und die Observablen der beiden Teilsysteme sind von der Form $A_1 \otimes \mathbb{1}$ bzw. $\mathbb{1} \otimes A_2$. Ein Zustand ρ des Gesamtsystems induziert Zustände ρ_1 und ρ_2 der beiden Teilsysteme durch

$$\langle A_1 \rangle_{\rho_1} = \mathrm{Sp}\,\big(\rho(A_1 \otimes \mathbb{1})\big)\,,$$

$$\langle A_2 \rangle_{\rho_2} = \mathrm{Sp}\,\big(\rho(\mathbb{1} \otimes A_2)\big)$$

(„partielle Spurbildung"). Die Entropie ist subadditiv im folgenden Sinne:

$$S(\rho) \leqslant S(\rho_1) + S(\rho_2) = S(\rho_1 \otimes \rho_2)$$

$$(\text{„=" nur für } \rho = \rho_1 \otimes \rho_2)$$

Beweis Ähnlich wie im klassischen Fall gilt

$$S(\rho) - S(\rho_1) - S(\rho_2) = -k\,\mathrm{Sp}\,(\rho\ln\rho) + k\,\mathrm{Sp}\,[(\rho_1 \otimes \rho_2)(\ln\rho_1 \otimes \mathbb{1} + \mathbb{1} \otimes \ln\rho_2)]$$

$$= -k\,\mathrm{Sp}\,(\rho\ln\rho) + k\,\mathrm{Sp}\,[\rho(\ln\rho_1 \otimes \mathbb{1})] + k\,\mathrm{Sp}\,[\rho\,\mathbb{1} \otimes \ln\rho_2]$$

$$= -k\,\mathrm{Sp}\,[\rho(\ln\rho - \ln\rho_1 \otimes \rho_2)]$$

$$\overset{(27.4)}{\leqslant} -k\,\mathrm{Sp}\,[\rho - \rho_1 \otimes \rho_2] = 0$$

(„$=$" nur für $\rho = \rho_1 \otimes \rho_2$). $\qquad\qquad\qquad\qquad\qquad\qquad\qquad\qquad\qquad\qquad$ □

Interpretation Nach Trennung der beiden Systeme in den Zuständen ρ_1 und ρ_2 zu einem unkorrelierten Gesamtzustand $\rho_1 \otimes \rho_2$ nimmt die Entropie nicht ab (sie verlieren Information).

28 Die mikrokanonische Gesamtheit in der Quantenstatistik

Die klassische super-mikrokanonische Gesamtheit hat kein vernünftiges quanten-theoretisches Gegenstück, da für endliche Systeme in einem endlichen Volumen die Energien i. Allg. diskret sind. Hingegen hat das mikrokanonische Maß (2.6) die folgende quantentheoretische Übersetzung:

$$\rho_{\text{m-kan}} = \Phi^{\Delta}(E)^{-1} \delta^{\Delta}(H - E), \tag{28.1}$$

mit

$$\Phi^{\Delta}(E) = \text{Sp}\left[\delta^{\Delta}(H - E)\right] \tag{28.2}$$

Der Operator $\delta^{\Delta}(H - E)$ ist natürlich mit der Spektraldarstellung definiert:

$$\delta^{\Delta}(H - E) = \int \delta^{\Delta}(\lambda - E)\, dE_H(\lambda)$$

Falls das Spektrum diskret ist, gilt

$$\delta^{\Delta}(H - E) = \sum_{E_\alpha \in (E - \Delta, E)} P_\alpha, \tag{28.3}$$

wobei P_α die Projektoren auf die Eigenräume zu den Eigenwerten E_α sind. Natürlich ist dann

$$\Phi^{\Delta}(E) = \sum_{E_\alpha \in (E - \Delta, E)} \dim P_\alpha = \dim \mathcal{H}(E|\Delta), \tag{28.4}$$

wenn $\mathcal{H}(E|\Delta)$ den Unterraum aller Eigenwerte E_α mit $E_\alpha \in (E - \Delta, E)$ bezeichnet. Der Entropieausdruck (2.7) (siehe auch (3.5)) bleibt erhalten:

$$S = k \ln \Phi^{\Delta}(E) = k \ln(\dim \mathcal{H}(E|\Delta)) \tag{28.5}$$

Für große Systeme wird dieser Ausdruck asymptotisch wieder von der Dicke Δ der Energieschale unabhängig, und man kann stattdessen den Raum $\mathcal{H}(\leq E)$ aller Eigenzustände mit Energie $\leq E$ wählen:

$$S(E) \approx k \ln \Phi(E),$$
$$\Phi(E) = \dim \mathcal{H}(\leq E) = \text{Sp}\left[\theta(E - H)\right] \tag{28.6}$$

Der Anschluss an die Thermodynamik lässt sich ähnlich wie in Kapitel 3 herstellen. Es zeigt sich dabei wieder, dass die *mikrokanonische Entropie asymptotisch mit der thermodynamischen Entropie identifiziert* werden kann. (Für Einzelheiten sei z. B. auf Kapitel 9 von Weidlich (1976) verwiesen.)

Als weiteres Resultat erhalten wir den *Dritten Hauptsatz der Thermodynamik*. Bei $T = 0$ ist das System im Grundzustand, und folglich ist $S = k \ln(g_0)$, g_0 = Entartungsgrad des Grundzustandes. Für einen eindeutigen Grundzustand ist natürlich $S(T = 0) = 0$. Aber auch wenn $g_0 \lesssim N$ ist, (N = Anzahl der Moleküle), erhalten wir $S(T = 0)/N \lesssim (\ln N)/N$, d. h. asymptotisch verschwindet die Entropie pro Molekül bei $T = 0$. (Siehe aber die ergänzenden Bemerkungen am Schluss von Kapitel 30.)

Für praktische Rechnungen ist die mikrokanonische Gesamtheit ungeeignet. (Siehe z. B. Huang (1987), Abschnitt 8.5 für die Behandlung der idealen Quantengase in der mikrokanonischen Gesamtheit.) Wir wenden uns deshalb der kanonischen und der großkanonischen Gesamtheit zu. Dazu könnten wir wieder die reduzierte Dichtematrix eines Teilsystems untersuchen, wenn dieses mit einem sehr großen System in Wechselwirkung ist. Da die Rechnungen sehr ähnlich verlaufen wie in der klassischen Theorie, verzichten wir aber darauf. (Für Einzelheiten siehe etwa Weidlich (1976), Kapitel 10.) Stattdessen ziehen wir das Gibbs'sche Variationsprinzip als Rechtfertigung der Gesamtheiten heran.

29 Das Gibbs'sche Variationsprinzip

Interpretieren wir $S(\rho)$ als das Maß für die Ignoranz im Zustand ρ, so stellt sich natürlicherweise folgende *Aufgabe*:

Gesucht ist der Zustand ρ_0 maximaler Entropie, falls die Erwartungswerte von gewissen Observablen $Q_1, \cdots, Q_n$ (Energie, Teilchenzahl, ...) gegeben sind.

Falls dieses Problem überhaupt eine Lösung hat, so ist diese von der Form

$$\rho_0 = Z^{-1} \exp\left(-\sum_{s=1}^{n} \mu_s \, Q_s\right), \quad Z = \text{Sp}\left(\mathrm{e}^{-\sum \mu_s \, Q_s}\right). \tag{29.1}$$

Tatsächlich folgt aus den Nebenbedingungen

$$\langle \ln \rho_0 \rangle_\rho = \langle \ln \rho_0 \rangle_{\rho_0}$$

und somit

$$
\begin{aligned}
k^{-1}(S(\rho_0) - S(\rho)) &= \text{Sp}\left[\rho \ln \rho - \rho_0 \ln \rho_0\right] \\
&= \text{Sp}\left[\rho(\ln \rho - \ln \rho_0)\right] \\
&= \text{Sp}\left[\rho(\ln \rho - \ln \rho_0) - \rho + \rho_0\right] \\
&\overset{(27.4)}{\geqslant} 0 \quad (= 0 \text{ nur für } \rho = \rho_0).
\end{aligned}
$$

Damit (29.1) die gesuchte Lösung darstellt, müssen zu gegebenen Erwartungswerten $\langle Q_k \rangle \equiv q_k$ Parameter μ_s existieren mit

$$Z^{-1} \text{Sp}\left(Q_k \, \mathrm{e}^{-\sum \mu_s \, Q_s}\right) = q_k \,.$$

(Natürlich sollte auch $\exp[-\sum \mu_s \, Q_s]$ in der Spurklasse sein.) Es gilt offensichtlich

$$q_k = -Z^{-1} \frac{\partial Z}{\partial \mu_k} = -\frac{\partial \ln Z}{\partial \mu_k} \,. \tag{29.2}$$

Diese Gleichungen müssen also nach μ_k aufgelöst werden. Setzen wir $\phi = -\ln Z$, so ergibt sich für die Entropie

$$
\begin{aligned}
S(\rho_0) &= -k \, \text{Sp}\left[\rho_0(-\ln Z - \sum \mu_s \, Q_s)\right] \\
&= -k[\phi - \sum \mu_s \, q_s],
\end{aligned}
$$

oder mit (29.2)

$$S(\rho_0) = k\left(\sum \mu_s \frac{\partial \phi}{\partial \mu_s} - \phi\right). \tag{29.3}$$

Die zweiten Ableitungen von ϕ liefern uns wieder die Schwankungen der Q_k, falls diese kommutieren: Leiten wir nämlich

$$\text{Sp}\left(\mathrm{e}^{\phi - \sum \mu_s \, Q_s}\right) = 1$$

zweimal nach den μ_s ab, ergibt sich

$$\mathrm{Sp}\left\{\rho_0\left[\frac{\partial^2\phi}{\partial\mu_k\,\partial\mu_l} + \left(\mathcal{Q}_k - \frac{\partial\phi}{\partial\mu_k}\right)\left(\mathcal{Q}_l - \frac{\partial\phi}{\partial\mu_l}\right)\right]\right\} = 0\,,$$

und wir erhalten für die Korrelation

$$\langle(\mathcal{Q}_k - \langle\mathcal{Q}_k\rangle)\,(\mathcal{Q}_l - \langle\mathcal{Q}_l\rangle)\rangle = -\frac{\partial^2\phi}{\partial\mu_k\,\partial\mu_l}\,. \tag{29.4}$$

Daraus folgt, dass die Matrix $-\left(\dfrac{\partial^2\phi}{\partial\mu_k\,\partial\mu_l}\right)$ positiv semidefinit ist. Falls sie strikt positiv definit ist, haben die Gleichungen (29.2), d. h.

$$q_k = \frac{\partial\phi}{\partial\mu_k}\,, \tag{29.5}$$

genau eine Lösung. Diese Gleichung sowie (29.3) zeigen, dass S/k – als Funktion von q_k aufgefasst – die Legendre-Transformierte von ϕ (als Funktion der μ_s) ist. Die q's und die μ's sind zueinander konjugiert. (Siehe dazu Straumann (2015) und Straumann (1986).)

In dieses Schema passen nun insbesondere die kanonische und die großkanonische Gesamtheit.

30 Kanonische und großkanonische Gesamtheit

Für die kanonische Gesamtheit ist nur der Mittelwert der Energie vorgegeben, und deshalb ist

$$\rho_{\text{kan}} = Z_{\text{kan}}^{-1}\, e^{-\beta H}\,, \quad Z_{\text{kan}} = \operatorname{Sp} e^{-\beta H}\,. \tag{30.1}$$

Da für die großkanonische Gesamtheit die Teilchenzahl nicht feststeht, müssen wir anstelle von (9.1) den Fockraum $\mathcal{F}$ über dem Einteilchen-Hilbertraum zugrunde legen[2]. Für mehrere Teilchensorten ist das Tensorprodukt der Fockräume der verschiedenen Sorten zu nehmen.

Im Spezialfall einer Teilchensorte ist – neben der Energie – noch der Erwartungswert des Teilchenzahloperators N festgelegt, und damit lautet der großkanonische Zustand

$$\rho_{\text{g-kan}} = Z_{\text{g-kan}}^{-1}\, e^{-\beta(H-\mu N)}\,,$$

$$Z_{\text{g-kan}} = \operatorname{Sp} e^{-\beta(H-\mu N)}\,. \tag{30.2}$$

Für den Anschluss an die Thermodynamik können wir die Überlegungen von Kapitel 8 wiederholen. Dabei bleibt alles gleich, wenn wir überall Integrale mit $d\Gamma$ durch Spuren ersetzen. Dies kann unmittelbar nachgeprüft werden, außer vielleicht die Variationsformel

$$\delta \operatorname{Sp}[\rho \ln \rho] = \operatorname{Sp}[\delta\rho \ln \rho]$$

für einen Zustand ρ. Diese Gleichung beweisen wir mit Hilfe der Darstellung

$$\rho \ln \rho = \frac{1}{2\pi \mathrm{i}} \int_{\Gamma} \lambda \ln \lambda\, R(\lambda)\, d\lambda\,, \quad R(\lambda) = (\lambda - \rho)^{-1}\,,$$

wobei Γ ein geschlossener Weg ist, der das Spektrum von ρ in seinem Inneren hat und die negative Halbachse nicht schneidet, siehe Abbildung 30.1. Die Richtigkeit

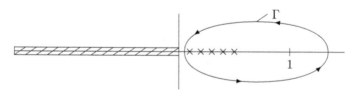

Abb. 30.1 Spektrum von ρ und Integrationsweg Γ

dieser Gleichung folgt sofort aus der Spektraldarstellung

$$R(\lambda) = \sum_i \frac{1}{\lambda - p_i} P_i$$

---

[2] Siehe dazu speziell die Abschnitte 1.4 und 3.1 in Straumann (2005).

und aus der Tatsache, dass $z \ln z$ in der längs der negativen Halbachse aufgeschnittenen Ebene holomorph ist. (Was geschieht, wenn 0 ein Häufungspunkt der p_i ist?) Nun ist, wie man leicht sieht,

$$\delta R(\lambda) = R(\lambda)\, \delta\rho\, R(\lambda)$$

und folglich

$$\delta \operatorname{Sp}(\rho \ln \rho) = \frac{1}{2\pi \mathrm{i}} \operatorname{Sp}\left\{ \int_\Gamma \lambda \ln \lambda\, R(\lambda)\, \delta\rho\, R(\lambda)\, d\lambda \right\}.$$

Rechts setzen wir noch die Spektraldarstellung von $R(\lambda)$ ein und erhalten mit Hilfe des Residuensatzes

$$\delta \operatorname{Sp}(\rho \ln \rho) = \frac{1}{2\pi \mathrm{i}} \sum_{j,k} \int_\Gamma d\lambda \frac{\lambda \ln \lambda}{(\lambda - p_j)(\lambda - p_k)} \underbrace{\operatorname{Sp}(P_j\, \delta\rho\, P_k)}_{\delta_{jk}\, \operatorname{Sp}(\delta\rho\, P_j)}$$

$$= \frac{1}{2\pi \mathrm{i}} \sum_j \int_\Gamma d\lambda \frac{\lambda \ln \lambda}{(\lambda - p_j)^2} \operatorname{Sp}(\delta\rho\, P_j)$$

$$= \sum_j (\ln p_j + 1) \operatorname{Sp}(\delta\rho\, P_j)$$

$$= \operatorname{Sp}\left[\delta\rho(\ln \rho + 1) \right].$$

Da $\operatorname{Sp}\delta\rho = 0$ ist, folgt daraus die Behauptung.

Damit ergibt sich insbesondere, dass für die kanonische Gesamtheit die freie Energie durch

$$F = -kT \ln Z_{\mathrm{kan}} \tag{30.3}$$

gegeben ist.

Für die großkanonische Gesamtheit (30.2) ist die Entropie gegeben durch

$$S = -k \operatorname{Sp}(\rho \ln \rho)$$

$$= -k \left\langle (-\ln Z_{\mathrm{kan}} - \beta H + \mu\beta N) \right\rangle$$

$$= k \ln Z_{\mathrm{g\text{-}kan}} + \frac{1}{T} U - \frac{\mu}{T} \bar{N}.$$

Identifikation mit der thermodynamischen Beziehung

$$\Omega = U - TS - \mu\bar{N} \tag{30.4}$$

ergibt für das großkanonische Potential

$$\Omega(\beta, V, \mu) = -kT \ln Z_{\mathrm{g\text{-}kan}}. \tag{30.5}$$

Als Bestätigung der thermodynamischen Beziehung

$$S = -\frac{\partial \Omega}{\partial T} \tag{30.6}$$

betrachten wir

$$U - \mu \bar{N} = \langle H - \mu N \rangle$$

$$= -\frac{\partial}{\partial \beta} \ln \mathrm{Sp} \left[\mathrm{e}^{-\beta(H-\mu N)} \right]$$

$$= -\frac{\partial}{\partial \beta} \ln Z_{\text{g-kan}}$$

$$= \frac{\partial}{\partial \beta} (\beta \Omega)$$

$$= \Omega + \beta \frac{\partial \Omega}{\partial \beta}$$

$$= \Omega - T \frac{\partial \Omega}{\partial T} \, .$$

Zusammen mit (30.4) folgt in der Tat (30.6). Ähnlich ergibt sich aus

$$-\frac{\partial \Omega}{\partial \mu} = \beta^{-1} \frac{\partial \ln Z_{\text{g-kan}}}{\partial \mu}$$

$$= \beta^{-1} \frac{1}{Z_{\text{g-kan}}} \mathrm{Sp} \left(\frac{\partial}{\partial \mu} \mathrm{e}^{-\beta(H-\mu N)} \right)$$

$$= \frac{1}{Z_{\text{g-kan}}} \mathrm{Sp} \left(N \, \mathrm{e}^{-\beta(H-\mu N)} \right)$$

die thermodynamische Beziehung

$$\bar{N} = -\frac{\partial \Omega}{\partial \mu} \, . \tag{30.7}$$

Aus (29.4) erhalten wir ferner die für Schwankung (hier ist $\phi = \beta \Omega$)

$$\sigma^2(N) = -kT \frac{\partial^2 \Omega}{\partial \mu^2} \, . \tag{30.8}$$

Diese Formel hatten wir auch in der klassischen Theorie (Gleichung (9.12)). Wie dort folgt daraus rein thermodynamisch die Beziehung

$$\sigma^2(N) = -kT \left(\frac{\bar{N}}{V} \right)^2 \left(\frac{\partial p}{\partial V} \right)_{T,\bar{N}}^{-1} \, . \tag{30.9}$$

Für ideale Quantengase werden wir diese Schwankungen später eingehend diskutieren.

Wir wollen eine letzte Bemerkung zur großkanonischen Gesamtheit machen. Zerlegen wir den Hamilton-Operator bezüglich der direkten Summe

$$\mathcal{F} = \bigoplus_{h=0}^{\infty} \mathcal{H}_n \, , \quad \mathcal{H}_n : n\text{-Teilchen-Hilbertraum} \tag{30.10}$$

gemäß

$$H = \sum H_n \, , \quad H_n = H \upharpoonright \mathcal{H}_n \tag{30.11}$$

(H und N vertauschen in der nicht-relativistischen Theorie), so ist

$$Z_{\text{g-kan}} = \sum_{n=0}^{\infty} e^{\beta\mu n} Z_n \,, \quad Z_n = \text{Sp}\, e^{-\beta H_n} \,. \tag{30.12}$$

Die großkanonische Zustandssumme ist also die *erzeugende Funktion* der kanonischen Zustandssummen.

Ergänzung: Ungleichung von Peierls

Diese besagt

$$\text{Sp}\, e^{-\beta H} \geqslant \sum_i e^{-\beta(\varphi_i, H\varphi_i)} \tag{30.13}$$

für *jede* orthonormierte Familie von Vektoren $\{\varphi_i\}$ (aus dem Definitionsbereich von H). Das Gleichheitszeichen wird für das System der Eigenfunktionen von H angenommen, falls H ein reines Punktspektrum hat.

Beweis Wir zeigen zuerst

$$(\varphi, e^{-\beta H}\varphi) \geqslant e^{-\beta(\varphi, H\varphi)} \tag{30.14}$$

für jeden normierten Vektor φ. Dazu bezeichne $E(\cdot)$ das Spektralmaß von H, und $d\mu_\varphi$ sei das Wahrscheinlichkeitsmaß $(\varphi, dE(\cdot)\varphi)$. Dann gilt nach der Jensen-Ungleichung

$$\begin{aligned}
(\varphi, e^{-\beta H}\varphi) &= \int e^{-\beta\lambda} d\mu_\varphi(\lambda) \\
&\geqslant \exp\left(-\int \beta\lambda \, d\mu_\varphi(\lambda)\right) \\
&= e^{-\beta(\varphi, H\varphi)} \,.
\end{aligned}$$

$\square$

Aus (30.14) folgt natürlich (30.13).

Die Peierls-Ungleichung kann man für Abschätzungen der freien Energie F benutzen. So kann man mit deren Hilfe z. B. für Quanten-Spinsysteme einen Zugang zur MFN entwickeln, der völlig analog zum Zugang in Abschnitt 16.2 für klassische Spinsysteme ist. Dabei übernimmt die Peierls-Ungleichung die dortige Rolle der Jensen-Ungleichung. Allerdings benötigt man dabei die folgende Variante einer Peierls-Ungleichung für endlichdimensionale selbstadjungierte Operatoren A, B:

$$\frac{\text{Sp}\left(e^{A+B}\right)}{\text{Sp}\left(e^B\right)} \geqslant \exp\left(\text{Sp}\left(Ae^B\right)/\text{Sp}\left(e^B\right)\right) \tag{30.15}$$

Beweis Indem wir zu B eine passende Konstante hinzuaddieren, können wir $\mathrm{Sp}\left(\mathrm{e}^{B}\right) = 1$ erreichen. Seien jetzt die φ_i eine Basis von orthonormierten Eigenvektoren von B mit den Eigenwerten μ_i, also $B\varphi_i = \mu_i\varphi_i$, dann ist $\sum_i \mathrm{e}^{\mu_i} = 1$.

Damit erhalten wir, unter Verwendung von (30.13) und der Jensen-Ungleichung für die Verteilung $\{\mathrm{e}^{\mu_i}\}$

$$\mathrm{Sp}\left(\mathrm{e}^{A+B}\right) = \sum_i \left(\varphi_i, \mathrm{e}^{A+B}\varphi_i\right) \geqslant \sum_i \exp(\mu_i + (\varphi_i, A\varphi_i))$$

$$\geqslant \exp\left(\sum_i \mathrm{e}^{\mu_i}(\varphi_i, A\varphi_i)\right) = \exp\left(\mathrm{Sp}\,A\mathrm{e}^{B}\right).$$

$\square$

Rekapitulation

Die Grundlagen der Quantenstatistik ähneln formal außerordentlich denjenigen der klassischen Theorie. Dies wird in Tabelle 30.1 nochmals festgehalten.

Ergänzungen zum Dritten Hauptsatz der Thermodynamik

In der Planck'schen Formulierung besagt der Dritte Hauptsatz:

> *„Für jeden Stoff strebt die Entropie im Limes $T \searrow 0$ gegen eine von Druck, Aggregatzustand und chemischer Zusammensetzung unabhängige Konstante."*

Wir haben bereits gesehen (Seite 166), dass am absoluten Nullpunkt die Entropie pro Teilchen für große Systeme verschwindet: $S/N \leqslant k\ln N/N$. Nun liegen aber die Energieeigenwerte eines makroskopischen Systems i. Allg. außerordentlich dicht. Z. B. ist für ein ideales Gas, welches in ein Volumen V eingesperrt ist, die Energiedifferenz ΔE zwischen dem ersten angeregten Zustand und dem Grundzustand nach (31.17) ungefähr $\hbar^2/mV^{2/3}$. Für $V = 1\,\mathrm{cm}^3$ und $m = m_p$ ist dafür $\Delta E/k \approx 5\cdot 10^{-15}$ K. Nur wenn T viel kleiner ist als diese lächerlich kleine Temperatur, ist der Wert der Entropie für $T = 0$ relevant. Das Verhalten der Entropie in einem experimentell zugänglichen Temperaturbereich wird durch die Zustandsdichte $\omega(E)$ in der Nähe von $E = 0$ bestimmt. Die meisten Substanzen werden in der Nähe des absoluten Nullpunkts kristalline Festkörper. Für diese ist die Debye'sche Theorie zuständig (siehe Abschnitt 32). Nach dieser ist $S(T)$ proportional zu T^3. Auch bei ^{4}He, das fast bis zum absoluten Nullpunkt flüssig bleibt, verhält sich S ähnlich wie in der Debye-Theorie. (Für Metalle siehe Seite 184.)

Einen allgemeinen Beweis des Dritten Hauptsatzes (in der obigen Formulierung) gibt es aber nicht.

Tab. 30.1 Grundlegende Begriffe und Beziehungen der Statistischen Mechanik.

Begriff	klassische SM	Quantenstatistik
Zustandsraum	Phasenraum Γ	Hilbertraum $\mathcal{H}$
Zustände	$\rho \, d\Gamma$	Dichteoperator ρ
Observablen	reelle Funktionen auf Γ	selbstadjungierte Operatoren auf $\mathcal{H}$
Erwartungswerte	$\langle A \rangle = \int A\rho \, d\Gamma$	$\langle A \rangle = \mathrm{Sp}\,(A\rho)$
Zeitabhängigkeit	$\dot{\rho} = \{H, \rho\}$	$\dot{\rho} = -\dfrac{i}{\hbar}[H, \rho]$
Entropie eines Zustandes	$S(\rho) = -k \int \rho \ln \rho \, d\Gamma$	$S(\rho) = -k\,\mathrm{Sp}\,(\rho \ln \rho)$
allgemeine Eigenschaften der Entropie	Mischungs- und Trennungssätze etc.	
mikrokanonische Dichte	$\rho_{\text{m-kan}} = \Phi^{\Delta}(E)^{-1}\delta^{\Delta}(H - E)$	
Gibbs'sches Variationsprinzip	formal gleich mit $\displaystyle\int_{\Gamma} d\Gamma \cdots \ \leftrightarrow\ \mathrm{Sp}\,(\cdots)$	
kanonischer Zustand	$Z_{\text{kan}}^{-1}\,e^{-\beta H}$	
großkanonischer Zustandsraum	$\displaystyle\bigcup_{N=0}^{\infty} \Gamma_{\Lambda, N}$	$\displaystyle\mathcal{F} = \bigoplus_{N=0}^{\infty} \mathcal{H}_N$
großkanonischer Zustand	$Z_{\text{g-kan}}^{-1}\displaystyle\sum_{N=0}^{\infty} e^{-\beta(H_N - \mu N)}\, d\Gamma_{\Lambda, N}^{*}$	$Z_{\text{g-kan}}^{-1}\,e^{-\beta(H - \mu N)}$

31 Die idealen Quantengase

Wir betrachten im Folgenden nur eine Sorte von Fermionen oder Bosonen. (Die Verallgemeinerung auf mehrere Teilchensorten ist trivial.) $\mathcal{F}$ bezeichne wie in (30.10) den zugehörigen antisymmetrischen bzw. symmetrischen Fockraum (siehe die Fußnote auf Seite 170). Zu jeder Einteilchen-Wellenfunktion f gehören in der bekannten Weise Erzeugungs- und Vernichtungsoperatoren $a^*(f)$, $a(f)$, welche die üblichen Vertauschungsrelationen erfüllen.

Zu jeder orthonormierten Basis $\{f_k\}$ von Einteilchenwellenfunktionen gehört in natürlicher Weise eine orthonormierte Basis von $\mathcal{F}$: Setzen wir

$$a_k \equiv a(f_k), \quad a_k^* \equiv a^*(f_k), \tag{31.1}$$

so ist diese gegeben durch

$$|n_1, n_2, \cdots, n_s\rangle = \prod_{k=1}^{s} \frac{1}{\sqrt{n_k!}} (a_k^*)^{n_k} |0\rangle, \tag{31.2}$$

wobei $|0\rangle$ das Fock-Vakuum bezeichnet. Für Fermionen ist $n_k = 0, 1$, während für Bosonen die Besetzungszahlen $n_k = 0, 1, 2, \cdots$ beliebig sind.

Der Teilchenzahloperator N ist gegeben durch

$$N = \sum_{k=0}^{\infty} N_k, \quad N_k = a_k^* a_k. \tag{31.3}$$

Es gilt

$$N_k |n_1, n_2, \cdots\rangle = n_k |n_1, n_2, \cdots\rangle. \tag{31.4}$$

Wählen wir für $\{f_k\}$ jetzt speziell die orthonormierte Basis $\{u_k\}$ der Eigenfunktionen des Einteilchen-Hamilton-Operators H_1,

$$H_1 u_k = \varepsilon_k u_k, \tag{31.5}$$

so lautet der Hamilton-Operator (30.11) für ein ideales Gas

$$H = \sum_{k=1}^{\infty} \varepsilon_k N_k = \sum_{k=1}^{\infty} \varepsilon_k a_k^* a_k. \tag{31.6}$$

Nach (31.4) gilt

$$H |n_1, n_2, \cdots\rangle = \left(\sum_{k=1}^{\infty} \varepsilon_k n_k \right) |n_1, n_2, \cdots\rangle, \tag{31.7}$$

d.h. (31.4) ist für $\{f_k = u_k\}$ die orthonormierte Basis von Eigenvektoren von H mit den Eigenwerten $\sum \varepsilon_k n_k$.

Die großkanonische Zustandssumme kann nun leicht berechnet werden:

$$
\begin{aligned}
Z_{\text{g-kan}} &= \operatorname{Sp} e^{-\beta(H-\mu N)} = \operatorname{Sp}\left[e^{-\beta\sum(\varepsilon_k-\mu)N_k}\right] \\
&= \sum_{\{n\}} \langle n_1, n_2, \cdots | e^{-\beta\sum(\varepsilon_k-\mu)N_k} | n_1, n_2, \cdots \rangle \\
&= \sum_{\{n\}} e^{-\beta\sum_k(\varepsilon_k-\mu)n_k} = \sum_{\{n\}}\prod_k e^{-\beta(\varepsilon_k-\mu)n_k} \\
&= \prod_k\sum_{n_k} e^{-\beta(\varepsilon_k-\mu)n_k} \\
&= \begin{cases} \prod_k \left(1 - e^{-\beta(\varepsilon_k-\mu)}\right)^{-1} & \text{Bose-Einstein (BE)} \\ \prod_k \left(1 + e^{-\beta(\varepsilon_k-\mu)}\right) & \text{Fermi-Dirac (FD)} \end{cases}
\end{aligned}
\tag{31.8}
$$

Damit gilt für das großkanonische Potential

$$
\Omega = \begin{cases} +kT\sum_k \ln\left(1 - e^{-(\varepsilon_k-\mu)/kT}\right) & \text{BE} \\ -kT\sum_k \ln\left(1 + e^{-(\varepsilon_k-\mu)/kT}\right) & \text{FD}. \end{cases}
\tag{31.9}
$$

Daraus ergeben sich alle thermodynamischen Eigenschaften der idealen Quantengase. Aus

$$
1 = \operatorname{Sp}\rho_{\text{g-kan}} = \operatorname{Sp}\left[e^{-\beta\sum(\varepsilon_k-\mu)N_k}\, e^{\beta\Omega}\right]
$$

folgt

$$
0 = \frac{\partial}{\partial\varepsilon_k}\operatorname{Sp}\rho_{\text{g-kan}} = \beta\operatorname{Sp}\left[\rho_{\text{g-kan}}\left(\frac{\partial\Omega}{\partial\varepsilon_k} - N_k\right)\right],
\tag{31.10}
$$

also für die mittlere Besetzungszahl $\bar{N}_k$

$$
\bar{N}_k = \frac{\partial\Omega}{\partial\varepsilon_k} \overset{(31.9)}{=} \begin{cases} \dfrac{1}{e^{\beta(\varepsilon_k-\mu)} - 1} & \text{BE} \\[2mm] \dfrac{1}{e^{\beta(\varepsilon_k-\mu)} + 1} & \text{FD}. \end{cases}
\tag{31.11}
$$

Durch eine weitere Ableitung nach ε_l erhalten wir analog für die Schwankungen

$$
\begin{aligned}
\beta\langle (N_k - \langle N_k\rangle)(N_l - \langle N_l\rangle)\rangle &= -\frac{\partial^2\Omega}{\partial\varepsilon_k\,\partial\varepsilon_l} = -\frac{\partial\bar{N}_k}{\partial\varepsilon_l} \\
&\overset{(31.11)}{=} \begin{cases} \beta\,\delta_{kl}\,\bar{N}_k(1+\bar{N}_k) & \text{BE} \\ \beta\,\delta_{kl}\,\bar{N}_k(1-\bar{N}_k) & \text{FD}. \end{cases}
\end{aligned}
\tag{31.12}
$$

Im Grenzfall $\bar{N}_l \ll 1$ erhält man daraus das klassische Schwankungsgesetz $\langle \Delta N_k\,\Delta N_l\rangle \approx \delta_{kl}\,\bar{N}_k$.

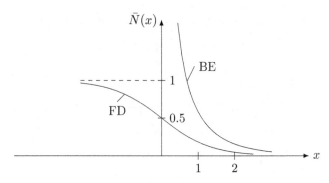

Abb. 31.1 $\bar{N}(x)$ (Besetzungszahlen) als Funktion von $x = \beta(\varepsilon - \mu)$.

Der Verlauf der mittleren Besetzungszahlen $\bar{N}_k$ ist für Fermionen und für Bosonen sehr verschieden. Die Funktionen $\bar{N}_k(x)$, $x = \beta(\varepsilon_k - \mu)$ sind in der Abbildung 31.1 skizziert.

Im Grenzfall $T = 0$ ist die FD-Verteilung gleich $\Theta(\mu - \varepsilon)$, d. h. alle Zustände mit $\varepsilon < \mu$ sind besetzt, und alle Zustände mit $\varepsilon > \mu$ sind unbesetzt (μ ist dann gleich der *Fermienergie*). Das chemische Potential μ kann i. Allg. irgendeinen reellen Wert annehmen.

Damit für die BE-Verteilung $\bar{N}$ im Intervall $[0, \infty)$ ist, muss $x > 0$ sein. Wählen wir die Grundzustandsenergie $\varepsilon_1 = 0$, so bedeutet dies, dass $\mu < 0$ sein muss. Für $T = 0$ muss $\mu = 0$ sein; dann sind alle $\bar{N}_k$ mit $\varepsilon_k > 0$ gleich null, und die $\bar{N}_k$ für $\varepsilon_k = 0$ sind unbestimmt.

Der klassische Grenzfall entspricht $e^x \gg 1$; dann gehen beide Verteilungen in die Boltzmann-Verteilung $\bar{N}_k = e^{-x} = e^{-\beta(\varepsilon_k - \mu)}$ über. Diese Bedingung für alle k ist erfüllt im Grenzfall

$$\frac{\mu}{kT} \longrightarrow -\infty. \tag{31.13}$$

Dann streben die $\bar{N}_k$ gegen null. Die entgegengesetzten Grenzfälle

$$\frac{\mu}{kT} \longrightarrow \begin{cases} +\infty & \text{FD} \\ 0 & \text{BE} \end{cases} \tag{31.14}$$

entsprechen den Quantenregimes der Gase, in welchen sogenannte Entartungserscheinungen auftreten.

Wir diskutieren nun im Detail die *nichtrelativistischen* Bose- und Fermigase für Spin s und Masse m. Diese seien in einem Kasten $\Lambda = \{\boldsymbol{x} \in \mathbb{R}^3 \mid 0 \leqslant x_i \leqslant L\}$ eingesperrt. Der Einteilchen-Hilbertraum ist also

$$\mathcal{H}_1 = L^2(\Lambda) \otimes \mathbb{C}^{2s+1}, \tag{31.15}$$

und der Einteilchen-Hamilton-Operator sei

$$H_1 = \left(-\frac{\hbar^2}{2m}\Delta + \text{const}\right) \otimes \mathbb{1}. \tag{31.16}$$

Dabei ist Δ die eindeutige selbstadjungierte Erweiterung des Laplace-Operators auf $C^2(\Lambda)$ mit Dirichlet'schen Randbedingungen (Verschwinden der Funktionen auf $\partial\Lambda$). Die Konstante in (31.16) wird so gewählt, dass der niedrigste Eigenwert von H_1 verschwindet.

Das Spektrum von H_1 ist diskret und besteht aus den Eigenwerten

$$\varepsilon_{\boldsymbol{n}} = \frac{\hbar^2}{2m}\left(\frac{\pi}{L}\right)^2\left(\boldsymbol{n}^2 - 3\right), \quad \boldsymbol{n} = (n_1, n_2, n_3), \quad n_i = 1, 2, \cdots. \tag{31.17}$$

Die zugehörigen Eigenfunktionen sind ($V = |\Lambda|$)

$$u_{\boldsymbol{n},\sigma}(\boldsymbol{x}) = \left(\frac{8}{V}\right)^{1/2}\prod_{i=1}^{3}\sin\left(\frac{\pi}{L}n_i x_i\right)\chi_\sigma \qquad (\sigma = 1, \cdots, 2s+1),$$

wobei die χ_σ eine orthonormierte Basis von $\mathbb{C}^{2s+1}$ bilden. Zu gegebenem $\boldsymbol{n}$ ist also jeder Eigenwert (31.17) noch $(2s+1)$-fach entartet.

Aus dem großkanonischen Potential (31.9) wird jetzt

$$\Omega = \begin{cases} +(2s+1)kT\displaystyle\sum_{\boldsymbol{n}\in\mathbb{Z}_+^3}\ln\left(1 - e^{-(\varepsilon_{\boldsymbol{n}}-\mu)/kT}\right) & \text{BE} \\[2ex] -(2s+1)kT\displaystyle\sum_{\boldsymbol{n}\in\mathbb{Z}_+^3}\ln\left(1 + e^{-(\varepsilon_{\boldsymbol{n}}-\mu)/kT}\right) & \text{FD}. \end{cases} \tag{31.18}$$

Die mittleren Besetzungszahlen sind jetzt (siehe Gleichung (31.11))

$$\bar{N}_{\boldsymbol{n},\sigma} = \begin{cases} \dfrac{1}{e^{\beta(\varepsilon_{\boldsymbol{n}}-\mu)} - 1} & \text{BE} \\[2ex] \dfrac{1}{e^{\beta(\varepsilon_{\boldsymbol{n}}-\mu)} + 1} & \text{FD}. \end{cases} \tag{31.19}$$

Deshalb ist die mittlere Teilchenzahl

$$\bar{N} = \begin{cases} (2s+1)\displaystyle\sum_{\boldsymbol{n}\in\mathbb{Z}_+^3}\dfrac{1}{e^{\beta(\varepsilon_{\boldsymbol{n}}-\mu)} - 1} & \text{BE} \\[2ex] (2s+1)\displaystyle\sum_{\boldsymbol{n}\in\mathbb{Z}_+^3}\dfrac{1}{e^{\beta(\varepsilon_{\boldsymbol{n}}-\mu)} + 1} & \text{FD} \end{cases} \tag{31.20}$$

und die mittlere Energie (siehe die Aufgabe III.4) ist

$$U = \begin{cases} (2s+1)\displaystyle\sum_{\boldsymbol{n}\in\mathbb{Z}_+^3}\dfrac{\varepsilon_{\boldsymbol{n}}}{e^{\beta(\varepsilon_{\boldsymbol{n}}-\mu)} - 1} & \text{BE} \\[2ex] (2s+1)\displaystyle\sum_{\boldsymbol{n}\in\mathbb{Z}_+^3}\dfrac{\varepsilon_{\boldsymbol{n}}}{e^{\beta(\varepsilon_{\boldsymbol{n}}-\mu)} + 1} & \text{FD}. \end{cases} \tag{31.21}$$

Für den Druck $p = -\partial\Omega/\partial V$ erhalten wir aus (31.18) und (31.17)

$$p = -(2s+1)\sum_{\boldsymbol{n}\in\mathbb{Z}_+^3}\frac{\partial\varepsilon_{\boldsymbol{n}}}{\partial V}\frac{1}{e^{\beta(\varepsilon_{\boldsymbol{n}}-\mu)} \mp 1} = \frac{2}{3}\frac{1}{V}U.$$

Wie für klassische ideale Gase gilt also auch hier

$$pV = \frac{2}{3}U\,. \tag{31.22}$$

Nun ist es angebracht, zum thermodynamischen Limes überzugehen. In diesem werden aus den Summen Integrale:

$$\left(\frac{\pi}{L}\right)^3 \sum_{n\in\mathbb{Z}_+^3} f\left(\frac{\pi}{L}\sqrt{n^2-3}\right) = \int_{\mathbb{R}_+^3} f(|\boldsymbol{k}|)\,d^3k \tag{31.23}$$

Die stetige Funktion f muss dabei die Bedingung

$$|f(\boldsymbol{k})| \leqslant C(1+|\boldsymbol{k}|)^{-3-\varepsilon}\,, \quad \varepsilon > 0\,, \tag{31.24}$$

erfüllen. Für eine strenge Begründung kann man die Euler-Maclaurin'sche Summenformel (Smirnow, 1994, Kapitel 76 von Band III.2) heranziehen. (Diese Bedingung muss man im Folgenden beim Bosegas für tiefe Temperaturen im Auge behalten.)

31.1 Das ideale Fermigas

Beim Fermigas ist der thermodynamische Limes unproblematisch. Z. B. wird aus der mittleren Teilchendichte $n = \bar{N}/V$

$$n = (2s+1)\frac{1}{\pi^3}\int_{\mathbb{R}_+^3} \frac{1}{e^{\beta(\hbar^2 k^2/2m-\mu)}+1}\,d^3k$$

$$= (2s+1)\frac{1}{\pi^3}\frac{1}{8}4\pi\int_0^\infty d|\boldsymbol{k}|\,|\boldsymbol{k}|^2\,\frac{1}{e^{\beta(\hbar^2 k^2/2m-\mu)}+1}\,. \tag{31.25}$$

Nach der Variablensubstitution $x = \beta\dfrac{\hbar^2}{2m}|\boldsymbol{k}|^2$ wird daraus

$$n = (2s+1)\left(\frac{2\pi mkT}{h^2}\right)^{3/2}\underbrace{\frac{2}{\sqrt{\pi}}}_{\dfrac{1}{\Gamma\left(\frac{3}{2}\right)}}\int_0^\infty \frac{x^{1/2}}{e^{x-\beta\mu}+1}\,dx\,.$$

Wir benutzen im Folgenden die Funktionen

$$f_\sigma(z) = \frac{1}{\Gamma(\sigma)}\int_0^\infty \frac{x^{\sigma-1}}{z^{-1}e^x+1}\,dx\,, \quad \lambda > 0\,. \tag{31.26}$$

Damit erhalten wir

$$n = (2s+1)\,\lambda(T)^{-3}f_{3/2}(z)\,, \tag{31.27}$$

wobei $z = e^{\beta\mu}$ die *Fugazität* ist und $\lambda(T)$ wieder die *thermische Wellenlänge*

$$\lambda(T) = \frac{h}{\sqrt{2\pi mkT}} \qquad (31.28)$$

bezeichnet.

Entsprechend erhalten wir aus (31.21) und (31.22)

$$p = (2s + 1)\frac{kT}{\lambda^3(T)}f_{5/2}(z) \qquad (31.29)$$

und für die innere Energiedichte

$$u = \frac{3}{2}p = 3\frac{2s + 1}{2}kT\,\lambda^{-3}f_{5/2}(z)\,. \qquad (31.30)$$

Die Entropiedichte S/V ist allgemein[3] gleich $(p + u - \mu n)/T$, also hier

$$\frac{S}{V} = \frac{1}{T}\left(\frac{5}{3}u - \mu n\right) = \frac{k}{\lambda^3}(2s + 1)\left[\frac{5}{2}f_{5/2}(z) - \mu f_{3/2}(z)\right]. \qquad (31.31)$$

Um die Größen p, u und S/V als Funktionen von T und n auszudrücken, müssen wir z eliminieren. Dies können wir analytisch nur in gewissen Grenzfällen bewerkstelligen.

a) Schwache Entartung (z klein) Für $|z| < 1$ erhalten wir aus (31.26) eine konvergente Reihenentwicklung:

$$f_\sigma(z) = \sum_{k=1}^{\infty}(-1)^{k-1}\frac{z^k}{k^\sigma} \qquad (|z| < 1) \qquad (31.32)$$

(Man benutze $(1 + ze^{-x})^{-1} = \sum_{l=0}^{\infty}(-1)^l(z\,e^{-x})^l$.) Damit folgt aus (31.27)

$$n = (2s + 1)\left(\frac{2\pi mkT}{h^2}\right)^{3/2}\underbrace{\sum_{k=1}^{\infty}(-1)^{k-1}\frac{z^k}{k^{3/2}}}_{z + O(z^2)}\,. \qquad (31.33)$$

Kleinen Werten von z entsprechen also kleinen Teilchendichten (oder große spezifische Volumina v). Die Umkehrung von (31.33) hat die Form

$$z = \frac{\lambda^3 n}{2s + 1}\left[1 + \frac{1}{2^{3/2}}\frac{\lambda^3 n}{2s + 1} + \cdots\right]. \qquad (31.34)$$

Für

$$\frac{pv}{kT} = \frac{f_{5/2}(z)}{f_{3/2}(z)} \qquad (31.35)$$

---

[3] Es ist $\Omega = -pV = U - TS - \mu N$.

erhalten wir näherungsweise

$$\frac{pv}{kT} = 1 + \frac{z}{2^{5/2}} + \cdots = 1 + \frac{1}{2^{5/2}} \frac{1}{2s+1} \left(\frac{h^2}{2\pi mkT} \right)^{3/2} n + \cdots . \tag{31.36}$$

Als Übungsaufgabe bestimme man den Anfang der Entwicklung auch für u, c_v und μ; das Resultat lautet:

$$u = \frac{3}{2} nkT \left[1 + \frac{1}{2^{5/2}} \frac{1}{2s+1} \lambda^3 n + \cdots \right] , \tag{31.37}$$

$$c_v = \frac{3}{2} kT \left[1 - \frac{1}{2^{9/2}} n \left(\frac{2\pi\hbar^2}{mk} \right)^{3/2} T^{-3/2} + \cdots \right] , \tag{31.38}$$

$$\mu(T,n) = kT \ln \left[\frac{\lambda^3 n}{2s+1} + \frac{1}{2^{3/2}} \left(\frac{\lambda^3 n}{2s+1} \right)^2 + \cdots \right] \tag{31.39}$$

Wir erhalten also, wie es sein muss, in führender Ordnung die Resultate der klassischen Theorie in Aufgabe I.9.

b) Vollständige Entartung Diese liegt bei $T = 0$ vor. In diesem Grenzfall wird aus der Fermi-Funktion

$$\frac{1}{e^{\beta(\varepsilon-\mu)} + 1} \xrightarrow{T \searrow 0} \begin{cases} 1 & \text{für } \varepsilon \leqslant \mu , \\ 0 & \text{für } \varepsilon > \mu . \end{cases} \tag{31.40}$$

Dies ist ein Ausdruck des Pauli-Prinzips. In diesem Fall nennt man die Grenzenergie μ *Fermi-Energie*. Für $s = 1/2$ ist die Teilchendichte

$$n = \frac{2}{\pi^3} \frac{1}{8} \frac{1}{\hbar^3} \int\limits_{|\boldsymbol{p}| < p_F} d^3p = \frac{p_F^3}{3\pi^2\hbar^3} . \tag{31.41}$$

mit

$$\frac{p_F^2}{2m} = \varepsilon_F := \mu . \tag{31.42}$$

Die *Nullpunktsenergiedichte* ist gegeben durch

$$\frac{U}{V} = \frac{2x4\pi}{(2\pi\hbar)^3} \int\limits_0^{p_F} \frac{p^2}{2m} p^2 \, dp = \frac{p_F^5/2m}{5\pi^2\hbar^3} = \frac{3}{5} n\varepsilon_F$$

$$= \frac{1}{5\pi^2\hbar^3} (2m)^{3/2} \varepsilon_F^{5/2} . \tag{31.43}$$

Der *Nullpunktsdruck* ist

$$p = \frac{2}{3} \frac{U}{V} = \frac{2}{5} n\varepsilon_F = \frac{(3\pi^2)^{2/3}}{5} \frac{\hbar^2}{m} n^{5/3} . \tag{31.44}$$

In Kapitel 35 besprechen wir die Anwendung des vollständig entarteten Elektronengases auf die Weißen Zwerge.

c) Starke Entartung ($z \gg 1$)   Für $z \gg 1$ können wir die folgende asymptotische (Sommerfeld-)Entwicklung für die Funktionen f_σ (Gleichung (31.26)) benutzen (siehe Anhang I): Sei $\hat{f}_\sigma(\ln z) := f_\sigma(z)$, dann gilt für $y > 1$

$$\hat{f}_\sigma(y) = y^\sigma \left\{ \sum_{k=0}^{N} \frac{c_{2k}}{\Gamma(\sigma + 1 - 2k)} y^{-2k} + R_\sigma^{(N)}(y) \right\} , \qquad (31.45)$$

wobei c_{2k} die Koeffizienten der Taylor-Reihe

$$\frac{\pi z}{\sin \pi z} = \sum_{k=0}^{\infty} c_{2k} \, z^{2k} \quad (|z| < 1)$$

sind und $|R_\lambda^{(N)}(y)| \leqslant C_\lambda^{(N)} \, y^{-(2N+2)}$ ist. Die niedrigsten Koeffizienten sind (siehe Straumann, 1988)

$$c_0 = 1, \quad c_2 = \frac{\pi^2}{6}, \quad c_4 = \frac{7\pi^4}{360}, \cdots . \qquad (31.46)$$

Damit erhalten wir speziell

$$f_{3/2}(z) = \frac{4}{3\sqrt{\pi}} (\ln z)^{3/2} \left[1 + \frac{\pi^2}{8(\ln z)^2} + \cdots \right] ,$$

$$f_{5/2}(z) = \frac{8}{15\sqrt{\pi}} (\ln z)^{5/2} \left[1 + \frac{5\pi^2}{8(\ln z)^2} + \cdots \right] . \qquad (31.47)$$

Dies ergibt für (31.27) und (31.30) (für $s = 1/2$)

$$\frac{\lambda^3 n}{2} = \frac{4}{3\sqrt{\pi}} (\ln z)^{3/2} \left[1 + \frac{\pi^2}{8(\ln z)^2} + \cdots \right] , \qquad (31.48)$$

$$\frac{U}{V} = 3kT \frac{8}{15\sqrt{\pi}} \frac{1}{\lambda^3} (\ln z)^{5/2} \left[1 + \frac{5\pi^2}{8(\ln z)^2} + \cdots \right] . \qquad (31.49)$$

Aus (31.48) erhalten wir

$$\ln z = \left[\frac{3\sqrt{\pi}}{4} \frac{\lambda^3 n}{2} \left(1 + \frac{\pi^2}{8(\ln z)^2} + \cdots \right)^{-1} \right]^{2/3}$$

$$= \frac{\varepsilon_F}{kT} \left(1 + \frac{\pi^2}{8(\ln z)^2} + \cdots \right)^{-2/3}$$

$$= \frac{\varepsilon_F}{kT} \left(1 - \frac{\pi^2}{12(\ln z)^2} + \cdots \right) . \qquad (31.50)$$

Dabei ist die Fermi-Energie gemäß (31.42) definiert. Damit können wir $\ln z = \mu/kT$ iterativ bestimmen. In nullter Näherung ist natürlich

$$\frac{\mu^{(0)}}{kT} = \frac{\varepsilon_F}{kT} = \frac{\mu(T = 0, n)}{kT} .$$

Setzen wir dies rechts in (31.50) ein, so ergibt sich

$$\frac{\mu}{kT} = \frac{\varepsilon_F}{kT}\left[1 - \frac{\pi^2}{12}\left(\frac{kT}{\varepsilon_F}\right)^2 + \cdots\right]. \tag{31.51}$$

Damit erhalten wir für kleine T für die Energiedichte (31.49)

$$\begin{aligned}
\frac{U}{V} &= \frac{3}{5}nkT\left(\frac{kT}{\varepsilon_F}\right)^{3/2}\left(\frac{\varepsilon_F}{kT}\right)^{5/2} \\
&\quad \cdot \left[1 - \frac{\pi^2}{12}\left(\frac{kT}{\varepsilon_F}\right)^2 + \cdots\right]\left[1 + \frac{5\pi^2}{8}\left(\frac{kT}{\varepsilon_F}\right)^2 + \cdots\right] \\
&= \frac{3}{5}n\varepsilon_F\left[1 + \frac{5\pi^2}{12}\left(\frac{kT}{\varepsilon_F}\right)^2 + \cdots\right].
\end{aligned} \tag{31.52}$$

Daraus ergibt sich

$$p = \frac{2}{3}\frac{U}{V} = \frac{2}{5}n\varepsilon_F\left[1 + \frac{5\pi^2}{12}\left(\frac{kT}{\varepsilon_F}\right)^2 + \cdots\right] \tag{31.53}$$

und

$$\frac{C_V}{N} = \frac{1}{N}\left(\frac{\partial U}{\partial T}\right)_V = \frac{\pi^2 k^2}{2\varepsilon_F}T + O(T^2). \tag{31.54}$$

Für die Entropiedichte erhalten wir aus (31.31)

$$\begin{aligned}
\frac{S}{V} &= \frac{1}{T}\left(\frac{5}{3}\frac{U}{V} - \mu n\right) = \frac{1}{T}\left[n\varepsilon_F\left(1 + \frac{5\pi^2}{12}\left(\frac{kT}{\varepsilon_F}\right)^2 + \cdots\right)\right. \\
&\quad \left. -n\varepsilon_F\left(1 - \frac{\pi^2}{12}\left(\frac{kT}{\varepsilon_F}\right)^2 + \cdots\right)\right] \\
&= \frac{nk^2\pi^2}{2\varepsilon_F}T + O(T^2).
\end{aligned} \tag{31.55}$$

Somit gilt auch für das Elektronengas der Planck-Nernst'sche Wärmesatz (im Gegensatz zum klassischen idealen Gas).

Qualitativ hat die spezifische Wärmekapazität c_v pro Teilchen die in Abbildung 31.2 dargestellte Form. Das Gebiet der Entartung ist durch $T \ll \varepsilon_F/k$ ($\equiv$ *Entartungstemperatur*) charakterisiert. In grober Näherung kann man Metalle als Ionengitter auffassen, in denen sich die Leitungselektronen als ideales Fermigas verhalten. Für dieses ist die Entartungstemperatur typisch einige 10^4 K. Bei Zimmertemperatur ist also das Elektronengas stark entartet und liefert einen vernachlässigbar kleinen Beitrag zur spezifischen Wärmekapazität. Für $T \to 0$ dominiert aber die spezifische Wärmekapazität der Elektronen, da der Beitrag des Ionengitters nach der Debye-Theorie wie T^3 gegen null geht.

Wesentlich idealer verhalten sich die Elektronen in einem Weißen Zwerg (siehe Kapitel 35).

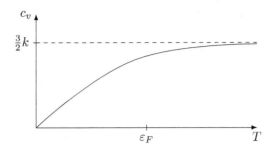

Abb. 31.2 Die spezifische Wärmekapazität pro Teilchen für das Elektronengas.

31.2 Die Einstein-Kondensation

Wir stellen zunächst für ein endliches nichtrelativistisches Bosegas die wichtigsten Formeln nochmals zusammen:

$$\Omega = (2s+1)\,kT \sum_{n\in\mathbb{Z}_+^3} \ln\left(1 - z\,\mathrm{e}^{-\beta\varepsilon_n}\right), \tag{31.56}$$

$$\bar{N}_{n,\sigma} = \frac{1}{z^{-1}\,\mathrm{e}^{\beta\varepsilon_n} - 1}, \tag{31.57}$$

$$\bar{N} = (2s+1) \sum_{n\in\mathbb{Z}_+^3} \frac{1}{z^{-1}\,\mathrm{e}^{-\beta\varepsilon_n} - 1}, \tag{31.58}$$

$$U = (2s+1) \sum_{n\in\mathbb{Z}_+^3} \frac{\varepsilon_n}{z^{-1}\,\mathrm{e}^{-\beta\varepsilon_n} - 1}, \tag{31.59}$$

$$pV = \frac{2}{3}U. \tag{31.60}$$

Dabei bezeichnet z wieder die Fugazität, $z = \mathrm{e}^{\beta\mu}$.

In diesen Formeln kann man nicht ohne weiteres überall Summen in Integrale verwandeln, da für $z = 1$ ($\mu = 0$) eine Divergenz auftritt, wenn die Grundzustandsenergie verschwindet. Es empfiehlt sich deshalb, wo dies nötig ist, den Beitrag des Grundzustandes explizit abzuspalten. Z. B. erhalten wir für $\bar{N}$

$$\bar{N} = (2s+1)\frac{z}{1-z} + (2s+1)\frac{4\pi V}{(2\pi\hbar)^3} \int_0^\infty dp\, p^2 \frac{1}{z^{-1}\,\mathrm{e}^{\beta p^2/2m} - 1}. \tag{31.61}$$

Dabei haben wir die Summe über alle angeregten Zustände durch ein Integral ersetzt. Wegen des Gewichtsfaktors p^2 ist es nicht nötig, eine untere Grenze > 0 einzuführen. Der erste Term in (31.61) ist die mittlere Besetzungszahl des Grundzustandes:

$$\bar{N}_0 = (2s+1)\frac{z}{1-z} \tag{31.62}$$

Wir benutzen im Folgenden die Funktionen $g_\lambda(z)$ für $|z| < 1$:

$$g_\sigma(z) = \frac{1}{\Gamma(\sigma)} \int_0^\infty \frac{x^{\sigma-1}}{z^{-1}\,\mathrm{e}^x - 1}\,dx = \sum_{k=1}^\infty \frac{z^k}{k^\sigma} \tag{31.63}$$

Man beachte $g_\sigma(1) = \zeta(\sigma)$. Damit können wir (31.61) als

$$\bar{N} = (2s+1)\left[\frac{z}{1-z} + \frac{V}{\lambda^3}g_{3/2}(z)\right] \tag{31.64}$$

schreiben. Für den Druck erhalten wir gemäß (31.59) und (31.60)

$$p = \frac{2}{3}(2s+1)\frac{1}{V}\sum_{n\in\mathbb{Z}_+^3} \frac{\varepsilon_n}{z^{-1}\,\mathrm{e}^{\beta\varepsilon_n} - 1}\,. \tag{31.65}$$

Dank des zusätzlichen Faktors ε_n tritt hier keine Schwierigkeit auf, und wir können die Summe durch ein Integral ersetzen:

$$p = (2s+1)\frac{kT}{\lambda^3}g_{5/2}(z) \tag{31.66}$$

Der Einfachheit halber setzen wir im Folgenden $s = 0$. Nach (31.63) gilt für die Teilchendichte $n = \bar{N}/V (= v^{-1})$

$$n = \frac{1}{V}\frac{z}{1-z} + \frac{1}{\lambda^3}g_{3/2}(z)\,. \tag{31.67}$$

Zu gegebenem n definieren wir eine Übergangstemperatur $T_c(n)$ – deren Bedeutung bald klar wird – durch

$$n = \frac{1}{\lambda^3(T_c)}g_{3/2}(1)\,. \tag{31.68}$$

Wegen $g_{3/2}(1) = \zeta(3/2) = 2.612$ ist

$$T_c = \frac{3.31}{mk}\hbar^2 n^{2/3}\,. \tag{31.69}$$

Aus (31.67) und (31.68) folgt

$$n - \frac{1}{V}\frac{z}{1-z} = n\left(\frac{T}{T_c}\right)^{3/2}\frac{g_{3/2}(z)}{g_{3/2}(1)}\,. \tag{31.70}$$

Nun bestimmen wir für gegebene n und T die Fugazität z aus Gleichung (31.67). Dazu bemerken wir zuerst, dass $g_{3/2}(z)$ im Intervall $[0, 1]$ qualitativ die Form in Abbildung 31.3 hat. Die Tangente bei $z = 1$ ist senkrecht. Die grafische Lösung von (31.67) in der Form

$$\frac{\lambda^3}{v} = \frac{\lambda^3}{V}\frac{z}{1-z} + g_{3/2}(z) \tag{31.71}$$

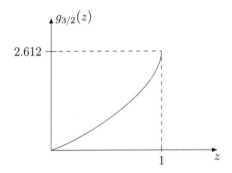

Abb. 31.3 Die Funktion $g_{3/2}(z)$ $(g_{3/2}(1) = \zeta(3/2) = 2.612)$.

ist in Abbildung 31.4 gezeigt. Daneben ist z als Funktion von v/λ^3 aufgetragen. Beim Grenzübergang $V \to \infty$ erhalten wir

$$
z = \begin{cases} 1 & \text{für } \dfrac{\lambda^3}{v} \geqslant g_{3/2}(1), \\[2ex] \text{Wurzel von } g_{3/2}(z) = \dfrac{\lambda^3}{v} & \text{für } \dfrac{\lambda^3}{v} \leqslant g_{3/2}(1). \end{cases}
\tag{31.72}
$$

Nun ist Folgendes sehr bemerkenswert: Für $T > T_c$ ist $z < 1$ und also nach (31.62)

$$
\frac{\bar{N}_0}{\bar{N}} \xrightarrow[(V \to \infty)]{} 0 \qquad (T > T_c),
\tag{31.73}
$$

aber für $T < T_c$ ist ein *endlicher Bruchteil der Teilchen im Grundzustand.* In der Tat ergibt sich aus (31.70)

$$
\frac{\bar{N}_0}{\bar{N}} \xrightarrow[(V \to \infty)]{} 1 - \left(\frac{T}{T_c}\right)^{3/2} \qquad (T \leqslant T_c).
\tag{31.74}
$$

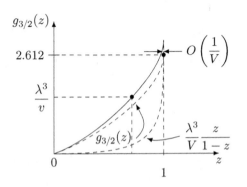
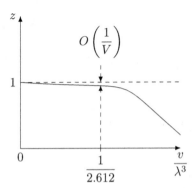

(a) Grafische Lösung von Gleichung (31.71).   (b) Fugazität als Funktion von v/λ^3.

Abb. 31.4 Die Lösung von Gleichung (31.71) und die Fugazität für $V \to \infty$.

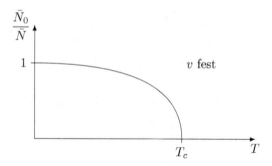

Abb. 31.5 Der Bruchteil der Gasatome im Grundzustand bei festem $v \ (= n^{-1})$.

Dies ist die Einstein-Kondensation (oft als Bose-Einstein-Kondensation bezeichnet, obschon Bose darüber kein Wort geschrieben hat). Die mittlere Besetzungszahl ist in Abbildung 31.5 skizziert. Die Teilchendichte mit positiver Energie ist für $T < T_c$ nach (31.64) und (31.72)

$$n_{\varepsilon > 0} = \frac{1}{\lambda^3} g_{3/2}(1) \overset{(31.68)}{=} n \left(\frac{T}{T_c} \right)^{3/2} \qquad (T \leqslant T_c). \tag{31.75}$$

Oberhalb von T_c können wir den ersten Term in (31.64) weglassen:

$$n = \frac{1}{\lambda^3} g_{3/2}(z) \qquad (T > T_c). \tag{31.76}$$

Für die weitere Diskussion benutzen wir auch das kritische Volumen v_c zu gegebener Temperatur, definiert durch (vgl. mit (31.68))

$$v_c = \frac{\lambda^3}{g_{3/2}(1)}. \tag{31.77}$$

Nach (31.66) und (31.72) lautet die Zustandsgleichung

$$p = \frac{kT}{\lambda^3} \begin{cases} g_{5/2}(z) & \text{für} \quad v > v_c, \\ g_{5/2}(1) & \text{für} \quad v < v_c \end{cases} \tag{31.78}$$

$(g_{5/2}(1) = \zeta(5/2) = 1.342)$. Dabei ist z durch die zweite Zeile in (31.72) definiert, d. h. es ist

$$g_{3/2}(z) = \frac{\lambda^3}{v}. \tag{31.79}$$

Äquivalent dazu gilt nach (31.77)

$$\frac{g_{3/2}(z)}{g_{3/2}(1)} = \frac{v_c}{v} \tag{31.80}$$

oder nach (31.68) auch

$$\frac{g_{3/2}(z)}{g_{1/2}(1)} = \left(\frac{T}{T_c} \right)^{3/2}. \tag{31.81}$$

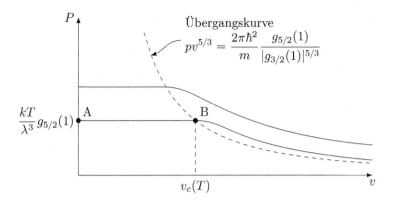

Abb. 31.6 Die Isothermen des idealen Bose-Gases.

Die Isothermen sind in Abbildung 31.6 dargestellt. Der Druck ist nach (31.78) für $v < v_c$ nur eine Funktion von T, und deshalb sind dort die Isothermen horizontal. Dieses „Kondensationsgebiet" wird in der p-v-Ebene durch die Kurve

$$p = \frac{kT}{\lambda^3(T)} g_{5/2}(1)\,, \quad v = v_c(T) = \frac{\lambda^3}{g_{3/2}(1)} \;\Rightarrow\; pv^{5/3} = \frac{h^2}{2\pi m}\frac{g_{5/2}(1)}{\left[g_{3/2}(1)\right]^{5/3}} \quad (31.82)$$

begrenzt. Wir nennen

$$p_0(T) = \frac{kT}{\lambda^3} g_{5/2}(1) \tag{31.83}$$

die Dampfdruckkurve. Aus dieser Gleichung folgt die Clausius-Clapeyron-Gleichung:

$$\frac{dp_0(T)}{dT} = \frac{5}{2}\frac{k}{\lambda^3(T)}g_{5/2}(1) = \frac{1}{Tv_c}\left[\frac{5}{2}kT\frac{g_{5/2}(1)}{g_{3/2}(1)}\right] \tag{31.84}$$

Wir wollen die rechte Seite im Sinne der phänomenologischen Theorie als $L/(T\Delta v)$ (L = latente Übergangswärme pro Teilchen, Δv = Unterschied der spezifischen Volumina der beiden Phasen) darstellen. Dazu bestimmen wir zuerst Δv. Das Gibbs'sche Potential $g(T,p)$ pro Teilchen ist gleich dem chemischen Potential μ, und es gilt $v = \partial g/\partial p = (\partial \mu/\partial p)_T$. Nun ist in der kondensierten Phase $\mu = 0$ und folglich verschwindet dafür das spezifische Volumen. In der Gasphase ist längs der Koexistenzkurve (31.83) das spezifische Volumen gleich v_c, also erhalten wir

$$\Delta v = v_c\,. \tag{31.85}$$

Damit muss die Übergangswärme L gleich der eckigen Klammer in (31.84) sein:

$$L = \frac{5}{2}kT\frac{g_{5/2}(1)}{g_{3/2}(1)} \tag{31.86}$$

Da diese nicht verschwindet, ist die Einstein-Kondensation ein *Phasenübergang erster Ordnung*. (Siehe dazu die nachfolgenden Bemerkungen.)

Wir bestimmen noch einige weitere thermodynamische Größen für beide Phasengebiete. Die Entropie ist nach (31.60)

$$S = \frac{1}{T}(U + pV - \mu N) = \frac{1}{T}\left(\frac{5}{2}pV - \mu N\right),$$

also gilt nach (31.78)

$$\frac{S}{Nk} = \frac{1}{kT}\left(\frac{5}{2}pv - \mu\right) = \begin{cases} \dfrac{v}{\lambda^3}g_{5/2}(z) + \ln z, & T > T_c \\[2mm] \dfrac{v}{\lambda^3}g_{5/2}(1), & T < T_c. \end{cases} \tag{31.87}$$

Für $T \searrow 0$ verschwindet also die Entropie wie $T^{3/2}$, weshalb der dritte Hauptsatz erfüllt ist. Die kondensierte Phase (die bei $T = 0$ vorhanden ist) hat deshalb keine Entropie. Bei jeder endlichen Temperatur rührt die gesamte Entropie ausschließlich von der gasförmigen Phase her. Der Anteil von Teilchen in dieser Phase ist nach (31.75) gleich $(T/T_c)^{3/2} = v/v_c$ (man beachte (31.80) und (31.81)). Wenn wir S im Übergangsgebiet in der Form

$$\frac{S}{N} = \left(\frac{T}{T_c}\right)^{3/2} s = \left(\frac{v}{v_c}\right) s \tag{31.88}$$

darstellen, erhalten wir für s

$$s = \frac{g_{5/2}(1)}{g_{3/2}(1)}\frac{5}{2}k, \tag{31.89}$$

und dies ist die Entropie pro Teilchen der gasförmigen Phase. Der Unterschied in den spezifischen Entropien der gasförmigen und der kondensierten Phase ist deshalb

$$\Delta s = s = \frac{g_{5/2}(1)}{g_{3/2}(1)}\frac{5}{2}k. \tag{31.90}$$

Wir sehen, dass $T\Delta s$ gerade die Umwandlungswärme (31.27) ist, was zeigt, dass die Interpretation der Einstein-Kondensation als Phasenübergang erster Ordnung gerechtfertigt ist.

Schließlich bestimmen wir noch die innere Energie und die spezifische Wärmekapazität. Nach (31.60) und (31.78) ist

$$\frac{U}{N} = \frac{3}{2}pv = \begin{cases} \dfrac{3}{2}kT\dfrac{v}{\lambda^3}g_{5/2}(z), & T > T_c \\[2mm] \dfrac{3}{2}kT\dfrac{v}{\lambda^3}g_{5/2}(1), & T < T_c. \end{cases} \tag{31.91}$$

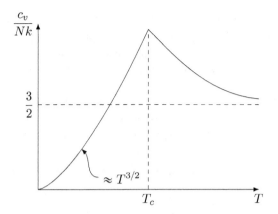

Abb. 31.7 Die spezifische Wärmekapazität des idealen Bosegases.

Die spezifische Wärmekapazität $c_v(T, v)$ erhalten wir daraus durch Ableiten nach T bei festem v. Für $T < T_c$ ergibt sich sofort

$$c_v(T, v) = k\frac{15}{4}\frac{v}{\lambda^3}g_{5/2}(1), \qquad (T < T_c). \qquad (31.92)$$

Für $T > T_c$ ist zunächst

$$c_v = k\frac{15}{4}\frac{v}{\lambda^3}g_{5/2}(z) + \frac{3}{2}kT\frac{v}{\lambda^3}\underbrace{\frac{\partial}{\partial T}\left(g_{5/2}(z(T))\right)_v}_{g'_{5/2}(z)\frac{dz(T)}{dT}}.$$

Hier verwenden wir die Beziehung

$$z \cdot \frac{dg_\lambda(z)}{dz} = g_{\lambda-1}(z). \qquad (31.93)$$

Die Ableitung dz/dT bei festem v ergibt sich aus (31.79):

$$\frac{dz}{dT} = -\frac{3}{2}\frac{\lambda^3}{v}\frac{z}{T\,g_{1/2}(z)} \qquad (31.94)$$

Setzen wir dies oben ein, so ergibt sich

$$c_v = k\frac{15}{4}\frac{v}{\lambda^3}g_{5/2}(z) - k\frac{9}{4}\frac{g_{3/2}(z)}{g_{1/2}(z)} \qquad (T > T_c). \qquad (31.95)$$

Der qualitative Verlauf der spezifischen Wärmekapazität ist in Abbildung 31.7 skizziert. In der Nähe des absoluten Nullpunkts verschwindet c_v wie $T^{3/2}$, also nicht wie T^3, wie in der Debye'schen Theorie. Dies beruht auf den unterschiedlichen Dispersionsgesetzen.

Der Sprung der Ableitung $\partial c_v/\partial T$ bei T_c wird in Aufgabe III.4 berechnet, mit dem folgenden Resultat für die beiden Ableitungen:

$$2.89\frac{k}{T_c} \qquad \text{bzw.} \qquad -0.78\frac{k}{T_c}$$

Anmerkung   Die idealen Quantengase stellen natürlich nur einen etwas unphysikalischen Grenzfall dar. Nachdem die Einstein-Kondensation vorhergesagt wurde, schien deren experimentelle Beobachtung wegen der interatomaren Wechselwirkungen unmöglich. Schrödinger drückte dies später so aus:

> *Um eine signifikante Abweichung* [vom klassischen Verhalten] *aufzuweisen, benötigt man so hohe Dichten und so kleine Temperaturen, dass die van-der-Waals-Korrekturen auf die Effekte einer möglichen Entartung von der gleichen Größenordnung sein werden, und es besteht wenig Aussicht dafür, dass die beiden Arten von Effekten sich jemals trennen lassen.*

Erst siebzig Jahre nach Einsteins Abhandlungen ist die Kondensation eines nahezu wechselwirkungsfreien Teilchengases beobachtet worden. Dies eröffnete ein neues Feld physikalischer Forschung. Bei der Behandlung von realen Gasen stößt man auf große Schwierigkeiten. So gibt es z. B. heute noch keine befriedigende Theorie für suprafluides ^{4}He.

32 Die Debye-Theorie fester Körper

Wir betrachten jetzt einen Bereich der Gesamtenergie eines Systems von N Atomen, bei dem diese sich im thermodynamischen Gleichgewicht im *festen* Zustand befinden. Dies bedeutet, dass die Atome kleine Schwingungen um die Ruhelagen $x_j^{(0)}$ ausführen, welche das selbstkonsistent erzeugte Potential $U(x_1, \cdots, x_N)$ aller Atome minimieren. In dieser Situation ist es naheliegend, die Bewegungsgleichungen zur Hamilton-Funktion

$$H = \frac{1}{2m} \sum_{j=1}^{N} p_j^2 + U(x_1, \cdots, x_N) \tag{32.1}$$

zu linearisieren. Dies ist äquivalent dazu, dass in einer Entwicklung von U um die Gleichgewichtslagen nur der quadratische Teil U_2 mitgenommen wird:

$$U_2 = \frac{1}{2} \sum_{i,j} \frac{\partial^2 U\left(x^{(0)}\right)}{\partial x_i \, \partial x_j} \, q_i \, q_j \,, \qquad q_i \equiv x_i - x_i^{(0)} \tag{32.2}$$

Die linearisierten Gleichungen werden durch die Hamilton-Funktion

$$H_2 = \frac{1}{2m} \sum_{j=1}^{N} p_j^2 + U_2(q) \tag{32.3}$$

beschrieben. Da U_2 eine quadratische Form ist, kann sie durch eine orthogonale Transformation diagonalisiert werden:

$$U_2 = \frac{1}{2} \sum_{\alpha=1}^{3N} m \, \omega_\alpha^2 \, Q_\alpha^2 \tag{32.4}$$

(Die Eigenwerte sind nicht negativ, da U_2 eine positiv semidefinite quadratische Form ist.) Werden auch die p's der gleichen Transformation unterworfen, so liegt eine kanonische Transformation vor.[4] Die Hamilton-Funktion ist damit auf „Normalkoordinaten" transformiert,

$$H_2 = \sum_{\alpha=1}^{3N} \left(\frac{1}{2m} P_\alpha^2 + \frac{m\omega_\alpha^2}{2} Q_\alpha^2 \right) \,, \tag{32.5}$$

und beschreibt $3N$ ungekoppelte harmonische Oszillatoren.

Für einen einzelnen Oszillator mit Energieeigenwerten $\hbar\omega(n + 1/2)$ ($n = 0, 1, 2, \cdots$) lautet die Zustandssumme

$$\sum_{n=0}^{\infty} e^{-\beta\hbar\omega(n+\frac{1}{2})} = \frac{e^{-\beta\hbar\omega/2}}{1 - e^{-\beta\hbar\omega}} \,. \tag{32.6}$$

---

[4] Allgemein ist $(q, p) \mapsto (Aq, (A^T)^{-1}p)$ eine kanonische Transformation für jede lineare Transformation A. In unserem Fall ist A orthogonal und folglich $(A^T)^{-1} = A$.

Damit lautet die kanonische Zustandssumme zu (32.5)

$$Z = \prod_\alpha \frac{e^{-\beta\hbar\omega_\alpha/2}}{1 - e^{-\beta\hbar\omega_\alpha}} \, . \tag{32.7}$$

Die zugehörige innere Energie $U = -\dfrac{\partial}{\partial\beta}\ln Z$ ist

$$U = \sum_\alpha \left[\frac{\hbar\omega_\alpha}{2} + \frac{\hbar\omega_\alpha}{e^{\beta\hbar\omega_\alpha} - 1} \right] \, . \tag{32.8}$$

Um weiterzukommen, müssen wir etwas über das Spektrum $\{\omega_\alpha\}$ wissen. Im Prinzip ist dieses natürlich durch das Gitterpotential U bestimmt. Nach Debye verwenden wir nun die folgende, für die Zwecke der Statistik bewährte Näherung zur Bestimmung des Spektrum: Bei nicht zu hohen Temperaturen spielen vor allem die thermische Anregungen der Oszillatoren niedriger Frequenzen die Hauptrolle. Die zugehörigen langwelligen Eigenschwingungen sind Schallwellen, deren Wellenlängen groß gegenüber dem Atomabstand des Gitters sind. Für diese Schwingungsmoden sind die Einzelheiten der Gitterstruktur belanglos, und wir können dieses durch die Kontinuumstheorie des elastischen Mediums beschrieben. Nach dieser gilt für den Auslenkungsvektor $\boldsymbol{u}(\boldsymbol{x}, t)$ am Ort $\boldsymbol{x}$ des Mediums die Grundgleichung[5]

$$\rho\partial_t^2 \boldsymbol{u} = \mu\Delta\boldsymbol{u} + (\lambda + \mu)\boldsymbol{\nabla}(\boldsymbol{\nabla} \cdot \boldsymbol{u}) \tag{32.9}$$

(ρ = Dichte, λ, μ = Lamé'sche Elastizitätskonstanten). Für eine ebene Welle

$$\boldsymbol{u}(\boldsymbol{x}, t) = \boldsymbol{a}\, e^{i(\boldsymbol{k}\cdot\boldsymbol{x} - \omega t)} \tag{32.10}$$

ergibt (32.9) die Bedingung

$$(\rho\omega^2 - \mu k^2)\boldsymbol{a} - (\lambda + \mu)(\boldsymbol{k} \cdot \boldsymbol{a})\boldsymbol{k} = 0 \, . \tag{32.11}$$

Für transversale Wellen $\boldsymbol{a} \perp \boldsymbol{k}$ führt dies zur Dispersionsbeziehung

$$\omega = c_t|\boldsymbol{k}| \, , \qquad c_t = \sqrt{\frac{\mu}{\rho}} \, . \tag{32.12}$$

Hier ist c_t die transversale Schallgeschwindigkeit. Für longitudinale Wellen $\boldsymbol{a} \parallel \boldsymbol{k}$ erhalten wir

$$\omega = c_t|\boldsymbol{k}| \, , \qquad c_l = \sqrt{\frac{\lambda + 2\mu}{\rho}} \, . \tag{32.13}$$

Für ein Volumen $V = L^3$ mit periodischen Randbedingungen sind nur die Wellenzahlen

$$\boldsymbol{k} = \frac{2\pi\boldsymbol{n}}{L} \, , \qquad \boldsymbol{n} \in \mathbb{Z}^3 \tag{32.14}$$

---

[5] Siehe z. B. Landau und Lifschitz (1991), speziell Kapitel 22.

zugelassen. Die Anzahl der transversalen (longitudinalen) Moden im Frequenzbereich $[\omega, \omega + d\omega]$ ist (bei großem V)

$$2 \times \frac{V}{(2\pi)^3} \frac{4\pi}{c_t^3} \omega^2 \, d\omega \quad \text{bzw.} \quad \frac{V}{(2\pi)^3} \frac{4\pi}{c_l^3} \omega^2 \, d\omega \, . \tag{32.15}$$

Der Faktor 2 im ersten Ausdruck berücksichtigt, dass es zwei linear unabhängige transversale Moden für jedes $\boldsymbol{k}$ gibt. Die Zustandsdichte ist also

$$g(\omega) \, d\omega = 3 \cdot \frac{V}{2\pi^2 c^3} \omega^2 \, d\omega \, , \tag{32.16}$$

mit

$$\frac{1}{c^3} := \frac{1}{3} \left(\frac{1}{c_l^3} + \frac{2}{c_t^3} \right) . \tag{32.17}$$

(c ist eine Art mittlere Schallgeschwindigkeit.) Natürlich müssen wir das Spektrum bei einer Grenzfrequenz ω_D abschneiden, da insgesamt nur $3N$ Moden existieren:

$$\int_0^{\omega_D} g(\omega) \, d\omega = 3N \quad \Longrightarrow \quad \omega_D^3 = 6\pi^2 c^3 \frac{N}{V} \tag{32.18}$$

Die Debye-Frequenzdichte ist daher

$$g_D(\omega) \, d\omega = \begin{cases} \dfrac{9N\omega^2 \, d\omega}{\omega_D^3} & \text{für } 0 \leqslant \omega \leqslant \omega_D \, , \\ 0 & \text{für } \omega > \omega_D \, . \end{cases} \tag{32.19}$$

In der Debye-Näherung gilt jetzt

$$U = U_0 + \int_0^{\omega_D} \frac{\hbar\omega}{e^{\beta\hbar\omega} - 1} g_D(\omega) \, d\omega \, , \tag{32.20}$$

für die innere Energie (32.8), wobei U_0 die Nullpunktsenergie ist:

$$U_0 = \frac{9}{8} Nk\,\Theta_D \, , \quad \Theta_D := \frac{\hbar\omega_D}{k} \, : \text{Debye-Temperatur} \tag{32.21}$$

Wir erhalten

$$U = U_0 + 3NkT\, D\!\left(\frac{\Theta_D}{T}\right) , \tag{32.22}$$

mit der Debye-Funktion

$$D(y) := \frac{3}{y^3} \int_0^y \frac{x^3}{e^x - 1} \, dx \, . \tag{32.23}$$

Näherungsweise gilt, wie man leicht sieht,

$$D(y) \simeq \begin{cases} \dfrac{\pi^4}{5y^3} & \text{für } y \gg 1 \, , \\ 1 & \text{für } y \ll 1 \, . \end{cases} \tag{32.24}$$

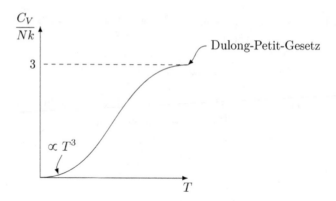

Abb. 32.1 Spezifische Wärmekapazität eines Kristallgitters in der Debye-Theorie.

Entsprechend ergibt sich für die innere Energie

$$U \simeq \begin{cases} \dfrac{3\pi^4}{5} N k \dfrac{T^4}{\Theta_D^3} + U_0 & \text{für } T \ll \Theta_D\,, \\[2ex] 3NkT + U_0 & \text{für } T \gg \Theta_D \end{cases} \tag{32.25}$$

und für die spezifische Wärmekapazität

$$\frac{C_V}{N} \simeq \begin{cases} k\dfrac{12\pi^4}{5} \left(\dfrac{T}{\Theta_D}\right)^3 & \text{für } T \ll \Theta_D \\[2ex] 3k & \text{für } T \gg \Theta_D\,. \end{cases} \tag{32.26}$$

Dieses berühmte T^3-Gesetz bei tiefen Temperaturen stimmt mit der Erfahrung sehr gut überein (siehe Abbildung 32.1). Der Dritte Hauptsatz ist danach erfüllt. Für wesentlich höhere Temperatur als die Debye-Temperatur gilt das Gesetz von Dulong-Petit.

Wir sehen auch, dass sich die quantisierten Gitterschwingungen wie ein ideales Bosegas mit verschwindendem chemischen Potential verhalten. Dieses sogenannte *Phononengas* verhält sich also sehr ähnlich wie ein Photonengas.

33 Die halbklassische Näherung

Wir zeigen in diesem Abschnitt, dass die kanonische Zustandssumme in einer Entwicklung nach $\hbar$ in führender Ordnung gleich der in früheren Kapiteln benutzten halbklassischen Näherung ist (siehe z. B. Gleichung (6.7)). Wir zeigen dies über die sogenannte Bloch-Gleichung. (Für einen anderen Zugang siehe Huang (1987), Abschnitt 9.2.)

Wir sperren das Gas, bestehend aus identischen Teilchen, wieder in einen Kasten ein und berechnen die Spur von $\mathrm{e}^{-\beta H}$ mit Hilfe der folgenden Basis für identische Teilchen:

$$\phi_{\boldsymbol{p}_1,\cdots,\boldsymbol{p}_N} = \frac{1}{\sqrt{N!}} \sum_{\pi \in \mathcal{S}_N} \delta_\pi \, u_{\boldsymbol{p}_1} \otimes \cdots \otimes u_{\boldsymbol{p}_N} \, ,$$

$$u_{\boldsymbol{p}}(\boldsymbol{x}) = \frac{1}{\sqrt{V}} \mathrm{e}^{\mathrm{i}\boldsymbol{p}\cdot\boldsymbol{x}} \tag{33.1}$$

(für Fermionen ist δ_π die Signatur der Permutation π und für Bosonen gleich 1). Für große V dürfen wir $\sum_{\boldsymbol{p}}$ durch $\frac{V}{h^3} \int d^3 p$ ersetzen:

$$\mathrm{Sp}\, \mathrm{e}^{-\beta H} = \frac{1}{N!} \frac{V^N}{h^{3N}} \int d^3 p_1 \cdots d^3 p_N \left(\phi_{\boldsymbol{p}_1,\cdots,\boldsymbol{p}_N}, \mathrm{e}^{-\beta H} \phi_{\boldsymbol{p}_1,\cdots,\boldsymbol{p}_N} \right) \tag{33.2}$$

Der Vorfaktor $(N!)^{-1}$ rührt daher, dass eine Permutation der Impulse in $\phi_{\boldsymbol{p}_1,\cdots,\boldsymbol{p}_N}$ denselben Zustand gibt. Einsetzen von (33.1) und (33.2) ergibt

$$\mathrm{Sp}\, \mathrm{e}^{-\beta H} = \frac{1}{h^{3N}(N!)^2} \sum_{\pi,\pi'} \int d^{3N}p\, d^{3N}x \, \exp\left[-\frac{\mathrm{i}}{\hbar} \sum_j \boldsymbol{p}_{\pi'(j)} \cdot \boldsymbol{x}_j \right]$$

$$\cdot \mathrm{e}^{-\beta H} \exp\left[\frac{\mathrm{i}}{\hbar} \sum_j \boldsymbol{p}_{\pi(j)} \cdot \boldsymbol{x}_j \right] . \tag{33.3}$$

Wir verwenden die Abkürzungen

$$\mathcal{X}_\pi(x,p) = \exp\left[\frac{\mathrm{i}}{\hbar} \sum_j \boldsymbol{p}_{\pi(j)} \cdot \boldsymbol{x}_j \right] \tag{33.4}$$

und

$$\mathrm{e}^{-\beta H} \mathcal{X}_\pi =: v_\pi . \tag{33.5}$$

Die Funktion v_π erfüllt offensichtlich die Bloch'sche Gleichung

$$\frac{\partial v_\pi}{\partial \beta} + H v_\pi = 0 \tag{33.6}$$

und die Anfangsbedingung

$$v_\pi\big|_{\beta=0} = \mathcal{X}_\pi . \tag{33.7}$$

Wir benötigen nun eine Entwicklung, bei der Quanteneffekte als kleine Korrekturen erscheinen. Physikalisch entspricht dies einer Hochtemperaturentwicklung. Eine Lösung der Bloch'schen Gleichung, welche dem entspricht, wurde von Kirkwood gefunden.

Wir verwenden den Ansatz

$$v_\pi = w_\pi \, \mathcal{X}_\pi \, \mathrm{e}^{-\beta H_c(x,p)} \,, \tag{33.8}$$

wobei H_c die *klassische* Hamilton-Funktion ist. Aus der Bloch'schen Gleichung leiten wir nun eine Gleichung für $w_\pi(x,\beta)$ her. Es muss gelten

$$H\left[w_\pi \, \mathcal{X}_\pi \, \mathrm{e}^{-\beta H_c}\right] - w_\pi \, \mathcal{X}_\pi \, H_c \mathrm{e}^{-\beta H_c} + \mathcal{X}_\pi \, \mathrm{e}^{-\beta H_c} \frac{\partial w_\pi}{\partial \beta} = 0 \,. \tag{33.9}$$

Der Hamilton-Operator hatte die übliche Form:

$$H = -\frac{\hbar^2}{2m} \sum_{j=1}^{N} \Delta_j + U(x)$$

$$\equiv H_0 + U \tag{33.10}$$

Die klassische Hamilton-Funktion zerlegen wir entsprechend

$$H_c = E_{\text{kin}} + U \,. \tag{33.11}$$

Setzen wir dies in (33.9) ein, so ergibt zunächst

$$H_0\left[w_\pi \, \mathcal{X}_\pi \, \mathrm{e}^{-\beta H_c}\right] + \cancel{U w_\pi \, \mathcal{X}_\pi \, \mathrm{e}^{-\beta H_c}} - \cancel{U w_\pi \, \mathcal{X}_\pi \, \mathrm{e}^{-\beta H_c}}$$
$$- w_\pi \, \mathcal{X}_\pi \, E_{\text{kin}} \, \mathrm{e}^{-\beta H_c} + \mathcal{X}_\pi \, \mathrm{e}^{-\beta H} \frac{\partial w_\pi}{\partial \beta} = 0 \,.$$

Da der Operator H_0 nur auf die Koordinaten wirkt und E_{kin} nur von den Impulsen abhängt, hebt sich der Faktor $\mathrm{e}^{-\beta E_{\text{kin}}}$ heraus, und wir erhalten

$$H_0\left[w_\pi \, \mathcal{X}_\pi \, \mathrm{e}^{-\beta U}\right] - w_\pi \mathcal{X}_\pi \, E_{\text{kin}} \, \mathrm{e}^{-\beta U} + \mathcal{X}_\pi \, \mathrm{e}^{-\beta U} \frac{\partial w_\pi}{\partial \beta} = 0 \,. \tag{33.12}$$

Für das erste Glied der linken Seite erhalten wir

$$H_0\left[w_\pi \, \mathcal{X}_\pi \, \mathrm{e}^{-\beta U}\right] = -\frac{\hbar^2}{2m} \sum_{i=1}^{N} \boldsymbol{\nabla}_i \cdot \boldsymbol{\nabla}_i \left[w_\pi \, \mathcal{X}_\pi \, \mathrm{e}^{-\beta U}\right]$$

$$= -\frac{\hbar^2}{2m} \sum \boldsymbol{\nabla}_i \cdot \left[\mathcal{X}_\pi \, \boldsymbol{\nabla}_i \left(\mathrm{e}^{-\beta U} w_\pi\right) + \mathrm{e}^{-\beta U} w_\pi \boldsymbol{\nabla}_i \mathcal{X}_\pi\right]$$

$$= -\frac{\hbar^2}{2m} \left[\mathcal{X}_\pi \sum \Delta_i \left(\mathrm{e}^{-\beta U} w_\pi\right) + 2 \sum (\boldsymbol{\nabla}_i \mathcal{X}_\pi) \cdot \boldsymbol{\nabla}_i \left(\mathrm{e}^{-\beta U} w_\pi\right) \right.$$
$$\left. + \mathrm{e}^{-\beta U} w_\pi \sum \Delta_i \mathcal{X}_\pi\right] \,. \tag{33.13}$$

Nun folgt aus der Definition (33.4)

$$-i\hbar \sum_{j=1}^{N} \mathbf{\nabla}_j \mathcal{X}_\pi \cdot \mathbf{\nabla}_j = \mathcal{X}_\pi \left(\sum_j \mathbf{p}_{\pi(j)} \cdot \mathbf{\nabla}_j \right),$$

und ferner gilt

$$H_0 \mathcal{X}_\pi = E_{\text{kin}} \mathcal{X}_\pi .$$

Damit ergibt sich aus (33.13)

$$H_0 \left[w_\pi \mathcal{X}_\pi \, e^{-\beta U} \right] = -\frac{\hbar^2}{2m} \mathcal{X}_\pi \sum_i \Delta_i \left(e^{-\beta U} w_\pi \right)$$

$$- i\frac{\hbar}{m} \mathcal{X}_\pi \left[\sum_{j=0}^{N} \mathbf{p}_{\pi(j)} \cdot \mathbf{\nabla}_j \left(e^{-\beta U} w_\pi \right) \right] + e^{-\beta U} w_\pi E_{\text{kin}} \cdot \mathcal{X}_\pi .$$

Durch Einsetzen dieses Ausdrucks in (33.12) folgt schließlich die gesuchte Differentialgleichung für w:

$$\frac{\partial w_\pi}{\partial \beta} - e^{\beta U} \left[\frac{i\hbar}{m} \left(\sum_{j=1}^{N} \mathbf{p}_{\pi(j)} \cdot \mathbf{\nabla}_j \left(e^{-\beta U} w_\pi \right) \right) + \frac{\hbar^2}{2m} \sum_j \Delta_j \left(e^{-\beta U} w_\pi \right) \right] = 0 \quad (33.14)$$

Die Randbedingung lautet nach (33.7)

$$w_\pi \big|_{\beta=0} = 1 . \tag{33.15}$$

Beides zusammen ist äquivalent zur Integralgleichung

$$w_\pi = 1 + \frac{i\hbar}{m} \int_0^\beta e^{\tau U} \sum_{j=1}^{N} \mathbf{p}_{\pi(j)} \cdot \mathbf{\nabla}_j \left(e^{-\tau U} w_\pi \right) d\tau$$

$$+ \frac{\hbar^2}{2m} \int_0^\beta e^{\tau U} \sum_{j=1}^{N} \Delta_j \left(e^{-\tau U} w_\pi \right) d\tau . \tag{33.16}$$

Diese Gleichungen lösen wir in einer Entwicklung nach $\hbar$:

$$w_\pi = \sum_{k=0}^{\infty} \hbar^k w_\pi^{(k)} \tag{33.17}$$

Es ergibt sich

$$w_\pi^{(0)} = 1 , \tag{33.18a}$$

$$w_\pi^{(1)} = -i\frac{\beta^2}{2m} \sum_{j=1}^{N} \mathbf{p}_{\pi(j)} \cdot \mathbf{\nabla}_j U , \tag{33.18b}$$

$$w_\pi^{(2)} = -\frac{1}{2m} \left\{ \frac{\beta^2}{2} \sum_j \Delta_j U - \frac{\beta^3}{3} \left[\sum_j (\mathbf{\nabla}_j U)^2 + \frac{1}{m} \left(\sum_j \mathbf{p}_{\pi(j)} \cdot \mathbf{\nabla}_j \right)^2 U \right] \right.$$

$$\left. + \frac{\beta^4}{4m} \left(\sum_j \mathbf{p}_{\pi(j)} \cdot \mathbf{\nabla}_j U \right)^2 \right\} \quad \text{etc.} \tag{33.18c}$$

Tab. 33.1 Wirkung der Permutationen π, π'.

π	π'	Exponent
id	$j \leftrightarrow l$	$(\boldsymbol{p}_j - \boldsymbol{p}_l) \cdot \boldsymbol{x}_j + (\boldsymbol{p}_l - \boldsymbol{p}_j) \cdot \boldsymbol{x}_l = \quad (\boldsymbol{p}_j - \boldsymbol{p}_l) \cdot (\boldsymbol{x}_j - \boldsymbol{x}_l)$
$j \leftrightarrow l$	id	$(\boldsymbol{p}_l - \boldsymbol{p}_j) \cdot \boldsymbol{x}_j + (\boldsymbol{p}_j - \boldsymbol{p}_l) \cdot \boldsymbol{x}_l = - (\boldsymbol{p}_j - \boldsymbol{p}_l) \cdot (\boldsymbol{x}_j - \boldsymbol{x}_l)$

Entsprechend erhalten wir für unseren Ansatz (33.8) die Reihenentwicklung

$$v_\pi = \mathcal{X}_\pi \, \mathrm{e}^{-\beta H_c} \sum_{k=0}^{\infty} \hbar^k \, w_\pi^{(k)} \tag{33.19}$$

und für die Zustandssumme (33.3)

$$\mathrm{Sp}\,\mathrm{e}^{-\beta H} = \frac{1}{h^{3N}(N!)^2} \int d^{3N}\!p \, d^{3N}\!x \, \mathrm{e}^{-\beta H_c}$$
$$\cdot \sum_{\pi,\pi'} \exp\left[\frac{\mathrm{i}}{\hbar} \sum_j \left(\boldsymbol{p}_{\pi(j)} - \boldsymbol{p}_{\pi'(j)} \right) \cdot \boldsymbol{x}_j \right] \sum_{k=0}^{N} \hbar^k \, w_\pi^{(k)} . \tag{33.20}$$

Nun fassen wir in der Summe über π und π' zunächst die Terme zusammen, in denen $\pi = \pi'$ ist. Diese Zahl ist $N!$, und der Exponentialfaktor in (33.20) ist für diese Beiträge gleich 1. Nach Integration über die Impulse liefern alle Terme das gleiche Resultat. Deshalb dürfen wir für diese Beiträge die Permutation π in den $w_\pi^{(k)}$ gleich der Identität $(w_{\pi=\,\mathrm{id}}^{(k)}) \equiv w^{(k)}$ wählen.

Als Nächstes fassen wir alle Terme zusammen, bei denen sich π und π' nur durch die Permutation von zwei Teilchen unterscheiden. In diesem Fall bleiben im Exponentialfaktor in (33.20) die Glieder mit den Koordinaten und Impulsen dieser Teilchen stehen. Für ein bestimmtes Teilchenpaar (j,l) gibt es – was die Wirkung von π und π' auf (k,l) betrifft – die in Tabelle 33.1 dargestellten Möglichkeiten. Für die zugehörigen $w_\pi^{(k)}$ schreiben wir $w_{jl}^{(k)}$ bzw. $w_{lj}^{(k)}$. Die spezielle Wahl des Paares ist natürlich ohne Bedeutung.

Man könnte in dieser Weise fortfahren. Wir wollen aber die höheren Terme nicht weiter diskutieren. Nach diesen Ausführungen ergibt sich aus (33.20)

$$\mathrm{Sp}\,\mathrm{e}^{-\beta H} = \frac{1}{h^{3N}N!} \int d^{3N}\!p \, d^{3N}\!x \, \mathrm{e}^{-\beta H_c} \left\{ \sum_{k=0}^{\infty} \hbar^k \, w^{(k)} \pm \frac{1}{2N!} \right.$$
$$\cdot \sum_{j \neq l} \left[\mathrm{e}^{\frac{\mathrm{i}}{\hbar}(\boldsymbol{p}_j - \boldsymbol{p}_l)\cdot(\boldsymbol{x}_j - \boldsymbol{x}_l)} \sum_k \hbar^k \, w_{jl}^{(k)} \right.$$
$$\left. \left. + \, \mathrm{e}^{-\frac{\mathrm{i}}{\hbar}(\boldsymbol{p}_j - \boldsymbol{p}_l)\cdot(\boldsymbol{x}_j - \boldsymbol{x}_l)} \sum_k \hbar^k \, w_{lj}^{(k)} \right] + \cdots \right\} . \tag{33.21}$$

Darin setzen wir die Werte $w_\pi^{(k)}$ in (33.18) ein und berücksichtigen dabei für die identische Permutation die drei ersten Terme, für den zweiten Teil des obigen

Ausdrucks dagegen nur die beiden ersten Terme. Nach der Integration über die Impulse ergibt sich (mit $r_{jl} = |\boldsymbol{x}_j - \boldsymbol{x}_l|$)

$$\operatorname{Sp} e^{-\beta H} = \lambda^{-3N} \frac{1}{N!} \int d^{3N}x \, e^{-\beta U} \left\{ 1 - \frac{\hbar^2 \beta^2}{12m} \sum_{j=1}^{N} \left[\Delta_i U - \frac{\beta}{2} (\boldsymbol{\nabla}_j U)^2 + \cdots \right] \right.$$

$$\left. \pm \frac{1}{N!} \sum_{j \neq l} e^{-mr_{jl}^2/\beta\hbar^2} \left[1 + \beta(\boldsymbol{x}_j - \boldsymbol{x}_l) \cdot (\boldsymbol{\nabla}_j U - \boldsymbol{\nabla}_j U) + \cdots \right] + \cdots \right\}.$$

$$(33.22)$$

Der letzte Term verschwindet für $\lambda \to 0$ exponentiell. Wir erhalten also schließlich

$$\operatorname{Sp} e^{-\beta H} = \frac{1}{h^{3N} N!} \int e^{-\beta H_c} \, d\Gamma_N + O(\lambda^2) \,. \tag{33.23}$$

Die Korrekturterme zur semiklassischen Wechselwirkung sind dabei gleich

$$-\frac{\hbar^2 \beta^2}{12m} \frac{1}{\lambda^{3N} N!} \int e^{-\beta U} \sum_{j=1}^{N} \left[\Delta_j U - \frac{\beta}{2} (\boldsymbol{\nabla}_j U)^2 \right] d^{3N}x \,. \tag{33.24}$$

Wir haben also

$$Z = Z_{\text{klassisch}} \left[1 + \hbar^2 \langle \mathcal{X}_2 \rangle \right] \,. \tag{33.25}$$

Dabei ist $\langle \mathcal{X}_2 \rangle$ der *klassische* Erwartungswert von

$$\mathcal{X}_2 := \frac{\beta^3}{24} \frac{1}{m} \sum_i (\boldsymbol{\nabla}_i U)^2 - \frac{\beta^2}{12} \frac{1}{m} \sum_i \Delta_i U \,. \tag{33.26}$$

Für die freie Energie ergibt sich daraus

$$-\beta F = -\beta F_{\text{kl}} + \underbrace{\ln \left[1 + \hbar^2 \langle \mathcal{X}_2 \rangle \right]}_{\approx 1 + \hbar^2 \langle \mathcal{X}_2 \rangle} \,,$$

d. h.

$$F = F_{kl} - \frac{\hbar^2}{\beta} \langle \mathcal{X}_2 \rangle \,. \tag{33.27}$$

Da für die Mittelwerte, welche in $\langle \mathcal{X}_2 \rangle$ eingehen,

$$\langle \Delta_i U \rangle = \beta \left\langle (\boldsymbol{\nabla}_i U)^2 \right\rangle$$

gilt (partielle Integration und Vernachlässigung von Oberflächeneffekten), so folgt auch

$$F = F_{kl} + \frac{\hbar^2 \beta^2}{24} \frac{1}{m} \sum_i \left\langle (\boldsymbol{\nabla}_i U)^2 \right\rangle \,. \tag{33.28}$$

Die Korrektur der klassischen Wertes ist also immer *positiv* und durch das mittlere Quadrat der auf die Teilchen wirkenden Kräfte bestimmt. Die Korrektur nimmt mit zunehmender Teilchenmasse und anwachsender Temperatur ab, wie zu erwarten war. Die entwickelten Hilfsmittel kann man z. B. zur Berechnung der halbklassischen Korrektur des zweiten Virialkoeffizienten benutzen. Dieser lässt sich jedoch auf instruktive Weise quantenmechanisch exakt berechnen. (Siehe dazu Huang (1987), Abschnitt 10.3 oder Reichl (1980), Abschnitt 11.I.)

34 Der Magnetismus des Elektronengases

34.1 Schwache Felder

Für schwache Magnetfelder setzt sich die Magnetisierung des Elektronengases aus zwei unabhängigen Teilen zusammen:

(i) Das magnetische Moment des Elektrons führt zum *Pauli'schen Paramagnetismus* (W. Pauli, 1927).

(ii) Die Quantisierung der Bahnbewegung[6] der Elektronen zieht den Landau'schen Diamagnetismus nach sich (Landau, 1930).

Im Folgenden berechnen wir die zugehörigen Suszeptibilitäten, wobei wir das Elektronengas als stark entartet annehmen (siehe Abschnitt 31.1), d. h. es gelte $kT \ll \varepsilon_F$. Unter schwachen Magnetfeldern B verstehen wir solche, für die $\mu_B B \ll kT$ ist (mit dem Bohr'schen Magneton $\mu_B = \hbar|e|/2mc$).

Wir arbeiten in der großkanonischen Gesamtheit. Wenn das großkanonische Potential $\Omega(T, V, \mu, B)$ bekannt ist, ergibt sich die Magnetisierung aus

$$M = -\frac{\partial \Omega}{\partial B}. \tag{34.1}$$

Wir betrachten nun einzeln die paramagnetischen und die diamagnetischen Anteile.

a) Paramagnetische Suszeptibilität Die Spinenergie eines einzelnen Elektrons im Magnetfeld ist gleich $\pm\mu_B B$. In der großkanonischen Zustandssumme (31.8) sind deshalb die Einteilchen-Energien $\varepsilon = p^2/2m \pm \mu_B B$. Nun gehen diese aber nur in der Kombination $\varepsilon - \mu$ ein. Deshalb gilt, was die μ-Abhängigkeit von Ω betrifft,

$$\Omega(\mu) = \frac{1}{2}\Omega_0(\mu + \mu_B B) + \frac{1}{2}\Omega_0(\mu - \mu_B B), \tag{34.2}$$

wenn $\Omega_0(\mu)$ das Potential für $B = 0$ bezeichnet.

Für schwache Felder gilt

$$\Omega(\mu) \simeq \Omega_0(\mu) + \frac{1}{2}\mu_B^2 B^2 \frac{\partial^2 \Omega_0}{\partial \mu^2} + \cdots \tag{34.3}$$

---

[6] Nach dem *Bohr-van-Leeuwen'schen Theorem* gibt es keinen klassischen Diamagnetismus. Dies beweist man wie folgt: Wenn $H(q_1, \cdots, q_N; p_1, \cdots, p_N)$ die Hamilton-Funktion für ein klassisches System elektrisch geladener Teilchen in Abwesenheit eines Magnetfeldes ist, so ist die Hamilton-Funktion desselben Systems in Anwesenheit eines Magnetfeldes $B = \nabla \wedge A$ gegeben durch (siehe z. B. Straumann (2013), Abschnitt 5.2)

$$H(q_1, \cdots, q_N; p_1 - (e/c)A(q_1), \cdots, p_N - (e/c)A(q_N)).$$

Dafür ist aber die kanonische Zustandssumme Z_N unabhängig von B. Dies folgt unmittelbar mit der Variablensubstitution $q_i \mapsto q_i; p_i \mapsto p_i - (e/c)A(q_i)$ in der kanonischen Zustandssumme.

und somit

$$M = -B\mu_{\rm B}^2 \underbrace{\frac{\partial^2 \Omega_0}{\partial \mu^2}}_{-\left(\frac{\partial N}{\partial \mu}\right)_{T,V}}. \tag{34.4}$$

Die paramagnetische Suszeptibilität ist also

$$\mathcal{X}_{\rm para} = \mu_{\rm B}^2 \left(\frac{\partial N}{\partial \mu}\right)_{T,V}. \tag{34.5}$$

Setzen wir hier noch die Formel für den vollständig entarteten Fall

$$N = V \frac{(2m\mu)^{3/2}}{3\pi^2 \hbar^3} \tag{34.6}$$

ein (siehe (31.41) und (31.42)), so folgt

$$\mathcal{X} = V\mu_{\rm B}^2 \frac{(2m)^{3/2}\sqrt{\mu}}{2\pi^2\hbar^3} = V\mu_{\rm B}^2 \frac{p_F m}{\pi^2 \hbar^3}. \tag{34.7}$$

b) Diamagnetische Suszeptibilität   Die Energieniveaus der Bahnbewegung eines Elektrons im Magnetfeld sind[7]

$$\varepsilon = \frac{p_z^2}{2m} + (2n+1)\mu_{\rm B} B, \quad n = 0, 1, 2, \cdots, \quad p_z \in (-\infty, \infty). \tag{34.8}$$

Bei gegebenem n ist die Zustandsdichte in der kontinuierlichen Variablen p_z gleich

$$2\frac{V|e|B}{(2\pi\hbar)^2 c} \, dp_z. \tag{34.9}$$

Aus dem Ausdruck (31.9) für Ω wird deshalb

$$\Omega = 2\mu_{\rm B} B \sum_{n=0}^{\infty} f(\mu - 2(2n+1)\mu_{\rm B}B), \tag{34.10}$$

mit

$$f(\mu) = -\frac{kTmV}{2\pi^2\hbar^3} \int_{-\infty}^{\infty} \ln\left[1 + \exp\left(\frac{\mu}{kT} - \frac{p_z^2}{2mkT}\right)\right] dp_z. \tag{34.11}$$

Die Summe in (34.10) können wir mit der Formel von Euler-McLaurin[8] auswerten. Mit genügender Genauigkeit ist danach

$$\sum_{n=0}^{\infty} F\left(n + \frac{1}{2}\right) \approx \int_0^{\infty} F(x)\, dx + \frac{1}{24} F'(0). \tag{34.12}$$

---

[7] Siehe z. B. Landau und Lifschitz (1992), Kapitel 112.
[8] Siehe z. B. Smirnow (1994), speziell Kapitel 76 von Band III,2.

Die Bedingung für die Gültigkeit dieser Näherung ist, dass sich F im Intervall $(n, n+1)$ relativ langsam ändert. Dies bedeutet für die Funktion f in (34.11), dass das Feld schwach im oben erklärten Sinne ist ($\mu_B B \ll kT$).

Wir erhalten damit

$$\Omega = 2\mu_B B \int\limits_0^\infty f(\mu - 2\mu_B Bx)\, dx + \frac{2\mu_B B}{24} \frac{\partial f(\mu - 2\mu_B Bx)}{\partial x}\bigg|_{x=0}$$

$$= \int\limits_{-\infty}^{\mu} f(x)\, dx - \frac{(2\mu_B B)^2}{24} \frac{\partial f(\mu)}{\partial \mu}.$$

Da der erste Term unabhängig von B ist, muss er gleich $\Omega_0(\mu)$ sein. Deshalb gilt

$$\Omega = \Omega_0(\mu) - \frac{1}{6}\mu_B^2 B^2 \frac{\partial^2 \Omega_0(\mu)}{\partial \mu^2}. \tag{34.13}$$

Der Vergleich mit (34.3) zeigt, dass

$$\mathcal{X}_{\text{dia}} = \frac{1}{3}\mu_B^2 \frac{\partial^2 \Omega_0}{\partial \mu^2} = -\frac{1}{3}\mathcal{X}_{\text{para}}$$

gilt. Die totale Suszeptibilität ist somit

$$\mathcal{X}_p = \mathcal{X}_{\text{para}} + \mathcal{X}_{\text{dia}} = \tfrac{2}{3}\mathcal{X}_{\text{para}}. \tag{34.14}$$

34.2 Starke Felder

Wir lassen Felder zu, für die $\mu B \gtrsim kT$ ist, aber es soll immer noch $\mu_B B \ll \mu$ gelten. Unter diesen Bedingungen können die Effekte der Quantisierung der Bahnbewegung und des Spins nicht mehr getrennt werden. Die Eigenwerte der Ein-Elektronen-Zustände sind jetzt

$$\varepsilon = \frac{p_z^2}{2m} + \underbrace{(2n+1)\mu_B B \pm \mu_B B}, \qquad n = 0, 1, \cdots,$$

$$= 2n\mu_B B, \quad n = 0, 1, 2, \cdots$$

einfach entartet   zweifach entartet   (34.15)

Wie oben erhalten wir für das großkanonische Potential

$$\Omega = 2\mu_B B \left\{ \frac{1}{2} f(\mu) + \sum_{n=1}^{\infty} f(\mu - 2\mu_B Bn) \right\}. \tag{34.16}$$

Die weitere Auswertung dieses Ausdrucks ist etwas kompliziert. Für Einzelheiten sei auf Landau und Lifschitz (1978), Kapitel 60, verwiesen. Zum Verständnis des sogenannten *De-Haas-van-Alphen-Effektes* wollen wir hier nur den Grenzfall $T \to 0$ näher betrachten.

Um die Diskussion weiter zu vereinfachen, vernachlässigen wir ferner die Bewegung in der z-Richtung. Für das zweidimensionale Elektronengas lauten die Energieniveaus nach (34.8)

$$\varepsilon_\nu = 2\mu_{\mathrm{B}}B\left(\nu + \frac{1}{2}\right), \qquad \nu = 0, 1, 2, \cdots, \tag{34.17}$$

mit den Entartungsgraden (siehe (34.9))

$$g = \frac{eB}{hc}L^2. \tag{34.18}$$

Es sei B_0 dasjenige Feld, oberhalb welchem alle N Elektronen im Grundzustand sein können: $N = L^2 eB_0/(hc)$. Dieses ist also

$$B_0 = n\frac{hc}{e}, \quad n = \frac{N}{L^2} \quad \text{(Elektronendichte)}, \tag{34.19}$$

und (34.18) kann als

$$g = \frac{B}{B_0}N \tag{34.20}$$

geschrieben werden. Mit sinkendem $B < B_0$ müssen (für $T = 0$) Elektronen teilweise in immer höhere Energieniveaus übergehen. In einer ersten Stufe, solange $g < N < 2g$ ist, d. h. $1/2 < B/B_0 < 1$, ist $\nu = 0$ voll und $\nu = 1$ teilweise besetzt. Allgemein sind für

$$\frac{1}{\nu + 2} < \frac{B}{B_0} < \frac{1}{\nu + 1}$$

alle Niveaus $\leqslant \nu$ voll besetzt, und das Niveau $\nu + 1$ ist teilweise besetzt. Die Energie des Grundzustandes der N Elektronen ist damit

$$E_0(B) = g\sum_{\nu'=0}^{\nu} \varepsilon_{\nu'} + [N - (\nu + 1)g]\,\varepsilon_{\nu+1},$$

also ist

$$\frac{E_0(B)}{N} = \mu_{\mathrm{B}}\frac{B}{B_0}\left[2\nu + 3 - (\nu + 1)(\nu + 2)\frac{B}{B_0}\right]. \tag{34.21}$$

Daraus ergibt sich für die Magnetisierung ($x := B/B_0$)

$$M = \begin{cases} -\mu_{\mathrm{B}}n & \text{für} \quad x > 1 \\ \mu_{\mathrm{B}}n[2(\nu + 1)(\nu + 2)x - (2\nu + 3)] & \text{für} \quad \dfrac{1}{\nu + 2} < x < \dfrac{1}{\nu + 1} \end{cases} \tag{34.22}$$

und für die Suszeptibilität

$$\mathcal{X} = \begin{cases} 0 & \text{für} \quad x > 1 \\ \dfrac{2\mu_{\mathrm{B}}n}{B_0}(\nu + 1)(\nu + 2) & \text{für} \quad \dfrac{1}{\nu + 2} < x < \dfrac{1}{\nu + 1}. \end{cases} \tag{34.23}$$

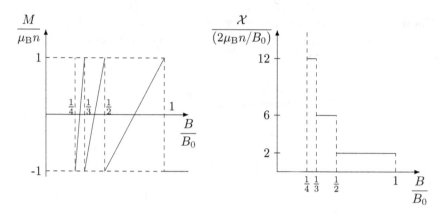

Abb. 34.1 Magnetisierung M und Suszeptibilität $\mathcal{X}$ gemäß (34.22) und (34.23) (zum De-Haas-van-Alphen-Effekt).

Das sprunghafte Verhalten (siehe Abbildung 34.1) wird durch die z-Bewegung etwas geglättet, aber die rasche Veränderlichkeit von $\mathcal{X}$ an den kritischen Stellen bleibt bestehen. Dieser De-Haas-van-Alphen-Effekt ist für die Suszeptibilität der Leitungselektronen in metallischen Leitern bei tiefen Temperaturen und hohen Magnetfeldern beobachtet worden. (Nähers entnehme man Büchern über Festkörperphysik.)

35 Weiße Zwerge

Durch die Arbeiten von W. Adams war um 1925 eindeutig gesichert, dass Sirius B eine enorme Dichte von etwa 10^6 g/cm^3 hat.[9] Dank der damals neuen Quantenmechanik wurde sehr schnell klar, in welchem Zustand sich die Materie in einem Weißen Zwerg befindet.

Am 26. August 1926 wurde die Dirac'sche Arbeit, welche die Fermi-Dirac-Verteilung enthält, der Royal Society durch Fowler mitgeteilt. Bereits am 3. November unterbreitete Fowler der Royal Society eine eigene Arbeit, in welcher er die Quantenstatistik von identischen Teilchen systematisch darstellte und dabei die heute sogenannte Darwin-Fowler-Methode entwickelte. Kurz darauf, am 10. Dezember, trug er der Royal Astronomical Society eine neue Arbeit mit dem Titel „Dense Matter" vor. Darin machte er klar, dass das Elektronengas in Sirius B im Sinne der Fermi-Dirac-Statistik stark entartet ist. Diese Arbeit von Fowler schließt mit folgenden Worten:

> *The black dwarf material is best likened to single gigantic molecule in its lowest quantum state. On the Fermi-Dirac statistics its high density can be achieved in one and only way, in virtue of a correspondingly great energy content. But this energy can no more be expended in radiation than the energy of a normal atom or molecule. The only difference between black dwarf matter and normal molecule is that the molecule can exist in a free state while the black-dwarf matter can only so exist under very high external pressure.*

Struktur der Materie in Weißen Zwergen

Wir interessieren uns im Folgenden für den Zustand von „kalter" Materie bei Dichten, wie sie in Weißen Zwergen vorkommen.

35.1 Ionisierung bei hohen Dichten

Wir wollen zunächst abschätzen, bei welchen Dichten die Materie auch für $T \searrow 0$ ionisiert ist.

Experimentell ist bekannt, dass mit steigendem Druck die Ionisierungsspannungen erniedrigt und die Linien der Atomspektren verbreitert werden. Das Linien-

---

[9] Masse $M = 1.05 M_\odot$, Leuchtkraft $L = 0.03 L_\odot$, effektive Temperatur $T_e = 27000$ K. Nach dem Stefan-Boltzmann-Gesetz ist $L = 4\pi R^2 \sigma T_e^4$ und $\sigma = ac/4$. Deshalb ist der Radius $R = 0.008 R_\odot$ (Erdradius $= 0.00915$ R$_\odot$), und die mittlere Dichte ist $2.8 \cdot 10^6$ g/cm^3. (Die gravitative Rotverschiebung beträgt 89 ± 16 km/s.)

spektrum des Plasmas geht dabei allmählich in ein Kontinuumsspektrum über. Dies bedeutet, dass die Hüllenelektronen der äußeren und schließlich auch der inneren Schalen mit steigendem Druck immer weniger von den freien Elektronen unterschieden werden können. Dies kann man qualitativ so verstehen:

Das Volumen eines Atoms bildet einen Potentialwall für jedes Elektron, welches sich in diesem befindet. Wenn nun die Atome immer näher aneinanderrücken, wird die Barriere zwischen benachbarten Wällen immer dünner. Damit können Elektronen von einem Atom zu benachbarten Atomen tunneln. Die Tunnelwahrscheinlichkeit steigt exponentiell mit abnehmender Barrierendicke (siehe die WKB-Näherung) und nimmt entsprechend ab mit dem Unterschied zwischen Barrierenhöhe und Teilchenenergie. Deshalb tunneln die Elektronen in höheren Zuständen leichter als diejenigen in der K-Schale. Der Tunneleffekt führt natürlich zu einer Verbreiterung der Energieniveaus. Mit wachsender Dichte werden die Elektronen praktisch frei. Volle Ionisation erwarten wir, wenn der mittlere Abstand $\bar{a}$ zwischen Nachbarn vergleichbar zum Radius der K-Schale wird, d. h. für

$$\bar{a} = C\frac{a_0}{Z}, \quad a_0 = \frac{\hbar^2}{e^2 m} = 0.5 \cdot 10^{-8}\,\text{cm}\,,$$

wobei C eine Konstante der Größenordnung 1 ist (welche natürlich vom Material abhängt). Die Materie ist also vollständig ionisiert (auch bei $T = 0$), falls für die Dichte ρ

$$\rho = A\,m_p\,\frac{1}{\bar{a}^3} \gtrsim \frac{m_p}{C^3 a_0^3}Z^4 = C^{-3}Z^4\,\underbrace{\alpha^3\lambda_e^3 m_p}_{\approx 10\,\text{g/cm}^3}$$

$$\approx C^{-3}Z^4(10\,\text{g/cm}^3) \tag{35.1}$$

gilt (A: mittlere Massenzahl). Quantenmechanische Rechnungen liefern z. B. für H: $C \simeq 6$; die zugehörige rechte Seite von (35.1) ist $0.05\,\text{g/cm}^3$. Für $Z \gg 1$ wird die vollständige Ionisation erst bei viel höheren Dichte erreicht. Dann verlieren die Atome ihre Individualität, und die Materie wird ein *Elektron-Kern-Plasma*.

35.2 Das Fowler'sche Modell für das Elektronen-Kern-Plasma und die Chandrasekhar-Theorie der Weißen Zwerge

Für das Innere von Weißen Zwergen legen wir nun als erste, sehr gute Näherung das Fowler'sche Modell zugrunde, nach welchem die Elektronen als freies total entartetes Fermi-Gas beschrieben werden können und der Druck der Elektronen vollständig dominiert. Auf Korrekturen zu diesem Modell werden wir später hinweisen.

Bei welchen Dichten werden die Elektronen relativistisch? Die Elektronendichte n ist (mit $\hbar = c = 1$)

$$n = \frac{2}{(2\pi)^3} \int\limits_{p \leqslant p_F} d^3p = \frac{p_F^3}{3\pi^2} \,. \tag{35.2}$$

Für $p_F = m$ wird $n = m^3/(3\pi^2)$ und die Dichte also

$$\rho = \frac{A}{Z} n m_p = \frac{A}{Z} \frac{m_p m^3}{3\pi^2} = 0.97 \times 10^6 \,\mathrm{g/cm^3} \cdot \left(\frac{A}{Z}\right) \,.$$

Allgemein ist

$$\rho = 0.97 \cdot 10^6 \,\mathrm{g/cm^3} \cdot \left(\frac{A}{Z}\right) \left(\frac{p_F}{m}\right)^3 \,. \tag{35.3}$$

In Weißen Zwergen sind also die Elektronen relativistisch. Z. B. ist ρ_c in Sirius B etwa $3.3 \cdot 10^7 \,\mathrm{g/cm^3}$.

Die Entartungstemperatur ist $T_0 = (\varepsilon_F - m)/k$. Um einen Eindruck zu erhalten, setzen wir wieder $p_f = m$. Dann ist $T_0 = (\sqrt{2} - 1)m/k$, aber $m/k \approx 6 \cdot 10^9$ K. Dies zeigt, dass thermische Effekte klein sind.

Im Fowler'schen Modell ist der Elektronendruck (siehe Aufgabe III.10)

$$P = \frac{1}{3} \frac{2 \cdot 4\pi}{(2\pi)^3} \int\limits_0^{p_F} \frac{p^2/m}{\sqrt{1 + (p/m)^2}} p^2 \, dp \,. \tag{35.4}$$

Eine elementare Integration liefert (mit $x = p_F/m$)

$$P = A f(x) \,, \tag{35.5}$$

mit

$$A = \frac{\pi m^4 c^5}{3h^3} = 6.01 \times 10^{22} \,\mathrm{dyn/cm^2} \,, \tag{35.6}$$

$$f(x) = x\sqrt{1 + x^2}(2x^2 - 3) + 3\ln(\sqrt{1 + x^2} + x) \,. \tag{35.7}$$

Für die Energiedichte erhält man

$$u = \frac{2 \times 4\pi}{(2\pi)^3} \int\limits_0^{p_F} \sqrt{p^2 + m^2} p^2 \, dp$$

$$= A g(x) \,, \tag{35.8}$$

mit

$$g(x) = 8x^3(\sqrt{1 + x^2} - 1) - f(x) \,. \tag{35.9}$$

Wir schreiben noch die Dichte (35.3) in der Form

$$\rho = B x^3 \,,$$

$$B = \frac{8\pi m^3 c^3 m_p}{2h^3} \mu_e = 0.97 \cdot 10^6 \,\mathrm{g/cm^2} \,, \tag{35.10}$$

wobei

$$\mu_e = \left\langle \frac{A}{Z} \right\rangle$$

das mittlere Molekulargewicht pro Elektron ist ($1/\mu_e$ ist die Anzahl der Elektronen pro Nukleon, oft als Y_e bezeichnet).

Wir notieren noch die wichtigen Grenzfälle:

(i) Nicht-relativistischer Grenzfall ($x \ll 1$):

$$f(x) = \frac{8}{5}x^5 + \cdots ,$$

$$g(x) = \frac{12}{5}x^5 + \cdots$$

Damit folgt

$$\left.\begin{array}{rl} u &= \dfrac{12A}{5}x^5 \\[2mm] P &= \dfrac{8A}{5}x^5 \end{array}\right\} \implies u = \frac{3}{2}P$$

und daher mit (35.10)

$$P = \frac{8}{5}AB^{-5/3}\rho^{5/3} ,$$

$$\frac{d\ln P}{d\ln \rho} = \frac{5}{3} \qquad \text{(Polytrope!)} . \tag{35.11}$$

(ii) Extrem relativistischer Grenzfall ($x \gg 1$):

$$f(x) = 2x^4 \left(1 + O\left(\frac{1}{x}\right)\right) ,$$

$$g(x) = 6x^4 \left(1 + O\left(\frac{1}{x}\right)\right) ,$$

$$\implies u = 3P \quad \text{(wie bei Photonen)} ,$$

$$P = 2AB^{-4/3}\rho^{4/3} ,$$

$$\frac{d\ln P}{d\ln \rho} = \frac{4}{3} \qquad \text{(Polytrope!)} \tag{35.12}$$

Eine Zustandsgleichung der Form

$$P = \text{const} \cdot \rho^\gamma \tag{35.13}$$

nennt man *Polytrope*; die Größe $n = \dfrac{1}{\gamma - 1}$ ist der *polytrope Index*.

Im hydrostatischen Gleichgewicht gilt im sphärisch symmetrischen Fall die wichtige Gleichung[10]

$$\frac{1}{r^2} \frac{d}{dr} \left(\frac{r^2}{\rho(r)} \frac{dP(r)}{dr} \right) = -4\pi G \rho(r) \,. \tag{35.14}$$

Mit den Gleichungen (35.5) und (35.10) ergibt die Substitution von $P(r)$ und $\rho(r)$

$$\frac{A}{B} \frac{1}{r^2} \frac{d}{dr} \left(\frac{r^2}{x^3} \frac{df(x)}{dr} \right) = -4\pi G B x^3 \,.$$

Nun zeigt man aber leicht, dass

$$\frac{1}{x^3} \frac{df(x)}{dr} = 8 \frac{d}{dr} \sqrt{x^2 + 1}$$

gilt. Damit erhalten wir

$$\frac{1}{r^2} \frac{d}{dr} \left[r^2 \frac{d}{dr} \sqrt{x^2 + 1} \right] = -\pi G \frac{B^2}{2A} x^3 \,.$$

Nun sei

$$z^2 = x^2 + 1 = \left(\frac{\varepsilon_F}{m} \right)^2 \,. \tag{35.15}$$

Für $z(r)$ gilt die Differentialgleichung

$$\frac{1}{r^2} \frac{d}{dr} \left[r^2 \frac{dz}{dr} \right] = -\frac{\pi G B^2}{2A} \left(z^2 - 1 \right)^{3/2} \,. \tag{35.16}$$

Die zentralen Werte von x und z seien x_c bzw. z_c.

Wir setzen

$$r = \alpha \zeta \,, \qquad z = z_c \phi \,,$$

wobei α eine noch zu definierende Längeneinheit ist. Die Gleichung (35.16) wird dann zu

$$\frac{z_c}{\alpha^2} \frac{1}{\zeta^2} \frac{d}{d\zeta} \left(\zeta^2 \frac{d\phi}{d\zeta} \right) = -\pi \frac{G B^2 z_c^3}{2A} \left(\phi^2 - \frac{1}{z_c^2} \right)^{3/2} \,.$$

Nun definieren wir α so, dass die multiplikativen Konstanten in dieser Gleichung wegfallen:

$$\alpha := \left(\frac{2A}{\pi G} \right)^{1/2} \frac{1}{B z_c} \tag{35.17}$$

Die Grundgleichung, die sogenannte *Chandrasekhar-Gleichung*, lautet damit schließlich

$$\frac{1}{\zeta^2} \frac{d}{d\zeta} \left(\zeta^2 \frac{d\phi}{d\zeta} \right) = - \left(\phi^2 - \frac{1}{z_c^2} \right)^{3/2} \,. \tag{35.18}$$

---

[10] Diese Grundgleichung wird in Büchern über Astrophysik begründet; siehe z. B. Abschnitt 3.3 in Shapiro and Teucholsky (1983).

Die Anfangsbedingungen lauten

$$\phi(0) = 1, \qquad \frac{d\phi}{d\zeta}(0) = 0. \tag{35.19}$$

(Die zweite Gleichung muss gelten, damit die linke Seite der Differentialgleichung (35.18) um den Ursprung nicht-singulär wird.) Heutzutage ist es kein Problem, diese Gleichung mit den gegebenen Anfangsbedingungen mit dem Computer zu lösen. (Chandrasekhar benötigte dafür viel Zeit mit einer mechanischen Rechenmaschine.)

Für jeden Wert der zentralen Dichte (bestimmt durch z_c) existiert eine eindeutige Lösung. Der Rand des Sterns ist durch $z = 1$ bestimmt. Es sei ζ_1 der zugehörige Wert von ζ. An der *Oberfläche* gilt also

$$\phi(\zeta_1) = \frac{1}{z_c}. \tag{35.20}$$

Der Radius des Sterns ist

$$R = \alpha\zeta_1 = \lambda_1 \left(\frac{\zeta_1}{z_c}\right), \tag{35.21}$$

mit

$$\lambda_1 = \alpha z_c = \left(\frac{2A}{\pi G}\right)^{1/2} \frac{1}{B}.$$

Setzt man hier die Ausdrücke A und B ein, so erhält man

$$\lambda_1 = \frac{3}{2}\left(\frac{\pi}{3}\right)^{1/3} \lambdabar_e \frac{1}{\mu_e}\left(\frac{m_{pl}}{m_p}\right)$$

$$= 7.8 \cdot 10^8 \frac{1}{\mu_e}\,\text{cm}. \tag{35.22}$$

Dies vergleiche man mit dem Erdradius:

$$R_\oplus = 6.4 \cdot 10^8\,\text{cm}.$$

Die Masse ist

$$M = \int_0^R \rho(r)\,4\pi r^2\,dr = 4\pi\alpha^3 \int_0^{\zeta_1} \rho\zeta^2\,d\zeta.$$

Wegen

$$\frac{\rho}{\rho_c} = \frac{x^3}{x_c^3} = \frac{(z^2-1)^{3/2}}{(z_c^2-1)^{3/2}}$$

und $z = z_c\phi(\zeta)$ gilt

$$\frac{\rho}{\rho_c} = \frac{z_c^3}{(z_c^2-1)^{3/2}}\left(\phi^2 - \frac{1}{z_c^2}\right)^{3/2} \tag{35.23}$$

und folglich

$$M = 4\pi\alpha^3 \rho_c \frac{z_c^3}{(z_c^2 - 1)^{3/2}} \int_0^{\zeta_1} \zeta^2 \left(\phi^2(\zeta) - \frac{1}{z_c^2} \right)^{3/2} d\zeta \,.$$

Dafür verwenden wir die Differentialgleichung (35.18) und erhalten

$$M = 4\pi\alpha^3 \rho_c \frac{z_c^3}{(z_c^2 - 1)^{3/2}} \zeta_1^2 |\phi'(\zeta_1)| \,.$$

Setzen wir noch die Definition (35.17) für α, sowie $\rho_c = B(z_c^2 - 1)^{3/2}$ ein, so folgt

$$M = 4\pi \left(\frac{2A}{\pi G} \right)^{3/2} \frac{1}{B^2} \zeta_1^2 |\phi'(\zeta_1)|$$

bzw.

$$M = \frac{\sqrt{3\pi}}{2} \frac{N_0 m_p}{\mu_e^2} \zeta_1^2 |\phi'(\zeta_1)| \,, \qquad N_0 = \frac{m_{pl}^3}{m_p^3} \,. \tag{35.24}$$

Dies, sowie (35.21), d. h.

$$R = \lambda_1 \left(\frac{\zeta_1}{z_c} \right) \,, \tag{35.25}$$

ergibt die *Masse-Radius-Beziehung*.

Für sehr große zentrale Dichten ($z_c \gg 1$) lautet die Differentialgleichung (35.18)

$$\frac{1}{\zeta^2} \frac{d}{d\zeta} \left(\zeta^2 \frac{d\phi}{d\zeta} \right) + \phi^3 = 0 \tag{35.26}$$

und ζ_1 erfüllt ungefähr $\phi(\zeta_1) = 0$ (siehe (35.20)). In diesem Sinne ist M unabhängig von der zentralen Dichte. Numerisch erhält man für die Nullstelle der polytropen Gleichung (35.26)

$$\zeta_1 = 6.8968 \tag{35.27}$$

und ferner

$$\zeta_1^2 \left| \frac{d\phi}{d\zeta}(\zeta_1) \right| = 2.01824 \,. \tag{35.28}$$

Setzt man dies in (35.24) ein, so erhält man

$$M(\rho_c \to \infty) = \frac{3\pi}{2} \cdot 2.01824 \, \frac{N_0 m_p}{\mu_e^2} = 3.1 \, \frac{N_0 m_p}{\mu_e^2}$$

$$= \frac{5.84}{\mu_e^2} M_\odot \,. \tag{35.29}$$

Das ist der genaue Wert der *Chandrasekhar-Grenze*. Für ^{56}Fe ist $\mu_e = \dfrac{A}{Z} = \dfrac{56}{26} = 2.152$ und $M(\rho_c \to \infty) = 1.25 \, M_\odot$.

Tab. 35.1 Numerische Resultate für vollständig entartete Konfigurationen. (Zum Vergleich: Der mittlere Erdradius beträgt 6371 km.) Die (teilweise) Verifikation dieser Tabelle stellen wir als Computer-Aufgabe.

$1/x_c^2$	ζ_1	$\left(-\zeta^2\dfrac{d\phi}{d\zeta}\right)_1$	$\rho_c/\bar{\rho}$	M/M_3	R/l_1	$\dfrac{\mu_e^2 M}{(M_\odot)}$	$\dfrac{\rho_c/\mu_e}{(\text{gm/cm}^3)}$	$\dfrac{\mu_e R}{(\text{km})}$
0	6.8968	2.0182	54.182	1	0	5.84	∞	0
0.01	5.3571	1.9321	26.203	0.957 33	0.535 71	5.60	$9.48 \cdot 10^8$	4170
0.02	4.9857	1.8652	21.486	0.924 19	0.705 08	5.41	$3.31 \cdot 10^8$	5500
0.05	4.4601	1.7096	16.018	0.847 09	0.997 32	4.95	$7.98 \cdot 10^7$	7760
0.1	4.0690	1.5186	12.626	0.752 53	1.286 74	4.40	$2.59 \cdot 10^7$	10 000
0.2	3.7271	1.2430	9.9348	0.615 89	1.666 82	3.60	$7.70 \cdot 10^6$	13 000
0.3	3.5803	1.0337	8.6673	0.512 18	1.961 02	2.99	$3.43 \cdot 10^6$	16 000
0.5	3.5330	0.7070	7.3505	0.350 33	2.498 18	2.04	$9.63 \cdot 10^5$	19 500
0.8	4.0446	0.3091	6.3814	0.153 16	3.617 60	0.89	$1.21 \cdot 10^5$	28 200
1.0	∞	0	5.9907	0	∞	0	0	∞

$M(\rho_c)$ wächst monoton[11] mit ρ_c, und folglich ist $M(\rho_c \to \infty)$ tatsächlich eine Grenzmasse. Dies ist eine wichtige Konsequenz aus Relativitätstheorie und Quantentheorie.

Wir betrachten noch die mittlere Dichte. Mit

$$M(r) =: \frac{4\pi}{3}(\alpha\zeta)^3 \bar{\rho}(\zeta) \tag{35.30}$$

folgt, ähnlich wie bei der Herleitung von M,

$$\bar{\rho}(\zeta) = \rho_c \frac{3z_c^3}{(z_c^2 - 1)^{3/2}} \left(-\frac{\zeta^2\phi'}{\zeta^3}\right). \tag{35.31}$$

Für die mittlere Dichte des ganzen Sterns schreiben wir im Hinblick auf die Tabelle 35.1

$$\frac{\rho_c}{\bar{\rho}_c} = \frac{\left(1 - \dfrac{1}{z_c^2}\right)^{3/2} \zeta_1^3}{3\zeta_1^2 |\phi'(\zeta_1)|}. \tag{35.32}$$

Nicht-relativistischer Fall ($x \ll 1$, $z \approx 1$)   Hier ist

$$\phi = \frac{z}{z_c} = \frac{\sqrt{1+x^2}}{\sqrt{1+x_c^2}} \simeq 1 + \frac{1}{2}x^2 - \frac{1}{2}x_c^2 + \cdots,$$

$$\frac{d\phi}{d\zeta} \approx \frac{1}{2}\frac{d}{d\zeta}x^2, \qquad \left(\phi^2 - \frac{1}{z_c^2}\right)^{3/2} \simeq (x^2)^{3/2}.$$

---

[11] Heuristisch kann man dies so sehen: Aus $dP/dr = -GM(r)\rho/r^2$ folgt $P_c \propto GM^2/R^4$. Zusammen mit $\rho_c \propto M/R^3$ ergibt sich $P_c \propto GM^{2/3}\rho_c^{4/3}$. Aber es ist $P_c \propto \rho_c^\eta$, mit $4/3 \leqslant \eta \leqslant 5/3$ und daher $M^{2/3} \propto \rho_c^{\eta-4/3}$ ↗ mit wachsendem ρ_c!

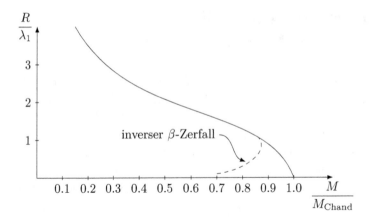

Abb. 35.1 Dimensionsloser Radius R/λ_1 als Funktion von M/M_{Chand} für ein ideales vollständig entartetes Elektronengas. Für Korrekturen der idealen Zustandsgleichung, insbesondere Coulomb-Korrekturen, sowie die Rolle des inversen β-Zerfalls (gestrichelte Linie), verweisen wir auf Abschnitt 3.5 in Shapiro and Teucholsky (1983).

Sei $\zeta' = \sqrt{2}\zeta$, dann folgt

$$\frac{1}{\zeta'^2}\frac{d}{d\zeta'}\left(\zeta'^2\frac{d}{d\zeta'}(x^2)\right) = -\left(x^2\right)^{3/2} .$$

Dies ist die Lane-Emden-Gleichung für $n = 3/2$.

Numerische Resultate Abbildung 35.1 zeigt R/λ_1 als Funktion von M/M_{Chand}. Wenn M nicht allzu nahe bei M_{Chand} liegt, ist $R \approx \lambda_1 \approx$ Erdradius. Weitere numerische Resultate finden sich in Tabelle 35.1.

Es würde zu weit führen, auf einen Vergleich der theoretischen Masse-Radius-Beziehung mit Beobachtungen einzugehen. Diesbezüglich waren die Resultate lange Zeit spärlich und ungenau. Schwierig ist vor allem die Bestimmung der Radien von Weißen Zwergen. Seit einigen Jahren ist die Situation aber deutlich besser geworden.

36 Heisenberg-Modelle, Mermin-Wagner-Theorem

Für Ising-Modelle wissen wir, dass für $d \geqslant 2$ eine spontane Magnetisierung bei genügend tiefen Temperaturen auftritt. Entsprechend ist die Symmetrie Z_2 spontan gebrochen. In Kapitel 22 wurde gezeigt, dass klassische $O(n)$-Spinmodelle für $d \geqslant 3$ unterhalb einer kritischen Temperatur ebenfalls eine spontane Magnetisierung aufweisen, dass dies aber in zwei Dimensionen für $n > 1$ nicht mehr der Fall ist (siehe Abschnitt 22.4). Die letzte Aussage wollen wir nun auch für das quantenmechanische Heisenberg-Modell beweisen. (Wir folgen dabei Ruelle (1969), Abschnitt 5.5.) Die Gruppe $O(n)$ wird also in $d = 2$ nicht spontan gebrochen.

36.1 Formulierungen der Heisenberg-Modelle

Jedem Gitterpunkt $x \in \mathbb{Z}^d$ ordnen wir den Hilbertraum $\mathcal{H}_x = \mathbb{C}^{2s+1}$ zu. Dieser trägt die Darstellung D^s von $SU(2)$. Die zugehörige Spinoperatoren bezeichnen wir mit $\vec{S}(x)$; es sei $S_{\pm} = \dfrac{1}{\sqrt{2}}(S_1 \pm iS_2)$ (für jedes x). Für ein endliches $\Lambda \subset \mathbb{Z}^d$ sei

$$\mathcal{H}_\Lambda = \bigotimes_{x \in \Lambda} \mathcal{H}_x \,.$$

H_Λ ist der folgende selbstadjungierte Operator auf $\mathcal{H}_\Lambda$:

$$H_\Lambda = -\sum_{x,x' \in \Lambda} J(x - x')\, \vec{S}(x) \cdot \vec{S}(x') - h \sum_{x \in \Lambda} S_3(x) \,, \tag{36.1}$$

mit

$$J(0) = 0\,, \quad J(-x) = J(x)\,, \quad M := \sum_{x \in \mathbb{Z}^d} x^2 |J(x)|^2 < \infty \tag{36.2}$$

Observable des Gebietes Λ sind selbstadjungierte Operatoren $A \in \mathcal{L}(\mathcal{H}_\Lambda)$. Ihre Erwartungswerte sind

$$\langle A \rangle_\Lambda = Z_\Lambda^{-1} \operatorname{Sp}\left(A\, e^{-\beta H_\Lambda}\right)\,, \qquad Z_\Lambda = \operatorname{Sp} e^{-\beta H_\Lambda}\,. \tag{36.3}$$

H_Λ in (36.1) bezeichnet man als Heisenberg-Hamilton-Operator.

36.2 Bogoliubov-Ungleichung

Für unsere Hauptaufgabe (Abschnitt 36.3) ist die in diesem Abschnitt hergeleitete Ungleichung das wichtigste Werkzeug.

Sei $\mathcal{H}$ ein endlich-dimensionaler Hilbertraum, H ein selbstadjungierter Operator und $\beta > 0$. Ferner bezeichne $\langle X \rangle$ für ein $X \in \mathcal{L}(\mathcal{H})$ den Erwartungswert

$$\langle X \rangle = \left(\operatorname{Sp} e^{-\beta H}\right)^{-1} \operatorname{Sp}\left(X\, e^{-\beta H}\right)\,. \tag{36.4}$$

Dann gilt für beliebige Operatoren $A, C \in \mathcal{L}(\mathcal{H})$

$$\frac{1}{2}\beta \langle A^*A + AA^* \rangle \cdot \langle [[C, H], C^*] \rangle \geq |\langle [C, A] \rangle|^2 \,. \tag{36.5}$$

Beweis Wir führen in $\mathcal{L}(\mathcal{H})$ die folgende positiv-definite hermitesche Form ein:

$$(A, B) = \sum_{\varphi, \psi}{}' (\psi, A^*\varphi)(\varphi, B\psi) \frac{W_\varphi - W_\psi}{E_\psi - E_\varphi} \tag{36.6}$$

Dabei wird über alle Paare (φ, ψ) von Elementen einer orthonormierten Basis von Eigenvektoren von H $(H\varphi = E_\varphi \varphi)$ summiert, bis auf Paare mit $E_\varphi = E_\psi$. Ferner sei

$$W_\varphi = Z^{-1} \mathrm{e}^{-\beta E_\varphi} \,, \qquad Z := \mathrm{Sp}\, \mathrm{e}^{-\beta H} \,. \tag{36.7}$$

Falls $E_\varphi < E_\psi$ ist, so gilt

$$\frac{\mathrm{e}^{-\beta E_\varphi} - \mathrm{e}^{-\beta E_\psi}}{\mathrm{e}^{-\beta E_\varphi} + \mathrm{e}^{-\beta E_\psi}} = \tanh\left(\beta \frac{E_\psi - E_\varphi}{2}\right) < \beta \frac{E_\psi - E_\varphi}{2}$$

und somit

$$0 \leq \frac{W_\varphi - W_\psi}{E_\psi - E_\varphi} = Z^{-1} \frac{\mathrm{e}^{-\beta E_\varphi} - \mathrm{e}^{-\beta E_\psi}}{E_\psi - E_\varphi} < \frac{1}{2} Z^{-1} \beta \left(\mathrm{e}^{-\beta E_\varphi} + \mathrm{e}^{-\beta E_\psi}\right)$$

$$= \frac{1}{2}\beta \left(W_\varphi + W_\psi\right) \,.$$

In dieser symmetrischen Form gilt die Ungleichung auch für $E_\varphi > E_\psi$. Deshalb ist

$$(A, A) \leq \frac{1}{2}\beta \sum_{\varphi, \psi} (\psi, A^*\varphi)(\varphi, A\psi)(W_\varphi + W_\psi)$$

$$= \frac{1}{2}\beta \sum_{\varphi, \psi} \left[W_\varphi(\psi, AA^*\varphi) + W_\psi(\psi, A^*A\psi)\right]$$

$$= \frac{1}{2}\beta \langle AA^* + A^*A \rangle \,.$$

Das Ergebnis ist

$$(A, A) \leq \frac{1}{2}\beta \langle AA^* + A^*A \rangle \,, \tag{36.8}$$

und wir verwenden es in der Schwarz'schen Ungleichung

$$(A, A)(B, B) \geq |(A, B)|^2 \,. \tag{36.9}$$

Wählen wir $B = [C^*, H]$, dann ist

$$(A, B) = (A, [C^*, H]) = \sum_{\varphi, \psi}{}' (\psi, A^*\varphi) \underbrace{(\varphi, [C^*, H]\psi)}_{(\varphi, C^*\psi)(E_\psi - E_\varphi)} \frac{W_\varphi - W_\psi}{E_\psi - E_\varphi}$$

$$= \sum_{\varphi, \psi}{}' (\psi, A^*, \varphi)(\varphi, C^*\psi)(W_\varphi - W_\psi) \,.$$

Das vergleichen wir mit

$$\langle [C^*, A^*]\rangle = \sum_{\varphi,\psi} (\varphi, C^*\psi)(\psi, A^*\varphi)W_\varphi - \sum_{\varphi,\psi}(\psi, A^*\varphi)(\varphi, C^*\psi)W_\psi$$

$$= \sideset{}{'}\sum_{\varphi,\psi} (W_\varphi - W_\psi)(\psi, A^*\varphi)(\varphi, C^*\psi)$$

und sehen, dass

$$(A, B) = \langle [C^*, A^*]\rangle \tag{36.10}$$

gilt. Speziell für $A = B$ ergibt dies

$$(B, B) = \langle [C^*, [H, C]]\rangle . \tag{36.11}$$

Einsetzen von (36.8), (36.10) und (36.11) in (36.9) ergibt die Behauptung (36.5).

$\square$

36.3   Das Mermin-Wagner-Theorem

Mit den obigen Bezeichnungen definieren wir

$$g(h) := \beta^{-1} \lim_{\Lambda \nearrow \mathbb{Z}^d} N(\Lambda)^{-1} \ln \mathrm{Sp}_{\mathcal{H}_\Lambda} \left(e^{-\beta H_\Lambda} \right) ,$$

$$\bar\sigma(h) := \frac{d}{dh} g(h) \tag{36.12}$$

($N(\Lambda)$ = Anzahl der Gitterpunkte in Λ). Wir behaupten, dass die spontane Magnetisierung für $d \leqslant 2$ verschwindet:

$$\lim_{h \searrow 0} \bar\sigma(h) = 0 \qquad \text{für} \quad d \leqslant 2 \tag{36.13}$$

Beweis $J(x)$ habe zunächst eine endliche Reichweite (d. h. $J(x) = 0$, außer für endlich viele $x \in \mathbb{Z}^d$). Wir nehmen an, Λ sei in einem periodischen Kubus

$$\Lambda(a) = \left\{ x \in \mathbb{Z}^d : 0 \leqslant x^i < a^i \right\} \tag{36.14}$$

(Identifikation von gegenüberliegenden Seiten) enthalten. Δ bezeichne die Menge

$$\Delta = \left\{ k \in \mathbb{R}^d : k^i = \frac{2\pi n^i}{a^i} , \ n^i \in \mathbb{Z}, \ -\frac{a^i}{2} < n^i \leqslant \frac{a^i}{2} \right\} . \tag{36.15}$$

Die Fourier-Transformierten von S und J sind definiert durch

$$\tilde{S}_i(k) = \sum_{x \in \Lambda(a)} e^{-ik\cdot x} S_i(x) , \tag{36.16}$$

$$\tilde{J}(k) = \sum_{x \in \Lambda(a)} e^{-ik\cdot x} J(x) . \tag{36.17}$$

Diese haben für $x \in \Lambda(a)$ die Umkehrungen

$$S_i(x) = V(a)^{-1} \sum_{k \in \Delta} e^{ik \cdot x} \tilde{S}_i(k), \tag{36.18}$$

$$J(x) = V(a)^{-1} \sum_{k \in \Delta} e^{ik \cdot x} \tilde{J}(k), \tag{36.19}$$

mit $V(a) = N(\Lambda(a))$.

Für ein endliches System ist die Größe, die $\bar{\sigma}(h)$ entspricht, gleich

$$\frac{d}{dh} \beta^{-1} V(a)^{-1} \ln \operatorname{Sp} e^{-\beta \hat{H}_{\Lambda(a)}} = \left\langle V(a)^{-1} \sum_{x \in \Lambda(a)} S_3(x) \right\rangle_{\hat{H}_{\Lambda(a)}}. \tag{36.20}$$

Dabei ist $\hat{H}_{\Lambda(a)}$ definiert als (man vergleiche mit (36.1))

$$\hat{H}_{\Lambda(a)} = -\sum_{x,x' \in \Lambda(a)} \hat{J}(x - x') \, \vec{S}(x) \cdot \vec{S}(x') - h \sum_{x \in \Lambda(a)} S_3(x), \tag{36.21}$$

wobei $\hat{J}$ aus J hergeht, indem man die Spins modulo $a\mathbb{Z}^d = \{na : n \in \mathbb{Z}^d\}$ identifiziert. Man kann zeigen, wie zu erwarten ist, dass der zugehörige thermodynamische Limes derselbe ist wie für freie Randbedingungen (siehe z.B. Israel (1979), speziell Thm. I.3.6).

Es erweist sich für das Folgende als günstig, statt $\bar{\sigma}(h)$ die Größe

$$\sigma(h) = \left\langle V(a)^{-1} \sum_{x \in \Lambda(a)} S_3(x) \, e^{iK \cdot x} \right\rangle \tag{36.22}$$

zu betrachten, wobei K so gewählt ist, dass $e^{iK \cdot x} = \pm 1$ für jedes $x \in \Lambda(a)$ und $\hat{H}_{\Lambda(a)}$, bezüglich dem der Erwartungswert zu bilden ist, gegenüber (36.21) ebenfalls etwas verallgemeinert wird:

$$\hat{H}_{\Lambda(a)} = -\sum_{x,x' \in \Lambda(a)} \hat{J}(x - x') \, \vec{S}(x) \cdot \vec{S}(x') - h \sum_{x \in \Lambda(a)} e^{-iK \cdot x} S_3(x) \tag{36.23}$$

(Man beachte $e^{-iK \cdot x}$.)

Nun leiten wir aus der Bogoliubov-Ungleichung mit der folgenden Wahl eine Ungleichung für $\sigma(h)$ her:

$$A = \tilde{S}_-(-k - K), \quad C = \tilde{S}_+(k), \quad H = \hat{H}_{\Lambda(a)} \quad \text{(gemäß (36.23))} \tag{36.24}$$

Es ist in (36.5)

$$\langle AA^* + A^*A \rangle$$
$$= \langle \tilde{S}_-(-k - K) \, \tilde{S}_+(k + K) + \tilde{S}_+(k + K) \, \tilde{S}_-(-k - K) \rangle, \tag{36.25}$$

und

$$\langle [C, A] \rangle = \langle [\tilde{S}_+(k), \tilde{S}_-(-k - K)] \rangle$$
$$= \sum_{x,y \in \Lambda(a)} e^{-ik \cdot x} e^{i(k+K) \cdot y} \underbrace{\langle [S_+(x), S_-(y)] \rangle}_{\delta_{xy} S_3(x)}$$
$$= \sum_{x,y \in \Lambda(a)} e^{iK \cdot x} \langle S_3(x) \rangle,$$

d. h.

$$\langle [C, A] \rangle = V(a) \, \sigma(h). \tag{36.26}$$

Zur Auswertung von $\langle [[C, H], C^*] \rangle$ berechnen wir zuerst

$$[C, H] = \sum_{y \in \Lambda(a)} e^{-ik \cdot y} \left[S_+(y), \hat{H}_{\Lambda(a)} \right]. \tag{36.27}$$

Rechts benötigen wir den Kommutator

$$\left[S_+(y), \underbrace{\vec{S}(x) \cdot \vec{S}(x')}_{S_+(x)S_-(x')+S_-(x)S_+(x')+S_3(x)S_3(x')} \right].$$

Damit dieser nicht verschwindet, muss entweder $y = x$ oder $y = x'$ sein. Für $y = x$ erhalten wir den Beitrag

$$\underbrace{[S_+(x), S_-(x)]}_{S_3(x)} S_+(x') + \underbrace{[S_+(x), S_3(x)]}_{-S_+(x)} S_3(x'),$$

und für $y = x'$ ist

$$S_+(x) \underbrace{[S_+(x'), S_-(x')]}_{S_3(x')} + S_3(x) \underbrace{[S_+(x'), S_3(x')]}_{-S_+(x')}.$$

Damit erhalten wir für (36.27), wenn wir dort (36.23) einsetzen,

$$[C, H] = 2 \sum_{x,x'} \left(e^{-ik \cdot x'} - e^{-ik \cdot x} \right) \hat{J}(x - x') \, S_3(x) \, S_+(x')$$
$$+ h \sum_x e^{-i(k+K) \cdot x} S_+(x). \tag{36.28}$$

Dies setzen wir in $\langle [[C, H], C^*] \rangle$ ein, $C^* = S_-(-k) = \sum_y e^{ik \cdot y} S_-(y)$. Der letzte Term in (36.28) gibt dafür (mit $y = x$)

$$\left\langle h \sum_x e^{-iK \cdot x} \underbrace{[S_+(x), S_-(x)]}_{S_3(x)} \right\rangle = hV(a) \, \sigma(h).$$

Vom ersten Term in (36.28) erhalten wir den Beitrag

$$2 \sum_{x,x',y} \left(e^{-ik\cdot x'} - e^{-ik\cdot x} \right) \hat{J}(x - x') \underbrace{\langle [S_3(x)\,S_+(x'), S_-(y)] \rangle}\, e^{ik\cdot y}$$

$$y = x: \; e^{ik\cdot x} \langle \underbrace{[S_3(x), S_-(x)]}_{-S_-(x)} S_+(x') \rangle$$

$$y = x': \; e^{ik\cdot x'} \langle S_3(x) \underbrace{[S_+(x'), S_-(x')]}_{S_3(x')} \rangle$$

$$= 2 \sum_{x,x'} \left(1 - e^{-ik\cdot(x-x')} \right) \hat{J}(x - x') \langle S_-(x')\,S_+(x) + S_3(x)S_3(x') \rangle \,.$$

Damit folgt

$$\langle [[C,H],C^*] \rangle = 2 \sum_{x,x'} \left(1 - e^{-ik\cdot(x-x')} \right) \hat{J}(x - x')$$

$$\cdot \langle S_-(x')\,S_+(x) + S_3(x)S_3(x') \rangle + hV(a)\sigma(h). \qquad (36.29)$$

Diese Größe ist nach der Bogoliubov-Ungleichung positiv. Addieren wir deshalb dieselbe Größe rechts mit $k \to -k$, so erhalten wir die Abschätzung

$$\langle [[C,H],C^*] \rangle \leqslant 2 \sum_{x,x'} \left(1 - \cos k \cdot (x - x') \right) \hat{J}(x - x')$$

$$\cdot \langle S_-(x')\,S_+(x) + S_+(x')\,S_-(x) + 2S_3(x)S_3(x') \rangle + 2hV(a)\sigma(h). \qquad (36.30)$$

Wenden wir die Cauchy-Ungleichung auf die positiv semidefinite hermitesche Form $(A, B) := \langle A^* B \rangle$ an, so folgt z. B.

$$|\langle S_+(x')S_-(x) \rangle| \leqslant \langle S_+(x')S_-(x') \rangle^{1/2} \langle S_-(x)S_+(x) \rangle^{1/2}$$

$$= \langle S_-(0)S_+(0) \rangle \,,$$

wenn wir noch die Translationsinvarianz verwenden. Also ist

$$|\langle S_-(x')\,S_+(x) + S_+(x')\,S_-(x) + 2S_3(x)S_3(x') \rangle|$$

$$\leqslant \langle S_-(0)S_+(0) + S_+(0)S_-(0) + 2S_3(0)^2 \rangle$$

$$\leqslant 2s(s+1) \,.$$

Setzen wir dies in (36.30) ein und benutzen noch $1 - \cos t \leqslant t^2/2$ sowie (36.2), so erhalten wir

$$\langle [[C,H],C^*] \rangle \leqslant 2 \sum_{x} (1 - \cos k \cdot x)|J(x)|V(a)\, 2s(s+1) + 2V(a)|h\sigma(h)|$$

$$\leqslant 2V(a) \Big[\underbrace{\sum_{x} k^2 x^2 |J(x)|}_{k^2 M}\, s(s+1) + |h\sigma(h)| \Big]$$

$$= 2V(a) \left[Ms(s+1)k^2 + |h\sigma(h)| \right]. \qquad (36.31)$$

Jetzt benutzen wir (36.25), (36.26) und (36.31) in der Bogoliubov-Ungleichung (36.5) und erhalten

$$\left\langle \tilde{S}_+(k+K)\tilde{S}_-(-k-K) + \tilde{S}_-(-k-K)\tilde{S}_+(k+K) \right\rangle$$
$$\geq \frac{2\beta^{-1}V(a)^2\sigma(h)^2}{2V(a)[Ms(s+1)k^2 + |h\sigma(h)|]} . \tag{36.32}$$

Dies summieren wir über $k \in \Delta$ und verwenden die Behauptung

$$\sum_{k\in\Delta} \left\langle \tilde{S}_+(k+K)\tilde{S}_-(-k-K) + \tilde{S}_-(-k-K)\tilde{S}_+(k+K) \right\rangle$$
$$= V(a)\sum_{x\in\Lambda(a)} \left\langle S_+(x)S_-(x) + S_-(x)S_+(x) \right\rangle$$
$$\leq V(a)^2 s(s+1) ,$$

womit

$$s(s+1) \geq \beta^{-1}\sigma(h)^2 \frac{1}{V(a)} \sum_{k\in\Delta} \left[Ms(s+1)k^2 + |h\sigma(h)| \right]^{-1} \tag{36.33}$$

folgt. Im Limes $a \to \infty$ wird aus dieser Ungleichung ($\sigma(h) \to \bar{\sigma}(h)$, aber noch mit $e^{iK\cdot x}$-Faktor)

$$s(s+1) \geq \beta^{-1}\bar{\sigma}(h)^2 \int_{T^d} \frac{d^dk}{(2\pi)^d} \left[Ms(s+1)k^2 + |h\bar{\sigma}(h)| \right]^{-1} . \tag{36.34}$$

Speziell für $d = 2$ ist das Integral rechts gleich

$$\frac{1}{\pi} \int_0^\pi \underbrace{dk\,k}_{\frac{1}{2}d(k^2)} \left[Ms(s+1)k^2 + |h\bar{\sigma}(h)| \right]^{-1} = \frac{1}{2\pi} \frac{1}{Ms(s+1)} \ln\left(1 + \frac{\pi^2 Ms(s+1)}{|h\bar{\sigma}(h)|} \right) ,$$

und deshalb wird aus (36.34) für $d = 2$

$$\bar{\sigma}(h)^2 \leq 2\pi M[s(s+1)]^2\beta \left[\ln\left(1 + \frac{\pi^2 Ms(s+1)}{|h\bar{\sigma}(h)|} \right) \right]^{-1} . \tag{36.35}$$

Unter den Annahmen (36.2) kann jedes J durch eines mit endlicher Reichweite approximiert werden (siehe Ruelle, 1969), und die Ungleichung (36.35) bleibt deshalb bestehen. Diese impliziert offensichtlich $\bar{\sigma}(h) \to 0$ für $h \to 0$. Dies sieht man auch an der Ungleichung (36.34): Für $h \to 0$ hat das Integral rechts für $d = 1, 2$ eine *Infrarotdivergenz*, weshalb der Vorfaktor $\bar{\sigma}(h)$ für $h \to 0$ gegen null gehen muss. In höheren Dimensionen gibt es keine Infrarotdivergenz!   □

Auch *Antiferromagnetismus* kann mit der obigen Ungleichung für $d = 1, 2$ ausgeschlossen werden. Dazu betrachten wir die Untergitter $\{x : e^{iK\cdot x} = +1\}$ und $\{x : e^{iK\cdot x} = -1\}$. Da der Faktor $e^{iK\cdot x}$ in (36.22) und (36.23) eingeführt wurde, schließt die Ungleichung für $d = 1, 2$ eine „spontane Magnetisierung der Untergitter" aus.

Wir bemerken schließlich noch, dass das Mermin-Wagner-Theorem Phasenübergänge in zwei Dimensionen nicht ausschließt. Dafür gibt es berühmte Beispiele.

37 Impulskondensation eines wechselwirkenden Fermi-Systems

Die Überlegungen dieses Abschnitts sind in der Theorie der Supraleitung und der Suprafluidität (^{3}He, Neutronen in einem Neutronenstern) sehr wichtig.

Wir betrachten ein System identischer Fermionen (Elektronen, ^{3}He, Neutronen in einem Neutronenstern). Zwischen diesen bestehe eine (schwache) Anziehung, falls ihre kinetischen Energien in der Nähe der Fermi-Fläche liegen. Aus Gründen, die hier nicht diskutiert werden, nehmen wir ferner an, dass nur Paare von Fermionen mit entgegengesetzten Impulsen und entgegengesetzten Spinkomponenten miteinander wechselwirken (Cooper-Paar-Wechselwirkung).

Da wir in der großkanonischen Gesamtheit arbeiten, ist der Fockraum zugrunde zu legen. Die Erzeugungs- und Vernichtungsoperatoren seien $a^*_{k,\lambda}$ und $a_{k,\lambda}$ (k: Wellenzahlvektor, λ: Spinrichtung, $\lambda = \pm 1/2$). (Das System sei in einen Kasten mit periodischen Randbedingungen (Torus) eingesperrt, womit die Wellenzahlvektoren diskret werden.)

Der Hamilton-Operator hat also die Form

$$H = \sum_{k,\lambda} \frac{\hbar^2 k^2}{2m} a^*_{k,\lambda} a_{k,\lambda} + \sum_{k,k'} V_{kk'} a^*_{k'\uparrow} a^*_{-k'\downarrow} a_{-k\downarrow} a_{k\uparrow} , \tag{37.1}$$

mit

$$V_{kk'} = \begin{cases} -V_0 & \text{für } \left| \mu - \dfrac{\hbar^2 k^2}{2m} \right| \leqslant \Delta\varepsilon , \quad \left| \mu - \dfrac{\hbar^2 k'^2}{2m} \right| \leqslant \Delta\varepsilon , \\ 0 & \text{sonst.} \end{cases} \tag{37.2}$$

Wir interessieren uns für die Thermodynamik dieses Systems. Nach der Theorie von Bardeen, Cooper und Schrieffer (BCS) berechnen wir diese in der Molekularfeldnäherung (siehe Kapitel 16). In dieser ersetzen wir H durch

$$\begin{aligned} H = \sum_{k,\lambda} \frac{\hbar^2 k^2}{2m} a^*_{k,\lambda} a_{k,\lambda} + \sum_{k,k'} X^*_{k'} V_{k'k} \, a_{-k\downarrow} \, a_{k\uparrow} \\ + \sum_{k,k'} a^*_{k'\uparrow} a_{-k'\downarrow} V_{k'k} X_k , \end{aligned} \tag{37.3}$$

mit

$$X_k = -\langle a_{k\uparrow} a_{-k\downarrow} \rangle , \qquad X^*_k = -\langle a^*_{-k\downarrow} a^*_{k\uparrow} \rangle , \tag{37.4}$$

wobei $\langle \cdot \rangle$ den Erwartungswert mit

$$\rho = Z^{-1} e^{-\beta(H-\mu N)} \tag{37.5}$$

bezeichnet. Das Nichtverschwinden von X_k bedeutet, dass die Phaseninvarianz $a \mapsto e^{i\alpha} a$ von (37.1) spontan gebrochen ist. Da H in (37.5) von den Erwartungswerten X_k abhängt, sind letztere *selbstkonsistent* bestimmt.

Wir schreiben zunächst $H' := H - \mu N$ etwas kompakter. Sei

$$\varepsilon_k = \frac{\hbar^2 k^2}{2m} - \mu\,, \qquad \Delta_k = \sum_l V_{kl} X_l\,, \tag{37.6}$$

so gilt

$$\begin{aligned}
H' &= \sum_k \left(\varepsilon_k a^*_{k\uparrow} a_{k\uparrow} - \varepsilon_k a_{-k\downarrow} a^*_{-k\downarrow} \right) \\
&\quad + \sum_k \Delta_k a^*_{k\uparrow} a^*_{-k\downarrow} + \sum_k \Delta^*_k a_{-k\downarrow} a_{k\uparrow} \\
&= \sum_k A^*_k \mathcal{E}_k A_k\,, \tag{37.7}
\end{aligned}$$

mit

$$A_k = \begin{pmatrix} a_{k\uparrow} \\ a^*_{-k\downarrow} \end{pmatrix}\,, \qquad \mathcal{E}_k = \begin{pmatrix} \varepsilon_k & \Delta_k \\ \Delta^*_k & -\varepsilon_k \end{pmatrix}\,. \tag{37.8}$$

(Der Stern in A^*_k involviert auch den Übergang zu einem Zeilenvektor.)

Da der Hamilton-Operator H' quadratisch in den A_k ist, lässt er sich diagonalisieren. Wir verwenden den Ansatz

$$A_k = U_k \Gamma_k\,, \tag{37.9}$$

$$U_k = \begin{pmatrix} u^*_k & v_k \\ -v^*_k & u_k \end{pmatrix}\,, \qquad \Gamma_k = \begin{pmatrix} \gamma_{k,0} \\ \gamma^*_{k,1} \end{pmatrix}\,, \tag{37.10}$$

mit $\det U_k = 1$, also

$$|u_k|^2 + |v_k|^2 = 1\,. \tag{37.11}$$

Die $\gamma^\sharp_{k,0}$, $\gamma^\sharp_{k,1}$ erfüllen wieder die Jordan-Wigner-Vertauschungsrelationen. Damit H' in den $\gamma^\sharp_{k,\alpha}$ diagonal ist, muss

$$U^*_k \mathcal{E}_k U_k = \mathbb{E}_k \tag{37.12}$$

gelten, wobei $\mathbb{E}_k = \operatorname{diag}(E_{k,0}, E_{k,1})$ ist.

Durch Quadrieren von (37.12) ergibt sich

$$\mathbb{E}^2_k = U^*_k \mathcal{E}_k \underbrace{U_k U^*_k}_{\mathbb{1}} \mathcal{E}_k U_k = E^2_k \cdot \mathbb{1}\,,$$

mit

$$E^2_k = \varepsilon^2_k + \Delta^2_k\,.$$

Wir erhalten also

$$\mathbb{E}_k = \begin{pmatrix} E_k & 0 \\ 0 & -E_k \end{pmatrix}\,, \qquad E_k = \sqrt{\varepsilon^2_k + \Delta^2_k}\,. \tag{37.13}$$

(Die Spur von $\mathcal{E}_k$ verschwindet!) Somit ist

$$H' = \sum_{k,\alpha} E_{k,\alpha}\, \gamma_{k,\alpha}^*\, \gamma_{k,\alpha}\,; \tag{37.14}$$

$$E_{k,0} = E_k\,, \qquad E_{k,1} = -E_k\,.$$

Jetzt ist also alles wie bei einem idealen Fermigas.

Für die Bestimmung der *Gap-Funktion* Δ_k gehen wir so vor: Zunächst ist

$$\langle A_k A_k^* \rangle = \frac{1}{2}(1 + W_k)\,, \tag{37.15}$$

mit

$$W_k = \begin{pmatrix} 1 - 2N_{k\uparrow} & -X_k \\ -X_k^* & -1 + 2N_{k\downarrow} \end{pmatrix} \tag{37.16}$$

und

$$N_{k,\sigma} = \langle a_{k,\sigma}^*\, a_{k,\sigma} \rangle\,. \tag{37.17}$$

Ferner gilt

$$\langle \Gamma_k \Gamma_k^* \rangle = \begin{pmatrix} 1 - n_{k,0} & 0 \\ 0 & n_{k,1} \end{pmatrix}\,, \tag{37.18}$$

mit

$$\begin{aligned} n_{k,\alpha} &= \langle \gamma_{k,\alpha}^*\, \gamma_{k,\alpha} \rangle = \frac{1}{e^{\beta E_{k,\alpha}} + 1} \\ &= \frac{1}{2}\left(1 - \tanh \frac{\beta E_{k,\alpha}}{2}\right)\,. \end{aligned} \tag{37.19}$$

Andererseits ist natürlich

$$\langle A_k A_k^* \rangle = U_k \langle \Gamma_k \Gamma_k^* \rangle U_k^*\,.$$

Durch Vergleich mit (37.15) ergibt sich

$$\frac{1}{2}(1 + W_k) = U_k \frac{1}{2} \begin{pmatrix} 1 + \tanh(\beta E_k/2) & 0 \\ 0 & 1 - \tanh(\beta E_{k/2}) \end{pmatrix}$$

und somit

$$\begin{aligned} W_k &= U_k \begin{pmatrix} \tanh \dfrac{\beta E_k}{2} & 0 \\ 0 & -\tanh \dfrac{\beta E_k}{2} \end{pmatrix} U_k^* \\ &= \frac{1}{E_k} \tanh \frac{\beta E_k}{2}\, U_k \underbrace{\begin{pmatrix} E_k & 0 \\ 0 & -E_k \end{pmatrix}}_{\mathbb{E}_k} U_k^* \\ &= \frac{1}{E_k} \tanh \frac{\beta E_k}{2}\, \mathcal{E}_k\,. \end{aligned} \tag{37.20}$$

Vergleichen wir (37.20) mit (37.16), so erhalten wir

$$1 - 2N_k = \frac{\varepsilon_k}{E_k} \tanh\left(\frac{\beta E_k}{2}\right) \tag{37.21}$$

und

$$X_k = -\frac{\Delta_k}{E_k} \tanh\left(\frac{\beta E_k}{2}\right) . \tag{37.22}$$

Die letzte Gleichung multiplizieren wir mit V_{lk} und summieren über k. Dann ergibt sich mit der Definition (37.6) von Δ_k

$$\Delta_l = -\sum_k V_{lk} \frac{\Delta_k}{E_k} \tanh\left(\frac{\beta E_k}{2}\right) . \tag{37.23}$$

Dies ist die berühmte *Gap-Gleichung*, welche die Selbstkonsistenzgleichung für Δ_k darstellt. (Man beachte, dass E_k ebenfalls von Δ_k abhängt!)

Wählen wir V_{lk} gemäß (37.2), so wird daraus

$$\Delta_l = V_0 \sum_k{}' \frac{\Delta_k}{E_k} \tanh\left(\frac{\beta E_k}{2}\right) , \tag{37.24}$$

wobei der Strich beim der Summenzeichen bedeutet, dass die Summation auf $\Delta\varepsilon$ um die Fermi-Fläche beschränkt wird. Da die rechte Seite nicht von l abhängt, ergibt sich die Form

$$\Delta_k = \begin{cases} \Delta(T) & \text{für } |\varepsilon_k - \mu| \leqslant \Delta\varepsilon , \\ 0 & \text{sonst} . \end{cases} \tag{37.25}$$

Setzen wir dies in (37.24) ein und ersetzen Summation durch Integration, so erhalten wir die Gleichung

$$1 = V_0 \frac{k_f^2 V}{2\pi^2} \int\limits_{-\Delta\varepsilon}^{\Delta\varepsilon} d\varepsilon_k \left(\frac{\partial k}{\partial \varepsilon_k}\right)_{k_f} \frac{\tanh\left[\frac{\beta}{2}\sqrt{\varepsilon_k^2 + \Delta^2(T)}\right]}{\sqrt{\varepsilon_k^2 + \Delta^2(T)}} \tag{37.26}$$

oder, wenn $N(0) = mVk_f/\mathfrak{t}/\pi^2\hbar^2$ die Zustandsdichte auf der Fermi-Fläche bezeichnet,

$$1 = V_0 N(0) \int\limits_0^{\Delta\varepsilon} d\varepsilon_k \frac{\tanh\left[\frac{\beta}{2}\sqrt{\varepsilon_k^2 + \Delta^2(T)}\right]}{\sqrt{\varepsilon_k^2 + \Delta^2(T)}} . \tag{37.27}$$

Diese Gleichung bestimmt die Temperaturabhängigkeit der *Energielücke* $\Delta(T)$.

Die Energie der Quasiteilchen zu den Erzeugungs- und Vernichtungsoperatoren $\gamma_{k,\alpha}^{\sharp}$ in (37.14) (gemessen von der Fermi-Fläche) zu Impuls k ist

$$E_k = \left[\varepsilon_k^2 + \Delta^2(T)\right]^{1/2} ,$$

was zeigt, dass $\Delta(T)$ die Energielücke im Anregungsspektrum ist.

Bei der kritischen Temperatur T_c verschwindet diese Lücke, und H' beschreibt dann ein ideales Fermigas. Nach (37.27) ist die kritische Temperatur durch die folgende Gleichung bestimmt:[12]

$$1 = V_0 N(0) \int_0^{\Delta\varepsilon} d\varepsilon_{\boldsymbol{k}} \, \frac{\tanh(\beta_c \varepsilon_{\boldsymbol{k}}/2)}{\varepsilon_{\boldsymbol{k}}} = V_0 N(0) \int_0^{\beta_c(\Delta\varepsilon/2)} \frac{\tanh x}{x} \, dx$$

$$\simeq V_0 N(0) \ln(1.13 \, \beta_c \, \Delta\varepsilon)$$

Somit erhalten wir die berühmte BCS-Gleichung

$$kT_c = 1.13 \cdot \Delta\varepsilon \, \mathrm{e}^{-e\frac{1}{(V_0 N(0))}} \, . \tag{37.28}$$

Mit (37.27) ergibt sich auch die Energielücke für $T = 0$ ($\tanh \infty = 1$) aus

$$1 = V_0 N(0) \int_0^{\Delta\varepsilon} d\varepsilon_{\boldsymbol{k}} \frac{1}{[\varepsilon_{\boldsymbol{k}}^2 + \Delta^2(0)]^{1/2}} = V_0 N(0) \sinh^{-1} \frac{\Delta\varepsilon}{\Delta(0)} \, . \tag{37.29}$$

Für *schwache Kopplung* $V_0 N(0) \ll 1$ erhält man daraus

$$\Delta(0) = 2 \cdot \Delta\varepsilon \, \mathrm{e}^{-\frac{1}{V_0 N(0)}} \, . \tag{37.30}$$

Durch Vergleich mit (37.28) erhalten wir die interessante Beziehung

$$\frac{\Delta(0)}{kT_c} = 1.764 \, . \tag{37.31}$$

Dies stimmt für klassische (BCS-)Supraleiter gut mit dem Experiment überein.

Aus (37.27) kann man numerisch auch die T-Abhängigkeit von $\Delta(T)$ bestimmen und erhält qualitativ den in Abbildung 37.1 dargestellten Verlauf. In der Nähe der kritischen Temperatur gilt

$$\frac{\Delta(T)}{\Delta(0)} = 1.74 \left(1 - \frac{T}{T_c} \right)^{1/2} \, . \tag{37.32}$$

Da die Quasiteilchen ein ideales Gas bilden, ist das großkanonische Potential nach (31.9) (mit $H' = H - \mu N$)

$$\Omega = -kT \cdot 2 \sum_{\boldsymbol{k}} \ln \left(1 + \mathrm{e}^{-\beta E_{\boldsymbol{k}}} \right) \, ,$$

$$E_{\boldsymbol{k}} = \sqrt{\varepsilon_{\boldsymbol{k}}^2 + \Delta_{\boldsymbol{k}}^2} \, ,$$

$$\varepsilon_{\boldsymbol{k}} = \frac{\hbar^2 k^2}{2m} - \mu \, . \tag{37.33}$$

---

[12] Es ist $\int_0^a \frac{\tanh x}{x} \, dx = \ln(A \, 2a)$ und $A = 2\gamma/\pi \approx 1.13$, wobei γ die Euler-Konstante ist.

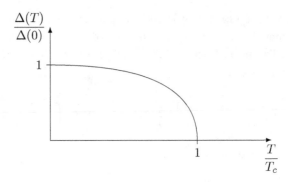

Abb. 37.1 Die T-Abhängigkeit der reduzierten Energielücke als Funktion der reduzierten Temperatur.

Für die Entropie ergibt sich daraus nach einer kurzen Rechnung

$$S = -\frac{\partial \Omega}{\partial T} = -2k \sum \{n_{\boldsymbol{k}} \ln n_{\boldsymbol{k}} + (1 - n_{\boldsymbol{k}}) \ln(1 - n_{\boldsymbol{k}})\} \ . \tag{37.34}$$

Die Wärmekapazität ist deshalb ($n_{\boldsymbol{k}} = [\mathrm{e}^{\beta E_{\boldsymbol{k}}} + 1]^{-1}$)

$$C_V = T\frac{\partial S}{\partial T} = -\beta \frac{\partial S}{\partial \beta} = 2\beta k \sum_{\boldsymbol{k}} \frac{\partial n_{\boldsymbol{k}}}{\partial \beta} \ln \left(\frac{n_{\boldsymbol{k}}}{1 - n_{\boldsymbol{k}}}\right)$$

$$= -2\beta k \sum_{\boldsymbol{k}} \frac{\partial n_{\boldsymbol{k}}}{\partial E_{\boldsymbol{k}}} \left(E_{\boldsymbol{k}}^2 + \frac{1}{2}\beta \frac{\partial \Delta^2}{\partial \beta}\right) \ . \tag{37.35}$$

Der erste Term nach Ausmultiplikation dieses Ausdrucks ist bei T_c stetig, aber nicht der zweite (siehe die Temperaturabhängigkeit in Abbildung 37.1). In der Nähe von T_c ist $E_{\boldsymbol{k}} \approx \varepsilon_{\boldsymbol{k}}$ und damit lautet die Wärmekapazität unmittelbar unterhalb T_c

$$C_V^< = 2\beta_c k \sum_{\boldsymbol{k}} (-1) \frac{\partial n_{\boldsymbol{k}}}{\partial |\varepsilon_{\boldsymbol{k}}|} \left(\varepsilon_{\boldsymbol{k}}^2 + \frac{1}{2}\beta_c \left(\frac{\partial \Delta^2}{\partial \beta}\right)_{T_c}\right) \qquad (T \lesssim T_c) \ . \tag{37.36}$$

Gerade oberhalb von T_c gilt jedoch

$$C_V^> = 2\beta_c k \sum_{\boldsymbol{k}} (-1) \frac{\partial n_{\boldsymbol{k}}}{\partial |\varepsilon_{\boldsymbol{k}}|} \varepsilon_{\boldsymbol{k}}^2 \qquad (T \gtrsim T_c) \ . \tag{37.37}$$

Die Diskontinuität in der spezifischen Wärmekapazität bei der kritischen Temperatur ist somit

$$\Delta C_V = C_V^< - C_V^> = -\beta_c^2 k \sum_{\beta k} \left(\frac{\partial \Delta^2}{\partial \beta}\right)_{T_c} \frac{\partial n(|\varepsilon_n|)}{\partial |\varepsilon_{\boldsymbol{k}}|}$$

$$= N(0) \left(-\frac{\partial \Delta^2}{\partial T}\right)_{T_c} \ . \tag{37.38}$$

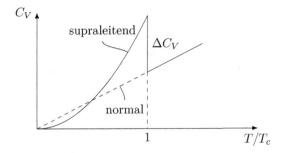

Abb. 37.2 Skizze der Wärmekapazität eines Supraleiters. Die gestrichelte Linie zeigt diese für den Normalzustand.

Beim letzten Gleichheitszeichen wurde $\partial n/\partial \varepsilon \approx -\delta(\varepsilon + \varepsilon_+)$ gesetzt (man kontrolliere die Einzelheiten).

In Abbildung 37.2 ist die Temperaturabhängigkeit der Wärmekapazität skizziert. Unterhalb von T_c ergibt sich eine drastische Änderung gegenüber dem linearen Gesetz eines ideales Fermigases (siehe Gleichung (31.54)). Für den relativen Sprung finden wir die *universell gültige* Beziehung (benutze (37.38), (37.37) und (37.32))

$$\frac{C_s(T) - C_n(T)}{C_n(T)}\bigg|_{T=T_c} = 1.43. \tag{37.39}$$

Für weitere Einzelheiten sei auf Lehrbücher über Supraleitung verwiesen (z. B. Tinkham, 2004).

38 Aufgaben

III.1 Man zeige, dass die Entropie gemäß den Ausführungen in Kapitel 27 nicht negativ ist und genau dann verschwindet, wenn der Zustand ρ ein reiner Fall ist.

III.2 In Kapitel 26 wurde gezeigt, dass ein extremer Zustand rein ist. Man beweise die Umkehrung dieser Aussage.

III.3 Man begründe die Formel (31.21) nach den Regeln der Thermodynamik in der großkanonischen Gesamtheit, unter Benutzung von $U = \Omega + TS + \mu\bar{N}$, ausgehend vom großkanonischen Potential (31.18).

III.4 Man übertrage die Formeln eines Fermigases in Kapitel 33 auf den Fall masseloser Teilchen (bzw. extrem relativistischer Elektronen) und betrachte speziell auch den vollständig entarteten Fall. (Dieser spielt für ein Verständnis der Grenzmasse von Weißen Zwergen eine zentrale Rolle.)

III.5 Man berechne den Sprung der Ableitung $\partial c_v/\partial T$ bei T_c für das ideale Bose-Gas. (Die linke Ableitung ist einfach zu berechnen, die rechte gibt aber mehr zu tun.)

III.6 Einstein-Kondensation für Boseteilchen in einer Atomfalle. Man betrachte eine endliche Anzahl N von Boseteilchen in einem harmonischen Fallenpotential (wie bei tatsächlich durchgeführten Experimenten). Man zeige, dass für ein ideales Gas die Kondensation bei

$$kT_c = \hbar\omega_0(N/\zeta(3))^{1/3} \tag{38.1}$$

eintritt, wobei ω_0 die Oszillatorfrequenz ist.

Anleitung Für einen isotropen dreidimensionalen Oszillator ist das Energiespektrum $\varepsilon_n = \hbar\omega_0 n$, $n = 0, 1, \cdots$. Man zeige, dass der Entartungsgrad g_n gegeben ist durch $g_n = (1/2)(n+1)(n+2)$. Man begründe als Nächstes, dass T_c bestimmt ist durch die Gleichung

$$N = \sum_{n=1}^{\infty} \frac{g_n}{e^{\varepsilon_n/kT_c} - 1}. \tag{38.2}$$

Man werte die auftretende Summe für $\hbar\omega_0/kT_c \ll 1$ näherungsweise aus und überprüfe sodann, dass dasselbe Resultat herauskommt, wenn (38.2) durch

$$N = \int_0^{\infty} \frac{\rho(\varepsilon)}{e^{\varepsilon/kT_c} - 1}\, d\varepsilon \tag{38.3}$$

ersetzt wird, wobei für $\rho(\varepsilon)$ die semiklassische Zustandsdichte eingesetzt wird. Letztere ist gegeben durch $\rho(\varepsilon) = \omega^*(\varepsilon) := \omega(\varepsilon)/h^3$, wobei $\omega(\varepsilon)$ der Flächeninhalt der Energiefläche ist. Es ist also

$$\rho(\varepsilon) = \frac{(2m)^{3/2}}{h^3} 2\pi \int\limits_{V \leqslant \varepsilon} \sqrt{\varepsilon - V} \, d^3x \,. \tag{38.4}$$

Man verifiziere diesen Ausdruck und zeige, dass sich für $V = (1/2)m\omega_0^2 \boldsymbol{x}^2$

$$\rho(\varepsilon) = \frac{1}{(\hbar\omega_0)^3}$$

ergibt.

III.7 Ausgehend vom Ausdruck (31.9) für ein ideales Fermi-Dirac-System leite man den folgenden Ausdruck für die Entropie als Funktion der mittleren Besetzungszahlen $\bar{N}_l$ her:

$$S = -k \sum_l [(1 - \bar{N}_l) \ln(1 - \bar{N}_l) + \bar{N}_l \ln \bar{N}_l] \tag{38.5}$$

III.8 Man betrachte die Zustandssumme für die Rotations- und Vibrationsmoden bei zweiatomigen Molekülen mit dem Spektrum

$$\varepsilon(n, j) = \hbar\omega n + \frac{\hbar^2 j(j+1)}{2I}, \quad n_j = 0, 1, \cdots, \tag{38.6}$$

wobei I das Trägheitsmoment ist (siehe z. B. Straumann (2013), Abschnitt 10.2). Für die näherungsweise Auswertung nehme man an, dass $T \gg \theta_R := \hbar^2/(kI)$ ist. Wie groß ist dann der rotatorische Anteil an der inneren Energie?

III.9 Man wiederhole die Überlegungen von Kapitel 16 für den quantentheoretischen Fall der Molekularfeldnäherung für das quantenmechanische Heisenberg-Modell (siehe Kapitel 23).

Anleitung Es seien $\boldsymbol{S}$ die Spin-Operatoren zum Spin s (Erzeugende der Darstellung D^s von SU(2)), dann lautet der Hamilton-Operator des Heisenberg-Modells

$$H = -\frac{1}{2} \sum_{\substack{i,j \\ (i \neq j)}} J_{ij} \boldsymbol{S}_i \cdot \boldsymbol{S}_j - \bar{\mu} \sum_i \boldsymbol{B} \cdot \boldsymbol{S}_i \,, \quad \bar{\mu} = g\mu_{\mathrm{B}} \,. \tag{38.7}$$

Man zeige, dass die Selbstkonsistenzbedingung auf die folgenden Gleichung für die Magnetisierung m pro Spin führt:

$$m = \bar{\mu} \left. \frac{\partial}{\partial h} \ln \chi(h) \right|_{h = \beta\bar{\mu}(B + (\bar{J}/(\bar{\mu}^2)m))} \tag{38.8}$$

Dabei ist $\bar{J} = \sum_j J_{ij}$ und

$$\chi(h) = \sum_{\sigma=-s}^{+s} e^{h\sigma} = \frac{\sinh[(s+1/2)h]}{\sinh(h/2)} . \qquad (38.9)$$

Man schreibe das Resultat in der Form

$$m = sg\mu_B B_s(sh), \quad h = g\mu_B \beta(B + (\bar{J}/(\bar{\mu}^2)m) \qquad (38.10)$$

und gebe die *Brillouin-Funktion* $B_s(x)$ explizit an.

III.10   Man leite (35.5) nach den Regeln der Thermodynamik ab.

III.11   Man spezialisiere die Chandrasekhar-Theorie der Weißen Zwerge in Kapitel 35 auf den nicht-relativistischen Grenzfall. Man zeige, dass es für jede Gesamtmasse M eine Gleichgewichtskonfiguration gibt, und leite die folgende Masse-
Radius-Beziehung her:

$$MR^3 = \text{const} \quad \text{(Fowler (1926)}$$

Anleitung   Man setze $\rho = \rho_c \theta^n$, $n = 3/2$, $r = \xi r_n$ und richte r_n so ein, dass für
$\theta(\xi)$ die folgende Lane-Emden-Gleichung gilt:

$$\frac{1}{\xi^2} \frac{d}{d\xi} \left(\xi^2 \frac{d\theta}{d\xi} \right) = -\theta^n$$

Im Zentrum des Sterns ist $\theta(0) = 1$, $\theta'(0) = 0$, und dessen Rand entspricht der
ersten Nullstelle ξ_1 von $\theta(\xi)$. Man berechne sodann M und R und zeige, dass die
Abhängigkeit von x_c ($x = p_F/mc$) in MR^3 herausfällt.
   Für die numerische Berechnung von M und R benötigt man

$$\xi_1 = 3.65375, \quad -\xi_1^2 \theta'(\xi_1) = 2.71406 .$$

III.12   Die **Kubo-Martin-Schwinger-Bedingung** für endliche Systeme. Es sei $\mathcal{H}$
ein endlich-dimensionaler Hilbertraum und H ein selbstadjungierter Hamilton-
Operator. Die Zeitevolution der (beschränkten) Operatoren ist bestimmt durch
den *-Automorphismus

$$\alpha_t(A) = e^{itH} A e^{-itH}, \quad A \in \mathcal{L}(\mathcal{H}) .$$

α_t können wir auch für komplexe t definieren:

$$\alpha_s(A) = e^{izH} A e^{-izH}, \quad A \in \mathcal{L}(\mathcal{H}), \quad z \in \mathbb{C}$$

ρ_0 bezeichne den kanonischen Zustand.

a) Man zeige, dass gilt:

$$\rho_0(A\alpha_t(B)) = \rho_0(a_{t-i\beta}(B)A) \tag{38.11}$$

b) Umgekehrt sei diese Gleichung für einen Zustand ρ erfüllt (für alle $A, B \in \mathcal{L}(\mathcal{H})$). Mab beweise, dass dann ρ der kanonische Zustand sein muss. Die Gleichung (38.11) nennt man KMS-Bedingung.

Anhang A Wahrscheinlichkeits-theoretische Sätze, Birkhoff'scher Ergodensatz

Dieser Anhang gibt einige Ergänzungen zu Kapitel 1.

Wir schließen direkt an das Gesetz der großen Zahlen an und interessieren uns für die Schwankungen endlicher Partialsummen.

Satz A.1 (Zentraler Grenzwertsatz, spezielle Formulierung)
Es sei $(\xi_i)_{i\in\mathbb{N}}$ eine unabhängige Folge reeller, quadratisch integrierbarer, identisch verteilter Zufallsvariablen mit positiver Varianz σ. Dann konvergiert die Folge der Verteilung von P_{S_n} von

$$S_n = \frac{1}{\sigma\sqrt{n}} \sum_{i=1}^{n} (\xi_i - \eta) \tag{A.1}$$

schwach[1] gegen die Gauß'sche Normalverteilung $\nu_{0,1}$:

$$d\nu_{0,1}(x) = \frac{1}{\sqrt{2\pi}}\, \mathrm{e}^{-x^2/2}\, dx \tag{A.2}$$

Beweis: Siehe z. B. Bauer (1991), Kapitel IX, speziell die Abschnitte 50 und 51.

Damit können wir ungefähr die Wahrscheinlichkeit berechnen, mit welcher die Partialsummen $\frac{1}{n} \sum_{i=1}^{n} \xi_i$ von η in (1.15) mit einem gewissen Fehler abweichen. Es gilt nämlich

$$\lim_{n\to\infty} P\left\{ \alpha \leqslant \frac{1}{\sigma\sqrt{n}} \sum_{i=1}^{n}(\xi_i - \eta) < \beta \right\} = \frac{1}{\sqrt{2\pi}} \int_{\alpha}^{\beta} \mathrm{e}^{-x^2/2}\, dx$$

(sogar gleichmäßig in α und β). Deshalb weichen die Zahlen

$$P\left\{ \gamma \leqslant \frac{1}{n} \sum_{i=1}^{n} \xi_i - \eta < \delta \right\} \qquad \text{und} \qquad \frac{1}{\sqrt{2\pi}} \int_{\sqrt{n}\gamma/\sigma}^{\sqrt{n}\delta/\sigma} \mathrm{e}^{-x^2/2}\, dx$$

---

[1] Dies bedeutet, dass $\lim\limits_{n\to\infty} \int f\, dP_{S_n} = \int f\, d\nu_{0,1}$ für alle beschränkten stetigen Funktionen f auf $\mathbb{R}$ gilt.

für große n beliebig wenig voneinander ab (und zwar gleichmäßig in γ und δ). Insbesondere gilt

$$P\left\{\left|\frac{1}{n}\sum_{i=1}^{n}\xi_i - \eta\right| < \delta\right\} \simeq \sqrt{\frac{2}{\pi}} \int\limits_{0}^{\delta\sqrt{n}/\sigma} e^{-x^2/2}\, dx\,.$$

Die Wahrscheinlichkeitsdichte für die Abweichung der $\dfrac{1}{n}\sum_{i=1}^{n}\xi_i$ vom Mittelwert η ist also für große n gegeben durch

$$\rho(\delta)\, d\delta = \sqrt{\frac{2}{\pi}}\,\frac{\sqrt{n}}{\sigma} e^{-\delta^2 n/2\sigma^2}\, d\delta\,. \tag{A.3}$$

Insbesondere gilt für die mittlere Abweichung

$$\langle\delta^2\rangle = \int\limits_{0}^{\infty} \rho(\delta)\delta^2\, d\delta = \frac{\sigma^2}{n}\,,$$

also

$$\langle\delta^2\rangle^{1/2} = \frac{\sigma}{\sqrt{n}}\,. \tag{A.4}$$

Trotzdem können natürlich seltene Schwankungen auftreten, die größer als $\sigma/\sqrt{n}$ sind. Sehr feine Aussagen dazu macht das Gesetz des iterierten Logarithmus. Bevor wir darauf kommen, zitieren wir noch einen Satz, der aussagt, wie rasch die Konvergenz im zentralen Grenzwertsatz mindestens ist:

Satz A.2 (Berry-Esséen)
Es sei $(\xi_i)_{i\in\mathbb{N}}$ eine Folge von unabhängigen identisch verteilten Zufallsvariablen mit $\langle\xi_k\rangle = 0$, $\langle\xi_k^2\rangle = \sigma^2$ und $\langle|\xi_i|^3\rangle < \infty$. Dann erfüllen die Verteilungsfunktionen F_n der S_n in (A.1) ($F_n(x) = P\{S_n \leqslant x\}$) das Kriterium

$$\sup_{x\in\mathbb{R}}|F_n(x) - \phi(x)| \leqslant \frac{C\langle|\xi_1|^3\rangle}{\sigma^3\sqrt{n}}\,, \tag{A.5}$$

mit

$$\phi(x) = \frac{1}{\sqrt{2\pi}}\int\limits_{-\infty}^{x} e^{-y^2/2}\, dy\,, \tag{A.6}$$

wobei C eine Konstante im Intervall $\dfrac{1}{\sqrt{2\pi}} \leqslant C < 0.8$ ist.

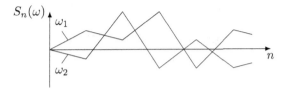

Abb. A.1 Pfade $S(\omega)$.

Beweis: Siehe Shiryaev (1996), Abschnitt III.6, oder Gänssler und Stute (1977), Abschnitt 4.2.

Die Konvergenzordnung $n^{-1/2}$ lässt sich i. Allg. nicht verbessern, wie einfache Beispiele zeigen.

Wir kommen nun zu einer berühmten bestmöglichen Aussage über das P-fast sichere Verhalten der Pfade $S_n(\omega) = \sum_{i=1}^{n} \xi_i(\omega)$, d. h. der zufälligen Wege, die entstehen, wenn man die Punkte $(n, S_n(0))$, $n = 0, 1, \cdots$ durch lineare Streckenzüge miteinander verbindet (siehe Abbildung A.1). Dabei nehmen wir an, dass $(\xi_i)_{i \in N}$ eine Folge von unabhängigen, identisch verteilten Zufallsvariablen ist, welche zentriert seien ($\langle \xi_1 \rangle = 0$); wieder sei $\sigma^2 = \langle \xi_1^2 \rangle$.

Aufgrund des starken Gesetzes der großen Zahlen wissen wir, dass bis auf eine Menge vom P-Maß null alle Pfade $S(\omega)$ schließlich in dem durch die beiden Geraden $y = \pm \varepsilon x$ (für jedes $\varepsilon > 0$) gebildeten Winkelraum liegen. Ferner sagt der zentrale Grenzwertsatz aus, dass das Maß der Menge der ω, deren zugehörige $S(\omega)$ an der Stelle $x = n$ zwischen den beiden Parabelästen $y = \sigma \alpha \sqrt{x}$ und $y = \sigma \beta \sqrt{x}$ (mit $\alpha < \beta$) verlaufen, für große n durch $\phi(\beta) - \phi(\alpha)$ approximiert wird. Obgleich es demnach sehr unwahrscheinlich ist, dass für große n der standardisierte Weg zu (A.1), d. h. $S_n(\omega)/(\sigma \sqrt{n})$ (in unserer jetzigen Bezeichnung), z. B. das Niveau 10 überschreitet ($1 - \phi(10) \approx 10^{-23}$), so können auch für noch so große n doch beliebig große Werte angenommen werden.

Wir führen nun den Begriff der *Einhüllenden* der Pfade $S(\omega)$ ein. Darunter verstehen wir eine eventuell existierende Funktionen $\psi(x)$, für die gilt:

$$\overline{\lim_{n \to \infty}} \frac{S_n}{\psi(n)} = 1, \quad \underline{\lim} \frac{S_n(\omega)}{\psi(n)} = -1, \qquad P\text{-fast sicher} \qquad (A.7)$$

Zur Interpretation bemerken wir Folgendes: Sei $\psi_\varepsilon^\pm = (1 \pm \varepsilon)\psi$ ($\varepsilon > 0$), dann gilt, wie man leicht sehen kann (siehe Shiryaev (1996), Seite 371):

$$S_n \leqslant \psi_\varepsilon^+(n) \quad \text{mit Wahrscheinlichkeit 1} \quad \text{für } n \geqslant n_0(\omega)$$

$$S_n \geqslant \psi_\varepsilon^-(n) \qquad " \qquad \qquad " \qquad 1 \quad \text{für unendlich viele } n$$

Man kann dies auch mit

$$P\{|S_n| \geqslant (1 - \varepsilon)\psi(n) \quad \text{u. o.}\} = 1, \qquad (A.8)$$

$$P\{|S_n| \geqslant (1 + \varepsilon)\psi(n) \quad \text{u. o.}\} = 0. \qquad (A.9)$$

ausdrücken[2]. Nun gilt das bemerkenswerte

Gesetz vom iterierten Logarithmus (Hartman-Winter)   Sei $(\xi_i)_{i \in \mathbb{N}}$ eine Folge von unabhängigen, identisch verteilten Zufallsvariablen mit $\langle \xi_1 \rangle = 0$, $\langle \xi_1^2 \rangle = \sigma^2 < \infty$. Dann ist

$$\psi(n) = \sqrt{2\sigma^2 n \log \log n} \tag{A.10}$$

eine Einhüllende von $S(\omega)$.

Beweis   Siehe Gänssler und Stute (1977), Abschnitt 4.3.

Beweis des Satzes von Cramér-Chernoff   Ersetzt man die Folge (ξ_i) durch die Folgen $(\xi_i - \eta - \varepsilon)$ bzw. $(-\xi_i)$, so erhält man anstelle von I_μ in (1.20) die Entropiefunktion

$$x \mapsto I_n(x + \eta + \varepsilon) \quad \text{bzw.} \quad x \mapsto I_\mu(-x).$$

Somit genügt es, für $\eta \leqslant 0$ die Ungleichung

$$P\left\{ \frac{1}{n} \sum_{i=1}^{n} \xi_i \geqslant 0 \right\} \leqslant \mathrm{e}^{-nI(0)} \tag{A.11}$$

zu beweisen. Für $\eta \leqslant 0$ gilt

$$P\left\{ \frac{1}{n} \sum_{i=1}^{n} \xi_i \geqslant 0 \right\} = P\left\{ \xi_1 + \cdots + \xi_n \geqslant 0 \right\}$$

$$= P\left\{ \mathrm{e}^{t(\xi_1 + \cdots + \xi_n)} \geqslant 1 \right\} \leqslant \left\langle \mathrm{e}^{t(\xi_1 + \cdots + \xi_n)} \right\rangle$$

$$= \int_{\mathbb{R}^n} \mathrm{e}^{t(x_1 + \cdots + x_n)} \, d\mu(x_1) \cdots d\mu(x_n) = \breve{\mu}(t)^n$$

für alle $t \geqslant 0$ und daher

$$\log P\left\{ \frac{1}{n} \sum_{i=1}^{n} \xi_i \geqslant 0 \right\} \leqslant n \log \breve{\mu}(t) \quad \text{für alle} \quad t \geqslant 0$$

bzw.

$$\frac{1}{n} \log P\left\{ \frac{1}{n} \sum_{i=1}^{n} \xi_i \geqslant 0 \right\} \leqslant \inf \left\{ \log \breve{\mu}(t) : t \in \mathbb{R}_+ \right\}. \tag{A.12}$$

Nun ergibt sich aus (1.18) und $\eta \leqslant 0$

$$-\log \breve{\mu}(t) \leqslant -\log \breve{\mu}(t) + t\eta \leqslant 0$$

---

[2] Es bedeutet (A_n eine Folge von Mengen):

$$\{A_n \text{ u.o.}\} := \overline{\lim} A_n = \bigcap_{n=1}^{\infty} \bigcup_{k \geqslant n} A_k$$

(u.o. steht für *unendlich oft*.)

für alle $t < 0$. Wegen $I_\mu \geq 0$ (siehe (1.20)) hat dies

$$I_\mu(0) = \sup\{-\log \check{\mu}(t) : t \in \mathbb{R}_+\}$$

zur Folge. Die Ungleichung (A.12) besagt daher

$$\frac{1}{n} \log P\left\{\frac{1}{n}\sum_{i=1}^{n} \xi_i \geq 0\right\} \leq I_\mu(0),$$

und dies ist gerade die Ungleichung (A.11). $\qquad\square$

A.1 Beweis des Birkhoff'schen Ergodensatzes

Wir betrachten einen Maßraum $(\Omega, \mathcal{A}, \mu)$ mit σ-endlichem Maß μ und eine maßerhaltende Transformation $T : \Omega \to \Omega$. Der *Birkhoff'sche Ergodensatz* besagt Folgendes: Für $f \in L^1(\mu)$ konvergiert die Reihe

$$\frac{1}{n}\sum_{i=0}^{n} f(T^i(\omega)) \tag{A.13}$$

fast überall gegen eine Funktion $f^* \in L^1(\mu)$. Ferner gilt $f^* \circ T = f^*$ fast überall, und für ein endliches Maß $(\mu(\Omega) < \infty)$ gilt überdies

$$\int f^* \, d\mu = \int f \, d\mu. \tag{A.14}$$

Im anschließenden Beweis spielt der Operator $U_T : L^1(\mu) \to L^1(\mu)$ eine wichtige Rolle:

$$(U_T f)(\omega) = f(T(\omega)), \quad f \in L^1(\mu) \tag{A.15}$$

Da T maßerhaltend ist, gilt offensichtlich

$$\|U_T f\|_1 = \|f\|_1. \tag{A.16}$$

U_T lässt den reellen Raum $L_R^1(\mu)$ invariant und ist auf diesem positiv: Aus $f \geq 0$ folgt $U_T f \geq 0$. Mit positiven Operatoren befasst sich der nächste Satz, der beim Beweis des Birkhoff'schen Ergodensatzes eine wichtige Rolle spielt.

Satz A.3 (Maximaler Ergodensatz)
Sei $U : L_R^1(\mu) \to L_R^1(\mu)$ *ein positiver, linearer Operator mit* $\|U\| \leq 1$*. Ferner sei* $N > 0$ *eine ganze Zahl und* $f \in L_R^1(\mu)$*. Wenn* $f_0 = 0$ *ist, ferner*

$$f_n = f + Uf + U^2 f + \cdots + U^{n-1} f$$

(mit $n \geq 1$*) und* $F_N = \max_{0 \leq n \leq N} f_n \, (\geq 0)$*, dann gilt*

$$\int_{\{\omega \, : \, F_N(\omega) > 0\}} f \, d\mu \geq 0. \tag{A.17}$$

Beweis A.3 Für $0 \leqslant n \leqslant N$ ist $F_N \geqslant f_n$, also (da F_N natürlich in $L^1_R(\mu)$ ist) $UF_N \geqslant Uf_n$ und somit $UF_N + f \geqslant f + Uf_n = f_{n+1}$. Dies ergibt

$$UF_N(\omega) + f(\omega) \geqslant \max_{1 \leqslant n \leqslant N} f_n(\omega)$$

$$= \max_{\underset{\uparrow}{0 \leqslant n \leqslant N}} f_n(\omega) \quad \text{für} \quad F_N(\omega) > 0$$

$$= F_N(\omega).$$

Also ist $f \geqslant F_N - UF_N$ auf der Menge $A = \{\omega : F_N(\omega) > 0\}$, und damit haben wir (beachte $F_N = 0$ auf $\Omega \backslash A$)

$$\int_A f \, d\mu \geqslant \int_A F_N \, d\mu - \int_A UF_N \, d\mu$$

$$= \int_\Omega F_N \, d\mu - \int_A UF_N \, d\mu$$

$$\geqslant \int_\Omega F_N \, d\mu - \int_\Omega UF_N \, d\mu,$$

da $F_N \geqslant 0$ und somit $UF_N \geqslant 0$ ist. Benutzen wir noch $\|U\| \leqslant 1$, so ist in der Tat

$$\int_A f \, d\mu \geqslant 0.$$

$\square$

Wichtig ist auch das

Korollar A.4
Sei $T : \Omega \to \Omega$ maßerhaltend. Für $g \in L^1_R(\mu)$ sei ferner

$$B_\alpha = \left\{ \omega \in \Omega \mid \sup_{n \geqslant 1} \frac{1}{n} \sum_{i=0}^{n-1} g\left(T^i(\omega)\right) > \alpha \right\}.$$

Dann gilt

$$\int_{B_\alpha \cap A} g \, d\mu \geqslant \alpha \mu(B_\alpha \cap A), \tag{A.18}$$

falls $T^{-1}A = A$ und $\mu(A) < \infty$ ist.

Beweis A.4 Wir beweisen die Behauptung zunächst für $\mu(\Omega) < \infty$ und $A = \Omega$. Setzen wir $f = g - \alpha$, so ist

$$B_\alpha = \bigcup_{N=0}^\infty \{\omega \mid F_N(\omega) > 0\}$$

und damit nach dem maximalen Ergodensatz

$$\int\limits_{B_\alpha} f\,d\mu \geqslant 0 \qquad \text{oder} \qquad \int\limits_{B_\alpha} g\,d\mu \geqslant \alpha\mu(B_\alpha)\,.$$

Im allgemeinen Fall wende man das eben Bewiesene an auf $T|A$, was (A.18) ergibt.

$\square$

Beweis des Birkhoff'schen Ergodensatzes Nun kommen wir endlich zu diesem Beweis. Wir nehmen dabei $\mu(\Omega) < \infty$ an; der allgemeine Fall lässt sich leicht darauf zurückführen. Ohne Einschränkung der Allgemeinheit dürfen wir in (A.13) $f \in L_R^1(\mu)$ wählen. Für ein solches f setzen wir

$$f^*(\omega) = \limsup_{n\to\infty} \frac{1}{n} \sum_{i=0}^{n-1} f(T^i\omega) \qquad (A.19)$$

und

$$f_*(\omega) = \liminf_{n\to\infty} \frac{1}{n} \sum_{i=0}^{n-1} f(T^i\omega)\,. \qquad (A.20)$$

Beide Funktionen sind unter T invariant, was aus der Identität

$$\frac{n+1}{n}a_{n+1}(\omega) - a_n(T\omega) = \frac{f(\omega)}{n}$$

für $a_n(\omega) = \frac{1}{n} \sum_{i=0}^{n} f(T^i(\omega))$ folgt. Wir müssen zeigen, dass $f^* = f_*$ fast überall ist und dass f^*, f_* zu $L^1(\mu)$ gehören.

Für reelle Zahlen α, β setzen wir

$$E_{\alpha,\beta} = \{\omega \in \Omega \mid f_*(\omega) < \beta \text{ und } \alpha < f^*(\omega)\}\,.$$

Die Menge $N = \{\omega \mid f_*(\omega) < f^*(\omega)\}$ lässt sich folgendermaßen darstellen:

$$N = \bigcup\{E_{\alpha,\beta} \mid \beta < \alpha,\ \alpha, \beta \in \mathbb{Q}\}$$

Wenn wir also gezeigt haben, dass $\mu(E_{\alpha,\beta<\alpha}) = 0$, so folgt $f^* = f_*$ fast überall. Da klarerweise

$$T^{-1}E_{\alpha,\beta} = E_{\alpha,\beta} \quad \text{und} \quad E_{\alpha,\beta} \cap B_\beta = E_{\alpha,\beta}$$

für

$$B_\beta = \left\{\omega \in \Omega \mid \sup_{n\geqslant 1} \frac{1}{n} \sum_{i=0}^{n-1} f(T^i\omega) > \alpha\right\},$$

gilt, ergibt sich nach dem obigen Korollar A.4

$$\int_{E_{\alpha,\beta}} f\, d\mu = \int_{E_{\alpha,\beta} \cap B_\beta} f\, d\mu \geqslant \alpha\mu(E_{\alpha,\beta} \cap B_\alpha) = \alpha\mu(E_{\alpha,\beta})\,,$$

d. h.

$$\int_{E_{\alpha,\beta}} f\, d\mu \geqslant \alpha\mu(E_{\alpha,\beta})\,.$$

Vertauschen wir f, α, β mit $-f$, $-\beta$, $-\alpha$, so folgt wegen $(-f)^* = -f_*$ und $(-f)_* = -f^*$ auch

$$\int_{E_{\alpha,\beta}} f\, d\mu \leqslant \beta\mu(E_{\alpha,\beta})\,.$$

Zusammen ergibt dies $\alpha\mu(E_{\alpha,\beta}) \leqslant \beta\mu(E_{\alpha,\beta})$, somit für $\beta < \alpha$ tatsächlich $\mu(E_{\alpha,\beta}) = 0$. Damit ist also $f_* = f^*$ fast überall, folglich gilt auch

$$\frac{1}{n} \sum_{i=0}^{n-1} f(T^i\omega) \longrightarrow f^* \quad \text{fast überall.}$$

Nun zeigen wir, dass $f^* \in L^1(\mu)$, indem wir den folgenden Teil des Fatou'schen Lemmas[3] benutzen: Ist $\{g_n\}$ eine Folge von nicht-negativen integrierbaren Funktionen mit

$$\liminf \int g_n\, d\mu < \infty\,,$$

welche (punktweise) konvergiert, so ist $\lim g_n \in L^1(\mu)$. Setzen wir nun

$$g_n(\omega) = \left| \frac{1}{n} \sum_{i=0}^{n-1} f(T^i\omega) \right|\,, \tag{A.21}$$

so gilt

$$\int g_n\, d\mu \leqslant \int |f|\, d\mu\,,$$

und wir können das Fatou-Lemma anwenden:

$$\lim_{n\to\infty} g_n(\omega) = \left| \lim_{n\to\infty} \sum_{i=0}^{n-1} f(T^i\omega) \right| = |f^*(\omega)| \qquad \text{(fast überall)}$$

Damit gehört f^* zu $L^1(\mu)$.

Wir müssen noch zeigen, dass (für $\mu(\Omega) < \infty$)

$$\int f\, d\mu = \int f^*\, d\mu \tag{A.22}$$

---

[3] Siehe z. B. Bauer (1992), Abschnitt 15.2.

gilt. Dazu sei

$$D_k^n = \left\{ \omega \in \Omega \mid \frac{k}{n} \leqslant f^* < \frac{k+1}{n} \right\},$$

mit $k \in \mathbb{Z}$, $n \geqslant 1$. Für jedes kleine $\varepsilon > 0$ ist $D_k^n \cap B_{\frac{k}{n} - \varepsilon} = D_k^n$, und deshalb gilt nach dem Korollar A.4

$$\int_{D_k^n} f \, d\mu \geqslant \left(\frac{k}{n} - \varepsilon \right) \mu\left(D_k^n\right) \implies \int_{D_k^n} f \, d\mu \geqslant \frac{k}{n} \mu\left(D_k^n\right). \tag{A.23}$$

Dann ergibt sich

$$\int_{D_k^n} f^* \, d\mu \leqslant \frac{k+1}{n} \mu\left(D_k^n\right) \overset{(A.23)}{\leqslant} \frac{1}{n} \mu\left(D_k^n\right) + \int_{D_k^n} f \, d\mu. \tag{A.24}$$

Summieren wir dies über k, folgt

$$\int_{\Omega} f^* \, d\mu \leqslant \frac{\mu(\Omega)}{n} + \int_{\Omega} f \, d\mu \quad \text{für alle} \quad n \geqslant 1$$

$$\implies \int_{\Omega} f^* \, d\mu \leqslant \int_{\Omega} f \, d\mu.$$

Wenden wir dies auf $-f$ an,

$$\int_{\Omega} (-f)^* \, d\mu \leqslant \int_{\Omega} (-f) \, d\mu,$$

so schließen wir auch auf

$$\int_{\Omega} f_* \, d\mu \geqslant \int_{\Omega} f \, d\mu.$$

Da aber $f_* = f^*$ fast überall gilt, folgt aus diesen Ungleichungen die Behauptung (A.22). □

A.2   Birkhoff'scher Ergodensatz für Flüsse

Wir können diesen leicht auf den Satz für Kaskaden zurückführen. Dazu setzen wir für $f \in L^1(\mu)$ und einen Fluss ϕ_t

$$g(x) = \int_0^1 f(\phi_t(x)) \, dt$$

und notieren für $T = n \in \mathbb{N}$

$$\frac{1}{T}\int_0^T f(\phi_t(x))\,dt = \frac{1}{n}\sum_{k=0}^{n-1}\int_k^{k+1} f(\underbrace{\phi_t(x)}_{\phi_{t-k}(\phi_k(x))})\,dt$$

$$= \frac{1}{n}\sum_{k=0}^{n-1}\int_0^1 f(\phi_{t'}(\phi_k(x)))\,dt'$$

$$= \frac{1}{n}\sum_{k=0}^{n-1} g(\underbrace{\phi_k(x)}_{(\phi_1\circ\phi_1\circ\cdots\circ\phi_1)(x)})$$

$$= \frac{1}{n}\sum_{k=0}^{n-1} g(\phi_1^k(x)) \;\to\; f^*(x) \quad \text{fast überall.}$$

Für ein beliebiges $T > 0$ und $n = \lfloor T \rfloor$ (Gauß'sche Klammer) folgt damit

$$\frac{1}{T}\int_0^T f(\phi_t(x))\,dt = \underbrace{\frac{n}{T}\frac{1}{n}\int_0^n f(\phi_t(x))\,dt}_{\to f^*(x)} + \underbrace{\frac{1}{T}\int_n^T f(\phi_t(x))\,dt}_{\to 0}$$

$$\longrightarrow \quad f^*(x) \quad \text{fast überall.}$$

A.3 Bemerkungen zur Eindeutigkeit des mikrokanonischen Maßes

Ist der Fluss auf der Energiefläche (beziehungsweise μ_E) ergodisch, so gibt es kein zweites, bezüglich μ_E absolut stetiges Wahrscheinlichkeitsmaß, welches ebenfalls ergodisch ist. Dies folgt aus einem allgemeinen Satz der Ergodentheorie (siehe Walters (1982), Theorem 6.10, S. 152).

Anhang B Zeitpfeil und Boltzmann-Entropie

Die Frage, wie es zur makroskopischen Brechung der Zeitumkehrinvarianz – trotz zeitumkehrinvarianter Mikrogesetze – kommt, gehört zu den Themen, über die die Debatte offenbar nie abreißt. Ich bin der Meinung, dass wir – dank Boltzmann – den thermodynamischen Zeitpfeil für räumlich lokalisierte makroskopische Systeme grundsätzlich verstehen. Es gibt eben, wie Boltzmann (als Rufer in der Wüste) betonte, überwältigend viel mehr Mikrozustände, die zu einem makroskopischen Gleichgewichtszustand gehören, als für einen relativ geordneten Zustand weit weg vom Gleichgewicht. Deshalb erfolgt der Übergang von relativ geordneten zu ungeordneten Zuständen so viel wahrscheinlicher als der umgekehrte Vorgang, dass letzterer auch auf astronomischen Zeitskalen nie vorkommt. Dies soll im Folgenden näher ausgeführt werden.

Wesentlich bei all diesen Betrachtungen ist, dass es für makroskopische Systeme mit ihren ungeheuer vielen Freiheitsgraden eine deutliche Trennung zwischen mikroskopischen und makroskopischen Skalen gibt. Nur deshalb können wir vom typischen Verhalten eines individuellen Systems – etwa einer Dampflokomotive – sprechen. Dieses typische Verhalten ist auch weitgehend unabhängig von der spezifischen mikroskopischen Dynamik (ergodisch, mischend, chaotisch, . . .) und hängt zudem nicht davon ab, ob gewisse Annahmen über die Verteilung der Mikrozustände (gleiche A-priori-Wahrscheinlichkeiten etc.) strikt erfüllt sind. Man sollte deshalb das irreversible makroskopische nicht mit dem chaotischen, aber *zeitsymmetrischen* Verhalten von vielen Systemen mit wenigen Freiheitsgraden verwechseln. Wie wesentlich der Übergang zu sehr vielen Freiheitsgraden ist, werden wir in Anhang C am Beispiel des Ehrenfest'schen Urnenmodells erläutern. Erst in diesem Grenzfall erhalten wir deterministische makroskopische Gesetze vom Typus der Hydrodynamik (Bsp. Diffusionsgleichung), welche die uns vertrauten charakteristischen irreversiblen Vorgänge beschreiben.

B.1 Die Boltzmann-Entropie

Zu jedem *Makrozustand* M (charakterisiert durch die Werte von einigen wenigen makroskopischen Observablen innerhalb kleiner Fehler) gehört ein Gebiet Γ_M des Phasenraumes Γ:

$$\Gamma_M = \{m \in \Gamma \mid M(m) = M\} \tag{B.1}$$

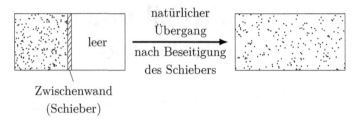

Abb. B.1 Übergang vom präpariertem Anfangszustand zum Gleichgewichtszustand.

Das Liouville'sche Volumen von Γ_M bezeichnen wir mit $|\Gamma_M|$. Die *Boltzmann-Entropie* $S_B(M)$ des Makrozustandes M ist

$$S_B(M) = k \log |\Gamma_M| . \tag{B.2}$$

(Dies verallgemeinert die Formeln (2.7), (2.8) und (5.3).) Ein *Mikrozustand* $m \in \Gamma$ entwickelt sich zeitlich mit dem Fluss ϕ_t der mikroskopischen Dynamik (zum Hamilton'schen Vektorfeld X_H): $m(t) = \phi_t(m)$. Zu $m(t)$ gehört ein zeitabhängiger Makrozustand $M(t) = M(m(t))$ und dazu wiederum gehört die zeitabhängige Boltzmann-Entropie $S_B(M(t)) = k \log |\Gamma_{M(t)}|$. Im Unterschied zur Gibbs'schen Entropie, $S_G = -k \int \rho \log \rho \, d\Gamma^*$ (Abschnitt 4), ändert sich diese mit der Zeit! Nur im Gleichgewicht stimmen die beiden überein.

Betrachten wir als präparierten Anfangszustand z. B. ein Gas wie im linken Teil der Abbildung B.1 und heben wir die makroskopische Zwangsbedingung auf (Beseitigung des Schiebers), so wird ein mikroskopischer Phasenpunkt „meistens" in neu geöffnete Gebiete von Γ wandern, für die Γ_M vergleichsweise sehr groß ist (siehe Abbildung B.2). *Die Boltzmann-Entropie wird deshalb generell zunehmen.*

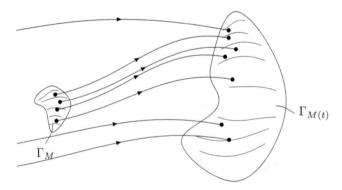

Abb. B.2 Skizze der zeitlichen Entwicklung des Phasenraum-Gebietes $\Gamma_{M(t)}$.

Abbildung B.2 ist gewaltig untertrieben, denn nach (2.11) ist für ein ideales Gas

$$
\phi^*(E, N) = \int\limits_{\{\sum_i \frac{p_i^2}{2m} \leqslant E\}} \prod_{i=1}^{N} d^3x_i \, d^3p_i \, \frac{1}{N!}
$$

$$
= \frac{V^N}{N!} (2mE)^{3N/2} \, \mathrm{Vol}\,[B_{3N}(1)]\,, \tag{B.3}
$$

und folglich ist das Verhältnis dieser Größe für die beiden Situationen in der Abbildung B.1

$$
\frac{\phi^*_{\text{rechts}}}{\phi^*_{\text{links}}} = 2^N \approx 10^{20^{23}} \approx 10^{10^{30}}\,, \tag{B.4}
$$

eine wahrhaft gigantische Zahl. (Im Vergleich dazu ist das Verhältnis des Volumens des beobachtbaren Universums zur Ausdehnung eines Protons eine lächerlich kleine Zahl!) Entsprechend ist das Verhältnis der beiden Boltzmann-Entropien

$$
\frac{S_{\text{B}}^{\text{rechts}}}{S_{\text{B}}^{\text{links}}} = Nk \log 2 \tag{B.5}
$$

(man beachte den Faktor N). Deshalb strebt das System dem Gleichgewichtszustand zu. Ist dieser erreicht, so können wir nur noch kleine Schwankungen um diesen beobachten. Eine Rückkehr zum ursprünglichen Zustand wird über das Alter des Universums nicht vorkommen, denn die Poincaré-Wiederkehrzeiten sind unermesslich lang.

B.2 Phasenraum und Wahrscheinlichkeiten

Wesentlich für Boltzmanns Argumentation ist, dass es eine Beziehung gibt zwischen Phasenvolumen und Wahrscheinlichkeit. Diese besteht, wie wir in Kapitel 1 (siehe auch Anhang A) gesehen haben, sicher für ergodische Systeme, denn für solche ist das Phasenvolumen eines Gebietes Δ auf der Energiefläche (bezüglich des induzierten Maßes) proportional zur Verweilzeit eines Einzelsystems in Δ. Für Boltzmanns Auffassung muss aber keineswegs strikte Ergodizität bestehen, wie wir auch in anderem Zusammenhang in Kapitel 1 betont haben. Das unvermeidliche Auftreten von deterministischem Chaos wird wohl dafür sorgen, dass zunächst eine milde „effektive" Form von Ergodizität gilt. Zudem wird es für die qualitativen Aspekte der Irreversibilität nicht so darauf ankommen welches Maß genau zur Beurteilung von Wahrscheinlichkeiten verwendet wird.

Für eine befriedigende Klärung des Zeitpfeils müssten wir auch verstehen, wie es zu Anfangszuständen mit kleiner Entropie kommt. Im Laboratorium ist dies natürlich kein Problem, da Experimentalphysiker selbst in niedrigen Entropiezuständen sind. Wenn man aber dieser Frage weiter nachgeht, wird man am Ende unvermeidlich zu kosmologischen Betrachtungen gedrängt. Mit Recht schrieb Feynman:

> *It is necessary to add to the physical laws the hypothesis that in the past the universe was more ordered, in the technical sense, than it is today ... to make an understanding of the irreversibility.*
>
> (R. Feynman, The Character of Physical Law)

In dieser Beziehung ist unser Verständnis natürlich noch sehr dürftig und ein beliebter Gegenstand von Spekulationen[1]. Es ist hier nicht der Ort, darauf näher einzugehen.

Davon abgesehen, ist unser Verständnis auch insofern noch unbefriedigend, als wir wegen unserer beschränkten mathematischen Fähigkeiten nicht in der Lage sind, die irreversiblen Gesetze vom Typus der Hydrodynamik konsequent aus einer realistischen mikroskopischen Dynamik abzuleiten. Dies gelingt nur für sehr vereinfachte Modelle, die lediglich Karikaturen der Wirklichkeit sind. Im Anhang C wird ein berühmtes Beispiel dieser Art eingehend besprochen.

Für weiterführende Betrachtungen und Literaturhinweise verweisen wir auf Lebowitz (1993). Siehe auch die anschließende Kontroverse in *Physics Today*.

---

[1] Siehe z. B. Penrose (1990), Kapitel 7.

Anhang C Mikroreversibilität und Makroirreversibilität am Beispiel des Ehrenfest'schen Urnenmodells

Wie am Schluss des vorherigen Anhangs angekündigt, leiten wir nun für ein sehr einfaches Modell ein irreversibles (diffusives) Verhalten einer makroskopischen Observablen aus einer reversiblen mikroskopischen Dynamik ab.

Wir betrachten mit Ehrenfest $2N$ Kugeln, welche auf zwei Urnen U_0, U_1 verteilt sind. Ein *Mikrozustand* wird also durch $(x_1, \cdots, x_{2N})$ (mit $x_i \in \{0,1\}$) beschrieben, wobei $x_i = 0$ bedeutet, dass sich die i-te Kugel in U_0 und für $x_i = 1$ in U_1 befindet. Die *Zeitevolution* ist folgendermaßen definiert: Zu den Zeiten $t = 1, 2, \ldots$ wähle man zufällig eine Zahl aus $(1, \ldots, 2N)$ und transferiere die Kugel mit der betreffenden Nummer in die andere Urne.

Der *mikrokanonische Zustand* entspricht dem uniformen Wahrscheinlichkeitsmaß auf dem Phasenraum $\Omega = \{x = (x_1, \cdots, x_{2N}) : x_i = 0, 1\}$, bestimmt durch $\mu(x) = 1/2^{2N}$. Wir interessieren uns für die „makroskopische Observable"

$$X = \sum_{i=1}^{2N} x_i \,.$$

Bezüglich μ hat diese die Wahrscheinlichkeitsverteilung

$$\pi_n := \mu(X = n) = 2^{-2N} \binom{2N}{n} \,. \tag{C.1}$$

Für diese Binomialverteilung ist der Mittelwert $\langle X \rangle = N$ und die Varianz $V(X) = N/2$.

Hinsichtlich der makroskopischen Observable X (= Anzahl der Kugeln in U_1) liegt eine *Markoff'sche Kette* vor.[1] Es bezeichne X_t ($t = 0, 1, \cdots$) die Zahl der Kugeln in U_1 zur Zeit $t = 0, 1, \cdots$. X_t hat also diskrete Werte im Zustandsraum $S = \{0, 1, \cdots, 2N\}$, $X_t : \Omega \to S$.

---

[1] Wir benutzen im Folgenden einige grundlegende Begriffe und Tatsachen aus der Theorie der Markoff-Ketten; siehe dazu Shiryaev (1996), Abschnitt I.12 und Kapitel VIII, oder Grimmett und Stirzaker (2001), Kapitel 6.

Die probabilistischen Eigenschaften von $\{X_t\}_{t\in\mathbb{N}}$ sind durch die Matrix $\mathbb{P} = (p_{nm})$ der *Übergangswahrscheinlichkeiten*

$$p_{nm} = P(X_{t+1} = m | X_t = n) \tag{C.2}$$

(P = Wahrscheinlichkeitsmaß auf Ω) bestimmt. In unserem Modell sind diese offensichtlich

$$p_{n,n-1} = \frac{n}{2N}, \quad p_{n,n+1} = 1 - \frac{n}{2N}, \quad \text{alle anderen} = 0. \tag{C.3}$$

(Die Zustände 0 und $2N$ sind reflektierende Barrieren.) Offensichtlich ist $\{X_t\}$ eine *irreduzible wiederkehrende* Kette. Ferner rechnet man leicht nach, dass $(\mathbb{P}^2)_{nn} > 0$ ist, weshalb die Kette *periodisch* ist und die *Periode* $d = 2$ hat. Damit ist die Kette *ergodisch* und hat somit eine eindeutige *stationäre Verteilung*, welche gerade durch das mikrokanonische Maß (C.1) gegeben ist, und die mittleren *Wiederkehrzeiten* t_n der Zustände $n \in S$ sind nach einem bekannten Satz

$$t_n = \pi_n^{-1} = 2^{2N} \frac{n!(2N-n)!}{(2N)!}. \tag{C.4}$$

Wir untersuchen nun die „makroskopische Dynamik". Die *Vorwärtsgleichung* für die Verteilung $p_n(t) = P(X_t = n)$ lautet aufgrund der Markoff-Eigenschaft,

$$P(X_t = n \mid X_0, X_1, \cdots, X_{t-1}) = P(X_t = n \mid X_{t-1}), \tag{C.5}$$

$$p_n(t+1) = \sum_m p_m(t)\, p_{mn} = p_{n-1}(t)\, p_{n-1,n} + p_{n+1}(t)\, p_{n+1,n}$$

oder mit (C.3)

$$p_n(t+1) = p_{n-1}(t)\left[1 - \frac{n-1}{2N}\right] + p_{n+1}(t)\frac{n+1}{2N}. \tag{C.6}$$

Erwähnt sei an dieser Stelle noch, dass der Markoff-Prozess bezüglich der stationären Verteilung π *reversibel* ist,

$$\pi_n\, p_{nm} = \pi_m\, p_{mn}, \tag{C.7}$$

was leicht nachzuprüfen ist.

Wir betrachten nun X_t auf langen Zeitskalen $t = 2N\tau$, $\tau = O(1)$, und auf „makroskopischen Skalen", d. h. wir untersuchen

$$\xi(\tau) := \frac{X_{2N\tau}}{2N} \tag{C.8}$$

im Grenzfall $N \to \infty$. Es wird sich zeigen, dass in diesem Grenzfall die zeitliche Entwicklung von $\xi(\tau)$ völlig *deterministisch* verläuft. Dazu berechnen wir die Zeitentwicklung der Erwartungswerte

$$f_1(\tau) := \langle\xi(\tau)\rangle, \quad f_2(\tau) := \langle\xi^2(\tau)\rangle. \tag{C.9}$$

Dafür benötigen wir die bedingten Erwartungen

$$\left\langle \xi\left(\tau + \frac{1}{2N}\right) \middle| \xi(\tau) = f\right\rangle, \quad \left\langle \xi^2\left(\tau + \frac{1}{2N}\right) \middle| \xi(\tau) = f\right\rangle$$

für die Zeitzuwächse $\Delta\tau = 1/2N$ (entsprechend $\Delta t = 1$). Wegen

$$
\begin{aligned}
\langle X_{t+1} | \, X_t = n \rangle &= \sum_m m \, P(X_{t+1} = m \mid X_t = n) \\
&= \sum_m m \, p_{nm} \\
&\overset{\text{(C.3)}}{=} (n+1)\left(1 - \frac{n}{2N}\right) + (n-1)\frac{n}{2N}
\end{aligned}
\qquad (C.10)
$$

ergibt sich

$$
\begin{aligned}
\left\langle \xi\left(\tau + \frac{1}{2N}\right) \middle| \xi(\tau) = f\right\rangle &= 2N \, \langle X_{t+1} | \, X_t = 2Nf \rangle \\
&= (1-f)\left(f + \frac{1}{2N}\right) + f\left(f - \frac{1}{2N}\right)
\end{aligned}
\qquad (C.11)
$$

und ebenso

$$\left\langle \xi^2\left(\tau + \frac{1}{2N}\right) \middle| \xi(\tau) = f\right\rangle = (1-f)\left(f + \frac{1}{2N}\right)^2 + f\left(f - \frac{1}{2N}\right)^2. \qquad (C.12)$$

Wir erhalten also

$$\left\langle \xi\left(\tau + \frac{1}{2N}\right) \middle| \xi(\tau) = f\right\rangle = f + \frac{1 - 2f}{2N}, \qquad (C.13)$$

$$\left\langle \xi^2\left(\tau + \frac{1}{2N}\right) \middle| \xi(\tau) = f\right\rangle = f^2 + \frac{2f - 4f^2}{2N} + O\left(\frac{1}{N^2}\right) \qquad (C.14)$$

bzw.

$$\left\langle \xi\left(\tau + \frac{1}{2N}\right) \middle| \xi(\tau)\right\rangle = \xi(\tau) + \frac{1 - 2\xi(\tau)}{2N}, \qquad (C.15)$$

$$\left\langle \xi^2\left(\tau + \frac{1}{2N}\right) \middle| \xi(\tau)\right\rangle = \xi^2(\tau) + \frac{2\xi(\tau) - 4\xi^2(\tau)}{2N} + O\left(\frac{1}{N^2}\right). \qquad (C.16)$$

Bilden wir davon die Erwartungswerte, so folgt mit den Definitionen (C.9):

$$f_1\left(\tau + \frac{1}{2N}\right) = f_1(\tau) + \frac{1}{2N}(1 - 2f_1(\tau)), \qquad (C.17)$$

$$f_2\left(\tau + \frac{1}{2N}\right) = f_2(\tau) + \frac{1}{N}\left[f_1(\tau) - 2f_2(\tau)\right] + O\left(\frac{1}{N^2}\right) \qquad (C.18)$$

Für $N \to \infty$ erfüllen f_1, f_2 die Differentialgleichungen

$$\frac{df_1}{d\tau} = 1 - 2f_1, \quad \frac{df_2}{d\tau} = 2(f_1 - 2f_2). \qquad (C.19)$$

Die Varianz von $\xi(\tau)$ ist $V(\tau) = f_2(\tau) - f_1^2(\tau)$ und erfüllt also

$$\frac{dV(\tau)}{d\tau} = -4V(\tau) \,. \tag{C.20}$$

Mittelwert und Varianz von $\xi(\tau)$ ändern sich folglich im Limes $N \to \infty$ gemäß

$$\langle \xi(\tau) \rangle = \frac{1}{2} + \text{const} \cdot e^{-2\tau} \,, \quad V(\xi(\tau)) = \text{const} \cdot e^{-4\tau} \,, \tag{C.21}$$

d. h. $\langle \xi(\tau) \rangle$ nähert sich auf der Zeitskala τ rasch dem Wert $1/2$, und die Schwankungen verschwinden sehr schnell.

Wir sehen also, dass sich $\xi(\tau)$ für sehr große N mit hoher Genauigkeit deterministisch gemäß der *Boltzmann-Gleichung*

$$\frac{df}{d\tau} = 1 - 2f$$

ändert, deren Lösung rasch dem Gleichgewicht $f = 1/2$ zustrebt.

Um zu sehen, wie rasch sich das irreversible Verhalten für $N \to \infty$ einstellt, betrachten wir zuerst die mittleren Wiederkehrzeiten t_f für Zustände mit f in der Nähe von $1/2$ und für solche weg von $f = 1/2$ (für große Abweichungen). Es ist nach (C.4)

$$t_f = \pi_n^{-1} \quad \text{für} \quad \frac{n}{2N} = f \,. \tag{C.22}$$

Für $f \approx \dfrac{1}{2}$ können wir t_f mit dem lokalen Grenzwertsatz von Moivre-Laplace abschätzen. Danach können wir die Binomialverteilung (C.1) folgendermaßen approximieren:[2]

$$\pi_{N+x\sqrt{\frac{N}{2}}} \approx \frac{1}{\sqrt{2\pi \frac{N}{2}}} \, e^{-x^2/2} \tag{C.23}$$

Somit ist

$$t_{f=1/2+(1/2)x/\sqrt{2N}} \approx \frac{\sqrt{2\pi}\sqrt{2N}}{2} \, e^{x^2/2} \,.$$

Auf der Skala $\tau = \dfrac{t}{2N}$ erhalten wir

$$\pi_{1/2+(1/2)x/\sqrt{2N}} \approx \frac{\sqrt{2\pi}}{2} \frac{1}{\sqrt{2N}} \, e^{2x^2} \,. \tag{C.24}$$

---

[2] Für die Binomialverteilung $P_n(k) = \binom{n}{k} p^k (1-p)^{n-k}$ $(0 < p < 1)$ gilt

$$\lim_{n \to \infty} \frac{\sqrt{np(1-p)} P_n(k)}{\frac{1}{\sqrt{2\pi}} e^{-x^2/2}} = 1 \,, \quad \text{mit} \quad x = \frac{k - np}{\sqrt{np(1-p)}} \,.$$

In (C.1) ist $n = 2N$ und $p = 1/2$, also gilt $k = N + x\sqrt{N/2}$.

Diese Wiederkehrzeiten innerhalb des „normalen" Fluktuationsregimes sind also (in der τ-Skala) kurz. Halten wir aber $f - 1/2$ für $N \to \infty$ fest, so werden die Wiederkehrzeiten „überastronomisch": Für $f = n/(2N) > 1/2$ (fest), ist

$$\frac{t_f}{t_{1/2}} = \frac{n!(2N-n)!}{(N!)^2} .$$

Mit der Sterling'schen Formel $n! \approx \left(\frac{n}{e}\right)^n \sqrt{2\pi n}$ folgt

$$\frac{t_f}{t_{1/2}} \approx \frac{n^n(2N-n)^{2N-n}}{(N^N)^2} = 2^{2N}\left[f^f(1-f)^{1-f}\right]^{2N}$$

$$= e^{2N[\ln 2 + f \ln f + (1-f)\ln(1-f)]} ,$$

d. h.

$$\frac{t_f}{t_{1/2}} \approx e^{2N[h(1/2)-h(f)]} ,$$

wobei

$$h(f) := [f \ln f + (1-f)\ln(1-f)]$$

die Entropiefunktion ist.

Beispiel C.1

$f = 1/2 + 0.001$, $2N = 10^{23}$ und $t_{1/2} = 10^{-12}$ s, also $t_f \approx t_{1/2}\, e^{10^{17}} \approx 10^{10^{17}}$ s. (Siehe dazu den Satz von Cramér und Chernoff (Satz 1.3).) ∎

Wir untersuchen schließlich noch für endliche N kleine Fluktuationen um $f = 1/2$. Im „normalen" Regime setzen wir (wie oben) $\xi(\tau) = 1/2 + (1/2)\, x(\tau)/\sqrt{2N}$. Für den Markoff-Prozess $x(\tau)$ gilt nach (C.13) und (C.14) (wobei wieder $f = 1/2 + (1/2)\, x/\sqrt{2N}$ gesetzt wird)

$$\left\langle x\left(\tau + \frac{1}{2N}\right) - x(\tau) \middle| x(\tau) = x \right\rangle = 2\sqrt{2N}\left\langle \xi\left(\tau + \frac{1}{2N}\right) - \xi(\tau) \middle| \xi(\tau) = f \right\rangle$$

$$= 2\sqrt{2N}\,\frac{1-2f}{2N} = -\frac{2x}{2N} ,$$

$$\left\langle \left(x\left(\tau + \frac{1}{2N}\right) - x(\tau)\right)^2 \middle| x(\tau) = x \right\rangle = \frac{1}{2N} .$$

Diese infinitesimalen Momente charakterisieren gerade die Diffusion zur stochastischen Differentialgleichung $dx(\tau) = -2x(\tau)\, d\tau + dw(\tau)$ mit weißem Rauschen $dw/d\tau$. Diese stochastische Differentialgleichung hat den Ornstein-Uhlenbeck-Prozess (Modell für Brown'sche Bewegung) als Lösung, mit der zugehörigen *Vorwärtsgleichung*[3]

$$\frac{\partial P}{\partial \tau} = \frac{1}{2}\frac{\partial^2 P}{\partial x^2} + \frac{\partial}{\partial x}(2xP) .$$

---

[3] Eine besonders direkte Herleitung der Vorwärtgleichung (*Fokker-Planck-Gleichung*) findet man in Abschnitt 11.6 von Lasota und Mackey (1994). Umfassender ist z. B. das Buch von Arnold (1973), speziell die Abschnitte 2.5, 2.6, 8.3 und 9.4.

Dies ist eine Gauß'sche Diffusion mit stationärer Verteilung $2e^{-2x^2}/\sqrt{2\pi}$.

Zusammenfassung   Für große N können wir $X_t/2N$ folgendermaßen beschreiben:

- Starten wir mit $X_0/(2N) = f(0) \neq 1/2$, so ergibt sich mit hoher Genauigkeit eine *deterministische Evolution zum Gleichgewichtswert* $1/2$ von $\xi(\tau) = X_t/(2N)$ ($\tau = t/(2N)$).

- Gelangen wir in das „normale" Regime, so sehen wir Fluktuationen von $x(\tau) := (\xi(\tau) - 1/2)2\sqrt{2N}$ ($\tau = t/2N$) von der Größenordnung 1 auf kurzen Zeitskalen. Deren Dynamik wird in guter Näherung durch einen Diffusionsprozess beschrieben, welcher reversibel (im Sinne von (C.7)) ist und durch die deterministische Gleichung mit zusätzlichem weißen Rauschen bestimmt ist.

Dem Leser sei empfohlen, dieses Verhalten durch *numerische Simulationen* zu bestätigen.

Anhang D Das sphärische Modell

Dieses viel diskutierte Modell fügt sich folgendermaßen in das Schema von Abschnitt 13.2 ein: Es ist $E = \mathbb{R}$ (Spins sind $\mathbb{R}$-wertig) und die Hamilton-Funktion ist wie in (13.19)

$$H_\Lambda(S_\Lambda) = -\sum_{\langle i,j \rangle \subseteq \Lambda} J_{ij}\, S_i\, S_j - B \sum_{i \in \Lambda} S_i \,. \tag{D.1}$$

Hingegen ist das Wahrscheinlichkeitsmaß etwas anders,

$$P_{\Lambda,\beta,B}(dS_\Lambda) = \frac{1}{Z_\Lambda(\beta, B)}\, \mathrm{e}^{-\beta H_\Lambda(S_\Lambda)}\, \delta\Big(N_\Lambda - \sum_{i \in \Lambda} S_i^2\Big) \prod_{i \in \Lambda} dS_i \,, \tag{D.2}$$

wobei N_Λ die Zahl der Gitterpunkte (Spins) in Λ ist. Den Spins wird also die Zwangsbedingung

$$\sum_{i \in \Lambda} S_i^2 = N_\Lambda \tag{D.3}$$

auferlegt. Die beiden letzten Faktoren in (D.2) ergeben das Standardmaß der Sphäre $S^{N_\Lambda}_{\sqrt{N_\Lambda}}$. Die Zustandssumme ist damit

$$Z_\Lambda(\beta, B) = \int \mathrm{e}^{-\beta H_\Lambda(S_\Lambda)}\, \mathrm{Vol}_{S^{N_\Lambda}_{\sqrt{N_\Lambda}}}(dS_\Lambda) \,. \tag{D.4}$$

Wir setzen für das Folgende

$$h = \frac{B}{kT}\,, \quad K = \frac{J}{kT}\,, \tag{D.5}$$

wenn J_{ij} nur für nN ungleich null und gleich J ist.

Dieses Modell wurde 1952 von Berlin und Kac gelöst. Sie betrachteten es als Näherung des Ising-Modells, da man für letzteres die Summe über die Spins (± 1) als Summe über die Enden einen n-dimensionalen Hyperkubus im Spinraum betrachten kann; im sphärischen Modell wird diese Summe durch eine Integration über die Oberfläche einer Hypersphäre durch alle diese Ecken ersetzt. Das ist zwar eine plausible Approximation, trotzdem ist die Zwangsbedingung (D.3) unphysikalisch, da sie eine gleiche Kopplung zwischen allen Spins – auch entfernten – einführt.

Inzwischen ist gezeigt worden (Stanley, Kac u. Thompson, Pearce u. Thompson), dass das sphärische Modell einen Grenzfall des n-Vektormodells mit ausschließlich nN-Kopplung entspricht und deshalb physikalisch als Modell für kritisches Verhalten akzeptabel und interessant ist.

Wir leiten im Folgenden die exakte Zustandsgleichung für das sphärische Modell her und diskutieren die Frage der spontanen Magnetisierung.

D.1 Berechnung der Zustandssumme

Wir multiplizieren den Integranden in der Zustandssumme mit $\mathrm{e}^{a(N_\Lambda - \sum S_i^2)}$ $(= 1)$ und drücken die δ-Distribution durch

$$\delta(x) = \frac{1}{2\pi} \int_{\mathbb{R}} \mathrm{e}^{\mathrm{i}sx}\, ds$$

aus. Dies ergibt

$$Z_\Lambda = \frac{1}{2\pi} \int_{\mathbb{R}^{N_\Lambda}} \prod_{i\in\Lambda} dS_i \int_{\mathbb{R}} ds\, \exp\Big[\beta \sum_{(ij)} J_{ij}\, S_i\, S_j + h\sum S_j$$
$$+ (a + \mathrm{i}s)N_\Lambda - (a + \mathrm{i}s)\sum_j S_j^2\Big]. \qquad (D.6)$$

Wir führen die Bezeichnungen

$$\boldsymbol{S} = (S_1, \cdots, S_{N_\Lambda})^T ,$$
$$\boldsymbol{h} = (h, h, \cdots, h)^T$$

ein, und V sei die symmetrische $(N_\Lambda \times N_\Lambda)$-Matrix mit

$$\boldsymbol{S}^T V \boldsymbol{S} = (a + \mathrm{i}s)\sum S_j^2 - \beta \boldsymbol{S}^T J \boldsymbol{S} . \qquad (D.7)$$

Damit wird der Exponent in (D.6)

$$[\cdots] = -\boldsymbol{S}^T V \boldsymbol{S} + \boldsymbol{h}^T \cdot \boldsymbol{S} + (a + \mathrm{i}s)N_\Lambda .$$

Die beliebige Konstante a wählen wir jetzt so groß, dass alle Eigenwerte von V positive Realteile haben. Dann dürfen wir die Reihenfolge der Integrationen in (D.6) vertauschen. Für die Integration über die Spins vollziehen wir die Verschiebung

$$\boldsymbol{\sigma} = \boldsymbol{S} - \frac{1}{2}V^{-1}\boldsymbol{h}$$

und erhalten für den obigen Exponenten

$$[\cdots] = -\boldsymbol{\sigma}^T V \boldsymbol{\sigma} + \frac{1}{4}\boldsymbol{h}^T V^{-1}\boldsymbol{h} + (a + \mathrm{i}s)N_\Lambda .$$

Dann ergibt sich (man beachte, dass V von s abhängt):

$$Z_\Lambda = \frac{1}{2\pi}\pi^{N_\Lambda/2} \int_{\mathbb{R}} ds\, \frac{1}{(\det V)^{1/2}}\, \mathrm{e}^{(a+\mathrm{i}s)N_\Lambda} \cdot \mathrm{e}^{\boldsymbol{h}^T V^{-1}\boldsymbol{h}/4} \qquad (D.8)$$

Zur Berechnung von $\det V$ benötigen wir die Eigenwerte von V. An dieser Stelle spezialisieren wir auf nN-Kopplung (Kopplungsstärke J). Es ist dann nach (D.5) und (D.7)

$$S^T V S = (a + is) \sum_j S_j^2 - K \sum_{\langle j,l \rangle} S_j \cdot S_l \,. \tag{D.9}$$

Wir diagonalisieren jetzt V mit Hilfe der Fourier-Transformation. Dazu setzen wir wie in (22.48) für jede Spinvariable (ab jetzt mit S_x, S_y, etc. bezeichnet)

$$\hat{S}(k) = \sum_{x \in \Lambda} S_x \, \mathrm{e}^{-ik \cdot x} \,, \tag{D.10}$$

mit der Umkehrformel

$$S_x = \frac{1}{N_\Lambda} \sum_{k \in \Delta} \hat{S}(k) \, \mathrm{e}^{ik \cdot x} \,. \tag{D.11}$$

Es gilt die Parseval-Gleichung

$$\sum_{x \in \Lambda} S_x^2 = \frac{1}{N_\Lambda} \sum_{k \in \Delta} |\hat{S}(k)|^2 \,. \tag{D.12}$$

Für die Paarkopplung ergibt sich (mit den Orthogonalitätsrelationen der Charaktere $\mathrm{e}^{ik \cdot x}$)

$$K \sum_{\langle x, x' \rangle} S_x \, S_{x'} = K \frac{1}{2} \sum_x \sum_{\substack{\alpha=1 \\ \pm}}^{d} S_x \, S_{x \pm e_\alpha}$$

$$= \frac{1}{2} \frac{1}{N_\Lambda} \sum_{\alpha=1}^{d} \sum_{k \in \Delta} |\hat{S}(k)|^2 \cdot K \cdot \left(\mathrm{e}^{ik \cdot e_\alpha} + \mathrm{e}^{-ik \cdot e_\alpha} \right)$$

$$= \frac{1}{N_\Lambda} \sum_{k \in \Delta} \left(|\hat{S}(k)|^2 \, K \sum_{\alpha=1}^{d} \cos k_\alpha \right) \,. \tag{D.13}$$

Wir erhalten also mit (D.10)

$$V = \mathbb{F}(\, \mathrm{diag}\, \hat{V}(k)) \tilde{\mathbb{F}} \,,$$

mit

$$\mathbb{F} = (F_{xk}) \,, \quad F_{xk} = \mathrm{e}^{ik \cdot x} \,, \quad \tilde{\mathbb{F}} = (\tilde{F}_{kx'}) \,, \quad \tilde{F}_{kx'} = \mathrm{e}^{-ik \cdot x'}$$

und

$$\hat{V}(k) = \frac{1}{N_\Lambda} \left[(a + is) - K \sum_{\alpha=1}^{d} \cos k_\alpha \right] \,.$$

Wegen

$$\mathbb{F} \tilde{\mathbb{F}} = \sum_{k \in \Delta} \mathrm{e}^{ik \cdot (x - x')} = N_\Lambda \delta_{xx'}$$

gilt

$$\tilde{\mathbb{F}} = N_\Lambda \mathbb{F}^{-1} \,,$$

d. h.

$$V = \mathbb{F} \cdot \mathrm{diag} \Big[a + \mathrm{i}s - K \sum_\alpha \cos k_\alpha \Big] \cdot \mathbb{F}^{-1} \,. \tag{D.14}$$

Die Eigenwerte von V sind also

$$\lambda(k_1, \cdots, k_d) = a + \mathrm{i}s - K \sum_\alpha \cos k_\alpha \,, \quad k \in \Delta \,. \tag{D.15}$$

Deshalb ist

$$\ln \det V = \sum_{k \in \Delta} \ln \Big[(a + \mathrm{i}s) - K \sum_\alpha \cos k_\alpha \Big] \,.$$

Für große N_Λ dürfen wir die Summe durch ein Integral ersetzen:

$$\ln \det V = N_\Lambda (2\pi)^{-d} \int\limits_{[0,2\pi]^d} d^d k \ln \Big[a + \mathrm{i}s - K \sum_{\alpha=1}^d \cos k_\alpha \Big]$$

Wir erhalten also

$$\ln \det V = N_\Lambda [\ln K + g(z)] \,, \tag{D.16}$$

mit

$$g(z) = \frac{1}{(2\pi)^d} \int\limits_{T^d} d^d k \ln [z + d - \cos k_1 - \cdots - \cos k_d] \tag{D.17}$$

und

$$z = \frac{a + \mathrm{i}s}{K} - d \,. \tag{D.18}$$

Das Ergebnis (D.16) setzen wir nun in (D.8) ein:

$$\begin{aligned}
Z_\Lambda &= \frac{1}{2} \pi^{\frac{1}{2} N_\Lambda - 1} \int ds \, \mathrm{e}^{(a+\mathrm{i}s) N_\Lambda - \frac{1}{2} N_\Lambda [\ln K + g(z)]} \, \mathrm{e}^{\frac{1}{4} \boldsymbol{h}^T V^{-1} \boldsymbol{h}} \\
&= \frac{1}{2\pi} \Big(\frac{\pi}{K} \Big)^{N_\Lambda / 2} \int ds \, \mathrm{e}^{N_\Lambda \big[Kz + Kd - \frac{1}{2} g(z) \big]} \, \mathrm{e}^{\frac{1}{4} \boldsymbol{h}^T V^{-1} \boldsymbol{h}} \\
&= \frac{K}{2\pi \mathrm{i}} \Big(\frac{\pi}{K} \Big)^{N_\Lambda / 2} \int\limits_{c-\mathrm{i}\infty}^{c+\mathrm{i}\infty} dz \, \mathrm{e}^{N_\Lambda \phi(z)} \tag{D.19}
\end{aligned}$$

Hier wurde der Integrationsweg von s auf z gemäß (D.17) transformiert. Dabei ist $c = (a - Kd)/K$, und es folgt

$$\phi(z) = Kz + Kd - \frac{1}{2} g(z) + \frac{1}{4} \boldsymbol{h}^T V^{-1} \boldsymbol{h} / N_\Lambda \,.$$

Da nach Definition von V in (D.8) für ein homogenes $\boldsymbol{h}$ $V\boldsymbol{h} = (a + \mathrm{i}s - Kd)\boldsymbol{h}$ ist, erhalten wir

$$\phi(z) = Kz + Kd - \frac{1}{2} g(z) + \frac{h^2}{4Kz} \,. \tag{D.20}$$

Es bleibt die Berechnung von

$$-\frac{f}{kT} = \lim_{N_\Lambda \to \infty} \frac{1}{N_\Lambda} \ln Z_\Lambda = \frac{1}{2} \ln \left(\frac{\pi}{K} \right) + \lim_{N_\Lambda \to 0} \frac{1}{N_\Lambda} \ln \int\limits_{c-i\infty}^{c+i\infty} dz \, e^{N_\Lambda \phi(z)} . \quad (D.21)$$

Gemäß dem Ausdruck (D.15) für die Eigenwerte von V haben diese alle positive Realteile nur dann, wenn $a > Kd$ ist; dann ist auch c *positiv*. Die Funktion $\phi(z)$ ist holomorph für $\Re z > 0$, und deshalb ist das Integral in (D.21) unabhängig von $c > 0$. Dies benutzen wir, um den letzten Term in (D.21) mit der Sattelpunktsmethode zu berechnen.

Dazu betrachten wir zunächst $\phi(z)$ für reelle positive z. Dort ist ϕ reell und natürlich komplex differenzierbar. Falls $K > 0$ und $h \neq 0$ ist, geht diese Funktion für $z \to 0$ und $z \to \infty$ gegen $+\infty$. Deshalb muss $\phi(z)$ längs der positiven reellen Achse, also im Holomorphie-Bereich, ein Minimum annehmen. Dort verschwindet die komplexe Ableitung der Funktion ϕ. Eine kleine Rechnung (man benutze (D.20) und (D.17)) zeigt, dass auf $\mathbb{R}_+$ immer $\phi''(z) > 0$ gilt; folglich gibt es genau ein Minimum. Diese Stelle z_0 ist ein *Sattelpunkt* der analytischen Funktion ϕ; sie verhält sich in der Nähe von z_0 „sattelförmig". Wenn wir jetzt c gleich dieser Stelle z_0 wählen, dann hat $\Re\phi(z)$ bei $z = z_0$ längs des Integrationsweges ein Maximum, weil diese Funktion als Realteil einer holomorphen Funktion harmonisch ist. Längs des Integrationsweges ist dieser Punkt für $\Re\phi(z)$ eine kritische Stelle mit nicht entartetem Maximum. Wir zeigen weiter unten, dass dieses Maximum absolut ist. Deshalb drängt sich für den gewählten Integrationsweg die Sattelpunktsmethode (siehe Aufgabe I.4) auf:

$$\lim_{N_\Lambda \to \infty} \frac{1}{N_\Lambda} \ln \int\limits_{c-i\infty}^{c+i\infty} e^{N_\Lambda \phi(z)} \, dz = \phi(z_0) \quad (D.22)$$

Man muss sich fragen, ob dieses Resultat tatsächlich exakt gilt. Grundsätzlich ist nämlich folgendes in Betracht zu ziehen: Der Imaginärteil in der Nähe des Realteil-Maximums der holomorphen Funktion ϕ könnte eine unkontrollierbare Wirkung haben. Selbst wenn der Imaginärteil nur wenig variiert, könnte er durch die Multiplikation mit N_Λ für große N_Λ schließlich steil werden, was zu heftigen Oszillationen führen kann. Das würde sicher nicht passieren, wenn der Imaginärteil für ein kleines Stück konstant und damit gleich 0 wäre. In unserem Problem verschwinden der Imaginärteil und dessen erste Ableitung an der Stelle z_0. Auch die zweite Ableitung von $\Im\phi$ nach y ist gleich null, da diese Funktion harmonisch ist und auf der rellen Achse identisch verschwindet. Der Integrationsweg verläuft also in der Nähe von z_0 sehr nahe an der Linie des steilsten Abstiegs. Deshalb dürften die angesprochenen Oszillationen die Gültigkeit von (D.22) nicht zerstören. Zumindest ist diese Gleichung sehr genau erfüllt. Eine nähere Analyse des vorliegenden Problems ist uns nicht bekannt.

Absolutes Maximum von $\Re\phi(z_0 + iy)$ Wir beweisen noch, dass die Funktion $f(y) := \Re\phi(z_0 + iy)$ (y reell) bei $y = 0$ ein absolutes Maximum hat. Da $f(-y) = f(y)$ ist, genügt es zu zeigen, dass für $y > 0$ die Ableitung $f'(y)$ negativ ist.

Nach den Cauchy-Riemann'schen Differentialgleichungen ist

$$f'(y) = \Re(i\phi'(z_0 + iy)).$$

Aus (D.20) folgt

$$\phi'(z) = K - \frac{1}{2}g'(z) - \frac{h^2}{4Kz^2},$$

und (D.17) ergibt

$$g'(z) = \frac{1}{(2\pi)^d} \int\limits_{T^d} d^d k [z + d - \cos k_1 - \cdots - \cos k_d]^{-1}.$$

Diese Gleichungen implizieren, dass für $K > 0$ die Ableitung $f'(y)$ für $y > 0$ tatsächlich negativ ist.

Mit (D.22) wird aus (D.21)

$$-\frac{f}{kT} = \frac{1}{2}\ln\left(\frac{\pi}{K}\right) + \phi(z_0). \tag{D.23}$$

Für z_0 erhalten wir mit (D.20) aus $\phi'(z_0) = 0$

$$K = \frac{h^2}{4Kz_0^2} + \frac{1}{2}g'(z_0). \tag{D.24}$$

Da es genau ein positives z_0 als Lösung gibt, ist f gemäß (D.23) als Funktion von K und h wohldefiniert, vorausgesetzt, dass $K > 0$ und $h \neq 0$ ist. Die kritische Stelle z_0 ist in einfacher Weise mit der Magnetisierung pro Gitterplatz verknüpft: Wir differenzieren $-f/kT$ bei festem K nach h (man beachte, dass z_0 von h anhängt). Mit Hilfe von (D.19) erhalten wir

$$-\frac{d}{dh}\left(\frac{f}{kT}\right) = \frac{h}{2Kz_0} + \underbrace{\phi'(z_0)}_{0}\frac{dz_0}{dh}.$$

Dies ergibt mit (D.5)

$$M = -\frac{\partial}{\partial B}f(h, T) = -\frac{\partial}{\partial h}\left(\frac{f}{kT}\right) = \frac{h}{2Kz_0},$$

d. h.

$$M = \frac{B}{2Jz_0}. \tag{D.25}$$

Gleichung (D.24) können wir deshalb so schreiben:

$$2J(1 - M^2) = kTg'\left(\frac{B}{2JM}\right) \tag{D.26}$$

Dies ist die *exakte Zustandsgleichung*.

Wir berechnen noch ähnlich die innere Energie u pro Gitterplatz:

$$u = -T^2 \frac{\partial}{\partial T}\left(\frac{f}{T}\right) \tag{D.27}$$

Da bei der Differentiation J und B fest bleiben, folgt aus (D.23)

$$u = \frac{1}{2}kT + kT^2\frac{\partial \phi}{\partial T}(z_0) = \frac{1}{2}kT - J(z_0 + d) - \frac{B^2}{4Jz_0}. \tag{D.28}$$

Hier eliminieren wir wieder z_0 mit (D.25) und erhalten

$$u = \frac{1}{2}kT - Jd - \frac{1}{2}B\left(M + \frac{1}{M}\right) \tag{D.29}$$

als exakte Beziehung zwischen innerer Energie und Magnetisierung.

D.2 Diskussion der Funktion $g'(z)$

Um die Implikationen der Zustandsgleichung (D.26) herzuleiten, benötigen wir einige Eigenschaften der Funktion $g'(z)$. Differenzieren wir (D.17) nach z und benutzen die Gleichung

$$\lambda^{-1} = \int\limits_0^\infty \mathrm{e}^{-\lambda t}\, dt\,,$$

so folgt

$$g'(z) = (2\pi)^{-d}\int\limits_{T^d} d^d k \int\limits_0^\infty dt\, \exp\left\{-t\left[z + d - \sum_{\alpha=1}^d \cos k_\alpha\right]\right\}. \tag{D.30}$$

Für $\Re z > 0$ dürfen wir die Integrationsreihenfolge vertauschen und erhalten mit der bekannten Integraldarstellung der nullten Besselfunktion J_0,

$$J_0(\mathrm{i}t) = \frac{1}{2\pi}\int\limits_0^{2\pi} \mathrm{e}^{t\cos k}\, dk\,, \tag{D.31}$$

das Ergebnis

$$g'(z) = \int\limits_0^\infty \mathrm{e}^{-t(z+d)}\left[J_0(\mathrm{i}t)\right]^d\, dt\,. \tag{D.32}$$

(Diese Funktion wird gelegentlich *Watson-Funktion* genannt.) Dieser Ausdruck ist besonders in Hinblick auf Dimensionsabhängigkeiten nützlich, und d kann darin als beliebige positive Zahl gewählt werden.

Das Integral in (D.32) konvergiert für $\Re z > 0$, und $g'(z)$ ist dort holomorph. Dies ergibt sich aus dem asymptotischen Verhalten von $J_0(it)$ für große t:

$$J_0(it) = \frac{1}{(2\pi t)^{1/2}}\,e^t\,[1 + O(1/t)] \tag{D.33}$$

Speziell existiert $g'(z)$ für reelle positive z und nimmt dort monoton ab; $g(z) \to 0$ für $z \to \infty$. Es wird sich bald zeigen, dass die kritischen Eigenschaften vom Verhalten der Funktion $g'(z)$ für *kleine* positive z abhängt. Für $z = 0$ zeigen (D.32) und (D.33), dass das Integral in (D.32) für $d \leqslant 2$ *divergiert*, während es für $d > 2$ konvergiert:

$$g'(0) = \begin{cases} \infty & \text{für } 0 < d \leqslant 2 \\ < \infty & \text{für } d > 2 \end{cases} \tag{D.34}$$

Für $d > 2$ benötigen wir das dominante Verhalten von $g'(0) - g'(z)$ für kleine z. Dazu bilden wir $g''(z)$ und argumentieren wie eben, mit dem Resultat

$$g''(0) = \begin{cases} \infty & \text{für } 0 < d \leqslant 4\,, \\ < \infty & \text{für } d > 4\,. \end{cases} \tag{D.35}$$

Im Fall $d < 4$ ($\neq 4$) ergibt sich das führende Verhalten von $g''(z)$ für kleine z durch Einsetzen von (D.33) ohne die $O(1/t)$-Korrektur in (D.32):

$$g''(z) \approx -(2\pi)^{-d/2} \int_0^\infty t^{1-d/2}\,e^{-tz}\,dt$$

$$= -(2\pi)^{-d/2}\,\Gamma\left(2 - \frac{d}{2}\right) z^{d/2-2} \tag{D.36}$$

Für $d = 4$ ist eine etwas subtilere Rechnung nötig, mit dem Resultat

$$g''(z) \approx -\frac{1}{(2\pi)^2}\ln z \quad (d = 4)\,. \tag{D.37}$$

Wir fassen diese Resultate so zusammen: Sei

$$A_d := \begin{cases} (2\pi)^{-d/2}\left(\frac{1}{2}d - 1\right)^{-1}\Gamma\left(2 - \frac{d}{2}\right) & \text{für } 2 < d < 4\,, \\ (2\pi)^{-2} & \text{für } d = 4\,, \\ -g''(0) & \text{für } d > 4\,, \end{cases}$$

dann gilt

$$g'(0) - g'(z) \approx \begin{cases} A_d\,z^{d/2-1} & \text{für } 2 < d < 4\,, \\ A_4\,z\ln\dfrac{1}{z} & \text{für } d = 4\,, \\ A_d\,z & \text{für } d > 4\,. \end{cases} \tag{D.38}$$

D.3 Existenz eines kritischen Punktes für $d > 2$

Wir zeigen nun, dass das sphärische Modell für $d > 2$ (aber nicht für $d \leqslant 2$) ein typisches ferromagnetisches Verhalten zeigt.

Für die folgenden Diskussion erinnern wir an (D.25) und (D.5):

$$M = \frac{B}{2Jz_0} = \frac{h}{2Kz_0} \tag{D.39}$$

$$h = \frac{B}{kT}, \qquad K = \frac{J}{kT} \tag{D.40}$$

Falls also T und somit K festgehalten werden, erhalten wir $M(B)$ aus der Funktion $z_0(h)$, welche durch (D.24), d. h. durch

$$K - \frac{h^2}{4Kz_0^2} = \frac{1}{2}g'(z_0), \tag{D.41}$$

bestimmt ist.

Das Verhalten dieser Funktionen lässt sich am besten grafisch erkennen. Dazu dient die Abbildung D.1. Solange $h \neq 0$, ist z_0 ungleich null und variiert glatt mit h; z_0 ist dann sogar eine analytische Funktion von h. Deshalb ist auch M für $B \neq 0$ eine ungerade analytische Funktion von B.

Wir untersuchen nun den Grenzübergang $h^2 \to 0$. Dann wird aus dem Graphen der linken Seite von (D.41) (als Funktion von z) die Sprungfunktion $K\Theta(z)$. Der Schnittpunkt P rückt also nach links zum Schnittpunkt von OKA in der Abbildung D.1 mit dem Graphen von $g'(z)/2$. Offensichtlich gibt es zwei verschiedene Fälle, je nachdem, ob dieser Schnittpunkt auf der horizontalen Linie KA (linke Abbildung) oder auf der vertikalen Linie OK liegt (rechte Abbildung). Wir definieren K_c und T_c durch

$$K_c = \frac{J}{kT_c} = \frac{1}{2}g'(0). \tag{D.42}$$

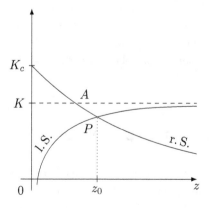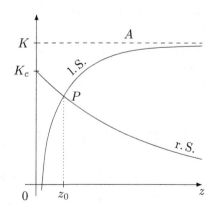

Abb. D.1 Grafische Lösung der Gleichung (D.41).

Der erste der beiden Fälle liegt für $T > T_c$ (bzw. $K < K_c$) vor und der zweite für $T < T_c$. Diese betrachten wir nun separat.

$T > T_c$:   Dann ist $K < K_c = g'(0)/2$, wie links in Abbildung D.1. Für $h^2 \to 0$ konvergiert P gegen A und z_0 also gemäß (D.41) gegen den Wert $w \neq 0$, welcher durch

$$\frac{1}{2} g'(w) = K \tag{D.43}$$

bestimmt ist. Nun kann für genügend kleine h der Term $h^2/(4K z_0^2)$ in (D.41) als Störung behandelt werden, und die Gleichung lässt sich iterativ nach z_0 lösen. Deshalb ist $z_0(h)$ eine nichtverschwindende analytische Funktion. Nach (D.39) ist daher M eine ungerade analytische Funktion bei $B = 0$, und es ergibt sich deshalb keine *spontane Magnetisierung*.

Da für $d \leqslant 2$ die Größen $g'(0)$ und K_c unendlich sind, liegt immer die gerade diskutierte Situation vor, und wir schließen: *Für $d < 2$ hat das sphärische Modell keinen Phasenübergang.*

$T < T_c$:   Für $d > 2$ ist K_c endlich, und wir haben für $T < T_c$ (bzw. $K > K_c$) die Situation auf der rechten Seite der Abbildung D.1. Für $h^2 \to 0$ wandert dann P zum Punkt $(0, K_c)$ und z_0 geht gegen null. Da also die rechte Seite von (D.41) gegen K_c strebt, schließen wir aus dieser Gleichung

$$\lim_{h \to 0} \frac{|h|}{z_0} = \sqrt{4K(K - K_c)} \,. \tag{D.44}$$

Somit ergibt sich aus (D.39) und (D.40) die Beziehung

$$\lim_{h \to 0} M = \operatorname{sgn}(B) \, M_0 \,, \tag{D.45}$$

mit

$$M_0 = \sqrt{1 - \frac{T}{T_c}} \,. \tag{D.46}$$

Also hat $M(B)$ bei $B = 0$ eine Sprungsingularität. Es ergibt sich eine spontane Magnetisierung M_0, welche durch die einfache Formel (D.46) gegeben ist.

Für $d > 2$ zeigt also das sphärische Modell ein *typisches ferromagnetisches Verhalten*. Es gibt einen Curie-Punkt (kritischen Punkt) bei $B = 0$, $T = T_c$, wobei T_c durch Gleichung (D.42) gegeben ist.

D.4   Berechnung der kritischen Exponenten

Das Ergebnis (D.46) zeigt, dass der kritische Index $\beta = 1/2$ ist. Als Nächstes bestimmen wir den Index α. Gemäß Definition verhält sich der singuläre Teil u_s

der Energiedichte u wie $u_s \propto t^{1-\alpha}$, wobei t wie früher die reduzierte Temperatur $t = (T - T_c)/T_c$ bezeichnet. Nun ist nach (D.29) für $T < T_c$ und $B = 0$

$$u_- = \frac{1}{2}kT - Jd.$$

Für $T > T_c$ folgt nach (D.25), also $B/M = 2Jz_0$, für $h^2 \to 0$ (somit $z_0 \to w$)

$$u_+ = \frac{1}{2}kT - Jd - Jw.$$

Für den Sprung erhalten wir also

$$u_s = u_+ - u_- = -Jw. \tag{D.47}$$

Wir benötigen hier das Verhalten von w. Nach (D.38) gilt für $2 < d < 4$: $g'(0) - g'(w) = A_d w^{(d-2)/2}$, und die Gleichungen (D.42) und (D.43) liefern $g'(0) = 2K_c$, $g'(w) = 2K$. Dies zeigt mit (D.5) und (D.42) das Verhalten

$$w^{(d-2)/2} \propto \left(\frac{1}{T_c} - \frac{1}{T}\right) \propto t,$$

also

$$w \propto t^{2/(d-2)}, \quad u_s \propto t^{2/(d-2)}. \tag{D.48}$$

Folglich erhalten wir für den Index α

$$\alpha = -\frac{4-d}{d-2} \tag{D.49}$$

Die weiteren Indizes werden wir anschließend berechnen, geben aber schon an dieser Stelle die Resultate an:

$$\alpha = -\frac{4-d}{d-2}, \quad \beta = \frac{1}{2}, \quad \gamma = \frac{2}{d-2}, \quad \delta = \frac{d+2}{d-2}, \quad \eta = 0, \quad \nu = \frac{1}{d-2} \tag{D.50}$$

Indizes γ und δ   Für χ gilt

$$\chi = \frac{1}{2Jz_0} \xrightarrow{B \to 0} \chi_0 = \frac{1}{2Jw} \propto t^{-2/(d-2)}.$$

Nach Gleichung (24.83) ist deshalb $\gamma = 2/(d-2)$.

Wir kommen zu δ. Behalten wir in (D.40) $B \neq 0$, setzen aber $T = T_c$, so folgt

$$K = \frac{h^2}{4Kw^2} + \frac{1}{2}g'(w) = \frac{h^2}{4Kw^2} + \frac{1}{2}g'(0) - \frac{1}{2}A_d w^{(d-2)/2}$$

oder anders geschrieben:

$$g'(0) - A_d w^{(d-2)/2} = 2K - \frac{h^2}{2Kw^2}$$

Im Grenzfall $T \to T_c$, $w \to w_c$ gibt dies

$$\frac{h^2}{2K_c w_c^2} \propto A_d\, w_c^{(d-2)/2}$$

oder $(h = B/kT)\ w_c \sim B^{4/(d+2)}$, also mit (D.39)

$$M_c = \frac{B}{2Jw_c} \propto B^{(d-2)/(d+2)}\,.$$

Danach ist mit der Definition von δ in (24.83)

$$\delta = \frac{d+2}{d-2}\,.$$

Indizes η und ν Dafür benötigen wir die Spin-Spin-Korrelation (insbesondere die Kohärenzlänge in der Nähe von T_c und deren R-Abhängigkeit für $T = T_c$). Um die Spin-Spin-Korrelation $\langle S_x S_x' \rangle$, mit $x, x' \in \Lambda$, berechnen zu können, wählen wir wie schon früher ein inhomogenes Magnetfeld $\{h_x\}$, ersetzen also in (D.6) den Term $h \sum_x S_x$ durch $\sum_x h_x S_x$. Dann gilt für das homogene Modell

$$\langle S_x S_x' \rangle^c = \left.\frac{\partial^2}{\partial h_x \partial h_x'} \ln Z_\Lambda\right|_{\{h_x = h\}}. \tag{D.51}$$

Für das inhomogene Feld bleiben die früheren Entwicklungen bis Gleichung (D.19) bestehen, wobei aber für $\phi(z)$ der darunter stehende Ausdruck für $\phi(z)$,

$$\phi(z) = Kz + Kd - \frac{1}{2}g(z) + \frac{1}{4}\boldsymbol{h}^T V^{-1}\boldsymbol{h}/N_\Lambda\,. \tag{D.52}$$

mit inhomogenem $\{h_x\}$ zu verwenden ist. Mit diesem erhalten wir wieder (D.23):

$$-\frac{f}{kT} = \frac{1}{2}\ln\left(\frac{\pi}{K}\right) + \phi(z_0)\,, \qquad \phi'(z_0) = 0 \tag{D.53}$$

Für die Korrelationsfunktion benötigen wir $(V^{-1})_{xx'}$. Diese $(N_\Lambda \times N_\Lambda)$-Matrix ist nach (D.14) wegen

$$V^{-1} = \mathbb{F}\operatorname{diag}\left[a + is - K\sum_\alpha \cos k_\alpha\right]^{-1}\mathbb{F}^{-1}$$

gegeben durch

$$(V^{-1})_{xx'} = \frac{1}{N_\Lambda}\sum_{k\in\Delta} \frac{e^{ik\cdot(x-x')}}{a + is - K\sum_\alpha \cos k_\alpha}\,.$$

Im Limes $\Lambda \nearrow \mathbb{Z}^d$ wird daraus

$$(V^{-1})_{xx'} = (2\pi)^{-d}\int_{T^d} d^d k\, \frac{e^{ik\cdot(x-x')}}{a + is - K\sum_\alpha \cos k_\alpha}\,.$$

(Zur Erinnerung: Nach (D.17) ist $z = \dfrac{a + is}{K} - d$.)

Die Korrelationsfunktion (D.51), wir bezeichnen sie mit $G(x - x')$, ist nach (D.9) für $\boldsymbol{h} = 0$ gleich $\dfrac{1}{4}[(V^{-1})_{xx'} + (V^{-1})_{x'x}]$ (symmetrisch in x, x'). Somit ist

$$G(x - x') = \frac{1}{2K} (2\pi)^{-d} \int_{T^d} d^d k \, \frac{\cos k \cdot (x - x')}{z + d - \sum_\alpha \cos k_\alpha}. \tag{D.54}$$

Zur weiteren Auswertung gehen wir ähnlich vor wie früher. Wir benutzen

$$\lambda^{-1} = \int_0^\infty e^{-\lambda t} \, dt,$$

womit

$$G(x - x') = \frac{1}{2K} \int_0^\infty dt$$
$$\cdot (2\pi)^{-d} \int_{T^d} d^d k \, \exp\left\{ -t \left[z + d - \sum_\alpha \cos k_\alpha \right] \right\} \cos k \cdot (x - x')$$

folgt. Hier dürfen wir den letzten Kosinus-Faktor durch $e^{ik \cdot (x - x')}$ ersetzen, da der Sinus-Anteil ungerade in k ist. Das Integral über den Torus faktorisiert deshalb in ein Produkt von eindimensionalen Integralen vom Typ

$$\frac{1}{2\pi} \int_0^{2\pi} d\theta \, e^{[t \cos \theta + in\theta]} = I_n(t),$$

wobei $I_n(t)$ die modifizierte Bessel-Funktion vom Index n ist (siehe Abramowitz und Stegun (1970), Gleichung (9.6.19)). Damit erhalten wir für $G(R)$, $R := x - x'$ ($R_\alpha = x_\alpha - x'_\alpha$), die Integraldarstellung

$$G(R) = \frac{1}{2K} \int_0^\infty dt \, e^{-tz} \prod_{\alpha=1}^d \left[e^{-t} I_{R_\alpha}(t) \right]. \tag{D.55}$$

Daraus folgt alles Weitere.

Wir werden im Folgenden zeigen, dass $G(R)$ für T_c das kritische Verhalten (16.54) mir dem Wert $\eta = 0$ aufweist. Überdies werden wir sehen, dass für die Kohärenzlänge ξ in der Nähe von T_c Gleichung (16.45) gilt, mit dem kritischen Exponenten $\nu = 1/(d - 2)$.

Herleitung von $\eta = 0$ und $\nu = 1/(d-2)$ In (D.55) verwenden wir für die modifizierten Bessel-Funktionen $I_\nu(t)$ die asymptotische Formel für große t (Abramowitz und Stegun, 1970, Gleichung (9.7.1)):

$$I_\nu(t) = \frac{e^{t-\nu^2/2t}}{\sqrt{2\pi t}} \left[1 + \frac{1}{8t} + O\left(\frac{1}{t^2}\right) \right] . \tag{D.56}$$

In dieser Näherung ist

$$G(R) \approx \frac{1}{2K(2\pi)^{d/2}} \int_0^\infty e^{-tz-R^2/2t} t^{-d/2}\, dt . \tag{D.57}$$

Für das Integral benutzen wir die folgende Formel aus einer Tabelle von Integralen,

$$\int_0^\infty t^{-(\nu+1)} e^{-tz-\alpha/t}\, dt = 2 \left(\frac{\alpha}{z}\right)^{-\nu/2} K_\nu\left(2\sqrt{\alpha z}\right) , \tag{D.58}$$

und erhalten

$$G(R) \approx \frac{1}{K(2\pi)^{d/2}} \left(\frac{1}{\xi R}\right)^{(d-2)/2} K_{(d-2)/2}\left(\frac{R}{\xi}\right) , \tag{D.59}$$

mit

$$\xi = \frac{1}{\sqrt{2z}} . \tag{D.60}$$

Für $T \searrow T_c$ verschwindet z_0, also divergiert ξ. Deshalb können wir $R/\xi \ll 1$ verwenden und damit die Formel (9.6.9) in Abramowitz und Stegun (1970):

$$K_\mu(x) \approx \frac{1}{2}\Gamma(\mu) \left(\frac{x}{2}\right)^{-\mu} \qquad (\mu > 0) \tag{D.61}$$

Damit erhalten wir das polynomiale Wachstum

$$G(R)|_{T=T_c} \approx \frac{\Gamma\left[\frac{d-2}{2}\right]}{4\pi^{d/2} K_c} \frac{1}{R^{d-2}} \quad (d > 2) . \tag{D.62}$$

Dies beweist $\eta = 0$.

Für große $|x|$ gilt nach Abramowitz und Stegun (1970), Gleichung (9.7.2)

$$K_\nu(x) \approx \sqrt{\frac{\pi}{2x}} e^{-x} \left[1 + O\left(\frac{1}{x}\right) \right] . \tag{D.63}$$

Folglich erhalten wir für $R/\xi \gg 1$

$$G(R) \approx \frac{1}{2K\xi^{(d-3)/2}(2\pi R)^{(d-1)/2}} e^{-R/\xi} , \tag{D.64}$$

was zeigt, dass ξ die Kohärenzlänge des Systems ist.

Schließlich betrachten wir noch ξ für $B = 0$: Es ist $\xi = 1/\sqrt{2w}$. Für w hatten wir $w \propto t^{2/(d-2)}$, weshalb $\xi \propto t^{1/(d-2)}$. Dies zeigt, wie angekündigt, dass $\nu = 1/(d-2)$ gilt.

Anhang E Beweis des Satzes von Perron-Frobenius

Wir beweisen hier den Satz 14.1. Λ sei eine endliche Menge, $|\Lambda| \geqslant 2$. Eine Matrix $\mathcal{T} = (T(x,y))_{x,y \in \Lambda}$ ist *strikt positiv*, falls $T(x,y) > 0$ für alle $x, y \in \Lambda$.

Nun sei R die Menge der Vektoren von ψ aus $\mathbb{C}^{\Lambda} \backslash \{0\}$ mit $\psi(x) \in [0, \infty)$ für alle $x \in \Lambda$. (Die Komponenten sind alle nicht-negativ.) Auf R definieren wir die Funktion $f : R \to (0, \infty)$ durch

$$f(\psi) = \min_{x \in \Lambda : \psi(x) > 0} \frac{\mathcal{T}\psi(x)}{\psi(x)} . \tag{E.1}$$

f ist stetig und erfüllt $f(t\psi) = f(\psi)$ für alle $t > 0$. Deshalb stimmt das Bild $f(R)$ mit der Menge

$$f\left(\left\{\psi \in R : \sum_{x \in \Lambda} \psi(x) = 1\right\}\right) \subset (0, \infty)$$

überein. Da diese Menge kompakt ist, existiert die Größe $\lambda_0 = \max f(R)$. Wir behaupten, dass λ_0 die Eigenschaft gemäß Satz 14.1 erfüllt.

Zunächst zeigen wir, dass λ_0 ein Eigenwert ist. Dazu sei $\psi_0 \in R$ so gewählt, dass $\lambda_0 = f(\psi_0)$ ist. Wir behaupten, dass $\mathcal{T}\psi_0 = \lambda_0\psi_0$ gilt. Wäre $\mathcal{T}_0\psi_0 \neq \lambda_0\psi_0$, dann müsste $(T\psi_0) \geqslant \lambda_0\psi_0(x)$ für alle x sein, wobei für wenigstens ein x strikte Ungleichung bestehen müsste. (Man beachte dazu:

$$\lambda_0 = \max f(R) = f(\psi_0) = \min_{x \in \Lambda : \psi_0(x) > 0} \frac{\mathcal{T}\psi_0(x)}{\psi_0(x)} \quad \Longrightarrow \quad \mathcal{T}\psi_0(x) \geqslant \lambda_0\psi_0(x) ;$$

das Gleichheitszeichen kann nach Annahme nicht für alle x bestehen.) Dann muss aber der Vektor $\mathcal{T}(\mathcal{T}\psi_0 - \lambda_0\psi_0)$ strikt positive Komponenten haben, und dies impliziert $f(\mathcal{T}\psi_0) > \lambda_0$, was ein Widerspruch zur Definition von λ_0 ist. Damit ist also ψ_0 tatsächlich ein Eigenwert von $\mathcal{T}$ mit dem Eigenwert λ_0, und es gilt somit

$$\psi_0(x) = \lambda_0^{-1}\mathcal{T}\psi_0(x) > 0 \quad \text{für alle} \quad x \in \Lambda .$$

Als Nächstes betrachten wir einen anderen Eigenwert λ von $\mathcal{T}$. Sei $\varphi \in \mathbb{C}^{\Lambda}$ ein zugehöriger Eigenvektor und $a = \min_{x \in \Lambda} T(x,x) > 0$. Aus der Gleichung

$$(\mathcal{T} - a\mathbb{1})\varphi = (\lambda - a)\varphi$$

schließen wir auf

$$\sum_{y \in \Lambda} (T(x,y) - a\delta(x,y))|\varphi(y)| \geqslant |\lambda - a||\varphi(x)| ,$$

und folglich gilt

$$\sum_y T(x,y)|\varphi(y)| \geqslant (|\lambda - a| + a)\,|\varphi(x)|\,.$$

Dies beweist $|\lambda - a| + a \leqslant \max f(R) = \lambda_0$. Daraus entnehmen wir, dass entweder $\lambda = \lambda_0$ oder $|\lambda| < \lambda_0$ ist.

Schließlich sei neben ψ_0 auch χ ein Eigenvektor von $\mathcal{T}$ zum Eigenwert λ_0. Ohne Einschränkung der Allgemeinheit können wir χ reell wählen. (Ansonsten zerlege man χ in Real- und Imaginärteile.) Nun sei

$$c = \min_{x\in\Lambda} \frac{\chi(x)}{\psi_0(x)}\,.$$

Dann ist also $\chi(x) \geqslant c\psi_0(x)$ für alle $x \in \Lambda$. Dies impliziert $\chi = c\psi_0$, ansonsten würde

$$\chi(x) - c\psi_0(x) = \frac{1}{\lambda_0}\sum_y T(x,y)(\chi(y) - c\psi_0(y)) > 0 \quad \text{für alle} \quad x \in \Lambda\,,$$

gelten, was ein Widerspruch zur Wahl von c ist.

Die analytische Abhängigkeit von λ_0 von den Matrixelementen von $\mathcal{T}$ ergibt sich aus dem

Lemma E.1

Seien $c_1, \cdots, c_n$ holomorphe Funktionen in der Kreisscheibe $E(R) = \{z \in \mathbb{C} : |z| < R\}$, $R > 0$. Sei $w_0 \in \mathbb{C}$ eine einfache Nullstelle des Polynoms

$$X^n + c_1(0)X^{n-1} + \cdots + c_n \quad \in \quad \mathbb{C}[X]\,.$$

Dann gibt es ein r mit $0 < r \leqslant R$ und eine in der Kreisscheibe $E(r)$ holomorphe Funktion φ mit $\varphi(0) = w_0$ und

$$\varphi^n + c_1\varphi^{n-1} + \cdots + c_n = 0 \quad \text{über} \quad E(r)\,.$$

Beweis E.1 Für $z \in E(R)$ und $w \in \mathbb{C}$ sei

$$F(z,w) = w^n + c_1(z)w^{n-1} + \cdots + c_n(z)\,.$$

Es gibt ein $\varepsilon > 0$, so dass die Funktion $w \mapsto F(0,w)$ auf der Kreisscheibe $\{w \in \mathbb{C} : |w - w_0| \leqslant \varepsilon\}$ die einzige Nullstelle w_0 hat. Wegen der Stetigkeit von F gibt es nun ein r mit $0 < r \leqslant R$, sodass die Funktion F auf der Menge

$$\{(z,w) \in \mathbb{C}^2 : |z| < r,\ |w - w_0| \overset{!}{=} \varepsilon\}$$

keine Nullstelle hat. Für festes $z \in E(r)$ gibt dann bekanntlich

$$n(z) = \frac{1}{2\pi\mathrm{i}} \int\limits_{|w-w_0|=\varepsilon} \frac{F_w(z,w)}{F(z,w)}\,dw \qquad \left(F_w := \frac{\partial F}{\partial w}\right)$$

die Anzahl der Nullstellen der Funktion $w \mapsto F(z, w)$ in der Kreisscheibe mit dem Radius ε um w_0 an. Da $n(0) = 1$ ist und $n(z)$ stetig von z abhängt, ist $n(z) = 1$ für alle $E(r)$. Nach dem Residuensatz ist die Nullstelle von $w \mapsto F(z, w)$ in der Kreisscheibe $|w - w_0| < \varepsilon$ gleich

$$\varphi(z) = \frac{1}{2\pi i} \int_{|w-w_0|=\varepsilon} w \, \frac{F_w(z, w)}{F(z, w)} \, dw \, .$$

Da der Integrand holomorph von z abhängt, ist die Funktion $z \mapsto \varphi(z)$ in $E(r)$ holomorph, und es gilt $F(z, \varphi(z)) = 0$ für alle $z \in E(r)$. $\qquad\square$

Anhang F Bestimmung des größten Eigenwertes der Transfermatrix für das zweidimensionale Ising-Modell

Dieser Anhang knüpft direkt an Kapitel 17 an und benutzt die dort eingeführten Bezeichnungen (insbesondere die Definition der Matrizen $\tau_i^{(k)}$ durch die Pauli-Matrizen).

Die Transfermatrix lautet nach (17.19), (17.15) und (17.18)

$$\mathcal{T} = V_1^{1/2} V_2 V_1^{1/2} \,, \tag{F.1}$$

mit

$$V_1 = \exp\Big[K \sum_{j=1}^{M} \tau_j^{(3)} \tau_{j+1}^{(3)}\Big], \tag{F.2}$$

$$V_2 = (2 \sinh 2K)^{M/2} \exp\Big[K^* \sum_{j=1}^{M} \tau_j^{(1)}\Big]. \tag{F.3}$$

Dabei erstrecken wir jetzt die Summe im Exponenten von V_1 ebenfalls bis M, was periodischen Randbedingungen in *allen* Richtungen entspricht. Zur Bestimmung der Eigenwerte der $(2^M \times 2^M)$-Matrix $\mathcal{T}$ benutzen wir die Technik der Fermi-Operatoren (siehe Schulz et al., 1964).

F.1 Jordan-Wigner-Transformation

Gegeben seien unabhängige Pauli-Matrizen $\vec{\sigma}_i$ ($i = 1, \cdots, M$), welche also im Raum $(\mathbb{C}^2)^{\otimes M}$ operieren. Es sei

$$\sigma_j^\pm = \frac{1}{2}\Big(\sigma_j^{(1)} \pm i\sigma_j^{(2)}\Big) \tag{F.4}$$

und

$$\alpha_l = e^{i\pi \sigma_l^+ \sigma_l^-} = -\sigma_l^{(3)} \qquad \text{(hermitesch!)}\,. \tag{F.5}$$

Dann lautet die Jordan-Wigner-Transformation $\{\sigma_i^\pm\} \to \{c_i\}$:

$$c_j = \alpha_1 \alpha_2 \cdots \alpha_{j-1} \sigma_j^- \tag{F.6}$$

Die adjungierte Gleichung ist

$$c_j^* = \sigma_j^+ \, \alpha_1 \cdots \alpha_{j-1} \,. \tag{F.7}$$

Aus den Eigenschaften der σ-Algebra folgt leicht, dass die c_j, c_j^* Fermi-Operatoren sind:

$$\{c_j, c_k\} = 0 \,, \qquad \{c_j^*, c_k\} = \delta_{jk} \cdot \mathbb{1} \,. \tag{F.8}$$

Dazu verwende man neben $\{\sigma_j^+, \sigma_j^-\} = 1$, $(\sigma_j^+)^2 = (\sigma_j^-)^2 = 0$, $[\sigma_j^\pm, \sigma_k^\pm] = 0$ ($j \neq k$) die Identitäten

$$\alpha_l^2 = 1 \,, \qquad \alpha_l \, \sigma_l^\pm = -\sigma_l^\pm \, \alpha_l = \mp \sigma_l^\pm \,. \tag{F.9}$$

Beispiel F.1

$$\{c_j, c_{j+1}\} = \underbrace{\alpha_1 \cdots \alpha_{j-1} \sigma_j^- \, \alpha_1 \cdots \alpha_j}_{\sigma_j^- \, \alpha_j} \sigma_{j+1}^- + \underbrace{\alpha_1 \cdots \alpha_j \, \sigma_{j+1}^- \, \alpha_1 \cdots \alpha_{j-1}}_{\alpha_j \sigma_{j+1}^-} \sigma_j^-$$

$$= \sigma_j^- \, \alpha_j \, \sigma_{j+1}^- + \alpha_j \sigma_{j+1}^- \sigma_j^- \overset{(F.9)}{=} -\sigma_j^- \, \sigma_{j+1}^- + \sigma_{j+1}^- \sigma_j^- = 0 \,.$$

∎

Beispiel F.2

$$\{c_j^*, c_j\} = \sigma_j^+ \, \alpha_1 \cdots \alpha_{j-1} \, \alpha_1 \cdots \alpha_{j-1} \sigma_j^- + \alpha_1 \cdots \alpha_{j-1} \sigma_j^- \, \sigma_j^+ \, \alpha_1 \cdots \alpha_{j-1}$$

$$= \sigma_j^+ \, \sigma_j^- + \sigma_j^- \, \sigma_j^+ = 1 \,.$$

∎

Man sieht sofort, dass $\sigma_k^+ \, \sigma_k^- = c_k^* \, c_k$ ist; somit lautet die Umkehrtransformation von (F.6) und (F.7):

$$\sigma_j^- = \exp\!\Big(\mathrm{i}\pi \sum_{k=1}^{j-1} c_k^* \, c_k\Big) c_j \,, \qquad \sigma_j^+ = c_j^* \cdot \exp\!\Big(-\mathrm{i}\pi \sum_{k=1}^{j-1} c_k^* \, c_k\Big) \tag{F.10}$$

Nun wollen wir V_1 und V_2 durch Fermi-Operatoren ausdrücken. Dabei stört zunächst die lineare Abhängigkeit von $\tau_j^{(1)}$ in (F.3). Würde dort $\tau_j^{(3)}$ stehen, so könnten wir dies leicht in Fermi-Operatoren übersetzen, da $\tau_j^{(3)} = 2\tau_j^+ \, \tau_j^- - 1 = 2c_j^* \cdot c_j - 1$ ist. Wir machen deshalb zuerst noch eine Drehung

$$\tau_i^{(1)} \to -\tau_j^{(3)} \,, \qquad \tau_j^{(3)} \to \tau_j^{(1)} \,, \qquad \tau_j^{(2)} \to \tau_j^{(3)} \,, \tag{F.11}$$

bei der sich die Eigenwerte natürlich nicht ändern, und erhalten nach dem Gesagten für V_2

$$V_2 = (2\sinh 2K)^{M/2} \exp\left[-2K^* \sum_{j=1}^{M} \left(c_j^* c_j - \frac{1}{2}\right)\right]. \tag{F.12}$$

Im transformierten V_1,

$$V_1 = \exp\left[K \sum_{j=1}^{M} \underbrace{\tau_j^{(1)} \tau_{j+1}^{(1)}}_{(\tau_j^+ + \tau_j^-)(\tau_{j+1}^+ + \tau_{j+1}^-)}\right],$$

verwenden wir für $j < M$ die Bezeichnungen

$$\begin{aligned}
\tau_j^+ \tau_{j+1}^- &= c_j^* c_{j+1}, & \tau_j^+ \tau_{j+1}^+ &= c_j^* c_{j+1}^*, \\
\tau_j^- \tau_{j+1}^+ &= -c_j c_{j+1}^*, & \tau_j^- \tau_{j+1}^- &= -c_j c_{j+1}.
\end{aligned} \tag{F.13}$$

Beispiel F.3

$$c_j^* c_{j+1}^* = \tau_j^+ \underbrace{\alpha_1 \cdots \alpha_{j-1} \tau_{j+1}^+ \alpha_1 \cdots}_{\tau_{j+1}^+} \alpha_j = \tau_j^+ \tau_{j+1}^+ \alpha_j \stackrel{(F.9)}{=} \tau_j^+ \tau_{j+1}^+.$$

∎

Ohne den letzten Term in V_1, d. h. für *freie* Randbedingungen, ergibt sich

$$V_1^{\text{frei}} = \exp\left[K \sum_{j=1}^{M-1} (c_j^* - c_j)(c_{j+1}^* + c_{j+1})\right]. \tag{F.14}$$

Um aber die Methode der Fourier-Transformation verwenden zu können, möchten wir periodische (eventuell antiperiodische) Randbedingungen verlangen. Dann macht aber der letzte Term $\tau_M^{(1)} \tau_1^{(1)}$ im Exponenten von V_1 gewisse Probleme. Es ist z. B. $\tau_M^+ \tau_1^- \neq c_M^* c_1$, denn es gilt

$$\begin{aligned}
\tau_M^+ \tau_1^- &= \exp\left(i\pi \sum_{j=1}^{M-1} c_j^* c_j\right) c_M^* c_1 = \exp\left(i\pi \sum_{j=1}^{M} c_j^* c_j\right) e^{-i\pi c_M^* c_M} c_M^* c_1 \\
&= -(-1)^N \tau_j^{(3)} c_M^* c_1,
\end{aligned}$$

wobei $N = \sum_{j=1}^{M} c_j^* c_j$ der Fermionenzahloperator ist. Ebenso erhält man

$$\tau_M^+ \tau_1^+ = -(-1)^N c_M^* c_1^*, \qquad \tau_M^- \tau_1^+ = (-1)^N c_M c_1^*, \qquad \tau_M^- \tau_1^- = (-1)^N c_M c_1$$

und somit

$$\tau_M^{(1)} \tau_1^{(1)} = -(-1)N(c_M^* - c_M)(c_1^* + c_1).$$

Es folgt also

$$V_1 = \exp\left[K \sum_{j=1}^{M-1} (c_j^* - c_j)(c_{j+1}^* + c_{j+1}) - K(-1)^N(c_M^* - c_M)(c_1^* + c_1)\right]. \quad \text{(F.15)}$$

Da alle Beiträge zu V_1 und V_2 bilinear in den Fermi-Operatoren sind, vertauschen diese mit $(-1)^N$ und werden deshalb von $(-1)^N$ reduziert. Wir können also die Restriktionen der V's auf die beiden Unterräume zu geraden und zu ungeraden Fermionenzahlen separat behandeln. In beiden Fällen ist V_2 durch denselben Ausdruck

$$V_1 = \exp\left[K \sum_{j=1}^{M} (c_j^* - c_j)(c_{j+1}^* + c_{j+1})\right] \quad \text{(F.16)}$$

(man achte auf den oberen Summationsindex M) gegeben, wobei aber

$$c_{M+1} \equiv \begin{cases} -c_1 & \text{für } N \text{ gerade,} \\ c_1 & \text{für } N \text{ ungerade} \end{cases} \quad \text{(F.17)}$$

gilt. Je nach der Parität der Fermionenzahl haben wir also *periodische* bzw. *antiperiodische* Randbedingungen (Bezeichnung $V_1^{\pm}$).

F.2   Fourier-Transformation

Zur Diagonalisierung der quadratischen Formen in (F.16) drängt sich nun eine Fourier-Transformation auf. Wir setzen also

$$\eta_q = \frac{1}{\sqrt{M}} e^{i\pi/4} \sum_{m=1}^{M} e^{-iqm} c_m, \quad \text{(F.18)}$$

mit $q \in \Delta_{\pm}$ (+ für den periodischen und − für den antiperiodischen Fall), wobei

$$\Delta_+ = \left\{0, \pm\frac{2\pi}{M}, \pm\frac{4\pi}{M}, \cdots, \pm\frac{M-2}{M}\pi, \pi\right\}, \quad \text{(F.19a)}$$

$$\Delta_- = \left\{\pm\frac{\pi}{M}, \pm\frac{3\pi}{M}, \cdots, \pm\frac{M-1}{M}\pi\right\} \quad \text{(F.19b)}$$

gilt. Dabei haben wir der Einfachheit halber M *gerade* gewählt, und der Phasenfaktor $e^{i\pi/4}$ in (F.18) wurde aus Bequemlichkeitsgründen in Hinblick auf spätere Realitätseigenschaften hinzugefügt. Man sieht leicht, dass die η_q und die η_q^* Fermi-Vertauschungsrelationen genügen:

$$\{\eta_q, \eta_{q'}^*\} = \delta_{qq'}, \quad \{\eta_q, \eta_{q'}\} = \{\eta_q^*, \eta_{q'}^*\} = 0$$

Die Umkehrung von (F.18) lautet:

$$c_m = \frac{1}{\sqrt{M}} \, e^{-i\pi/4} \sum_{q\in\Delta_\pm} e^{iqm} \eta_q \tag{F.20}$$

Dies setzen wir nun in (F.12) und (F.13) ein. Eine einfache Rechnung ergibt für die Transfermatrix

$$\mathcal{T}^\pm = (2\sinh 2K)^{M/2} \prod_q^\pm V_1(q)^{1/2} \, V_2(q) \, V_1(q)^{1/2} \,. \tag{F.21}$$

Dabei bedeutet $\prod^\pm$ das Produkt über alle *nicht-negativen* q's in $\Delta_\pm$, und die Operatoren $V_1(q)$ und $V_2(q)$ sind durch folgende Ausdrücke gegeben:

$$V_2(q) = \exp\left[-2K^*(\eta_q^*\eta_q + \eta_{-q}^*\eta_{-q} - 1)\right] \quad \text{für } q \neq 0,\pi\,,$$

$$V_2(q=0,\pi) = \exp\left[-2K^*\left(\eta_q^*\eta_q - \frac{1}{2}\right)\right]\,,$$

$$V_1(q) = \exp\left[2K\left\{\cos q\,(\eta_q^*\eta_q + \eta_{-q}^*\eta_q) + \sin q\,(\eta_q\eta_q + \eta_{-q}^*\eta_q^*)\right\}\right]\,,$$

$$V_1(q=0,\pi) = \exp\left[2Ke^{iq}\left(\eta_q^*\eta_q - \frac{1}{2}\right)\right] \tag{F.22}$$

Für $q=0$ bzw. π, ist somit

$$V_1(q)^{1/2}\,V_2(q)\,V_1(q)^{1/2} = \begin{cases} \exp\left[-2(K^*-K)\left(\eta_q^*\eta_q - \frac{1}{2}\right)\right] & \text{für } q=0\,, \\[2ex] \exp\left[-2(K^*+K)\left(\eta_q^*\eta_q - \frac{1}{2}\right)\right] & \text{für } q=\pi\,. \end{cases} \tag{F.23}$$

F.3 Berechnung der Eigenwerte

Offensichtlich kommutieren die Faktoren $V(q) := V_1(q)^{1/2}\,V_2(q)\,V_1(q)^{1/2}$ in (F.21), da die η's bilinear vorkommen. Ferner kommutieren die $V(q)$ mit $(-1)^{N_q}$, wobei

$$N_q = \eta_q^*\,\eta_q + \eta_{-q}^*\,\eta_{-q} \tag{F.24}$$

gilt. Wir dürfen also die verschiedenen Faktoren $V(q)$ einzeln diagonalisieren. Für $q=0$ bzw. π kann man die Eigenwerte von (F.23) ablesen; diese sind gleich $\exp\left(\pm\varepsilon_q/2\right)$, mit

$$\varepsilon_0 = 2(K^*-K)\,, \quad \varepsilon_\pi = 2(K^*+K)\,. \tag{F.25}$$

Dabei entspricht $\pm\varepsilon_q/2$ im Exponenten den Werten $(-1)^{N_q} = \pm 1$.

Für $q\neq 0$ bzw. π operieren die $V_1(q)$ und $V_2(q)$ in vierdimensionalen Unterräumen, welche durch die Vektoren

$$\psi_0\,, \quad \psi_q = \eta_q^*\,\psi_0\,, \quad \psi_{-q} = \eta_{-q}^*\,\psi_0\,, \quad \psi_{-qq} = \eta_{-q}^*\eta_q^*\,\psi_0 \tag{F.26}$$

aufgespannt werden; dabei bezeichnet ψ_0 das Vakuum zu η_q, η_{-q}:

$$\eta_q \psi_0 = \eta_{-q} \psi_0 = 0$$

Wir müssen aber nicht einmal eine 4×4-Matrix diagonalisieren, denn $V_1(q)$ und $V_2(q)$ haben ψ_q und ψ_{-q} als Eigenvektoren; aus (F.22) folgt

$$V_2(q)\,\psi_{\pm q} = \psi_{\pm q}\,, \quad V_1(q)\,\psi_{\pm q} = e^{2K\cos q}\,\psi_{\pm q}\,. \tag{F.27}$$

Damit ergibt sich

$$V(q)\psi_{\pm q} = e^{2K\cos q}\,\psi_{\pm q}\,. \tag{F.28}$$

Diese Eigenwerte gehören zu $(-1)^{N_q} = -1$.

Es verbleibt die Bestimmung der Matrizen zu $V_1(q)$ und $V_2(q)$ im zweidimensionalen Unterraum, aufgespannt durch ψ_0 und ψ_{-qq}. Für $V_2(q)$ erhalten wir aus (F.22)

$$\begin{pmatrix} \langle\psi_{-qq}|\,V_2(q)\,|\psi_{-qq}\rangle & \langle\psi_{-qq}|\,V_2(q)\,|\psi_0\rangle \\ \langle\psi_0|\,V_2(q)\,|\psi_{-qq}\rangle & \langle\psi_0|\,V_2(q)\,|\psi_0\rangle \end{pmatrix} = \begin{pmatrix} e^{-2K^*} & 0 \\ 0 & e^{2K^*} \end{pmatrix}\,, \tag{F.29}$$

und dies ist schon diagonal. Für $V_1(q)$ ist die Rechnung etwas komplizierter. In diesem Operator kommen die Produkte

$$b_q^+ := \eta_{-q}^* \eta_q^*\,, \qquad b_q^- := \eta_q\, \eta_{-q} \tag{F.30}$$

vor, welche im Unterraum aufgespannt und durch ψ_0 und ψ_{-qq} ausgedrückt werden können: Z. B. gilt

$$\begin{aligned} b_q^-\,\psi_{-qq} &= \eta_q\,\eta_{-q}\,\eta_{-q}^*\,\eta_q^*\,\psi_0 = \psi_0\,, \\ b_q^+\,\psi_0 &= \psi_{-qq}\,. \end{aligned} \tag{F.31}$$

Deshalb operiert b_q^- wie σ^- und b_q^+ wie σ^+. Ferner gilt

$$\eta_q^* \eta_q + \eta_{-q}^* \eta_q = 2b_q^+ b_q^- \;=: b_q^z + 1\,, \tag{F.32}$$

$$\eta_q\, \eta_{-q} + \eta_{-q}^* \eta_q^* = b_q^- + b_q^+ \;=: b_q^x\,. \tag{F.33}$$

Damit erhalten wir für $V_1(q)$ in (F.22)

$$\begin{aligned} V_1(q) &= \exp\left[2K\left\{(b_q^z + 1)\cos q + b_q^x \sin q\right\}\right] \\ &= e^{2K\cos q}\,\exp\left(2K\cos q\,\sigma_z + 2K\sin q\,\sigma_x\right)\,. \end{aligned} \tag{F.34}$$

Zu Berechnung der zugehörigen Eigenwerte von $V(q)$ benötigen wir nur $\det V(q)$ und $\mathrm{Sp}\,V(q)$. Da $V_2(q)$ nach (F.29) die Determinante 1 hat und nach (F.34) $\det V_1(q) = e^{4K\cos q}$ ist (man verwende $\det e^A = e^{\mathrm{Sp}\,A}$), gilt

$$\det V(q) = e^{4K\cos q}\,. \tag{F.35}$$

Für die Spur ergibt sich aus (F.29) und (F.34) zunächst

$$\operatorname{Sp} V(q) = \operatorname{Sp}(V_2(q) V_1(q))$$
$$= e^{2K \cos q} \operatorname{Sp}\left[\exp(-2K^* \sigma_z) \exp(2K \cos q\, \sigma_z + 2K \sin q\, \sigma_x)\right].$$

Zur weiteren Auswertung notieren wir, dass für $\sigma' = \cos q\, \sigma_z + \sin q\, \sigma_x$ wegen $(\sigma')^2 = 1$

$$e^{2K\sigma'} = \cosh 2K + \sigma' \sinh 2K\,,$$

und entsprechend

$$e^{-2K^* \sigma_z} = \cosh 2K^* - \sigma_z \sinh 2K^*$$

gilt. Mit $\operatorname{Sp} \sigma_z = \operatorname{Sp} \sigma' = 0$, $\operatorname{Sp}(\sigma_z \sigma') = 2\cos q$ ergibt sich

$$\operatorname{Sp} V(q) = e^{2K \cos q} \cdot 2\left[\cosh(2K)\cosh(2K^*) - \sinh(2K)\sinh(2K^*)\cos q\right]. \quad \text{(F.36)}$$

Nun erfüllen die beiden Eigenwerte $\lambda_{1,2}$ von $V(q)$ (immer im betreffenden Unterraum) die Beziehung $\lambda_1 + \lambda_2 = \operatorname{Sp} V(q)$, $\lambda_1 \lambda_2 = \det V(q)$. Nach der letzten dieser Beziehungen ist $\lambda_{1,2} = (\det V(q))^{1/2}\, e^{\pm \varepsilon_q}$, und nach der ersten erhalten wir für ε_q

$$\cosh \varepsilon_q = \frac{1}{2}(\det V(q))^{-1/2} \operatorname{Sp} V(q)$$
$$= \left[\cosh(2K)\cosh(2K^*) - \sinh(2K)\sinh(2K^*)\cos q\right].$$

Die gesuchten Eigenwerte sind also gleich $e^{2K \cos q} e^{\pm \varepsilon_q}$, wobei die ε_q durch

$$\cosh \varepsilon_q = \cosh(2K)\cosh(2K^*) - \sinh(2K)\sinh(2K^*)\cos q \quad \text{(F.37)}$$

gegeben sind. Diese Eigenwerte gehören zu $(-1)^{N_q} = +1$.

Zusammenfassend ergeben sich also die folgenden Eigenwerte von $V(q)$:

(i) $e^{\pm \frac{1}{2}\varepsilon_q}$ für $q = 0, \pi$, mit $\varepsilon_0 = 2(K^* - K)$, $\varepsilon_\pi = 2(K^* + K)$ und zugehörigem $(-1)^{N_q} = \pm 1$,

(ii) $e^{2K \cos q}$ (zwei mal), mit $(-1)^{N_q} = -1$,

(iii) $e^{2K \cos q \pm \varepsilon_q}$, mit ε_q in (F.37), $(-1)^{N_q} = 1$ (F.38)

Mab beachte, dass ε_q für $q = 0$ bzw. π ebenfalls unter die Formel (F.37) fällt.

Damit sind nun auch die Eigenwerte von $\mathcal{T}^\pm$ bestimmt. Wir zeigen, dass diese

$$(2\sinh 2K)^{M/2} \exp\left[-\sum_{q \in \Delta_\pm} \varepsilon_q\left(n_q - \frac{1}{2}\right)\right] \quad \text{(F.39)}$$

lauten, wobei die n_q die Werte 0 und 1 annehmen, aber die Nebenbedingungen $\sum n_q$ gerade für Δ_- bzw. ungerade für Δ_+ erfüllt sein müssen.

Zur Begründung notieren wir zuerst, dass die Eigenwerte (ii) und (iii) in (F.38), mit den richtigen Multiplizitäten, durch

$$e^{2K\cos q}\, e^{-(n_q+n_{-1}-1)\varepsilon_q}\,, \qquad n_q\,,\, n_{-q}=0,1\,,$$

zusammengefasst werden können, wobei außerdem $(-1)^{N_q}=(-1)^{n_q+n_{-q}}$ gilt. Die Eigenwerte in (i) stellen wir durch $e^{-(n_q-1/2)\varepsilon_q}$, $n_q=0,1$ $(q=0,\pi)$ dar. Dabei ist $(-1)^{N_q}=(-1)^{n_q}$ (siehe auch (F.23)). Da $\cos(0)+\cos(\pi)=0$ und $\sum^{\pm}\cos q=0$ ist, erhalten wir

$$\prod_q^{\pm} V(q) = \exp\left[-\sum_{q\in\Delta_\pm}\left(n_q-\frac{1}{2}\right)\varepsilon_q\right]$$

und somit in der Tat die Eigenwerte (F.39) für $\mathcal{T}^{\pm}$. Für $\mathcal{T}^-$ ist nach (F.17) $(-1)^N=(-1)^{\sum n_q}=+1$, d. h. $\sum n_q$ ist gerade. Entsprechend findet man, dass für $\mathcal{T}^+$ die Summe $\sum n_q$ ungerade sein muss.

Um den *größten* Eigenwert zu bestimmen, bemerken wir Folgendes: Nach (17.17) können wir (F.37) auch so schreiben:

$$\cosh\varepsilon_q = \cosh(2K)\cosh(2K^*)-\cos q \qquad\qquad (F.40)$$

$$= \cosh(2(K^*-K))+(1-\cos q) \qquad\qquad (F.41)$$

Die letzte Gleichung zeigt, dass $\varepsilon_q > 0$ für $q\neq 0$ und ε_q monoton in $|q|$ ist. Ferner folgt aus ihr

$$\lim_{q\downarrow 0}\varepsilon_q = \begin{cases} \varepsilon_0 & \text{für } K^* > K \\ -\varepsilon_0 & \text{für } K^* < K\,. \end{cases} \qquad\qquad (F.42)$$

Daraus können wir schließen, dass der größte Eigenwert von $\mathcal{T}^-$ gleich

$$(2\sinh 2K)^{M/2}\, e^{\frac{1}{2}\sum_{q\in\Delta_-}\varepsilon_q} \qquad\qquad (F.43)$$

ist. (Man beachte: Alle $n_q=0$ sind erlaubt, da dann $\sum n_q$ gerade ist.) Die hier vorkommenden ε_q sind gleich dem γ_k im Hauptteil (Gleichung (17.22)). Tatsächlich lässt sich die Gleichung (F.40) mit Hilfe von (17.17) in die Form

$$\cosh\varepsilon_q = \cosh(2K)\coth(2K)-\cos q$$

bringen, welche mit (17.22) übereinstimmt.

Bei $\mathcal{T}^+$ müssen wir etwas aufpassen. Nach (F.25) ist $\varepsilon_{q=0} > 0$ für $K^* > K$, und deshalb wird (F.39) maximal für alle $n_q=0$. Dies ist aber nicht erlaubt, da $\sum n_q$ ungerade sein muss. Wir müssen deshalb $q=0$ besetzen ($n_{q=0}=1$) und erhalten dann für den größten Eigenwert (man beachte $(\varepsilon_\pi-\varepsilon_0)/2=2K$)

$$(2\sinh 2K)^{M/2}\exp\left[2K+\frac{1}{2}\sum_{\substack{q\in\Delta^+\\ q\neq 0,\pi}}|\varepsilon_q|\right]. \qquad\qquad (F.44)$$

Im umgekehrten Fall $K^* < K$ ist $\varepsilon_{q=0} < 0$, und der größte Eigenwert ist dann $(n_{q=0} = 1)$

$$(2 \sinh 2K)^{M/2} \exp\left[\frac{1}{2} \sum_{q \in \Delta_+} |\varepsilon_q|\right]. \tag{F.45}$$

Wegen

$$\lim_{q \to 0} \frac{1}{2}\varepsilon_q + \lim_{q \to \pi} \frac{1}{2}\varepsilon_q = \begin{cases} 2K & \text{für } K > K^* \\ 2K^* & \text{für } K < K^* \end{cases}$$

werden für $K > K^*$ die beiden Eigenwerte (F.43) und (F.45) im thermodynamischen Limes gleich, hingegen ist für $K < K^*$ der Ausdruck (F.43) der größte Eigenwert.

Damit ist unser Problem gelöst.

F.4   Dualität des Ising-Modells

Die thermodynamische Größe

$$p = \lim_{\Lambda \nearrow \infty} \frac{\ln Z_\Lambda}{|\Lambda|} \tag{F.46}$$

nennt man heutzutage „Druck". Es ist $p = -\beta f$. Nach (17.10) gilt

$$p = \lim_{M \to \infty} \frac{\ln \lambda_1}{M} \overset{(F.43)}{=} \frac{1}{2} \ln \left[2 \sinh 2K\right] + \underbrace{\lim_{M \to \infty} \frac{1}{2M} \sum_{q \in \Delta_-} \varepsilon_q}_{= \frac{1}{4\pi} \int\limits_{-\pi}^{\pi} \varepsilon_q(K)\, dq},$$

also

$$p = \frac{1}{2} \ln \left[2 \sinh 2K\right] + \frac{1}{4\pi} \int\limits_{-\pi}^{\pi} \varepsilon_q(K)\, dq. \tag{F.47}$$

Nach (F.37) ist $\varepsilon_q(K)$ symmetrisch in K und K^*. Folglich gilt die *Dualitätsgleichung*

$$p(K) - \frac{1}{2} \ln \left[2 \sinh 2K\right] = p\left(K^*\right) - \frac{1}{2} \ln \left[2 \sinh 2K^*\right]. \tag{F.48}$$

Dies können wir auch so schreiben:

$$p\left(K^*\right) = p(K) + \frac{1}{2} \ln \underbrace{\frac{2 \sinh 2K^*}{2 \sinh 2K}}_{(\sinh 2K)^{-2}}$$

$$= p(K) - \ln \sinh 2K \tag{F.49}$$

In Kapitel 23 wurde diese bemerkenswerte Relation aus einem Vergleich von Hoch- und Tieftemperaturentwicklung hergeleitet (ohne die Lösung zu kennen). Wie dort gezeigt wurde, folgt aus ihr die Lage des kritischen Punktes, wenn angenommen wird, dass es nur einen gibt. Für diesen muss dann nämlich $K = K^*$ gelten, weshalb $\sin 2K_c = 1$, $K_c = 0.440687\cdots$, gilt.

Anhang G Existenz des thermodynamischen Limes für Spinsysteme

Wir wiederholen zunächst kurz den allgemeinen Rahmen. Dabei betrachten wir der Einfachheit halber nur Ising-Spins. (Für eine allgemeinere Diskussion siehe Israel (1979), Simon (1993).)

Der Konfigurationsraum ist $\Omega = \{1, -1\}^{\mathbb{Z}^d}$, und P_ρ bezeichne das Produktmaß auf Ω zum Wahrscheinlichkeitsmaß $\rho = (\delta_1 + \delta_{-1})/2$ von $\{1, -1\}$. Für eine endliche Teilmenge Λ (Hyperkubus) sei $\pi_\Lambda P_\rho$ das Produktmaß auf $\Omega_\Lambda = \{1, -1\}^\Lambda$ (das Bild von P_ρ unter der natürlichen Projektion $\pi_\Lambda : \Omega \to \Omega_\Lambda$).

Zur Beschreibung der Wechselwirkung geben wir uns eine reelle Funktion J auf den endlichen Teilmengen $A \subset \mathbb{Z}^d$ vor, welche translationsinvariant ist: $J(A+i) = J(A)$. Wir benutzen die Bezeichnung $\sigma^A := \prod_{i \in A} \sigma_i$. Jedem Λ und J ordnen wir die folgende Hamilton-Funktion auf Ω_Λ zu:

$$H_{\Lambda, J}(\omega) = - \sum_{A \subset \Lambda} J(A)\, \sigma^A \tag{G.1}$$

Der „Druck" ist im wesentlichen die freie Energie pro Gitterplatz ($f_\Lambda(J, \beta)$):

$$p_\Lambda(J) = \frac{1}{|\Lambda|} \ln \int_{\Omega_\Lambda} e^{-H_{\Lambda, J}(\omega)} \pi_\Lambda P_\rho(d\omega) \tag{G.2}$$

Es ist $f_\Lambda(J, \beta) = -\beta^{-1} p_\Lambda(\beta, J)$.

Wir wollen zeigen, dass der thermodynamische Limes von $p_\Lambda(J)$ existiert. Vor präzisen Formulierungen benötigen wir noch einige Hilfsmittel. Mit $\mathcal{J}$ bezeichnen wir den Raum der Wechselwirkungen J, für die

$$\||J|\| = \sum_{A \ni 0} \frac{|J(A)|}{|A|} \tag{G.3}$$

endlich ist. Die Teilmenge $\mathcal{J}_0$ besteht aus den Wechselwirkungen mit *endlicher Reichweite*: $J(A) = 0$, falls der Durchmesser von A genügend groß ist. $\mathcal{J}$ ist ein separabler Banachraum, und $\mathcal{J}_0$ ist darin eine dichte Teilmenge. Wir brauchen unten eine Abschätzung von $||H_{\Lambda,J}||_\infty$. Mit $1 = \dfrac{1}{|A|} \displaystyle\sum_{i \in A} 1$ erhalten wir

$$
\begin{aligned}
||H_{\Lambda,J}||_\infty &\leqslant \sum_{A \subset \Lambda} |J(A)| = \sum_{A \subset \Lambda} \frac{1}{|A|} \sum_{i \in A} |J(A)| \\
&= \sum_{i \in \Lambda} \sum_{A \ni i} \frac{|J(A)|}{|A|},
\end{aligned}
$$

d. h.

$$
||H_{\Lambda,J}||_\infty = |\Lambda|\,|||J|||. \tag{G.4}
$$

Für weitere Abschätzungen benötigen wir auch das

Lemma G.1
Für jedes Wahrscheinlichkeitsmaß μ und reellwertige Funktionen $f, g \in L^\infty(\mu)$ ist

$$
\left| \ln \int e^f \, d\mu \right| \leqslant ||f||_\infty, \tag{G.5}
$$

$$
\left| \ln \int e^f \, d\mu - \ln \int e^g \, d\mu \right| \leqslant ||f\,g||_\infty. \tag{G.6}
$$

Beweis G.1 Es gilt fast sicher

$$
e^g\, e^{-||f-g||_\infty} \leqslant e^f \leqslant e^g\, e^{||f-g||_\infty}.
$$

Integrieren wir dies und nehmen davon den Logarithmus, so folgt die Behauptung (G.6). Die Ungleichung (G.5) ergibt sich als Spezialfall für $g = 0$. □

Speziell für $p_\Lambda(J)$ folgt aus (G.5) und (G.6) mit (G.4):

$$
|p_\Lambda(J)| \leqslant ||H_{J,\Lambda}||_\infty \leqslant |||J|||, \tag{G.7}
$$

$$
|p_\Lambda(J) - p_\Lambda(J_0)| \leqslant \frac{1}{|\Lambda|} ||H_{\Lambda,J} - H_{\Lambda,J_0}||_\infty \leqslant |||J - J_0||| \tag{G.8}
$$

Nun kommen wir zum thermodynamischen Limes der freien Energie. Es gilt der

Satz G.2
Für positive ganze Zahlen b sei $\Lambda(b)$ ein Hyperkubus der Seitenlänge b. Dann existiert für ein $J \in \mathcal{J}$ der Grenzwert

$$
\lim_{b \to \infty} p_{\Lambda(b)}(J) =: p(J),
$$

und $p(J)$ ist konvex sowie Lipschitz-stetig.

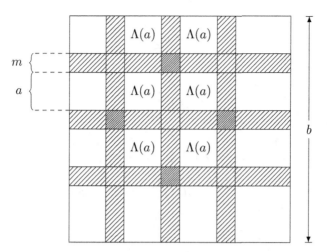

Abb. G.1 Zerlegung von $\Lambda(b)$.

Beweis G.2 Es genügt wegen (G.8), $J \in \mathcal{J}_0$ zu wählen. Die positive ganze Zahl m sei so gewählt, dass $J(A) = 0$ ist, falls der Durchmesser von A größer als m ist. Ferner seien a und b positive Zahlen, sodass $b > a+m$, also $b = n(m+a)+c$ für ein $n \geqslant 1$ und $0 \leqslant c < m + a$ gilt. Jetzt nutzen wir die endliche Reichweite von J aus und zerlegen $\Lambda(b)$ folgendermaßen in zwei Teile Λ' und Λ'' (siehe Abbildung G.1): Λ' besteht aus n^d Hyperkuben der Seitenlänge a, welche durch die Korridore der Breite m getrennt sind; Λ'' ist gleich $\Lambda \backslash \Lambda'$. Da die n^d Hyperkuben offensichtlich nicht miteinander wechselwirken, ist $H_{\Lambda',J}$ gleich der Summe von n^d Kopien von $H_{\Lambda(a),J}$, welche bezüglich $\pi'_\Lambda P_\rho$ unabhängig sind. Deshalb ist

$$p_{\Lambda'} = \frac{1}{n^d\,a^d} \ln \int_{\Omega_{\Lambda'}} \mathrm{e}^{-H_{\Lambda',J}}\, \pi_{\Lambda'} dP_\rho = \frac{1}{a^d} \ln \int_{\Omega_{\Lambda(a)}} \mathrm{e}^{-H_{\Lambda(a),J}}\, \pi_{\Lambda(a)} dP_\rho\,. \qquad (\text{G.9})$$

Wie in (G.8) gilt

$$\big||\Lambda'|p_{\Lambda'}(J) - |\Lambda(b)|\,p_{\Lambda(b)}(J)\big| \leqslant \|H_{\Lambda',J} - H_{\Lambda(b),J}\|_\infty$$

$$\leqslant \sum_{\substack{A \subset \Lambda(b) \\ A \not\subset \Lambda'}} |J(A)| \leqslant |\Lambda(b)\backslash \Lambda'| \cdot \|J\|_\sim\,, \qquad (\text{G.10})$$

mit

$$\|J\|_\sim := \sum_{A \ni 0} |J(A)|\,. \qquad (\text{G.11})$$

Dividieren wir die Ungleichung (G.10) durch $|\Lambda(b)| = b^d$, so erhalten wir (mit (G.9))

$$\left|\left(\frac{na}{b}\right)^d p_{\Lambda(a)}(J) - p_{\Lambda(b)}(J)\right| \leqslant \left(1 - \left(\frac{na}{b}\right)^d\right) \|J\|_\sim\,. \qquad (\text{G.12})$$

Für festes a und $b \to \infty$ gilt

$$\frac{n(a+m)}{b} \to 1 \,.$$

also

$$\frac{na}{b} = \frac{a}{a+m} + O(1) \,.$$

Somit lautet die letzte Ungleichung

$$\left| \left(\frac{a}{a+m} + O(1) \right)^d p_{\Lambda(a)}(J) - p_{\Lambda(b)}(J) \right| \leq$$

$$\left[1 - \left(\frac{a}{a+m} + O(1) \right)^d \right] \|J\|_\sim \quad \text{für } b \to \infty \,,$$

und daher gilt

$$\limsup_{b,b' \to \infty} \left| p_{\Lambda(b)}(J) - p_{\Lambda(b')}(J) \right| \leq 2 \left[1 - \left(\frac{a}{a+m} \right)^d \right] \|J\|_\sim \,. \tag{G.13}$$

Nehmen wir davon den Limes für $a \to \infty$, so sehen wir, dass die $\{p_{\Lambda(b)}(J)\}$ eine Cauchy-Folge bilden, welche einen Limes $p(J)$ hat. Die Konvexität von $p_{\Lambda(b)}(J)$ und damit von $p(J)$ folgt aus der Hölder-Ungleichung: Für die Erwartungswerte $\langle \cdots \rangle_0$ bezüglich $\pi_\Lambda P_\rho$ gilt[1]

$$\left\langle e^{-H_{\Lambda, tJ+(1-t)J'}} \right\rangle_0 = \left\langle e^{-tH_{\Lambda,J}} \, e^{-(1-t)H_{\Lambda,J'}} \right\rangle_0$$

$$\leq \left\langle e^{-H_{\Lambda,J}} \right\rangle_0^t \left\langle e^{-H_{\Lambda,J'}} \right\rangle_0^{1-t} \quad \text{für } 0 \leq t \leq 1$$

und daher

$$p_\Lambda(tJ + (1-t)J') \leq t p_\Lambda(J) + (1-t)p_\Lambda(J') \,. \tag{G.14}$$

Die Lipschitz-Stetigkeit von $p(J)$ ergibt sich aus (G.8). $\square$

Anmerkung   Wir haben hier „freie" Randbedingungen verwendet. Der thermodynamische Limes ist aber (für die freie Energie!) erwartungsgemäß unabhängig von der Wahl der Randbedingungen (siehe dazu Israel, 1979).

---

[1] Aus $\|F \cdot G\|_1 \leq \|F\|_p \|G\|_q$, $\frac{1}{p} + \frac{1}{q} = 1$, folgt für $F = e^{\lambda f}$ und $G = e^{(1-\lambda)g}$:

$$\int e^{\lambda f + (1-\lambda)g} \, d\mu \leq \left(\int e^f \, d\mu \right)^\lambda \left(\int e^g \, d\mu \right)^{1-\lambda} \,, \quad 0 \leq \lambda \leq 1 \,.$$

Anhang H Spontane Symmetriebrechung, Mermin-Wagner-Theorem

Zustände des unendlichen Gitters sind Wahrscheinlichkeitsmaße auf dem Konfigurationsraum $\Omega = E^{\mathbb{Z}^d}$ (E: 1-Spin-Zustandsraum). Für uns sind die Gleichgewichtszustände besonders wichtig.

H.1 Gibbs-Zustände für das unendliche Volumen

Wir knüpfen an Abschnitt 13.2 an und verwenden dieselben Bezeichnungen wie dort.

Für eine endliches Teilgitter $\Lambda \subset \mathbb{Z}^d$ (Hyperkubus) betrachten wir nun auch Gibbs-Zustände auf Λ mit äußeren Bedingungen $S_{\Lambda^c} \in \Omega_{\Lambda^c} = E^{\Lambda^c}$ (Λ^c-Komplement von Λ). Wir geben uns dabei die Spinkonfiguration $\{S_i : i \in \Lambda^c\}$ in Λ^c vor. Mit $H_\Lambda(S_\Lambda \mid S_{\Lambda^c})$ bezeichnen wir die Energie der Spins in Λ untereinander sowie die Wechselwirkungsenergie mit der vorgegebenen Spinkonfiguration S_{Λ^c} außerhalb von Λ:

$$H_\Lambda(S_\Lambda \mid S_{\Lambda^c}) = -\sum_{(i,j)\subset\Lambda} J_{ij}\, \vec{S}_i \cdot \vec{S}_j - \vec{h} \cdot \sum_{i\in\Lambda} \vec{S}_i - \sum_{i\in\Lambda}\sum_{j\in\Lambda^c} J_{ij}\, \vec{S}_j \cdot \vec{S}_j \qquad (\text{H.1})$$

(Mit dem zweiten Term haben wir eine zusätzliche Wechselwirkung mit einem äußeren Magnetfeld hinzugefügt.) Der zugehörige Gibbs-Zustand $d\mu_{\Lambda,\beta}^{S_{\Lambda^c}}$ ist

$$d\mu_{\Lambda,\beta}^{S_{\Lambda^c}}(S_\Lambda) = Z_\Lambda^{-1}(S_{\Lambda^c})\, \mathrm{e}^{-\beta H_\Lambda(S_\Lambda \mid S_{\Lambda^c})}\, d\rho^\Lambda(S_\Lambda), \qquad (\text{H.2})$$

wobei $Z_\Lambda(S_{\Lambda^c})$ wieder das Normierungsintegral ist:

$$Z_\Lambda(S_{\Lambda^c}) = \int_{\Omega_\Lambda} \mathrm{e}^{-\beta H_\Lambda(S_\Lambda \mid S_{\Lambda^c})}\, d\rho^\Lambda(S_\Lambda) \qquad (\text{H.3})$$

Dieses Maß auf Ω_Λ können wir als Maß auf ganz Ω auffassen.[1] Wir verwenden dafür denselben Buchstaben.

Nun sei $\mathcal{G}^0_{\beta,h}$ die Menge der Wahrscheinlichkeitsmaße von Ω, welche vage (schwache) Grenzwerte von Gibbs-Maßen (H.2) für $\Lambda \nearrow \mathbb{Z}^d$ sind. Ferner bezeichne $\mathcal{G}_{\beta,h}$ die in der vagen Topologie abgeschlossene konvexe Hülle von $\mathcal{G}^0_{\beta,h}$. (Die vage Topologie wird z. B. in Bauer (1992), Kapitel 30, eingeführt.) Die Elemente von $\mathcal{G}_{\beta,h}$ sind die *Gibbs-(Gleichgewichts-)Zustände* des unendlichen Volumens. Diese sind eingehend untersucht worden (siehe z. B. Simon (1993), Kapitel III).

Wir definieren an dieser Stelle den Begriff der spontanen Symmetriebrechung.

Definition H.1 (Spontane Symmetriebrechung)
Sind die J_{ij} in (H.1) proportional zu δ_{ij}, so ist die Wechselwirkung zwischen den Spins invariant unter $\mathrm{SO}(n)$, wenn $\vec{S}_i$ Werte in $\mathbb{R}^n$ hat. Falls es einen Zustand in $\mathcal{G}_{\beta,h=0}$ gibt, der nicht invariant ist unter $\mathrm{SO}(n)$ (bezüglich der natürlichen Operation von $\mathrm{SO}(n)$ auf Ω), so sagen wir, die $\mathrm{SO}(n)$-Symmetrie sei *spontan gebrochen*.

◆

Man kann in vielen Fällen zeigen, dass dies bei genügend tiefen Temperaturen der Fall ist (siehe Kapitel 22). Eine wichtige Ausnahme bilden Spinsysteme in *zwei* Dimensionen für $n \geq 2$. Dies ist der Inhalt eines wichtigen Theorems, das wir in Abschnitt H.3 beweisen wollen. Zunächst benötigen wir aber ein nützliches technisches Hilfsmittel.

H.2 Die klassische Bogoliubov-Ungleichung

Wir betrachten einen Wahrscheinlichkeitsraum (Ω, A, μ_0) und darin eine maßtreue Transformation α. Ferner sein H eine messbare (nach unten beschränkte) Funktion auf Ω und es gelte:

$$d\mu = \mathrm{e}^{-H}\,\frac{d\mu_0}{Z}\,, \qquad Z = \int_\Omega \mathrm{e}^{-H}\,d\mu_0 \tag{H.4}$$

Bezeichnet $\langle\,\cdot\,\rangle$ den Erwartungswert bezüglich $d\mu$, so gilt für eine Observable F:

$$\langle F \circ \alpha \rangle = \left\langle F\,\mathrm{e}^{-(H\circ\alpha^{-1}-H)} \right\rangle \tag{H.5}$$

---

[1] Bezeichnen wir das Maß (H.2) auf Ω_Λ abkürzend mit μ, so definieren wir dessen Erweiterung $\bar\mu$ auf Ω durch $\bar\mu(\bar A) = \mu(A)$ ($\bar A \in \sigma$-Algebra zu Ω), wobei A aus $\bar A$ folgendermaßen hervorgeht: Man betrachte diejenigen Spinkonfigurationen aus $\bar A$, deren Komponenten auf Λ^c die vorgegebenen Werte annehmen, und nehme von dieser Menge die Projektion auf Ω_Λ. Die so definierte Menge A ist messbar.

In der Tat erhalten wir

$$\langle F \circ \alpha \rangle = \int F \circ \alpha \, e^{-H} \frac{d\mu_0}{Z} = \int F \, e^{-H \circ \alpha^{-1}} \frac{d\mu_0}{Z}$$
$$= \int F \, e^{-(H \circ \alpha^{-1} - H)} \, d\mu = \left\langle F \, e^{-(H \circ \alpha^{-1} - H)} \right\rangle .$$

Wählen wir in (H.5) eine einparametrige Gruppe α_t von maßtreuen Transformationen, so erhalten wir bei differenzierbarer t-Abhängigkeit aus (H.5)

$$\left\langle \frac{d}{dt} F \circ \alpha_t \right\rangle = \left\langle F \frac{d}{dt} e^{-H \circ \alpha_{-t}} \right\rangle .$$

Speziell für $t = 0$ ergibt sich mit der Abkürzung $\dot{F} = \frac{d}{dt} F \circ \alpha_t \Big|_{t=0}$

$$\left\langle \dot{F} \right\rangle = \left\langle F \dot{H} \right\rangle . \tag{H.6}$$

Benutzen wir für die rechte Seite noch die Schwarz'sche Ungleichung, so folgt daraus

$$\left| \left\langle \dot{F} \right\rangle \right|^2 \leqslant \left\langle |F|^2 \right\rangle \left\langle \dot{H}^2 \right\rangle . \tag{H.7}$$

Für den Faktor $\left\langle \dot{H}^2 \right\rangle$ ergibt sich aus (H.6)

$$\left\langle \ddot{H} \right\rangle = \left\langle \dot{H}^2 \right\rangle , \tag{H.8}$$

wenn wir dort $F = \dot{H}$ wählen. Damit erhalten wir aus (H.7) die *klassische Bogoliubov-Ungleichung*:

$$\left| \left\langle \dot{F} \right\rangle \right|^2 \leqslant \left\langle |F|^2 \right\rangle \left\langle \ddot{H} \right\rangle \tag{H.9}$$

Beispiel H.1

(Ω, ω) sei eine symplektische Mannigfaltigkeit mit zugehörigem Liouville-Maß $d\mu_0$, und H sei eine Hamilton-Funktion. Ferner sei α_t eine einparametrige Gruppe von symplektischen Transformationen mit zugehörigem Hamilton'schen Vektorfeld X_G. Dann ist

$$\dot{F} = X_G F = \{F, G\}, \tag{H.10}$$

und aus (H.9) wird

$$|\langle \{F, G\} \rangle|^2 \leqslant \langle |F|^2 \rangle \langle \{G, \{G, H\}\} \rangle . \tag{H.11}$$

■

Die entsprechende Ungleichung in der Quantenstatistik wird in Abschnitt 36.2 bewiesen.

H.3   Das Mermin-Wagner-Theorem für klassische Spinsysteme

Dieser Abschnitt ergänzt 22.4 und wir verwenden dieselben Bezeichnungen wie dort. Wir folgen dabei der Arbeit von Klein et al. (1981) (siehe auch Simon (1993), Abschnitt III.7) und beweisen das

Theorem H.1 (Mermin-Wagner)
Für das klassische Rotatormodell (22.29) ist in zwei Dimensionen jeder Gleichgewichtszustand invariant unter simultaner Drehung aller Spins.

Beweis H.1 Es bezeichne R_φ die Aktion einer Drehung um den Winkel φ auf dem Phasenraum $\Omega = (S^1)^{\mathbb{Z}^2}$ (*simultane Drehung aller Spins*). Es genügt zu zeigen, dass für einen Gleichgewichtszustand $\langle A \circ R_\varphi \rangle = \langle A \rangle$ gilt für jede Funktion A auf Ω, welche nur von *endlich* vielen Spins abhängt und für welche diese Abhängigkeit zudem glatt ist. Diese Invarianzeigenschaft der Erwartungswerte wiederum folgt aus

$$\left\langle \frac{d}{d\varphi} A \circ R_\varphi \bigg|_{\varphi=0} \right\rangle = 0 \,.$$

Da A einen endlichen Träger hat, können wir R_φ folgendermaßen abändern:

Es sei Λ (endlich) $\subset \mathbb{Z}^2$ so gewählt, dass $A \in C_\Lambda$ ist, und f sei eine Funktion auf dem Gitter mit den Eigenschaften:

$$\begin{aligned}
&\text{(i)} \quad f(i) = 0 \quad \text{falls } |i| \text{ genügend groß ist}\,, \\
&\text{(ii)} \quad f(i) = 1 \quad \text{für } i \in \Lambda
\end{aligned} \tag{H.12}$$

Ist dann für $\vec{\sigma}_i = (\cos\theta_i, \sin\theta_i)$ die Operation τ_φ definiert durch

$$[\tau_\varphi \theta]_i = \theta_i + \varphi f(i)\,, \tag{H.13}$$

so gilt $\tau_\varphi = R_\varphi$ innerhalb Λ, und τ_φ wird weit weg zur Identität. Insbesondere ist

$$\frac{d}{d\varphi} A \circ R_\varphi = \frac{d}{d\varphi} A \circ \tau_\varphi \,.$$

Auf dem endlichen Gitter gilt also

$$H \circ \tau_\varphi - H = -\sum_{\langle k,l \rangle} \left\{ \cos[(\theta_k - \theta_l) + \varphi(f(k) - f(l))] - \cos(\theta_k - \theta_l) \right\} \,. \tag{H.14}$$

Hier tragen nur endlich viele Terme bei, und die Summe wird unabhängig von der Wahl des endlichen Gitters, sobald dieses genügend groß ist. Damit ist

$$\left| \frac{d^2}{d\varphi^2} H \circ \tau_\varphi \right| \leqslant \sum_{\langle k,l \rangle} |f(k) - f(l)|^2 . \tag{H.15}$$

Da ferner der Gleichgewichtszustand auf dem unendlichen Gitter durch schwache Limesbildung und konvexen Abschluss gewonnen werden kann, dürfen wir in der obigen Situation die Bogoliubov-Ungleichung (H.9) für $F = A$ und die Transformation τ_φ auch für den Gleichgewichtszustand des unendlichen Volumens verwenden: Bei $\varphi = 0$ gilt demnach

$$\left| \left\langle \frac{d}{d\varphi} A \circ R_\varphi \right\rangle \right|^2 = \left| \left\langle \frac{d}{d\varphi} A \circ \tau_\varphi \right\rangle \right|^2 \leqslant |\langle A^2 \rangle| \; \beta \left| \left\langle \frac{d^2}{d\varphi^2} (H \circ \tau_\varphi) \right\rangle \right|$$

$$\leqslant \beta \, |\langle A \rangle|^2 \sum_{\langle k,l \rangle} |f(k) - f(l)|^2 . \tag{H.16}$$

Da die interessierende Größe ganz links unabhängig von f ist, können wir rechts das Infimum bezüglich f nehmen. Aus dem folgenden Lemma ergibt sich dann die Behauptung.   □

Lemma H.2

Sei $\Lambda \subset \mathbb{Z}^2$ endlich. Dann ist das Infimum von

$$\sum_{\langle k,l \rangle} |f(k) - f(l)|^2$$

bezüglich allen f's, welche die Bedingungen in (H.12) erfüllen, gleich null.

Beweis H.2 Es sei $g \in C_c^\infty$ eine glatte Funktion mit kompaktem Träger, welche in einer Umgebung von 0 identisch gleich 1 ist, und es sei $f(k) := g(k/n)$. Für ein genügend großes n erfüllt dann f die Bedingungen in (H.12), und es ist

$$\lim_{n \to \infty} \sum_{\langle k,l \rangle} |f(k) - f(l)|^2 = \lim_{n \to \infty} \sum_{\langle k,l \rangle} \left| g\left(\frac{k}{n}\right) - g\left(\frac{l}{n}\right) \right|^2$$

$$= \lim_{n \to \infty} \sum_{\substack{\langle k,l \rangle \\ |k-l|=1}} \frac{1}{n^2} \left[\left| g\left(\frac{k}{n}\right) - g\left(\frac{l}{n}\right) \right| n \right]^2 = \int d^2x \, |\nabla g(x)|^2 .$$

Es genügt also zu zeigen, dass wir ein g finden können, für welches das Integral rechts so klein ist, wie wir wollen. Hinreichend dafür ist, dass wir zu jedem $\varepsilon > 0$ eine Funktion g_ε finden können, für die ∇g_ε stückweise stetig ist und im Unendlichen verschwindet, und für die das entsprechende Integral kleiner als $\sharp\varepsilon$ ist. Die folgende Funktion erfüllt diese Bedingungen:

$$g_\varepsilon(x) = \begin{cases} 1 & \text{für } |x| < 1 \\ |x|^{-\varepsilon} & \text{für } |x| \geqslant 1 \end{cases}$$

In der Tat ist

$$\int |\nabla g_\varepsilon|^2 \, d^2x = 2\pi \int\limits_1^\infty \varepsilon^2 r^{-2-2\varepsilon} r \, dr = \pi\varepsilon \,.$$

$\square$

Anmerkung Diese Argumente können auf allgemeinere Spinsysteme und andere Symmetriegruppen übertragen werden. Siehe dazu Simon (1993), Abschnitt III.7 und die dort zitierten Arbeiten (Insbesondere von Klein et al., 1981).

Anhang I Die Funktionen $f_\lambda(z)$

Wir untersuchen im Folgenden die Funktionen (31.26):

$$f_\lambda(z) = \frac{1}{\Gamma(\lambda)} \int\limits_0^\infty \frac{x^{\lambda-1}}{z^{-1}e^x + 1}\, dx, \qquad \lambda > 0 \tag{I.1}$$

Speziell zur Herleitung der asymptotischen Entwicklung (31.45) der Funktion $\hat{f}_\lambda(w) := f_\lambda(e^w)$ ist die folgende komplexe Darstellung von $\hat{f}_\lambda$ nützlich:

$$\hat{f}_\lambda(w) = \frac{1}{2\pi i} \int\limits_{a-i\infty}^{a+i\infty} \frac{\pi z^{-\lambda}}{\sin \pi z}\, e^{wz}\, dz \qquad (0 < a < 1) \tag{I.2}$$

Darin verläuft der Integrationsweg parallel zur imaginären Achse im Abstand a. Zur Herleitung von (I.2) schreiben wir (I.1), also

$$\hat{f}_\lambda(w) = \frac{1}{\Gamma(\lambda)} \int\limits_0^\infty \frac{x^{\lambda-1}}{e^{x-w} + 1}\, dx, \tag{I.3}$$

als Faltung

$$\hat{f}_\lambda(w) = \int\limits_{-\infty}^\infty \varphi(x)\, \psi(w - x)\, dx, \tag{I.4}$$

mit

$$\varphi(x) = \begin{cases} \dfrac{1}{\Gamma(\lambda)} x^{\lambda-1} & , \quad x > 0 \\ 0 & , \quad x \leqslant 0 \end{cases} \tag{I.5}$$

und

$$\psi(x) = \frac{1}{e^{-x} + 1}. \tag{I.6}$$

Für die Laplace-Transformation[1] gilt deshalb

$$\mathcal{L}\hat{f}_\lambda = (\mathcal{L}\varphi) \cdot (\mathcal{L}\psi) \tag{I.7}$$

---

[1] Wir definieren diese hier als Integral über die *ganze* reelle Achse:

$$(\mathcal{L}h)(s) = \int\limits_{\mathbb{R}} e^{-st}\, h(t)\, dt$$

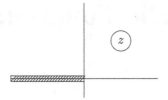

Abb. I.1 Das Analytizitätsgebiet von (I.8).

(siehe Straumann (1988), Abschnitt V.4). Für $\mathcal{L}\varphi$ erhalten wir sofort

$$(\mathcal{L}\varphi)(z) = \frac{1}{\Gamma(\lambda)} \int_0^\infty x^{\lambda-1} \, \mathrm{e}^{-zx} \, dx = z^{-\lambda} \qquad (I.8)$$

für $\Re z > 0$. $\mathcal{L}\varphi$ besitzt eine analytische Fortsetzung in der längs der negativen reellen Achse aufgeschnittenen z-Ebene (siehe Abbildung I.1): Setzt man

$$z = r \, \mathrm{e}^{\mathrm{i}\varphi} \, , \quad -\pi < \varphi < \pi \, ,$$

so ist

$$\mathcal{L}\varphi(z) = r^{-\lambda} \, \mathrm{e}^{\mathrm{i}\lambda\varphi} \, .$$

Für $\mathcal{L}\psi$ ergibt sich

$$(\mathcal{L}\psi)(z) = \int_{-\infty}^\infty \frac{\mathrm{e}^{-zx}}{\mathrm{e}^{-x} + 1} \, dx \, . \qquad (I.9)$$

Wegen

$$\left| (\mathrm{e}^{-x} + 1)^{-1} \, \mathrm{e}^{-zx} \right| \leqslant \begin{cases} \mathrm{e}^{-x\Re z} & , \quad x > 0 \\ \mathrm{e}^{x(1-\Re z)} & , \quad x < 0 \end{cases}$$

definiert (I.9) eine im Streifen $0 < \Re z < 1$ holomorphe Funktion. Für reelle $z \in (0,1)$ erhalten wir (man setze in (I.9) $u = \mathrm{e}^{-x}$)

$$(\mathcal{L}\psi)(z) = \int_0^\infty \frac{u^{z-1}}{u+1} \, du \, .$$

Dieses Integral berechnet man am einfachsten mit dem Residuensatz: Für

$$I_R := \int_{C_R} \frac{\zeta^{z-1}}{\zeta + 1} \, d\zeta \, ,$$

mit dem Integrationsweg C_R in Abbildung I.2, ergibt dieser (mit $R > 1$)

$$I_R = 2\pi \mathrm{i} \, \mathrm{e}^{\mathrm{i}\pi(z-1)} \, .$$

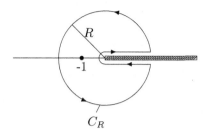

Abb. I.2 Der Integrationsweg C_R.

Für $R \to \infty$ ergibt der große Kreis von C_R keinen Beitrag, und deshalb ist

$$I_\infty = 2\pi\mathrm{i}\,\mathrm{e}^{\mathrm{i}\pi(z-1)} = \left[1 - \mathrm{e}^{2\pi\mathrm{i}(z-1)}\right] \int\limits_0^\infty \frac{u^{z-1}}{u+1}\,du.$$

Somit folgt

$$(\mathcal{L}\psi)(z) = \frac{\pi}{\sin \pi z}. \tag{I.10}$$

Diese Funktion kann in die ganze z-Ebene fortgesetzt werden und hat dort Pole für $z \in \mathbb{Z}$.

Mit (I.8) und (I.10) erhalten wir aus (I.7)

$$\mathcal{L}\hat{f}_\lambda(z) = \frac{\pi z^{-\lambda}}{\sin \pi z},$$

und durch Rücktransformation ergibt sich die Behauptung (I.2).

Zur asymptotischen Auswertung von (I.2) für $w > 1$ bemerken wir, dass der Integrand in der geschnittenen Ebene der Abbildung I.1 analytisch ist. Deshalb können wir den Integrationsweg deformieren (siehe Abbildung I.3):

$$\hat{f}_\lambda(w) = \frac{1}{2\pi\mathrm{i}} \int\limits_C \frac{\pi z^{-\lambda}}{\sin \pi z}\,\mathrm{e}^{wz}\,dz \tag{I.11}$$

Hier setzen wir die Entwicklung

$$\frac{\pi z}{\sin \pi z} = \sum_{k=0}^N c_{2k}\,z^{2k} + z^{2N+2} r_N(z) \tag{I.12}$$

ein und erhalten

$$\hat{f}_\lambda(w) = w^\lambda \left\{ \sum_{k=0}^N \frac{c_{2k}}{\Gamma(\lambda+1-2k)}\,w^{-2k} + R_\lambda^N(w) \right\}, \tag{I.13}$$

mit

$$R_\lambda^N(w) = w^{-\lambda}\frac{1}{2\pi\mathrm{i}} \int\limits_C z^{-\lambda}\,z^{2N+1} r_N(z)\,\mathrm{e}^{wz}\,dz. \tag{I.14}$$

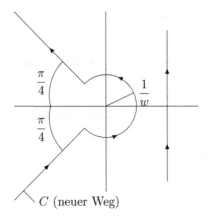

Abb. I.3 Die Deformation des Integrationsweges in (I.2).

Dabei haben wir im ersten Term von (I.13) die Hankel-Darstellung für $1/\Gamma(z)$ verwendet (siehe Straumann (1988), Abschnitt I.6). Es bleibt die Aufgabe, $R_\lambda^N(w)$ abzuschätzen. Dazu zerlegen wir C in fünf Stücke:

$$C_0 : \quad z = \frac{1}{w} e^{i\varphi} , \quad -\frac{3\pi}{4} \leqslant \varphi \leqslant \frac{3\pi}{4} ,$$
$$C_1 : \quad z = t\, e^{3\pi i/4}, \quad w^{-1} \leqslant t \leqslant 1 ,$$
$$C_2 : \quad z = t\, e^{3\pi i/4}, \quad 1 \leqslant t \leqslant \infty ,$$

und entsprechend C_{-1} und C_{-2} (mit $3\pi/4 \to -3\pi/4$).

Längs C_0 gilt die Abschätzung $|r_N(z)| \leqslant B_N \leqslant \infty$, also

$$|\text{Beitrag von } C_0| \leqslant B_n\, e\, w^{-2N-2} .$$

Auch längs C_1 ist $r_N(z)$ beschränkt: $|r_N(z)| \leqslant \tilde{B}_N < \infty$. Damit ist

$$|\text{Beitrag von } C_1| \leqslant \tilde{B}_N\, \hat{B}_N\, w^{-2N-2} ,$$

mit

$$\hat{B}_N = \frac{1}{2\pi}\, 2^{(2N+2-\lambda)/2} \int\limits_{1/\sqrt{2}}^{\infty} e^{-u}\, u^{2N+1-\lambda}\, du < \infty .$$

Der Beitrag von C_2 ist

$$w^{-\lambda} \frac{1}{2\pi i} \int\limits_{C_2} z^{-\lambda} \left\{ \frac{\pi}{\sin \pi z} - \sum_{k=0}^{N} c_{2k}\, z^{2k-1} \right\} e^{wz}\, dz .$$

Benutzt man $|\sin \pi z| \geqslant \sinh t\pi/\sqrt{2} \geqslant t\pi/\sqrt{2}$ für $z \in C_2$, so wird jeder der Terme im letzten Ausdruck abgeschätzt durch

$$\text{const} \cdot w^{-\lambda} \int\limits_{1}^{\infty} t^{\sigma}\, e^{-wt/\sqrt{2}}\, dt < B(\lambda, \sigma)\, e^{-w/2} , \quad w > 1 .$$

Somit gilt

$$|\text{Beitrag von } C_2| \leqslant C(N,\lambda)\, e^{-w/2}\,.$$

Insgesamt folgt daraus $|R_\lambda^N(w)| \leqslant C_\lambda^N\, w^{-2N-2}$, wie zu beweisen war.

Anhang J Virialentwicklung der Zustandsgleichung

Ausgangspunkt dieses Anhangs ist Abschnitt 13.1. Das Ziel ist, die höheren Koeffizienten in der Entwicklung der Zustandsgleichung (13.10) in systematischer Weise zu bestimmen. Wir werden diese sogenannten Virialkoeffizienten durch „unreduzierbare Cluster-Integrale" ausdrücken, wofür (13.11) das einfachste Beispiel ist (zweiter Virialkoeffizient).

In fast allen Darstellungen wird die die Virialentwicklung über die großkanonische Zustandssumme hergeleitet. Wir folgen hier der Arbeit von Loss et al. (1989) im Rahmen der *kanonischen* Gesamtheit, in der gewisse Vereinfachungen erzielt wurden.

J.1 Die unreduzierbaren Cluster-Integrale

Nach (13.6) und (13.7) ist die kanonische Zustandssumme

$$Z_\Lambda(\beta, N) = e^{-\beta F_\Lambda(\beta, N)} = \frac{1}{\lambda^{3N} N!} \int_{\Lambda^N} \prod_{i<j}^N (1 + f_{ij}) \, d^{3N} x \,. \tag{J.1}$$

Zur Vereinfachung der Notation benutzen wir im Folgenden die Abkürzung

$$\mathcal{I}_{\Lambda^n} \psi := \int_{\Lambda^n} \psi(x_1, \cdots, x_n) \frac{d^{3n} x}{V^n}, \quad \psi \in L^1(\mathbb{R}^{3n}) \,, \tag{J.2}$$

wobei wir meistens die Indizes n, Λ weglassen (falls keine Unklarheiten bestehen). Damit lautet die freie Energie

$$F = F_{\text{ideal}} - kT \ln Q_\Lambda(\beta, N) \,, \tag{J.3}$$

mit

$$Q_\Lambda(\beta, N) = \mathcal{I}_{\Lambda^N} \prod_{i<j}^N (1 + f_{ij}) \,. \tag{J.4}$$

Sei

$$X := Q_\Lambda - 1 \,, \tag{J.5}$$

so gilt für den Logarithmus von $Q_\Lambda(\beta, N)$ die Reihenentwicklung

$$\ln Q_\Lambda(\beta, N) = \ln \mathcal{I}_{\Lambda^N} \prod_{i<j}^N (1 + f_{ij}) = \sum_{k=1}^\infty \frac{(-1)^k}{k} X^k \,. \tag{J.6}$$

Diese werden wir wesentlich vereinfachen. Der Übersichtlichkeit halber beschreiben wir zuerst die Hauptschritte und begründen gewisse Behauptungen danach.

a) Reduktion auf irreduzibel zusammenhängende Terme Ausreduktion der Produkte in X zeigt, dass X^k aus einer Summe von Termen der Form

$$\mathcal{I} f_\alpha f_\beta \cdots f_\lambda \mathcal{I} f_{\alpha'} f_{\beta'} \cdots f_{\lambda'} \mathcal{I} \cdots \tag{J.7}$$

besteht, wobei $\alpha, \beta, \cdots$ *Paare* von Indizes ij bezeichnen. Dabei ist die Zahl der Integraloperatoren $\mathcal{I}$ gleich k. Unter den *irreduzibel zusammenhängenden* Termen verstehen wir jene, bei denen die Indexpaare $\alpha, \beta, \cdots$ der ganzen Folge in (J.7) nicht in Untergruppen unterteilt werden können, bei denen kein oder nur ein Index i gemeinsam ist. Dabei wird auch der Spezialfall $\mathcal{I} f_\alpha$ als irreduzibel definiert. Beispiele sind

$$\mathcal{I} f_{12} f_{23} f_{13} , \quad \mathcal{I} f_{12} \mathcal{I} f_{23} f_{13} , \quad \mathcal{I} f_{12} \mathcal{I} f_{12} .$$

Man beachte, dass in diesen Definitionen die $\mathcal{I}$ keine Rolle spielen.

Wir zeigen in einem ersten Schritt, dass in (J.6) nur die irreduzibel zusammenhängenden Terme beitragen:

$$\ln \mathcal{I} \prod_{i<j}^N (1 + f_{ij}) = \sum_{k=1}^\infty \frac{(-1)^k}{k} (X^k)_{\mathrm{irr}} \tag{J.8}$$

b) Volumenabhängigkeit in Gleichung (J.8) Wir werden zeigen, dass

$$\ln \mathcal{I} \prod_{i<j}^N (1 + f_{ij}) = X_{\mathrm{irr}} (1 + O(V^{-1})) \tag{J.9}$$

gilt. Deshalb trägt im thermodynamischen Limes in (J.8) nur der führende Term $k = 1$ bei, den wir nun näher untersuchen.

c) Graphische Darstellung von X_{irr} Nach (J.4) und Definition (J.5) ist X_{irr} gleich $\mathcal{I}$, angewandt auf

$$\left[\prod_{i<j}^N (1 + f_{ij}) - 1 \right]_{\mathrm{irr}} = \sum_{i=2}^N \sum_{\substack{1 \leqslant i_1 \\ < \cdots < \\ i_k \leqslant N}} F_{i_1 \cdots i_k} , \tag{J.10}$$

worin $F_{i_1 \cdots i_s}$ alle jene Terme von $\prod_{i<j} (1 + f_{ij})$ enthält, welche irreduzibel zusammenhängend alle s Indizes verbinden.

Um diese explizit zu beschreiben, benutzen wir sogenannte *n-Teilchen-Stern-Graphen*, die $F_{i_1 \cdots i_n}$ bestimmen. Bei einem solchen werden n Punkte so miteinander verbunden, dass jedem Faktor f_{ij} eine Verbindungslinie entspricht, und für den resultierenden Graphen müssen die beiden folgenden Bedingungen erfüllt sein:

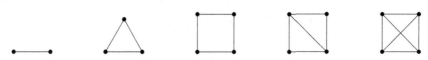

Abb. J.1 Die Stern-Graphen für $n = 2, 3, 4$.

(i) Dieser ist zusammenhängend;

(ii) werden ein Punkt und alle mit diesem verbundenen Linien weggenommen, so muss der verbleibende Graph immer noch zusammenhängend sein.

Als Beispiele zeigen wir in Abbildung J.1 die Stern-Graphen für $n = 2, 3, 4$.

Jedem dieser Stern-Graphen ordnen wir ein Gewicht zu, definiert als die Anzahl der Möglichkeiten, die ersten n Zahlen auf die Punkte (Vertizes) des Graphen so zu verteilen, dass verschiedene Folgen von Paarungen $\alpha_1, \alpha_2, \cdots$ entstehen. Für den dritten Graphen in Abbildung J.1 ist dies, mit den zugehörigen analytischen Ausdrücken, in Abbildung J.2 gezeigt.

Die zugehörigen Integrale $\mathcal{I}$ sind natürlich alle gleich. In Abbildung J.2 sind alle so entstehenden nummerierten Stern-Graphen für $n = 4$ in Abbildung J.3 gezeigt. Danach sind die Gewichte der drei verschiedenen Stern-Graphen mit $n = 4$ in Abbildung J.1 gleich $3, 6$ bzw. 1.

Mit diesen Ausführungen ergibt sich die Darstellung

$$\mathcal{I}F_{1234} = 3 \times G_1 + 6 \times G_2 + G_3,$$

wobei rechts die Cluster-Integrale der drei Stern-Graphen für $n = 4$ in Abbildung J.1 zu verstehen sind. Entsprechendes gilt für alle n.

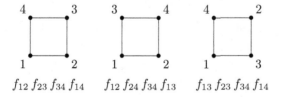

$$f_{12}\, f_{23}\, f_{34}\, f_{14} \qquad f_{12}\, f_{24}\, f_{34}\, f_{13} \qquad f_{13}\, f_{23}\, f_{34}\, f_{14}$$

Abb. J.2 Bestimmung des Gewichts 3 für den dritten Graphen in Abbildung J.1.

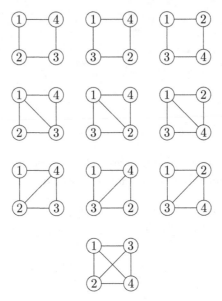

Abb. J.3 Nummerierte Stern-Graphen für $n = 4$.

J.2 Die Virialreihe

Wegen (J.10) kann die freie Energie schließlich wie folgt dargestellt werden:

$$F = F_{\text{ideal}} - kT \sum_{k=2}^{N} \binom{N}{k} \mathcal{I} F_{1\cdots k} \qquad \text{(J.11)}$$

Die *Virialkoeffizienten* sind gemäß

$$B_1 = 1, \quad B_k = -\frac{1}{k(k-2)!} \frac{1}{V} \int_{\Lambda^k} F_{1\cdots k}\, d^3 x_1 \cdots d^3 x_k, \quad k \geqslant 2 \qquad \text{(J.12)}$$

definiert. Dabei sind die Normierungen so gewählt, dass der Druck p durch die Reihe

$$\frac{p}{kT} = \sum_{k=1}^{\infty} B_k n^k \qquad \text{(J.13)}$$

nach Potenzen von $n = N/V$ gegeben ist. Die ersten Virialkoeffizienten lauten

$$B_2 = -\frac{1}{2V} \int f_{12} d^3 x_1 d^3 x_2,$$

$$B_3 = -\frac{1}{3V} \int f_{12} f_{13} f_{23} d^3 x_1 d^3 x_2 d^3 x_3,$$

$$B_4 = -\frac{1}{8V} \int [3 f_{12} f_{14} f_{23} f_{34} + 6 f_{12} f_{14} f_{23} f_{24} f_{34} + f_{12} f_{13} f_{14} f_{23} f_{24} f_{34}] d^{12} x.$$

J.3 Beweise der Aussagen a) und b) auf Seite 300

a) Wir beweisen diese Feststellung indirekt. Dazu betrachten wir zuerst ein Beispiel. Angenommen, der Term $\mathcal{I}f_{12}f_{13} (= \mathcal{I}f_{12}\mathcal{I}f_{13})$ komme in (J.6) vor, dann muss er auch in $\ln \mathcal{I}(1 + f_{12})(1 + f_{13})$ vorkommen, Aufgrund der Identität

$$\ln \mathcal{I}(1 + f_{12})(1 + f_{13}) = \ln \mathcal{I}(1 + f_{12})\mathcal{I}(1 + f_{13}) = \ln \mathcal{I}(1 + f_{12}) + \ln \mathcal{I}(1 + f_{13})$$

ist dies jedoch nicht der Fall.

Dieses Argument funktioniert offensichtlich für alle nicht irreduzibel zusammenhängenden Terme, was die Gleichung (J.8) beweist.

b) Für den Beweis von (J.9) bestimmen wir die Abhängigkeit von $(X^k)_{\text{irr}}$ von N und V. Zuerst betrachten wir den Fall $k = 1$. Es sei s die Zahl der verschiedenen Teilchen-Indizes, die in $(\mathcal{I}f_\alpha f_\beta \cdots f_\lambda)_{\text{irr}}$ vorkommen. Da dieser Term nach Definition insbesondere zusammenhängend ist, folgt mit der Translationsinvarianz die Abhängigkeit von V:

$$(\mathcal{I}f_\alpha f_\beta \cdots f_\lambda)_{\text{irr}} \propto V \frac{1}{V^s}$$

Deshalb gilt

$$N^s(\mathcal{I}f_\alpha f_\beta \cdots f_\lambda)_{\text{irr}} \propto V n^s, \quad n = N/V. \tag{J.14}$$

Für $k \geqslant 2$ betrachten wir zuerst die folgenden Beispiele zu (J.7):

$$N^2 \mathcal{I}f_{12}\mathcal{I}f_{12} \propto n^2, \qquad N^3 \mathcal{I}f_{13}f_{23}\mathcal{I}f_{12} \propto n^3,$$

$$N^4 \mathcal{I}f_{12}f_{34}\mathcal{I}f_{13}f_{24} \propto n^4, \quad N^4 \mathcal{I}f_{12}f_{13}\mathcal{I}f_{24}\mathcal{I}f_{34} \propto n^4$$

Für einen allgemeinen Term der Form (J.7) gilt für $k \geqslant 2$

$$N^s(\mathcal{I}f_\alpha f_\beta \cdots f_\lambda \mathcal{I} \cdots \mathcal{I} \cdots)_{\text{irr}} \propto V^{-m} n^s, \quad m \geqslant 0, \tag{J.15}$$

wobei s wieder die Anzahl der Teilchen-Indizes aller Paare in (J.15) bezeichnet. Zum Beweis dieser Behauptung analysieren wir die linke Seite ohne den Faktor N^s, also detaillierter geschrieben,

$$(\mathcal{I}f_{\alpha_1}f_{\beta_1} \cdots f_{\lambda_1}\mathcal{I} \cdots \mathcal{I}f_{\alpha_k}f_{\beta_k} \cdots f_{\lambda_k})_{\text{irr}}, \tag{J.16}$$

für s verschiedene Indizes. Falls darin eine Gruppe $f_{\alpha_i}f_{\beta_i} \cdots f_{\lambda_i}$ nicht zusammenhängend ist, wie z. B. in Abbildung J.4, so können zwischen nicht zusammenhängenden Teilen in (J.16) Operatoren $\mathcal{I}$ hinzugefügt werden, ohne den Wert von (J.16) zu ändern. Deshalb dürfen wir annehmen, dass in (J.16) zwischen den $\mathcal{I}$ nur zusammenhängende Untergruppen vorkommen. Deren Anzahl sei $k' \geqslant k$, und n_l bezeichne die Anzahl der verschiedenen Indizes in der l-ten zusammenhängenden Untergruppe ($1 \leqslant l \leqslant k'$). Anwendung der $\mathcal{I}$-Operatoren liefert dann wie oben die Volumen-Faktoren

$$V^{-n_1+1} \cdots V^{-n_{k'}+1} = V^{-s'}, \quad s' = n_1 + \cdots + n_{k'} - k'. \tag{J.17}$$

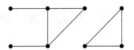

Abb. J.4 Beispiel eines nicht zusammenhängenden Graphen.

Da (J.16) irreduzibel zusammenhängend ist, befinden sich in jeder Untergruppe mindestens zwei verschiedene Indizes, die auch in anderen Untergruppen vorkommen. Insgesamt gibt es also mindestens k' solche Gleichheiten zwischen Indizes in verschiedenen Untergruppen. Deshalb kann die Zahl s der verschiedenen Indizes in (J.16) den Wert s' nicht übersteigen. Es ist also $s = s' - m$, mit $m \geqslant 0$. Folglich ist die Volumen-Abhängigkeit von (J.17) gleich $V^{-s'} = V^{-s-m}$. Damit ist (J.15) bewiesen.

Zur Konvergenz der Virialreihe Es ist zu erwarten, dass die Virialreihe für hinreichend kleine Dichten konvergiert. Strenge Resultate findet der Leser in Ruelle (1969), Abschnitt 4.3.

Anhang K Lösungen der Aufgaben

K.1   Lösungen zu Teil I

Aufgabe I.1

Die Energiefläche $\{H = E\}$ ist eine Ellipse mit den Halbachsen $a = (2Em)^{1/2}$, $b = (2E/m\omega^2)^{1/2}$. Für eine allgemeine Lösung $q(t) = A(\cos\omega t + \varphi)$ erhalten wir für das Zeitmittel

$$\lim_{T\to\infty} \frac{1}{T} \int\limits_{t}^{t+T} q^2(t')\,dt' = A^2 \lim_{T\to\infty} \frac{1}{T} \int\limits_{t}^{t+T} \cos^2(\omega t' + \varphi)\,dt'$$

$$= \frac{1}{2}A^2\,.$$

Da $A = \left(\dfrac{2E}{m\omega^2}\right)^{1/2}$ ist, erhalten wir für den zeitlichen Mittelwert

$$\langle q^2 \rangle_t = \frac{E}{m\omega^2}\,.$$

Das mikrokanonische Maß ist $d\mu_E = c\delta(H - E)\,dq\,dp$. Die Normierungskonstante c folgt aus

$$1 = c \int \delta(H - E)dq\,dp$$

$$= c \int \delta(x^2 + y^2 - E)\frac{2}{\omega}\,dx\,dy$$

$$= \frac{2c}{\omega}2\pi \int \delta(r^2 - E)r\,dr$$

$$= c\frac{2\pi}{\omega}\,.$$

Damit erhalten wir für den mikrokanonischen Erwartungswert von q^2

$$\langle q^2 \rangle = c \int q^2\delta(H - E)dq\,dp = \frac{2}{\pi m\omega^2} \int y^2\delta(x^2 + y^2 - E)dx\,dy = \frac{E}{m\omega^2}\,.$$

Die beiden Erwartungswerte sind also gleich.

Aufgabe I.2

Nach (2.11) ist für große N

$$\Phi(E, V, N) \approx V^N \left(\frac{4\pi e m E}{3N} \right)^{3N/2}.$$

Somit ist

$$\omega(E) = \frac{d\Phi}{dE} = \frac{3N}{2E} \Phi(E)$$

und

$$\Phi^\Delta(E) = \Phi(E) \left[1 - \frac{\Phi(E - \Delta)}{\Phi(E)} \right] = \Phi(E) \left[1 - \left(1 - \frac{\Delta}{E} \right)^{3N/2} \right].$$

Da $(1 + x/n)^n$ für $n \to \infty$ gegen e^x konvergiert, erhalten wir für große N

$$\Phi^\Delta(E) = \Phi(E) \left[1 - e^{-3N\Delta/2E} \right].$$

Deshalb ist der Unterschied zwischen dem zweiten und dem dritten Ausdruck in der Aufgabe gleich $k \ln[1 - \exp(-3N\Delta/2E)]$. Wenn wir aus der kinetischen Gastheorie $E = (3/2) NkT$ übernehmen, so ist dieser Unterschied gleich $k \ln[1 - \exp(-\Delta/kT)]$, und dies ist für ein makroskopisches Δ sehr nahe bei k, während die individuellen Ausdrücke proportional zu N anwachsen.

Nun betrachten wir noch den Unterschied zwischen dem ersten und dem dritten Ausdruck der Aufgabenstellung. Da

$$\omega(E) = \frac{d\Phi(E)}{dE} = \frac{3N}{2E} \Phi(E)$$

ist, ist dieser gleich $k \ln (3N/2E) = -k \ln kT$, während wieder beide Ausdrücke proportional zu N anwachsen. Der Unterschied zwischen dem zweiten und dem ersten Ausdruck ist für $\Delta \ll E$ wegen $\Phi^\Delta(E) \approx \omega(E) \cdot \Delta$ ungefähr gleich $k \ln \Delta$. Für ein makroskopisches Δ ist $\ln \Delta = \mathcal{O}(\ln N)$, also ist die relative Größe des Unterschieds von der Ordnung $\mathcal{O}(\ln N/N)$.

Aufgabe I.3

Die Hamilton-Funktion für die Mischung der beiden idealen Gase lautet

$$H = \sum_{i=1}^{N_1} \frac{1}{2m_1} \boldsymbol{p}_i^2 + \sum_{j=1}^{N_2} \frac{1}{2m_2} \boldsymbol{p}_j'^2,$$

und das modifizierte Phasenvolumen ist nach (5.4), ähnlich wie in Beispiel 2.1,

$$\Phi^*(E, V, N_1, N_2) = \frac{1}{N_1!} \frac{1}{N_2!} \frac{1}{h^{3(N_1+N_2)}} V^{N_1+N_2} \int\limits_{H \leqslant E} d^{3N_1}p\, d^{3N_2}p'$$

$$= \frac{1}{N_1!N_2!} \frac{1}{h^{3(N_1+N_2)}} V^{N_1+N_2} \frac{(2\pi m_1 E)^{3N_1/2}(2\pi m_2 E)^{3N_2/2}}{\Gamma\left(\frac{3}{2}(N_1+N_2)+1\right)}.$$

Damit ist die Entropie, wenn wir wieder die Stirling'sche Näherung benutzen,

$$S(E, V, N_1, N_2) = k \ln \Phi^* = k \sum_{l=1,2} N_l \ln \left[C_l \frac{V}{N_l} \left(\frac{E}{N_1+N_2} \right)^{3/2} \right], \qquad (K.1)$$

wobei, wie in der Sakur-Tetrode-Formel (5.5),

$$\ln C_l = \frac{3}{2} \left[\frac{5}{3} + \ln \frac{4\pi m_l}{3h^2} \right]$$

ist. Aus diesem Ergebnis kann man wieder die Mischentropie (5.2) ablesen. Wir bestimmen nun noch die anderen thermodynamischen Potentiale. Die thermodynamischen Beziehungen

$$\frac{\partial S}{\partial E} = \frac{1}{T}, \quad \frac{\partial S}{\partial V} = \frac{P}{T}$$

liefern für (K.1) die bekannten idealen Gasgleichungen

$$E = \frac{3}{2}NkT, \quad PV = NkT, \quad P = \sum_i P_i, \quad P_i := \frac{N_i}{V}kT,$$

mit denen man zu anderen unabhängigen Variablen übergehen kann. Insbesondere erhalten wir

$$S(T, P, N_i) = \sum_i N_i k \ln \left[\frac{1}{P} \left(\frac{2\pi m_i}{h^2} \right)^{3/2} (ekT)^{5/2} \right] + k \sum_i N_i \ln \frac{N}{N_i}. \qquad (K.2)$$

Darin gibt der zweite Term rechts die Mischentropie bei festen P und T an. Eliminieren wir darin P zugunsten von V, so ergibt sich

$$S(T, V, N_i) = k \sum_i N_i \ln \left[\frac{V}{N_i} \left(\frac{2\pi m_i kT}{h^2} \right)^{3/2} e^{5/2} \right]. \qquad (K.3)$$

Damit findet man jetzt leicht die freie Energie in ihren natürlichen Variablen:

$$T, V, N_i : \; F(T, V, N_i) = (E - TS)(T, V, N_i)$$

$$= \frac{3}{2}kT \sum_i N_i - TS(T, V, N_i)$$

Damit folgt der explizite Ausdruck

$$F(T, V, N_i) = kT \sum_i N_i \ln \left[\frac{e z_i}{N_i} \right], \quad z_i = V \left(\frac{2\pi m_i kT}{h^2} \right)^{3/2}. \qquad \text{(K.4)}$$

Das Gibbs-Potential kann jetzt bestimmt werden:

$$G(T, P, N_i) = (F + PV)(T, P, N_i) = -kT \sum_i N_i \ln \frac{z_i}{N_i}$$

Explizit erhalten wir

$$G(T, P, N_i) = kT \sum_i N_i \ln \left[\frac{N_i}{N} \frac{P}{(kT)^{5/2}} \left(\frac{h^2}{2\pi m_i} \right)^{3/2} \right].$$

Damit können wir jetzt die chemischen Potentiale berechnen. Eine einfache Rechnung liefert

$$\mu_i = \frac{\partial G}{\partial N_i} = kT \ln \left[\frac{N_i}{N} \frac{P}{(kT)^{5/2}} \left(\frac{h^2}{2\pi m_i} \right)^{3/2} \right],$$

worin die Abhängigkeit von den N_i über die Konzentrationen $c_i := N_i/N$ verläuft.

Aufgabe I.4

Laplace-Methode. Es sei

$$I_N = \exp(N f(x_0)) J_N, \quad J_N = \int_0^\infty \exp(N[f(x) - f(x_0)]) \, dx.$$

Da $f(x) - f(x_0) \leqslant 0$ ist, ist J_N eine abnehmende Funktion von N. Deshalb gilt

$$\frac{1}{N} \ln I_N - f(x_0) = \frac{1}{N} \ln J_N \leqslant \frac{1}{N} \ln J_1 \implies \lim_{N \to \infty} \frac{1}{N} \ln I_N \leqslant f(x_0).$$

Anderseits gibt es wegen der Stetigkeit von f für ein beliebiges $\varepsilon > 0$ ein $\delta > 0$, so dass für $|x - x_0| < \delta$ die Ungleichung $f(x) - f(x_0) > -\varepsilon$ erfüllt ist. Deshalb zeigt für $x_0 - \delta > 0$ die Abschätzung

$$J_N \geqslant \int_{x_0 - \delta}^{x_0 + \delta} \exp(N[f(x) - f(x_0)]) \, dx \geqslant 2\delta e^{-N\varepsilon},$$

dass $\lim_{N \to \infty} \frac{1}{N} \ln I_N \geqslant f(x_0) - \varepsilon$. Da ε beliebig ist, folgt die Behauptung.

Ergänzung Die erste Korrektur zur asymptotischen Form $I_N \propto \exp(N f(x_0))$ für $N \to \infty$ erhält man heuristisch folgendermaßen (*Laplace-Methode*). Ist f differenzierbar und $f''(x_0) = A < 0$, so ergibt sich

$$I_N \simeq \int_0^\infty \exp \left[N(f(x_0) - A(x - x_0)^2/2 \right] dx = \left(\frac{2\pi}{AN} \right)^{1/2} e^{N f(x_0)}.$$

Beispiel $N! = \int\limits_0^\infty x^N \mathrm{e}^{-x}\,dx = N^{N+1}I_N$, für $f(x) = \ln x - x$. Dafür ist $x_0 = 1$

sowie $A = 1$, und die Laplace-Methode gibt für große N die *Stirling-Formel*

$$N! \approx (2\pi N)^{1/2} N^N \mathrm{e}^{-N}\,.$$

Aufgabe I.5

a) Die kanonische Zustandssumme ist

$$Z(T,V,N) = \frac{1}{N!}\left(\frac{V}{h^3}\int \exp(-pc/kT)\,d^3p\right)^N = \frac{1}{N!}\left\{V8\pi\left(\frac{kT}{hc}\right)^3\right\}^N\,.$$

Mit der Stirling'schen Näherung $\ln N! \approx N\ln(N/\mathrm{e})$ erhalten wir für die freie Energie

$$F(T,V,N) = -kTN\ln\left[\frac{V}{N}8\pi\mathrm{e}\left(\frac{kT}{hc}\right)^3\right]\,. \tag{K.5}$$

b) Für den Druck P erhalten wir wie erwartet

$$P = -\frac{\partial F}{\partial V} = \frac{kTN}{V}\,.$$

c) Für die Entropie ergibt sich zunächst

$$S = -\frac{\partial F}{\partial T} = kN\ln\left[\frac{V}{N}8\pi\mathrm{e}^4\left(\frac{kT}{hc}\right)^3\right]\,.$$

Benutzen wir hier die Zustandsgleichung in b), so folgt

$$S(T,P,N) = Nk\left\{4\ln T - \ln P + \ln\left[8\pi\frac{(ke)^4}{(hc)^3}\right]\right\}\,. \tag{K.6}$$

d) Die additive Entropiekonstante s_0 ist also

$$s_0 = k\ln\left[8\pi\frac{(ke)^4}{(hc)^3}\right]\,.$$

e) Mit den bisherigen Ergebnissen erhalten wir für die innere Energie

$$U(T,V,N) = F + TS = 3NkT$$

und für die Enthalpie

$$H(T,P,N) = U + PV = 4NkT\,.$$

Daraus folgen die Wärmekapazitäten

$$C_{V,N} = \frac{\partial U}{\partial T} = 3Nk\,, \quad C_{P,N} = \frac{\partial H}{\partial T} = 4Nk\,.$$

Aufgabe I.6

Offensichtlich gilt wegen der Homogenität von U

$$Q_N(T,V) = \lambda^N \int\limits_{(\frac{V}{\lambda})^N} e^{-\beta U(\lambda x_1, \cdots, \lambda x_N)} \prod_{i=1}^{N} d^3 x_i = \lambda^N Q_N(\lambda^{-n}T, \lambda^{-1}V)\,, \quad \lambda \in \mathbb{R}$$

nach einer Variablensubstitution $x_i \rightarrow \lambda x_i$. Speziell für $\lambda = V$ ergibt dies $V^{-N}Q_N(T,V) = Q_N(V^{-n}T, 1)$, was eine Funktion von $V^{-n}T$ ist.

Aufgabe I.7

Wegen $-\beta H - \ln Z = \ln \rho_{\text{kan}}$ gilt

$$\begin{aligned}
\psi(\rho_{\text{kan}}) - \psi(\rho) &= \int\limits_{\Gamma} H\rho_{\text{kan}}\, d\Gamma + \beta^{-1}\int\limits_{\Gamma} (-\ln Z - \beta H)\, \rho_{\text{kan}}\, d\Gamma \\
&\quad - \int\limits_{\Gamma} H\rho\, d\Gamma - \beta^{-1}\int\limits_{\Gamma} (\ln \rho)\, \rho\, d\Gamma \\
&= -\beta^{-1}\int\limits_{\Gamma} \rho_{\text{kan}} \ln Z\, d\Gamma - \int\limits_{\Gamma} H\rho\, d\Gamma - \beta^{-1}\int\limits_{\Gamma} (\ln \rho)\, \rho\, d\Gamma \\
&= \beta^{-1}\int\limits_{\Gamma} \rho(\ln \rho_{\text{kan}} - \ln \rho)\, d\Gamma \leqslant 0
\end{aligned}$$

($= 0$ nur für $\rho = \rho_{\text{kan}}$). Dabei haben wir die Ungleichung (4.2) verwendet. Nach Definition von $\psi(\rho)$ ist

$$\psi(\rho_{\text{kan}}) = \langle H \rangle + \beta^{-1}\langle -\beta H - \ln Z \rangle = -kT \ln Z$$

die freie Energie.

Aufgabe I.8

Wir benötigen die folgenden Erwartungswerte:

$$\sigma^2(H) := \langle H^2 \rangle - \langle H \rangle^2 \,,$$

$$\langle H \rangle = \langle H - \mu N \rangle + \mu \langle N \rangle \,,$$

$$\langle H^2 \rangle = \langle (H - \mu N)^2 \rangle + 2\mu \langle (H - \mu N)N \rangle + \mu^2 \langle N^2 \rangle \,,$$

$$\langle H - \mu N \rangle = Z^{-1} \sum_N \int \underbrace{(H_N - \mu N)\, \mathrm{e}^{-\beta(H_N - \mu N)}}_{-\frac{\partial}{\partial \beta} \mathrm{e}^{-\beta(H_N - \mu N)}} d\Gamma_N \,,$$

$$= -\frac{\partial}{\partial \beta} \ln Z = \frac{\partial}{\partial \beta}(\beta \Omega) \,,$$

$$\langle (H - \mu N)^2 \rangle = \frac{1}{Z} \frac{\partial^2 Z}{\partial \beta^2} \,,$$

$$\langle (H - \mu N)^2 \rangle - \langle H - \mu N \rangle^2 = -\frac{\partial^2}{\partial \beta^2}(\beta \Omega)$$

Ähnlich erhält man

$$\langle N^2 \rangle - \langle N \rangle^2 = -\frac{1}{\beta} \frac{\partial^2 \Omega}{\partial \mu^2} \,, \qquad \langle (H - \mu N)N \rangle = \frac{1}{Z\beta^2} \frac{\partial^2 Z}{\partial \beta \partial \mu} \,.$$

Damit folgt für das Schwankungsquadrat der Energie

$$\sigma^2(H) = -\frac{1}{\beta^2} \left\{ \beta^2 \frac{\partial^2}{\partial \beta^2} - 2\beta \mu \frac{\partial}{\partial \mu} \frac{\partial}{\partial \beta} + \mu^2 \frac{\partial^2}{\partial \mu^2} \right\} (\beta \Omega) \,. \tag{K.7}$$

Aufgabe I.9

Die großkanonische Zustandssumme ergibt sich nach (11.28) wie folgt:

$$Z_{\text{g-kan}} = \sum_{N=0}^{\infty} \int \mathrm{e}^{-\beta(H_N - \mu N)} d\Gamma^*_{\Lambda,N}$$

$$= \sum_{N=0}^{\infty} \frac{1}{h^{3N} N!} \left[\int \mathrm{e}^{-\beta(p^2/2m - \mu)} d^3 p \right]^N V^N$$

$$= \sum_{N=0}^{\infty} \frac{1}{N!} [V(2\pi m k T/h^2)^{3/2}]^N \mathrm{e}^{\beta \mu N}$$

$$= \exp \left[\mathrm{e}^{\beta \mu} V(2\pi m k T/h^2)^{3/2} \right]$$

Das großkanonische Potential ist also

$$\Omega(T, V, \mu) = -PV = -kT \mathrm{e}^{\mu/kT} V(2\pi m k T/h^2)^{3/2} \,. \tag{K.8}$$

Daraus folgen

$$N = -\frac{\partial \Omega}{\partial \mu} = -\frac{\Omega}{kT} \quad \Rightarrow PV = NkT \,,$$

$$S = -\frac{\partial \Omega}{\partial T} = -\frac{5}{2}\frac{\Omega}{T} + \mu\frac{\Omega}{kT} = Nk\left(\frac{5}{2} - \frac{\mu}{kT}\right),$$

$$U = \Omega + TS + \mu N = \frac{3}{2}NkT \,,$$

$$\mu(T,P) = -kT \ln\left[(2\pi m/h^2)^{3/2}(kT)^{5/2}\frac{1}{P}\right].$$

Die letzte Gleichung folgt durch Bildung des Logarithmus von (K.8). Benutzt man diese im Ausdruck für die Entropie, so erhält man

$$S = Nk \ln\left[(2\pi m/h^2)^{3/2}(kT\mathrm{e})^{5/2}\frac{1}{P}\right].$$

Aufgabe I.10

a) Durch die Zufallsbewegung eines Gasmoleküls entfernt sich dieses in der Zeit t im Mittel um die Distanz d, wobei $(d/l)^2$ gleich der Anzahl der Stöße (N_l) und l die mittlere freie Weglänge sind. N_l hängt mit der Zeit t folgendermaßen zusammen:

$$t\bar{v} = N_l l \,, \qquad \bar{v} = \text{mittlere Geschwindigkeit}$$

Es ist also

$$t = \left(\frac{d}{l}\right)^2 \frac{l}{\bar{v}} = \tau\left(\frac{d}{l}\right)^2,$$

wobei τ die mittlere Stoßzeit ist. Mit diesen Bezeichnungen erhalten wir

$$d = \sqrt{\frac{t}{\tau}}\,l \,.$$

b) In der Zeit t bewegt die Anziehung des Mondes ein Gasmolekül um die Distanz

$$r(t) = \frac{1}{2}gt^2 \,, \quad g := \frac{GM}{D^2}.$$

Wann ist $d = r(t)$? Antwort: Für $\frac{1}{2}gt^2 = \sqrt{\frac{t}{\tau}}\,l$, also nach der Zeit

$$t = \left(\frac{2l}{g\sqrt{\tau}}\right)^{2/3}.$$

Nach den Angaben in der Aufgabe erhält man $t \approx 20\,s$.

K.2 Lösungen zu Teil II

Aufgabe II.1

Die Hamilton-Funktion zur Lagrange-Funktion $E_{\text{kin}}(\vartheta, \varphi, \dot{\vartheta}, \dot{\varphi})$ erhält man routinemäßig. Die kanonischen Impulse sind

$$p_\vartheta = \frac{\partial E_{\text{kin}}}{\partial \dot{\vartheta}} = I\dot{\vartheta}, \quad p_\varphi = \frac{\partial E_{\text{kin}}}{\partial \dot{\varphi}} = I\dot{\varphi} \sin^2 \vartheta,$$

und damit lautet die Hamilton-Funktion

$$H = \frac{1}{2I} \left(p_\vartheta^2 + p_\varphi^2 \sin^2 \vartheta \right) = \frac{I}{2} (\omega_1^2 + \omega_2^2),$$

mit $\omega_1 = p_\vartheta/I$, $\omega_2 = p_\varphi/I \sin \vartheta$. (Siehe dazu Gl. (11.60) in Straumann (2015) für $\psi = 0$.) Die Jacobi-Determinante dieser Transformation ist gleich $I^2 \sin \vartheta$. Somit erhalten wir für die Zustandssumme

$$Z = \frac{I^2}{h^2} \int \exp(-\beta I(\omega_1^2 + \omega_2^2)/2) \, d\omega_1 \, d\omega_2 \int_{S^2} \sin \vartheta \, d\vartheta \, d\varphi = \frac{4\pi I^2}{h^2} \frac{2\pi}{\beta I}.$$

Es gilt

$$Z(\beta) = \frac{8\pi^2 I}{h^2 \beta}.$$

Also ist die innere Energie pro Rotator

$$U_{\text{rot}} = -\frac{\partial \ln Z}{\partial \beta} = kT.$$

Der zugehörige Beitrag zur spezifischen Wärmekapazität (pro Rotator) ist gleich k.

Aufgabe II.2

a) Für die Zustandssumme

$$Z_N = \sum_\sigma \exp\left[\beta \sum_{k=1}^{N} J_k \sigma_k \sigma_{k+1} \right]$$

bilden wir Ableitungen

$$\frac{\partial^{r-1} Z_N}{\partial J_k \, \partial J_{k+1} \cdots \partial J_{k+r-1}} = \beta^r \sum_\sigma (\sigma_k \sigma_{k+1}) \cdots (\sigma_{k+r-1} \sigma_{k+r}) \exp(-\beta H_N)$$

$$= \beta^r \sum_\sigma \sigma_k \sigma_{k+r} \exp(-\beta H_N) = \beta^r Z_N \langle \sigma_k \sigma_{k+r} \rangle.$$

b) Als weiteres Hilfsmittel stellen wir für Z_N eine Rekursionsformel auf. Wegen

$$\sum_{\sigma_N=\pm 1} \exp[\beta J_{N-1}\sigma_{N-1}\sigma_N] = 2\cosh(\beta J_{N-1}\sigma_{N-1}) = 2\cosh(\beta J_{N-1}),$$

ergibt die Summation von Z_N über σ_N

$$Z_N\beta = 2\cosh(\beta J_{N-1})Z_{N-1}(\beta),$$

also wegen

$$Z_2(\beta) = \sum_{\sigma_1=\pm 1}\sum_{\sigma_2=\pm 1} \exp[\beta J_1\sigma_1\sigma_2] = 4\cosh(\beta J_1)$$

die folgende Formel für Z_N:

$$Z_N(\beta) = 2\prod_{i=1}^{N-1} 2\cosh(\beta J_i)$$

Daraus folgt

$$\frac{\partial^{r-1} Z_N}{\partial J_k\, \partial J_{k+1}\cdots \partial J_{k+r-1}}(J_1 = J, \cdots, J_N = J) = Z_N\beta^r \left[\tanh(\beta J)\right]^r.$$

Mit dem Ergebnis in a) erhalten wir schließlich die Korrelationen

$$\langle \sigma_k\sigma_{k+r}\rangle = \left[\tanh(\beta J)\right]^r.$$

Aufgabe II.3

Die Zustandssumme (13.20) für den Fall $\Lambda = \{1, \cdots, N\}$, $E = S^1$ und dem A-priori-Maß $d\rho(\varphi)/2\pi$ auf S^1 ist

$$Z_N(\beta) = \frac{1}{(2\pi)^N} \int e^{-\beta H_N(\sigma_\Lambda)}\, d\varphi_1\cdots d\varphi_N.$$

Hier bezeichnen die φ_k die Polarwinkel von σ_k. Die Hamilton-Funktion ist wie in Kapitel 14 gegeben durch

$$H_N = -\sum_{k=1}^{N} J_k\, \sigma_k\cdot\sigma_{k+1},$$

also ist

$$Z_N(\beta) = \frac{1}{(2\pi)^N} \int \exp\Big(\sum_{k=1}^{N} J_k\, \sigma_k\cdot\sigma_{k+1}\Big)\, d\varphi_1\cdots d\varphi_N,$$

wobei $\sigma_k\cdot\sigma_{k+1} = \cos(\varphi_k - \varphi_{k+1})$ ist. Wieder stellen wir für $Z_N(\beta)$ eine Rekursionsformel auf. Integration über $d\varphi_N$ ergibt wegen

$$\frac{1}{2\pi} \int \exp(\beta J_{N-1}\sigma_{N-1}\cdot\sigma_N)\, d\varphi_N = I_0(\beta J_{N-1})$$

die Rekursion $Z_N(\beta) = I_0(\beta J_{N-1})Z_{N-1}(\beta)$. Da $Z_2(\beta) = I_0(\beta J_1)$ ist, ergibt sich für die Zustandssumme

$$Z_N(\beta) = \prod_{k=1}^{N-1} I_0(\beta J_k).$$

Die Formel der vorangegangenen Aufgabe für die Korrelationen $\langle \sigma_k \sigma_{k+r} \rangle$ gilt wieder, also erhalten wir

$$\langle \sigma_k \sigma_{k+r} \rangle = \frac{1}{Z_N(\beta)} \left[I_0'(\beta J) \right]^r = \left[\frac{I_0'(\beta J)}{I_0(\beta J)} \right]^r = \left[\frac{I_1 \beta J)}{I_0(\beta J)} \right]^r.$$

Zuletzt haben wir die Beziehung $I_0' = I_1$ benutzt.

Aufgabe II.4

Die Lösung dieser Aufgabe verläuft ebenso wie die der vorangegangen, mit dem einzigen Unterschied, dass wir nun die Integralformel (25.1) benötigen. Eine mögliche Herleitung haben wir in der Aufgabenstellung beschrieben. (Im Detail kann man diese leicht nachvollziehen.) Vielleicht findet der Leser einen direkteren Weg, das betreffende Integral auszuwerten. Dann muss man aber Integraldarstellungen der modifizierten Bessel-Funktionen, wie zum Beispiel (9.6.18) in Abramowitz und Stegun (1970), verwenden. Der Verfasser dieses Buches fand einen einfachen Weg mit Hilfe der Koordinaten, die durch stereographische Projektion vom Nordpol definiert sind. In diesen ist die induzierte Metrik auf der Sphäre konform flach, wodurch die Integration auf ein eindimensionales radiales Integral reduziert wird. Dem Leser sei empfohlen, dies ebenfalls zu versuchen.

Aufgabe II.5

Mit dem empfohlenen Ansatz liefert die Gleichung $\mathcal{T}' = \mathcal{T}^2$, wobei

$$\mathcal{T}' = \begin{pmatrix} u^2 + \dfrac{1}{u^2 v^2} & v + \dfrac{1}{v} \\[2mm] v + \dfrac{1}{v} & u^2 + \dfrac{v^2}{u^2} \end{pmatrix} \tag{24.5}$$

sowie die drei Gleichungen

$$C'u' = v + \frac{1}{v},$$

$$C'\frac{1}{u'v'} = u^2 + \frac{1}{u^2 v^2},$$

$$C'\frac{v'}{u'} = u^2 + \frac{v^2}{u^2} \tag{24.7}$$

mit der eindeutigen Lösung

$$u' = \frac{(v + \frac{1}{v})^{1/2}}{\left(u^4 + \frac{1}{u^4} + v^2 + \frac{1}{v^2}\right)^{1/4}},$$

$$v' = \frac{(u^4 + v^2)^{1/2}}{\left(u^4 + \frac{1}{v^2}\right)^{1/2}},$$

$$C' = (v + \frac{1}{v})^{1/2}\left(u^4 + \frac{1}{u^4} + v^2 + \frac{1}{v^2}\right)^{1/4} \tag{24.8}$$

folgen. Dies schreiben wir noch in etwas anderer, oft benutzter Form. Dazu verwenden wir die folgenden Bezeichnungen:

$$K_1 = \beta J, \; K_2 = \beta h, \; \rightarrow u = e^{-K_1}, \; v = e^{-K_2}; \quad u' =: e^{-K_1'}, \; v' =: e^{-K_2'} \tag{24.9}$$

Die Fixpunkte der Transformation $\mathcal{R} : (u, v) \mapsto (u', v')$ sind, wie man leicht sieht,

$$(u, v) = (0, 1), \quad u = 1, \quad 0 \leqslant v \leqslant 1. \tag{24.21}$$

Der erste ist instabil, und die Kohärenzlänge ξ wird unendlich, während längs der Linie des zweiten Falls alle stabil sind und $\xi = 0$ verschwindet. Dabei ist der Fixpunkt $(0,1)$ unerreichbar und entspricht deshalb keinem kritischen Punkt. Bei einem Fixpunkt ist die Korrelationslänge ξ invariant unter Skalenänderungen (wie in Kapitel 24 näher ausgeführt wurde) $\xi = 0, \infty$.

Aufgabe II.6

Da f stetig ist, genügt es, die Konvexitätseigenschaft

$$f(tx_1 + (1 - t)x_2) \leqslant tf(x_1) + (1 - t)f(x_2)$$

für $t = j/2^k$, $j = 0, 1, \cdots, 2^k$, $k \in \mathbb{Z}$ zu beweisen. Durch Induktion nach k folgt diese aus

$$f\left(\frac{j}{2^{k+1}}x_1 + \left(1 - \frac{j}{2^{k+1}}\right)x_2\right) = f\left(\frac{1}{2}x_2 + \frac{1}{2}\left(\frac{j}{2^k}x_1 + \left(1 - \frac{j}{2^k}\right)x_2\right)\right)$$

$$\leqslant \frac{1}{2}\left[f(x_2) + f\left(\frac{j}{2^k}x_1 + \left(1 - \frac{j}{2^k}\right)x_2\right)\right]$$

$$\leqslant \frac{1}{2}f(x_2) + \frac{1}{2}\left[\frac{j}{2^k}f(x_1) + \left(1 - \frac{j}{2^k}\right)f(x_2)\right]$$

$$= \frac{j}{2^{k+1}}f(x_1) + \left(1 - \frac{j}{2^{k+1}}\right)f(x_2).$$

Aufgabe II.7

Die Aussagen unter a) und b) verifiziert man unmittelbar. Wir geben deshalb nur die Lösung von c) an. Wie in Kapitel 14 gezeigt, ist der singuläre Anteil der freien Energie f_s pro Spin (mit den obigen Bezeichnungen $u = e^{-\beta J}$, $t = u^p$. $h = -\ln v$) gegeben durch

$$f_s(t, h) = -\ln\left[\cosh h + (t^{4/p} + \sinh^2 h)^{1/2}\right] \approx -(t^{4/p} + h^2)^{1/2} \qquad (K.9)$$

für $t, h \ll 1$. Dies schreiben wir in der Form

$$f_s(t, h) \approx t^{2/p}\varphi\left(\frac{h}{t^{2/p}}\right), \quad \varphi(x) := \sqrt{1 + x^2}.$$

Ferner gilt nach Aufgabe II.2 für die Kohärenzlänge (24.71)

$$\xi = \ln[\coth(\beta J)]^{-1} \approx \frac{1}{2}e^{2\beta J} \propto t^{-2/p}. \qquad (K.10)$$

Durch Vergleich mit (24.79) und (24.71) erhalten wir

$$\alpha = 2 - 2/p, \quad \nu = 2/p.$$

Da die Green'sche Funktion $\langle s_0 s_x \rangle^c$ keine Potenzen von $|x|$ enthält, ist nach (24.85) $d - 2 + \eta = 0$, also $\eta = 1$.

Für die Suszeptibilität finden wir für $h = 0$ das Verhalten $\chi \propto t^{-2/p}$ und somit $\gamma = 2/p$. Da

$$\frac{\partial f_s}{\partial h} \propto t^0 \varphi'(h/t^{2/p})$$

ist, ergibt sich aus dem Vergleich mit (24.83) $\beta = 0$. Anderseits ist, wie Kapitel 21 gezeigt, $m(0, h) = 1$, also $m(0, h) \propto h^0$, weshalb nach (24.83) $1/\delta$ verschwindet.

Damit haben wir das Resultat (25.8) für die kritischen Exponenten als Folge der exakten Lösung gewonnen.

Aufgabe II.8

In dieser Liste verbleiben noch γ und δ. Nach Definition gilt

$$-\frac{\partial f}{\partial h}(0, h) = m(0, h) \sim |h|^{1/\delta} \operatorname{sign}(h),$$

also

$$f_s 0, h \propto |h|^{1 + 1/\delta} \operatorname{sign}(h).$$

Anderseits ist nach (24.75) $f_s(0, h) \approx h^{d/y_2}$, woraus die Formel für $1/\delta$ in (24.84) folgt.

Schließlich ergibt sich Formel für γ folgendermaßen: Nach (24.82) und (24.83) ist

$$\chi(t,h) = \frac{\partial^2 f}{\partial h^2}, \qquad \chi(t,0) \propto |t|^{-\gamma}.$$

Deshalb ist nach (24.74)

$$\chi \propto t^{d/y_1} \left(t^{y_2/y_1} \right)^{-2} = t^{-[-d/y_1 + 2y_2/y_1]},$$

woraus die Formel für γ in (24.84) folgt.

K.3   Lösungen zu Teil III

Aufgabe III.1

$S(\rho) \geqslant 0$ ist wegen $0 \leqslant p_i \leqslant 1$ aus der Formel (27.2) unmittelbar klar. Sei nun $S(\rho) = 0$, dann folgt aus dieser Formel (wegen $p_j \ln p_j \leqslant 0$) dass $p_j \ln p_j = 0$ ist, somit $p_j \in \{0,1\}$, also $\rho^2 = \rho$. Sei umgekehrt $\rho^2 = \rho$, dann ist $p_j \in \{0,1\}$ und daher $p_j \ln p_j \leqslant 0$, also $S(\rho) = 0$.

Aufgabe III.2

Wir offerieren für diese Aufgabe zwei unterschiedliche Lösungsvorschläge. Der erste ist mehr begrifflicher Natur und erfordert keine Rechnungen.

Lösung 1   Angenommen, der reine Zustand P_ϕ sei eine nicht-triviale konvexe Kombination von zwei verschiedenen Zuständen ρ_1 und ρ_2:

$$P_\phi = \lambda\rho_1 + (1-\lambda)\rho_2, \quad \rho_1 \neq \rho_2, \ \lambda \in (0,1) \tag{K.11}$$

Die Spektralzerlegungen von ρ_1 und ρ_2 seien

$$\rho_1 = \sum_j \lambda_j P_{\psi_j}, \quad \rho_2 = \sum_k \mu_k P_{\varphi_k}. \tag{K.12}$$

Dafür betrachten wir für jedes j die P_{φ_k} mit $P_{\varphi_k} P_{\psi_j} \neq 0$, wofür also $P_{\varphi_k} = P_{\psi_j}$ ist. Damit können wir (K.11) so darstellen:

$$P_\phi = \sum_j [\lambda\lambda_j + (1-\lambda)\mu_j] P_{\psi_j} + (1-\lambda) \sum_{k \in K} \mu_k P_{\varphi_k}, \tag{K.13}$$

wobei in der letzten Summe nur diejenigen P_{φ_k} vorkommen, für die $P_{\varphi_k} P_{\psi_j} = 0$ für alle j in der ersten Summe ist. Da damit (K.13) eine Spektraldarstellung von P_ϕ ist, kann nach dem Eindeutigkeitssatz solcher Darstellungen die zweite Summe aus höchstens einem Term bestehen. Bei einem Term müsste aber die erste Summe in (K.13) verschwinden, was nur für $\rho_1 = 0$ möglich wäre; das ist aber ausgeschlossen. Es bleibt die erste Summe, aber diese darf nur aus einem einzigen nicht verschwindenden Summanden ($j = j_0$) bestehen. Es müsste also Folgendes gelten: $\lambda\lambda_{j_0} + (1 - \lambda)\mu_{j_0} = 1$ und $\lambda\lambda_j + (1 - \lambda)\mu_j = 1$ für $j \neq j_0$. Dann wäre $\lambda_j = \mu_j$ für $j \neq j_0$ und $\lambda_{j_0} = \mu_{j_0} = 1$, somit $\rho_1 = \rho_2 = P_{\psi_{j_0}}$, im Widerspruch zu $\rho_1 \neq \rho_2$.

Lösung 2   Diese beruht auf mehr rechnerischen Überlegungen. Für $\rho := P_\phi$ gilt nach (K.11)

$$\rho = \rho^3 = \lambda\rho\rho_1\rho + (1 - \lambda)\rho\rho_2\rho$$

und folglich

$$1 = \mathrm{Sp}\,\rho = \lambda\,\mathrm{Sp}\,(\rho\rho_1\rho) + (1 - \lambda)\,\mathrm{Sp}\,(\rho\rho_2\rho)\,.$$

Da $\mathrm{Sp}\,(\rho\rho_i\rho) = (\phi, \rho_i\phi) \leqslant 1$ für $i = 1, 2$ ist, folgt aus der letzten Gleichung

$$1 = \lambda(\phi, \rho_1\phi) + (1 - \lambda)(\phi, \rho_2\phi)\,,$$

dass also $(\phi, \rho_i\phi) = 1$ für $i = 1, 2$ ist. Für eine orthonormierte Basis $\{\psi_l\}$ mit $\psi_1 = \phi$ folgt damit und mit der Gleichung

$$1 = \mathrm{Sp}\,\rho_i = \sum_l (\psi_l, \rho_i\psi_l),\ i = 1, 2,$$

dass $(\psi_l, \rho_i\psi_l) = 0$ für $l \neq 1$, also $(\psi_l, \rho_i\psi_k) = 0$ außer[1] für $j = k = 1$. Dies beweist $\rho_i = \rho$.

Aufgabe III.3

In dieser Aufgabe soll die konsequente thermodynamische Begründung der Formel

$$U = \sum_k \frac{\varepsilon_k}{\mathrm{e}^{\beta(\varepsilon_k - \mu)} + 1} \tag{K.14}$$

für die innere Energie in der großkanonischen Gesamtheit gegeben werden. Nach Gleichung (31.10) gilt

$$\bar{N} = \sum_k \frac{\partial\Omega}{\partial\varepsilon_k} = \sum_k \frac{1}{\mathrm{e}^{\beta(\varepsilon_k - \mu)} + 1}\,.$$

---

[1] Sei nämlich Q ein positiver Operator und $(\psi_l, Q\psi_l) = 0$ für $l \geqslant 2$. Sei $k' \neq k$ für $k \geqslant 2$ und $(\psi_{k'}, Q\psi_k) =: q \neq 0$, dann ergibt sich

$$\left(\psi_{k'} + \frac{\lambda}{q}\psi_k, Q\left(\psi_{k'} + \frac{\lambda}{q}\psi_k\right)\right) = (\psi_{k'}, Q\psi_{k'})\big) + \lambda + \bar{\lambda} \geqslant 0$$

für alle $\lambda \in \mathbb{C}$, was natürlich unmöglich ist.

Ferner ist

$$TS = -T\frac{\partial \Omega}{\partial T} = -\Omega + \sum_k \frac{\varepsilon_k - \mu}{e^{\beta(\varepsilon_k - \mu)} + 1},$$

somit

$$TS = -\Omega - \mu \bar{N} + \sum_k \frac{\varepsilon_k}{e^{\beta(\varepsilon_k - \mu)} + 1}.$$

Mit $U = \Omega + TS + \mu\bar{N}$ folgt (K.14).

Aufgabe III.4

Die Thermodynamik ist durch das großkanonische Potential Ω gemäß

$$p = -\frac{\partial \Omega}{\partial V}, \quad S = -\frac{\partial \Omega}{\partial T}, \quad \bar{N} = -\frac{\partial \Omega}{\partial \mu} \tag{K.15}$$

und der Beziehung $U = \Omega + TS + \mu\bar{N}$ bestimmt. Ausgangspunkt für die folgende Lösung ist Gleichung (31.18), aus der im thermodynamischen Limes nach (31.23)

$$\Omega = (2s + 1)k_B T \frac{V}{(2\pi)^3} \int_{\mathbb{R}^3} \ln\left[1 + e^{-(\varepsilon(k) - \mu)/k_B T}\right] \tag{K.16}$$

folgt. Im nichtrelativistischen Limes war in Kapitel 31 $\varepsilon(k) = (\hbar^2/2m)k^2$. Im extrem relativistischen Fall ($m = 0$) ist $\varepsilon(k) = \hbar c k$. Führen wir in (31.22) die Variablensubstitution $x = \beta\varepsilon(k)$ aus, so ergibt sich

$$\Omega = -V(2s + 1)\frac{(k_B T)^4}{(\hbar c)^3} \frac{1}{2\pi^2} \int_0^\infty dx\, x^2 \ln[1 + z\, e^{-x}]. \tag{K.17}$$

Nach einer partiellen Integration wird aus dem Integral

$$-\frac{1}{3} \int_0^\infty dx\, \frac{x^3}{z^{-1}e^x + 1} = \frac{1}{3}\Gamma(4)f_4(z) = 2f_4(z).$$

Somit erhalten wir

$$\Omega = -V(2s + 1)\frac{1}{\pi^2} \frac{(k_B T)^4}{(\hbar c)^3} f_4(z), \quad z = e^{\beta\mu}. \tag{K.18}$$

Daraus ergeben sich die gesuchten Größen. Zunächst erhalten wir

$$p = (2s + 1)\frac{1}{\pi^2} \frac{(k_B T)^4}{(\hbar c)^3} f_4(z). \tag{K.19}$$

Weiter ergibt sich

$$\bar{N} = -\frac{\partial \Omega}{\partial \mu} = -\frac{\partial \Omega}{\partial z}\frac{\partial z}{\partial \mu} = V(2s + 1)\frac{1}{\pi^2}\left(\frac{k_B T}{\hbar c}\right)^3 \underbrace{z f_4'(z)}_{f_3(z)},$$

also

$$n = (2s + 1)\frac{1}{\pi^2}\left(\frac{k_BT}{\hbar c}\right)^3 f_3(z).$$

Ferner gilt

$$TS = -4\Omega + V(2s + 1)\frac{1}{\pi^2}\frac{(k_BT)^4}{(\hbar c)^3}f_4'(z)(-\mu\beta z),$$

somit $TS = -4\Omega - \mu\bar{N}$. Damit erhalten wir $U = \Omega + TS + \mu\bar{N} = -3\Omega$, also wie erwartet

$$u = 3p.$$

Starke Entartung Der führende Beitrag von $f_\lambda(z)$ für $z \gg 1$ ist nach (31.47)

$$f_\lambda(z) \approx \frac{1}{\Gamma(\lambda + 1)}(\ln z)^\lambda.$$

Ferner ist μ wieder gleich der Fermi-Energie ε_F. Damit erhalten wir

$$n \approx (2s + 1)\frac{1}{6\pi^2}(\varepsilon_F/\hbar c)^3,$$

$$p \approx (2s + 1)\frac{1}{24\pi^2}(\varepsilon_F/\hbar c)^3\varepsilon_F,$$

$$u \approx (2s + 1)\frac{1}{8\pi^2}(\varepsilon_F/\hbar c)^3\varepsilon_F. \tag{K.20}$$

Schwache Entartung Wir benutzen für kleine z für f_λ wieder die Entwicklung (31.32), wonach $f_\lambda \approx z = e^{\beta\mu}$ ist. Aus den allgemeinen Formeln erhalten wir damit in führender Ordnung

$$\Omega \approx -V(2s + 1)\frac{1}{\pi^2}\frac{(kT)^4}{(\hbar c)^3}e^{\mu/kT},$$

$$n \approx (2s + 1)\frac{1}{\pi^2}\left(\frac{kT}{\hbar c}\right)^3 e^{\mu/kT},$$

$$p \approx nkT,$$

$$u = 3p,$$

$$S/V \approx nk(4 - \mu/kT).$$

Aufgabe III.5

Die Ableitung $\partial c_v/\partial T$ unterhalb von T_c ist für das ideale Bosegas nach (31.92)

$$\partial c_v/\partial T = \frac{45}{8}\frac{k}{T}g_{5/2}(1)$$

(mit $g_{5/2}(1) = \zeta(5/2)$). Für $T = T_c$ ist nach (31.68)

$$\frac{v}{\lambda^3(T_c)} = \frac{1}{g_{3/2}}(1) = \frac{1}{\zeta(3/2)}.$$

Wir erhalten also für $T \nearrow T_c$ (mit $\zeta(3/2) = 2.612$, $\zeta(5/2) = 1.341$)

$$\frac{\partial}{\partial T} c_v(T_c, v)_- = \frac{45}{8} \frac{k}{T_c} \frac{\zeta(5/2)}{\zeta(3/2)} = 2.89 \frac{k}{T_c}. \tag{K.21}$$

Die Ableitung „von rechts" ($T > T_c$) ist etwas mühsamer, aber ohne Schwierigkeiten herzuleiten mit den Hilfsmitteln in Kapitel 31, insbesondere der Rekursionsbeziehung (31.93).

Aufgabe III.6

Einstein-Kondensation für Boseteilchen in einer Atomfalle. Gemäß der Anleitung soll man zuerst die Entartungsgrade g_n der Energieniveaus $\varepsilon_n = \hbar \omega_0 n$ eines isotropen dreidimensionalen Oszillators bestimmen. Offensichtlich ist g_n gleich der Anzahl ganzzahliger Tripel (n_1, n_2, n_3), deren Summe gleich n beträgt. Eine einfache Abzählung ergibt dafür $g_n = (n + 1)(n + 2)/2$. Die Gleichung (38.2) für T_c drückt wiederum aus, dass $\bar{N}_0$ oberhalb T_c verschwindet (siehe Abschnitt 31.2).

Explizit lautet die Gleichung (38.2)

$$N = \sum_{n=1}^{\infty} \frac{(n + 1)(n + 2)/2}{\exp\left[(\hbar\omega_0/kT_c)n\right] - 1}.$$

Setzen wir $\Delta := \hbar\omega_0/(kT_c)$, so lautet diese

$$N = \left(\frac{kT_c}{\hbar\omega_0}\right)^2 \frac{1}{2} \sum_{n=1}^{\infty} \frac{(n + 1)\Delta(n + 2)\Delta}{e^{n\Delta} - 1}.$$

Für $\Delta \ll 1$ ist die Summe näherungsweise gleich

$$\sum_{n=1}^{\infty} \frac{(n\Delta)^2}{e^{n\Delta} - 1},$$

was als Riemann'sche Summe für das Integral

$$\int_0^{\infty} \frac{u^2}{e^u - 1} \, du = \Gamma(3)\zeta(3)$$

aufgefasst werden kann. (Korrekturen könnten mit der Euler-Maclaurin-Summenformel abgeschätzt werden.) Damit ergibt sich die kritische Temperatur (38.1).

Die semiklassische Zustandsdichte für Teilchen in einem Potential V ist

$$\rho(\varepsilon) = \omega^*(\varepsilon) = \frac{1}{h^3} \int \delta(H - \varepsilon) \, d^3x d^3p = \frac{1}{h^3} 4\pi m \int_{V \leqslant \varepsilon} [2m(V - \varepsilon)]^{1/2} \, d^3x$$

oder

$$\rho(\varepsilon) = \frac{2\pi}{h^3} (2m)^{3/2} \int_{V \leqslant \varepsilon} \sqrt{\varepsilon - V} \, d^3x. \tag{K.22}$$

Anwendung auf den isotropen Oszillator $V = \frac{1}{2} m\omega_0^2 x^2$ liefert

$$\rho(\varepsilon) = \frac{8\pi^2}{h^3} (2m)^{3/2} \int\limits_0^{r_*} dr\, r^2 \sqrt{\varepsilon - \frac{1}{2} m\omega_0^2 r^2} ,$$

wobei r_* definiert ist durch

$$\frac{1}{2} m\omega_0^2 r_*^2 = \varepsilon .$$

Das verbleibende Integral ist elementar, und man erhält

$$\rho(\varepsilon) = \frac{1}{2} \frac{1}{(\hbar\omega_0)^3} \varepsilon^2 .$$

Eine einfache Integration zeigt, dass für diese Zustandsdichte die Gleichung (38.3) dieselbe kritische Temperatur liefert.

Aufgabe III.7

Die Formel (31.9) für das großkanonische Potential Ω impliziert

$$S = -\frac{\partial\Omega}{\partial T} = k \sum_l \left[\ln\left(1 + e^{-(\varepsilon_l - \mu)/kT}\right) + \frac{\varepsilon_l - \mu}{kT} \frac{1}{e^{(\varepsilon_l - \mu)/kT} + 1} \right] .$$

Ferner gilt

$$\bar{N}_l = \left(\frac{\partial\Omega}{\partial\varepsilon_l}\right)_{T,\mu} = \frac{1}{e^{(\varepsilon_l - \mu)/kT} + 1} , \qquad \frac{\bar{N}_l}{1 - \bar{N}_l} = e^{-(\varepsilon_l - \mu)/kT} .$$

Benutzt man dies im Ausdruck für S, so folgt das gewünschte Resultat.

Aufgabe III.8

Die kanonische Zustandssumme ist

$$\begin{aligned}
Z &= \sum_{n,j} (2j + 1) e^{-\beta\varepsilon(n,j)} \\
&= \sum_n e^{-\beta\hbar\omega n} \cdot \sum_j (2j + 1) e^{-\beta\hbar^2 j(j+1)/2I} \\
&= Z_{\text{vib}} \cdot Z_{\text{rot}} ,
\end{aligned}$$

mit

$$Z_{\text{vib}} = \sum_{n=0} e^{-\beta\hbar\omega n} = \frac{1}{e^{-\hbar\omega/kT}} , \qquad Z_{\text{rot}} = \sum_j (2j + 1) e^{-\frac{1}{2} j(j+1)\theta_R/T} .$$

Unter der Annahme $T \gg \theta_R$ gilt näherungsweise

$$Z_{\text{rot}} \simeq \int dj\,(2j+1)\mathrm{e}^{-\frac{1}{2}j(j+1)\theta_R/T} = -\int dj\,\frac{\partial}{\partial j}\frac{2T}{\theta_R}\mathrm{e}^{-\frac{1}{2}j(j+1)\theta_R/T} = \frac{2T}{\theta_R}\,.$$

Daraus folgt die Antwort

$$U = -\frac{\partial}{\partial \beta}\ln Z_{\text{rot}} = kT\,.$$

Aufgabe III.9

In der Molekularfeldnäherung (MFN) wird H ersetzt durch

$$\bar{H} = \sum_i \boldsymbol{S}_i \cdot \left(\sum_j J_{ij}\langle \boldsymbol{S}_j\rangle + \bar{\mu}\boldsymbol{B}\right) \equiv -\bar{\mu}\boldsymbol{B}_{\text{eff}} \cdot \sum_i \boldsymbol{S}_i\,, \qquad \text{(K.23)}$$

mit

$$\boldsymbol{B}_{\text{eff}} = \boldsymbol{B} + \frac{1}{\bar{\mu}}\sum_j J_{ij}\langle \boldsymbol{S}_j\rangle\,.$$

(Wir werden unten sehen, dass $\boldsymbol{B}_{\text{eff}}$ für ein homogenes Magnetfeld unabhängig vom Index i ist.) Die Selbstkonsistenz-Bedingung lautet

$$\sum_j \langle \boldsymbol{S}_j\rangle = \frac{1}{\operatorname{Sp}\mathrm{e}^{-\beta\bar{H}}}\operatorname{Sp}\left(\sum_j \boldsymbol{S}_j\mathrm{e}^{-\beta\bar{H}}\right)\,. \qquad \text{(K.24)}$$

Wir nehmen an, dass $\langle \boldsymbol{S}_j\rangle$ für ein homogenes $\boldsymbol{B}$-Feld proportional zu $\boldsymbol{B}$ und unabhängig von j ist. Dann ergibt sich, wenn das Magnetfeld parallel zur z-Richtung ist, die Gleichungen

$$\bar{H} = -\bar{\mu}B^{\text{eff}}\sum_i S_i^z\,,$$

$$B^{\text{eff}} = B + \frac{\bar{J}}{\bar{\mu}}\langle S^z\rangle\,,$$

$$\sum_i \langle S^z\rangle = \frac{1}{\beta\bar{\mu}}\frac{\partial}{\partial B}\ln\operatorname{Sp}\mathrm{e}^{-\beta\bar{H}}\,.$$

Für N Spins ist

$$\operatorname{Sp}\mathrm{e}^{-\beta\bar{H}} = \left(\sum_{m_s=-s}^{+s}\mathrm{e}^{hm_s}\right)^N\,, \qquad h := \beta\bar{\mu}B^{\text{eff}} \equiv \chi(h)^N\,,$$

wobei $\chi(h)$ gleich dem Ausdruck (38.9) ist. Somit erhalten wir

$$\left\langle\sum_i S^z\right\rangle = \frac{\partial}{\partial h}(N\ln\chi(h))$$

oder für $m := \bar{\mu} \sum_i \langle S^z \rangle / N$

$$m = \frac{1}{\beta} \frac{\partial}{\partial B} \ln \chi \left(\beta \bar{\mu} \left(B + \frac{\bar{J}}{\bar{\mu}^2} m \right) \right) , \quad \text{also} \quad m = \bar{\mu} \left. \frac{\chi'}{\chi} \right|_{h = \beta \bar{\mu} (B + \bar{J}/(\bar{\mu}^2)m)} .$$

Nun ist

$$\frac{\chi'}{\chi}(h) = (s + 1/2) \coth[(s + 1/2)h] - \frac{1}{2} \coth(h/2) \equiv s B_s(sh) ,$$

wobei B_s die folgende *Brillouin-Funktion* ist:

$$B_s(x) = \frac{2s + 1}{2s} \coth \left(\frac{2s + 1}{2s} x \right) - \frac{1}{2s} \coth \left(\frac{1}{2s} x \right) \qquad \text{(K.25)}$$

Das Ergebnis der MFN stimmt also mit (38.10) überein, wenn $\bar{\mu} = sg\mu_B$ gesetzt wird.

Für einen Vergleich der Theorie mit experimentellen Daten konsultiere man ein Buch über Festkörperphysik. Interessant ist auch die Spontanmagnetisierung ($B = 0$):

$$m = m_0 B_s(sg\mu_B \lambda m) , \quad \lambda := \frac{\bar{J}}{\bar{\mu}^2}$$

Aufgabe III.10

Aus (31.9) für das großkanonische Potential Ω folgt für den Druck $P = -\partial \Omega / \partial V$ für $s = 1/2$

$$P = -2 \sum_{n \in \mathbb{Z}_+^3} \frac{\partial \varepsilon_n}{\partial V} \frac{1}{e^{\beta(\varepsilon_n - \mu)} \mp 1} .$$

Für das relativistische Gas gilt anstelle von (31.17)

$$\varepsilon_n = \sqrt{\left(\frac{\pi}{L} \right)^2 n^2 + m^2} , \qquad \frac{\partial \varepsilon_n}{\partial V} = -\frac{1}{3V} \frac{\left(\frac{\pi}{L} \right)^2 n^2}{\varepsilon_n} .$$

Im thermodynamischen Limes folgt daraus die Gleichung (35.5).

Aufgabe III.11

Man könnte natürlich nochmals mit der nichtrelativistischen Zustandsgleichung von vorn anfangen. Einfacher erhält man alles durch den nicht-relativistischen Grenzübergang der Resultate in Kapitel 35.

Es ergab sich für die Gesamtmasse M und den Radius R des Sterns

$$M = \frac{\sqrt{3\pi}}{2} \frac{N_0 m_p}{\mu_e^2} \zeta_1^2 |\phi'(\zeta_1)| , \qquad R = \lambda_1(\zeta_1/z_c) ,$$

sowie $r = \alpha\zeta$, $\phi(\zeta_1) = 1/z_c$, $z = \varepsilon_F/m$, $x = p_F/m$. Für $x \ll 1$ ($z \approx 1$) ist (siehe Kapitel 35)

$$\phi \simeq 1 + \frac{1}{2}x^2 - \frac{1}{2}x_c^2 = 1 + \frac{1}{2}x_c^2(\theta - 1)\,, \qquad \theta := \frac{x^2}{x_c^2} = \left(\frac{\rho}{\rho_c}\right)^{2/3}\,.$$

Nach Kapitel 35 gilt ferner

$$\frac{1}{2\zeta^2}\frac{d}{d\zeta}\left(\zeta^2\frac{d}{d\zeta}\theta\right) = -x_c\theta^{3/2}\,.$$

Setzen wir nun $\xi = \sqrt{2x_c}\zeta$ (also $r = (\alpha/\sqrt{2x_c}\xi)$, mit α in (35.17)), so erhalten wir die Lane-Emden-Gleichung zum Index $n = 3/2$. Ferner gilt

$$\frac{d\phi}{d\zeta} \simeq \frac{1}{2}x_c^2\frac{d\theta}{d\zeta} = \frac{1}{2}x_c^2\sqrt{2x_c}\frac{d\theta}{d\xi} \quad\Longrightarrow\quad \zeta_1^2|\theta'(\zeta_1)| = \frac{x_c^{3/2}}{2^{3/2}}\xi_1^2|\phi'(\zeta_1)| \propto x_c^{3/2}\,.$$

Damit erhalten wir für M und R

$$M \approx \frac{\sqrt{3\pi}}{2}\frac{1}{2^{3/2}}\frac{N_0 m_p}{\mu_e^2}\xi_1^2|\theta'(\xi_1)| \cdot x_c^{3/2}\,, \qquad R \approx \lambda_1(\xi_1/\sqrt{2x_c}) \propto x_c^{-1/2}\,. \qquad \text{(K.26)}$$

Daraus folgt das wichtige Ergebnis, dass MR^3 unabhängig von x_c ist:

$$MR^3 = \text{const}$$

Die Konstante kann man mit den Angaben in der Anleitung berechnen und man erhält

$$M = 0.7011 \left(\frac{R}{10^4\text{km}}\right)^{-3} (\mu_e/2)^{-5} M_\odot\,.$$

Aufgabe III.12

a) Mit den einfachen Regeln für Spurbildungen erhalten wir

$$\rho_0(A\alpha_t(B)) = Z^{-1}\,\text{Sp}\left(e^{-\beta H}Ae^{itH}Be^{-itH}\right)$$

$$= Z^{-1}\,\text{Sp}\left(e^{-\beta H}\left(e^{\beta H}e^{itH}Be^{-itH}e^{-\beta H}A\right)\right)$$

$$= Z^{-1}\,\text{Sp}\left(e^{-\beta H}\alpha_{t-i\beta}(B)A\right)\,,$$

also

$$\rho_0(A\alpha_t(B)) = \rho_0(\alpha_{t-i\beta}(B)A)\,.$$

b) Umgekehrt gelte (38.11) für einen Zustand ρ. Für $t = 0$ folgt daraus für alle B

$$\mathrm{Sp}\,(\rho AB) = \mathrm{Sp}\,(\rho e^{\beta H} B e^{-\beta H} A) = \mathrm{Sp}\,(e^{-\beta H} A \rho e^{\beta H} B),$$

somit

$$e^{-\beta H} A \rho e^{\beta H} = \rho B \quad \text{für alle } A.$$

Für $A = 1$ wird daraus speziell $[\rho, e^{\beta H}] = 0$. Benutzen wir das in der letzten Gleichung, so folgt $[\rho e^{\beta H}, A] = 0$ für alle A. Dies zeigt, dass $\rho e^{\beta H}$ ein Vielfaches des Eins-Operators ist. Damit folgt in der Tat, dass ρ ein kanonischer Zustand ist.

Literaturverzeichnis

Lehrbücher der phänomenologischen Thermodynamik (Auswahl)

Kluge G. und Neugebauer G. (1994) Grundlagen der Thermodynamik. Spektrum Akademischer Verlag, Heidelberg.

Pauli W. (1973) Thermodynamics and the Kinetic Theory of Gases. MIT Press, Cambridge, MA.

Straumann, N. (1986) Thermodynamik. Lecture Notes in Physics 265, Springer-Verlag, Berlin. Eine Version, die auch die kinetische Gastheorie enthält, ist: Straumann, N. (1986) Thermodynamik, Vorlesungsskript. www.vertigocenter.ch/straumann/norbert

Hilfsmittel aus anderen Gebieten der Physik

Glimm A. und Jaffe A. (1987) Quantum Physics, 2nd edition. Springer, Berlin.

Landau L.D. und Lifschitz E.M. (1991) Lehrbuch der Theoretischen Physik, Band 7, Elastizitätstheorie. Akademie-Verlag, Berlin.

Landau L.D und Lifschitz E.M. (1992) Quantenmechanik. Harry Deutsch Verlag, Frankfurt am Main.

Shapiro S.L. und Teukolsky S.A. (1983) Black Holes, White Dwarfs, and Neutron Stars. John Wiley & Sons, New York.

Straumann N. (1995) Elektrodynamik. Vorlesungsskript. www.vertigocenter.ch/straumann/norbert

Straumann N. (2015) Theoretische Mechanik. Springer Spektrum, Berlin.

Straumann N. (2013) Quantenmechanik. Springer Spektrum, Berlin.

Straumann N. (2005) Relativistische Quantentheorie, Eine Einführung in die Quantenfeldtheorie. Springer, Berlin.

Lehrbücher der Statistischen Mechanik (Auswahl)

Huang K. (1987) Statistical Mechanics. John Wiley & Sons, New York.

Israel R.B. (1979) Convexity in the Theory of Lattice Gases. Princeton Univ. Press, Princeton.

Jelitto J.J. (1985) Thermodynamik und Statistik. Aula-Verlag, Wiesbaden.

Kubo R., Toda M. und Saito N. (1992) Statistical Physics I – Equilibrium Statistical Mechanics. Springer, Heidelberg.

Landau L.D. und Lifschitz E.M. (1978) Statistische Physik. Akademie-Verlag, Berlin.

Plischke M. und Bergerson B. (1989). Equilibrium Statisical Physics. Prentice-Hall, New Jersey.

Reichl L.E. (1980) A Modern Course in Statistical Mechanics. Edward Arnold (Publishers) Ltd, London.

Römer H. und Filk T. (1994) Statistische Mechanik. VCH Verlagsgesellschaft, Weinheim.

Thompson C.J. (1988) Classical Equilibrium Statistical Mechanics. Clarendon Press, Oxford.

Weidlich W. (1976) Thermodynamik und statistische Mechanik. Akademische Verlagsgesellschaft, Wiesbaden.

Spezielle Artikel und weiterführende Bücher

Baxter R.J. (1990) Exactly Solved Models in Statistical Mechanics. Academic Press.

Creutz M. (1983) Quarks, gluons and lattices. Cambridge Univ. Press.

Fisher M.E. (1974) The renormalization group in the theory of critical behavior. Rev. Mod. Phys. **46**, 597.

Fröhlich J., Simon B. und Spencer T. (1976) Infrared bounds, phase transitions and continuous symmetry breaking. Comm. Math. Phys. **50**:1, 79–96.

Hirschfelder J.O., Curtiss C.F. und Bird R.B. (1954) Molecular Theory of Gases and Liquids. John Wiley, New York.

Hopfer M. und Windisch A. (2010) Computermethoden der statistischen Physik. (unveröffentlichte Studienausarbeitung). URL: `www.andreas-windisch.at/ausarbeitungen/fluid.pdf`

Jona-Lasinio G. (1975) The renormalization equation: a probabilistic view. Il Nuovo Cimento **26B**, 99.

Kadanoff L.P. (1966) Scaling laws for Ising models near T_c. Physica **2**, 263.

Klein A., Landau L.J. und Shucker T.S. (1981) On the absence of spontaneous breakdown of continuous symmetry for equilibrium states in two dimensions. J. Statist. Phys. **26**, 505–12.

Kosterlitz J.M. und Thouless D.J. (1973). Ordering, metastability and phase transitions in two-dimensional systems. J. Phys. C **6**, 1181.

Lebowitz J.L. (1993) Boltzmann's Entropy and Time's Arrow. Physics Today, Sept. 1993, S. 32.

Lee T.D. und Yang C.N. (1952) Statistical Theory of Equations of State and Phase Transitions. Phys. Rev. **87**, 410.

Loss D., Schoeller H. und Thellung A. (1989). Simplified Virial Expansion in the canonical Ensemble. Physica A **155**, 373–384.

McBryan O. und Spencer T. (1977) On the decay of correlations in SO(n)-symmetric ferromagnets. Comm. Math. Phys. **53**:3, 299–302.

Montvay I. und Münster G. (1994) Quantum Fields on the Lattice. Cambridge University Press.

Pathria R.K. (1996) Statistical Mechanics, Second Edition. Butterworth-Heinemann, Oxford.

Penrose R. (1990) The Emperor's New Mind. Oxford University Press.

Ruelle D. (1969) Statistical Mechanics. W.A. Benjamin, New York.

Schulz T.D., Mattis D.C. und Lieb E.H. (1964) Two-Dimensional Ising Model as a Soluble Problem of Many Fermions. Rev. Mod. Phys. **36**, 856.

Simon B. (1993) The Statistical Mechanics of Lattice Gases. Princeton University Press.

Sinai Ya.G. (1966) Classical dynamic systems with countably-multiple Lebesgue spectrum. II. Izv. Akad. Nauk SSSR Ser. Mat., **30**:1, 15–68.

Sinai Ya.G. und Chernov N.I. (1987) Ergodic properties of some systems of two-dimensional discs and three-dimensional spheres. Russ. Math. Surveys, **42**:3, 181–207.

Tinkham M. (2004) Introduction to Superconductivity. Dover Publications, New York.

Wilson K.G. (1971) Renormalization group and critical phenomena. I. Renormalization group and the Kadanoff scaling picture. Phys. Rev. B **4**, 3174.

Wilson K.G. (1975) The renormalization group: critical phenomena and the Kondo problem. Rev. Mod. Phys. **47**, 773.

Wipf A. (2013) Statistical Approach to Quantum Field Theory. Lecture Notes in Physics 864. Springer, Berlin.

Zinn-Justin J. (2002) Quantum Field Theory and Critical Phenomena, fourth edition. Clarendon Press, Oxford.

Mathematische Methoden und Hilfsmittel

Abramowitz M. und Stegun I.A. (1970) Handbook of Mathematical Functions, 9th edn. Dover Publications, New York.

Amann H. (1995) Gewöhnliche Differentialgleichungen. Walter de Gruyter, Berlin.

Arnold L. (1973) Stochastische Differentialgleichungen. Oldenbourg Verlag, München.

Bauer H. (1991) Wahrscheinlichkeitstheorie, 4. Auflage. Walter de Gruyter, Berlin.

Bauer H. (1992) Maß- und Integrationstheorie. Walter de Gruyter, Berlin.

Cornfeld I.P., Fomin S.V. und Sinai, Ya.G.(1982) Ergodic Theory. Grundlehren der mathematischen Wissenschaften 245. Springer, Berlin.

Foata D. und Fuchs, A (1999) Wahrscheinlichkeitsrechnung. Birkhäuser Verlag, Basel.

Gänssler P. und Stute W. (1977) Wahrscheinlichkeitstheorie. Springer, Berlin.

Gelfand I.M. und Schilow G.E. (1960) Verallgemeinerte Funktionen (Distributionen) I. VEB Deutscher Verlag der Wissenschaften, Berlin.

Grimmett G.R. und Stirzaker D.R. (2001) Probability and Random Processes. Oxford University Press.

Hardy G.H., Littlewood J.E. und Pólya G. (1964) Inequalities. Cambridge Univ. Press.

Lasota A. und Mackey M.C. (1994) Chaos, Fractals, and Noise. Springer-Verlag, New York.

Palis J. und de Melo W. (1982) Geometric Theory of Dynamical Systems. Springer-Verlag, New York.

Shiryaev A.N. (1996) Probability, Second Edition. Springer, Berlin.

Smirnow W.I. (1994) Lehrgang der höheren Mathematik. 5 Teile in 7 Teilbänden. Harry Deutsch, Frankfurt am Main.

Schempp W. und Dreseler B. (1980) Einführung in die harmonische Analyse. Teubner, Stuttgart.

Straumann N. (1988) Mathematische Grundlagen der Quantenmechanik, Vorlesungs-skript.
www.vertigocenter.ch/straumann/norbert

Straumann N. (1988) Mathematische Methoden der Physik, Vorlesungsskript.
www.vertigocenter.ch/straumann/norbert

Walters P. (1982) An Introduction to Ergodic Theory. Graduate Texts in Mathematics 79, Springer, Berlin.

Wladimirow W.S. (1972) Gleichungen der mathematischen Physik. VEB Deutscher Verlag der Wissenschaften, Berlin.

Yoccoz J.-Ch. (1992) Traveau de Herman sur les tores invariants. Séminaire Bourbaki, 1991–92, n^0 754.

Index

Springer

Printed in the United States
By Bookmasters